Klassenlose Schrift

KLASSENLOSE SCHRIFT

Schriftklassifikationen im Wandel
analoger und digitaler Typografie

Jörg Petri

Bibliografische Information der Deutschen Nationalbibliothek
Die Deutsche Nationalbibliothek verzeichnet diese Publikation in der Deutschen Nationalbibliografie; detaillierte bibliografische Daten sind im Internet über http://dnb.dnb.de abrufbar.

ISBN 978-3-7376-0758-2 (print)
ISBN 978-3-7376-0759-9 (e-book)

DOI: http://dx.medra.org/10.19211/KUP9783737607599
URN: https://nbn-resolving.org/urn:nbn:de:0002407595

https://kup.uni-kassel.de | kup@uni-kassel.de

Bildrechte siehe Abildungsverzeichnis
Lektorat Christian Wöhrl, Hoisdorf
Druck: CPI Druckdienstleitungen GmbH, Ferdinand-Jühlke-Straße 7, 99095 Erfurt

Abstract

Classless Type

The Development of Typeface Classification Systems Through the Eras of Analogue and Digital Typography.

During the last century, numerous approaches to define and implement systems to classify type were developed and published. This work is focused on typeface classification systems; their evolution, authors, target groups, internal logic and structure, the technical environments they are published into, their potential to differentiate historical and contemporary typefaces as well as the problems the respective system attempt to address. The work retraces the historical development of classification systems from person-centred narratives of the early 20th century to internationally recognised norms of the mid-century and their evolution into digital typeface identification and browsing systems in the new millennium. It shows their development from schemata of mental representation, conceptual typeface-field-guides into interactive navigation systems through the ever growing world of fonts. The work identifies different classificatory aspects as basic motivations behind the classification systems and analyses the underlying logical structures of the approaches and the structural development through time. A key finding is the analysis and results of contrasting modes of class definition as one main reason for the ongoing differentiation of classification systems and the identification of the »mode of addressing« typefaces as a key difference between prototypically and formal-logically defined systems. Although there seems to be no consensus on how, or if, typefaces could be classified at all, as the mere number of systems suggests, there is a consensus in the way how type is being differentiated, the attributes of classification. They remain, another key finding of the work, relatively stable through many decades. The research ends with a summary of premises for future, digital systems and suggests what their future roles in typography and design could be.

Inhalt

1 Schriftbildsortierung

»A picture is worth a thousand words,
but words are pictures too.«
(www.brandingwithtype.com, 2017)

Das Zitat beschreibt sehr gut die wundersame zweistufige Kommunikation von Schrift. Schrift kodiert Sprache in Text, Schrift etabliert Text, ohne Schrift kein Text. Schrift ist gleichzeitig alphabetisches Zeichen und visuelle Form, daher gilt auch: kein Text ohne Bild; Schriftbild, genauer gesagt. Typografische Schrift ist Text und Bild in einem: Sie zeigt Text als Bild, gleichzeitig verschwindet das Bild hinter dem Text. Das Schriftbild bleibt dabei latent, ohne vollständig zu verschwinden. Es gibt keinen Text ohne Schriftbild. Genau in dieser Zone der Verwandlung, dem Spiel zwischen Figur und Grund, zwischen Sichtbarmachen und Unsichtbar-Werden der Zeichen agiert die Typografie. Es geht um das Gestalten dessen, was teilweise hinter einer Sprachaussage verschwindet und sie gleichzeitig, als Text, erst möglich macht. Die Schrift ist eine eigene durchlässige Ebene zwischen Schreibendem und Lesendem, sie kann sichtbar vor oder fast unsichtbar hinter einem Text stehen, aber — denn ihre Unsichtbarkeit ist lediglich eine Metapher — tatsächlich *unsichtbar* wird Schrift nie. Sie kann als Sammlung von Zeichen zwar unter die *Wahrnehmungs*schwelle geraten, aber nie unter die *Reiz*schwelle. Sie muss als Reiz wahrgenommen werden, um dann sofort vergessen werden zu können. Die Unsichtbarkeit von Schrift ist ein psychologisches, kein physikalisches Phänomen. In welchem Maße sie dieser »psychischen« Unsichtbarkeit nahe kommt, ist von vielen Faktoren abhängig, in hohem Maße von Leserinnen und Lesern* selbst. Sie entscheiden, bewusst oder unbewusst, ob und wie

* In dieser Arbeit werden aus Lesbarkeitsgründen die männliche und weibliche Formen abwechselnd verwendet. Ausnahmen sind wenige Passagen wie die oben markierte, sowie Verweise auf historische Kontexte, in denen Typografie und grafische Industrie noch ein reines Männerhandwerk waren.

stark die Schrift die Interpretation eines Textes beeinflusst. Typografisches Gestalten wiederum bedeutet, ein Verhältnis zwischen einem Text und seiner visuellen Repräsentation zu definieren. Typografisches Gestalten als Tätigkeit bedeutet daher, die Perspektive auf Schrift permanent zu wechseln: Texte in Schriften als Text zu lesen und Texte in Schriften als Bild zu betrachten. Die Wirkmacht und Ohnmacht von Typografie wird genau in diesem Moment des Text-Bild-Wechsels deutlich: Eine Schrift kann mit einem besonderen Wort oder einer besonderen Text-Aussage stärker wirken als eine andere ... muss es aber nicht.

Abbildung 1 *»Tannenberg Schlichte Gotisch« (Meyer 1933–1935, digitalisiert Steffmann 1999) und »Splendid Script« (Storm 2000)*

Typografie arbeitet im Spannungsfeld zwischen medialer Transparenz und Opazität, zwischen Unterstützung oder Widerlegung einer Aussage, zwischen störungsfreiem Lesen und zu Bildern gewordenen Buchstaben. Typografie steuert die Rezeption von Texten und tut dies, nicht ausschließlich, aber maßgeblich, über die Schrift. Typografie etabliert den Text, indem sie ihm ein Schriftbild zur Seite stellt. Typografisches Gestalten beginnt mit der Auswahl einer Schrift. Die Schriftwahl ist die Urszene der modernenTypografie. Diese Auswahl für viele Nutzerinnen eines Textverarbeitungsprogramms ein typografischer Erweckungsmoment, auch wenn oder gerade weil dieser Moment ein sehr alltäglicher in der Arbeit mit Personal Computern und digitalen Endgeräten ist. Dabei ist die Auswahl typografischer Schriften im Licht der über 500-jährigen Geschichte der Typografie ein verhältnismäßig neues Phänomen. Eine Auswahl einer Schrift für einen gegebenen Text setzt eine Entscheidungsmöglichkeit, die Existenz mehrerer sinnvoller Alternativen voraus. Solche Konkurrenzsituationen, entstehend aus der Verfügbarkeit verschiedener denkbarer Schriften für einen konkreten Einsatzzweck, ergeben sich in größerer Zahl erst im 19. Jahrhundert. Die Möglichkeit der Auswahl, das Vorhandensein mehrerer Schriftarten für denselben Text am Ort der Produktion, bei den Setzer- und Druckereien, macht erst eine Unterscheidung von Schriftarten, z. B. nach formalen Kriterien oder durch Benennung, notwendig. Wie sich die Auswahl typografischer Schriften auf Seiten der Hersteller auszudifferenzieren beginnt, wird im Kapitel 4.1.1 beleuchtet. Diese Vielfalt typografischer Schriften ist Voraussetzung für die moderne Typografie. Gleichzeitig entsteht mit dieser stetig steigenden Anzahl ein Bedürfnis nach Orientierung. In der sich über Jahrzehnte und Jahrhunderte entwickelnden Beschreibung der Schriftform, in der Suche nach Orientierung liegt der Kern der Schriftklassifikation. Die Wurzeln der Schriftklassifikation reichen bis ins 18. Jahrhundert zurück, die ersten konkreten Klassifikationsversuche typografischer Schriften erscheinen gegen Ende des 19. Jahrhunderts. Technologische Umbrüche, wie die Entwicklung von halbautomatischen Letternguss- und Satzverfahren im 19. oder die Digitalisierung im 20. Jahrhundert, wirken jeweils stark auf das Angebot typografischer Schriften und betonen gleichzeitig die Notwendigkeit eines Überblicks: Schriftklassifikationen entstehen aus einem Bedarf an Orientierung und Struktur.

Im zeitgenössischen Verständnis von Typografie geht es bei der Gestaltung mit reproduzierbarer Schrift um die Festlegung einer Vielzahl typografischer Parameter. Unabhängig davon, ob ein Buch, eine Website oder eine App gestaltet werden soll, bleibt der Kern der Typografie über die Jahrhunderte identisch, in analogen wie digitalen Medien, ob mit Blei, Holz und Lineal oder mit Bits, Bytes und Maus gestaltet wird. Typografie ist die Kontrolle des typografischen Raums,[1] es geht um das Verteilen von Information auf einer Fläche — das Positionieren von Objekten in einem typografischen Raum und, fast noch wichtiger, um das Freilassen von Raum.[2] Betrachtet man die Aufteilung eines Satzspiegels oder eine Website von »außen« nach »innen«, etabliert die Typografie eine Hierarchie von Räumen, von Abständen zwischen Objekten. Diese Hierarchie ist inhaltlich

1 In der Typografie wird häufig von Raum gesprochen, gemeint ist optisch wirksame Fläche. Der typografische Raum ist zweidimensional gedacht als visuell, nicht geometrisch, abgegrenzte Fläche zwischen Objekten.

2 Es ist wichtig, typografischen Raum als Verhältnis von gefärbter und nicht-gefärbter Fläche zu denken und Typografie als die schwarze Kunst nicht auf das Schwarze, die Färbung zu reduzieren. Typografische Medien wie Buchseiten sind zum größeren Teil nicht-gefärbt. Das zeigt eine schlichte Bildoperation: Der Anteil gefärbter Fläche dieser Buchseite beträgt nur ca. 5,4 %, 94,6 % bleiben weiß. Es gibt kein Schwarz ohne Weiß, das gilt ganz besonders für die Typografie.

gedacht, nicht zwingend geometrisch — zusammengehörende Objekte können, müssen aber nicht, nahe beieinander stehen, visuell aber als zusammengehörig markiert sein. Typografie definiert Raum nicht geometrisch, sondern visuell; nicht messbar, sondern entlang der Wahrnehmung. Sie etabliert einen Text visuell. Dazu grenzt sie den Text, einen Inhalt, zunächst nach »außen hin« ab, zu einem Medium. Das »umgebende Medium«, die Buchseite, das Browserfenster, das Plakat, das Interface, bildet einen Rahmen, innerhalb dessen der Text Raum findet. Auch der Text selbst ist in seiner visuellen Struktur eine Abfolge von Räumen. Die inhaltlich gedachten Räume der Typografie etablieren eine Hierarchie des »Zueinander-Gehörens«. Striche, Punkte und Linien gehören zueinander und formen Buchstaben, Buchstaben gehören stärker zueinander als Worte, Worte stärker als Sätze, Sätze stärker als Absätze, stärker als Abschnitte, als Spalten, stärker als Kapitel. Der Text ist in sich geschlossen, abgegrenzt von paratextuellen Elementen wie Seitenzahlen oder Navigationselementen, diese gehören dennoch zueinander und zum Text; Typografie etabliert eine Hierarchie innerhalb und außerhalb eines Textes, sie erzeugt inhaltliche und visuelle Geschlossenheit innerhalb eines Mediums. Typografie definiert Figur und Grund, Bedeutung und Rauschen. Typografische Gestaltung besteht aus der Festlegung einer visuellen Hierarchie innerhalb eines Mediums. Der Moment der Schriftwahl ist der zentrale Moment typografischer Gestaltung, denn die Schrift definiert die kleinsten und sensibelsten Räume einer Seite: die Räume innerhalb und zwischen Buchstaben. Auf der Schrift basiert die Hierarchie, die typografische Geometrie einer Seite. Umgekehrt ließe sich sagen, dass mit der Möglichkeit der Schriftwahl die gesamte visuelle Struktur zur Disposition steht. Die typografischen Gestaltungsmittel, die definierten Räume zwischen Worten, Spalten, zwischen Text und Bildern, Seitenrändern, zwischen Überschriften und Bildunterschriften, spannen ein Netzwerk visuell wirksamer Räume in einem Medium. Die Spannung dieses Netzes wird durch die jeweilige Schrift bestimmt. Wenn die Praxis der Typografie darin besteht, die visuellen Flächen in einem Format zu kontrollieren, definiert die Schrift wesentliche Teile dieser Flächen und ist gleichzeitig ein Element der Gestaltung, das es mit Hilfe aller typografischen Parameter zu kontrollieren gilt.

Aus dem so ins Zentrum des typografischen Interesses gerückten Moment der Schriftwahl ergibt sich eine Frage, welche die Gestaltenden auf sich selbst zurückwirft. Sie lautet nicht nur *»Welche Schrift aus den vielen möglichen soll ich wählen?«*, sie ist auch Ausgangspunkt für eine Reihe weiterer typografischer

Fragestellungen: *Welche Schrift passt zu meinem Text? Was kommuniziert der Text, in welchem Verhältnis steht die Schriftform dazu? Welche Schriften stehen zur Verfügung, welche sind technisch in der Lage, meinen Text darzustellen? Wer wird meinen Text lesen, wie mögen Lesende ihn und die Schrift empfinden? Was gefällt ihnen, was gefällt mir? Spielt Ästhetik eine Rolle, darf sie eine spielen? Welche Schriften gibt es überhaupt? Wie können sie unterschieden werden? Nach welchen Kriterien kann eine Schrift ausgewählt werden?* Im Kern drehen sich diese Fragen um das Verhältnis von typografischer Form und textlichem Inhalt, sie sind deswegen nicht einfach zu beantworten, da sie den Gestaltenden eine doppelte Interpretation abverlangen: die Interpretation eines Textes und des Schriftbildes. Beide treffen aufeinander im Moment der Schriftwahl, in dem es um das Abstimmen von verschiedenartigen Inhalten geht: von denen eine Seite sprachlich, und eine andere zumindest nicht per se sprachlich[3] oder zu versprachlichen sind.

Dieser Augenblick ist für den Autor *der typografische Moment* schlechthin. Historisch gesehen war er lange Zeit eine eher seltene Situation, in die nur publizierende Autoren oder Verleger gerieten. Im Rahmen der Digitalisierung hat er sich allerdings zu einer alltäglichen Fragestellung entwickelt: Diese kann von jedem Programm gestellt werden, das Texte verarbeitet. Die Frage danach, in welcher Schrift ein Text erscheinen soll, wird täglich vermutlich millionenfach beantwortet. Wenn die technologischen Umbrüche in der Folge der Industrialisierung diese Frage zunächst auf der Ebene der grafischen Industrie hervorgebracht und dort alltäglich gemacht haben, dann ist es die Digitalisierung, die den typografischen Moment popularisiert, einer breiten Masse von Menschen zugänglich gemacht hat — oder eine breite, unvorbereitete Masse vor eine schwierige gestalterische Frage stellt. Die Industrialisierung wie auch die Digitalisierung hatten jeweils ein starkes Anwachsen typografischer Schriften zur Folge, genauso wie ein Anwachsen der Zahl typografischer Akteure. In dem diesem Anwachsen folgenden Eindruck der Orientierungslosigkeit, bei immer mehr Menschen, angesichts einer großen Menge von Schriften liegt die Grundmotivation zur Entwicklung von Klassifikationen für typografische Schriften.

---

3 *»Gerade Typografie wird in der Regel unbewusst, ohne reflexive Aufmerksamkeit wahrgenommen und kann dennoch signifikant in dem Sinne wirken, dass kulturelle Inhaltseinheiten (Bedeutungen) vermittelt werden.«* (Wehde, 2000: 61).

Als ersten Impuls auf die neue Orientierungslosigkeit reagiert der sich im 19. Jahrhundert entwickelnde typografische Diskurs mit der Bildung von Begriffen. Die allmähliche Etablierung von Begriffen, durch die Schriftformen beschrieben und unterschieden werden können, erste Bezeichnungen von Schriftklassen, die Etablierung von Namen als Bezeichnungen für Schriften beginnt im 19. Jahrhundert. Zu Beginn des 20. Jahrhunderts sind Schriftklassifikationen hauptsächlich Begriffsarbeit, sie bestimmen, was unter einem Begriff wie *Grotesk* oder *Antiqua des Übergangs* zu verstehen ist und welche Schriften dafür gute Beispiele abgeben. Erst im Verlauf der ersten Hälfte des 20. Jahrhunderts werden komplexere Strukturen entwickelt, die Begriffe in Verhältnisse und Abhängigkeiten voneinander gestellt, verschiedene Eigenschaften ausgemacht, die sich transitiv durch verschiedene Schriftklassen ziehen oder über die Zeit verändern.

Die grafische Industrie ist beständigem technologischem Wandel unterworfen, die bislang letzte Umwälzung der Verhältnisse geschieht im Rahmen der Digitalisierung. Diese beginnt bereits in den 1960er Jahren und entwickelt sich ab Mitte der 1980er Jahre zu einer starken Kraft, die auf alle Orientierungspunkte der Typografie einwirkt. Typografie wird als technisch-handwerkliche Disziplin von Technologie erst etabliert. Bemerkenswert ist, dass der Kern der Typografie, das Gestalten mit reproduzierbaren Formen, auch nach der Digitalisierung derselbe zu sein scheint. Gleichzeitig werden alle Fixpunkte der Typografie, die Schriftgestalterinnen, die Hersteller und Schriftenhäuser, die Typografinnen und Typografen, die typografische Öffentlichkeit und die Fachdiskurse, die Publikationsmedien und Informationsquellen, die (Re-)Produktionstechniken, Arbeitsplätze, Werkzeuge und Materialien von der Digitalisierung verändert, verschoben, verdreht. Die Typografie wird von den Händen in die Köpfe verlagert, Abläufe in der physischen Welt der Materialien, Werkzeuge und Maschinen werden in hocheffizienten und -automatisierten Prozessen in Mikroprozessoren dargestellt. Ungefähr zeitgleich mit der Digitalisierung der Typografie beginnt auch für die Schriftklassifikationen ein Paradigmenwechsel. Nun werden umfangreiche Systeme jedem zugänglich, die auf formal-logischen Definitionen beruhen. Der komplexe Transitionsprozess der Digitalisierung wird in Kapitel 2 beleuchtet.

Im Verlauf dieser Arbeit geht es darum, Schriftklassifikationen aus unterschiedlichen Perspektiven zu befragen. In Kapitel 3 wird zunächst geklärt, aus welchen Gründen Schriftklassifikationen entstehen, welche Fragen an sie zu stellen sind, welche Fragen sie beantworten können und welche Fragen ihnen zugrunde liegen. Die erste Frage adressiert den Überblick bzw. den Mangel an demselben, *wie viele* Schriften es überhaupt zu unterscheiden gilt. Die nächste fragt nach dem *Warum*, aus welchen Gründen und mit welchen Motivationen Schriftklassifikationen entwickelt werden. Eine für diese Arbeit zentrale Frage ist die nach dem modalen *Wie*. Auf welche Art und Weise, mit Hilfe welcher Strukturen, anhand welcher Ordnungsprinzipien werden Klassifikationen entwickelt, auf welche Denk- und Funktionsmuster bauen sie? Eine zweite Dimension des *Wie* liegt im temporal-technischen Komplex, unter welchen Umständen und technischen Rahmenbedingungen wurden Schriftklassifikationen entwickelt und publiziert? Wenn es in Schriftklassifikationen einen Unterschied gibt, der sich umfassend auf die Systeme auswirkt, dann ist es der Unterschied zwischen prototypisch und formal-logisch definierten Systemen. In Kapitel 3 werden beide Strategien der Definition diskutiert und auf ihre Implikationen für Schriftklassifikationen durchleuchtet. Es wäre dabei zu stark verkürzt, zu behaupten, dass die formal-logische Definition von Schriftklassifikationen ausschließlich durch die Digitalisierung bedingt wird. Ein viel wichtigerer Moment ist hier die Adressierung: die Unterscheidung, ob Schriften lediglich in einem abstrakten, mentalen Konzept beschrieben werden sollen oder ob sie tatsächlich in einen Adressraum überführt, geordnet und sortiert werden sollen. Starke Adressierung bedingt formal-logische Definition, ihre Wirkung und Implikationen sind in Kapitel 3.3 beschrieben. Kapitel 4 ist eine Übersicht über die Entwicklung der Schriftklassifikationen, es zeigt zunächst den zeitlichen Ablauf und die verschiedenen Umfelder, aus denen heraus sie entwickelt werden.

Die *Wie*-Frage, die sich um Ordnungsstrukturen, Differenzierungsstrategien und Adressierungskonzepte dreht, die Frage nach dem Modus, ist die komplexeste. In Durchleuchtung, Kapitel 5, werden zentrale Klassifikationsansätze analysiert, es geht um das *Wie*. Hier werden die technischen, lokalen und geschichtlichen Kontexte, in denen die Systeme wurzeln, beleuchtet. Es geht darum, alle unterschiedlichen Aspekte des *Wie*, des Modus der Unterscheidung, zu identifizieren und zueinander in ein Verhältnis zu setzen. Dort werden Buch und textgebundene Publikationen mit digitalen Klassifikationssystemen und Normen neben allgemeinen Positionen zur Schriftklassifikation analysiert und Bezüge zwischen ihnen hergestellt. Eine der Aufgaben dieses Kapitels ist es, aufzuzeigen, warum ein Vergleich der vielen Schriftklassifikationssysteme schwierig ist, warum es für ein eigentlich einfach und eng abzugrenzendes Feld mehr als 80 unterschiedlicher Klassifikationen bedarf, um im Überblick festzustellen, dass bisher kein Konsens für ein universelles Modell hergestellt wurde, und auch im Überblick nicht herzustellen ist. Die verkürzte, aber praktikable Antwort liegt im *Unausgesprochenen* (s.a. Kapitel 6.2), in den selten beschriebenen Rahmenbedingungen der Schriftklassifikationen selbst. Ein einheitliches Modell zur Beschreibung typografischer Schriftarten kann allein deswegen nicht gefunden werden, weil die oben aufgezählten Fragen, *was, wie, warum, in welcher Struktur, für welche Zielgruppe, mit welchen Worten, zu welchem Zweck*, teilweise vollkommen unterschiedlich beantwortet werden. Unausgesprochen sind diese Fragen deswegen, weil sie nur selten überhaupt und noch seltener umfänglich definiert werden. Schriftklassifikationen agieren mit typografischem Wissen, das im zeitlichen und technologischen Wandel stets dynamisch ist, dieses Wissen wird vorausgesetzt, ohne es zu nennen. Sie orientieren sich an scheinbaren Fixsternen, die dann im Lauf der Zeit am Horizont einer neuen Technologie verschwinden: Buchstabenmatrizen in konkreten Schriftgrößen werden durch den Pangrafen durch universelle ersetzt, Zeichen- und Zeilengussmaschinen lösen den Handsatz ab, das Blei verschwindet durch Fotosatz und Transferbuchstaben, physische Schriftträger verschwinden durch die Digitalisierung, TrueType und Type1 werden durch OpenType abgelöst und so weiter und so fort. Die Rahmenbedingungen, unter denen Schriftklassifikation stattfindet, sind alles andere als stabil. Mit dem technologischen Wandel vollzieht sich auch bereits vor der Digitalisierung ein Wandel der Zielgruppen, der im Feld der Typografie handelnden Personen. Die Typografie entwickelt sich von einem Handwerk zu einer auch im akademischen Bereich gelehrten Disziplin, die Kenntnisse und Fertigkeiten der Zielgruppen verändern sich. Dabei »wirken« die meisten Klassifikationen viel länger als gedacht. Einige verweisen eindeutig auf ihren provisorischen Charakter, beweisen aber eine ungeahnte Persistenz: Die Deutsche Industrie Norm 16518 oder die Klassifikation der Association Typographique Internationale stammen aus den 1960er Jahren, sind aber weiterhin *die* Referenzen zur Klassifikation typografischer Schriften. Das Kapitel 5 nimmt die zentralen w-Fragen aus unterschiedlichen Perspektiven in den Fokus, die Kardinalfragen[4] lassen sich so formulieren: W*er klassifiziert welche Schriften*

[4] Die »Klassifikationsformel« wird hier formuliert als Kardinalfrage für Schriftklassifikationen in Anlehnung an Lasswells Formel der Kommunikation *»Who Says What in Which Channel to Whom With What Effect?«* (Lasswell 1987: 17).

wann warum auf welche Art und Weise in welchem Medium mit welchem Effekt? So soll aus funktional-pragmatischer Richtung hinterfragt werden, wie Schriftklassifikationen im typografischen Diskurs »funktionieren«, wie sie in das technologische und wirtschaftliche Umfeld der Typografie eingebettet sind. Die einzige leicht zu beantwortende Frage ist das bereits angerissene *Warum*. Schriftklassifikationen entstehen aus der Orientierungslosigkeit in der Schriftenvielfalt. Diese wird auch als Unzulänglichkeit bestehender Klassifikationen wahrgenommen, neue Klassifikationen sind Lösungsansätze für bislang nicht adressierte Orientierungsprobleme, Reform-Vorschläge als Reaktionen auf ein Defizit. Alle anderen Fragen sind komplexer. Auch mit ihrer Hilfe kann ein Licht auf das Unausgesprochene der Klassifikationen geworfen werden. Denn der Überblick zeigt auch, dass die wesentlichen Unterschiede zwischen den Schriftklassifikationen nicht nur in den Begriffen und Unterscheidungskriterien liegen, sondern auch und ganz wesentlich in den grundlegenden Paradigmen, den Umständen, unter denen Klassifikation stattfinden soll. Die vielfältigen Unterschiede in diesen grundlegenden Annahmen sind in Kapitel 6.2, Maximaldissens, beschrieben. Bereits die Ambiguität des Begriffs Schrift, der im Deutschen auf handschriftliche wie »gedruckte« Buchstaben verweist, aber im englischen oder französischen zwischen handschriftlicher und gedruckter Schrift unterschieden werden kann,[5] macht deutlich, unter welch unterschiedlichen Voraussetzungen die Klassifikationen entstanden sind. Ein Ergebnis ist, dass die analysierten Schriftklassifikationen einerseits grundverschieden sind und nach sehr unterschiedlichen Denkmustern funktionieren und aufgebaut sind. Gleichzeitig sind, andererseits, die Art und Weise der Beschreibung der Schriften, die Attribute, welche zur Unterscheidung relevant gemacht werden, relativ einheitlich. Wenn die Problematisierung zwischen den Ansätzen praktisch keinen Konsens in vielen relevanten Feldern der Schriftklassifikation findet, besteht zumindest auf Ebene der Attribute zumindest ein Minimalkonsens, Kapitel 6.1. Mit Kapitel 6 beginnt auch die Rückkehr zur pragmatischen Perspektive von Schriftklassifikationen: Der Problematisierung

---

5 Die im englischen übliche Unterscheidung in *type* und *script* wird im Deutschen über die Komposita Hand- bzw. Druckschrift gemacht, das abstrakte Schrift hat im englischen kein Gegenüber. Im Französischen wiederum stehen mit *écriture* ein Abstraktum, mit *caractère typographique* und *graphisme* die Unterscheidung zur Verfügung, während *type* eher als Bezeichnug für *Schriftart/Type* verwendet wird. Ohne sich in multilingualen Vergleichen zu verlieren, sei hier nur angemerkt, dass bereits bei der korrekten Übersetzung Fallstricke lauern.

die zusammenfasst, wie unterschiedlich Schriftklassifikation aufgefasst werden kann, folgt in Kapitel 7 ein Wunschkonzert, eine Blaupause, wie ein zeitgenössisches digitales Klassifikationssystem konzipiert sein müsste. Es wird aus zeitgenössischer Perspektive darüber nachgedacht, welchen Gesetzen und Prämissen ein zukünftiges universelles System folgen könnte. Die Frage nach dem Nutzen der Schriftklassifikationen und eine Spekulation über ihre weitere Rolle in der Typografie wird in Kapitel 8 formuliert.

2 Exkurs Digitalisierung der Typografie

Die Digitalisierung markiert einen der größten Umbrüche in der Typografie, die Auswirkungen digitaler Technologien auf die typografische Kultur können kaum überschätzt werden. Der Fokus dieser Arbeit liegt indessen auf den Strategien und Mechanismen zur Unterscheidung der Schriftform, für die »Digitalität« einen einzelnen, aber keinesfalls den einzigen Einflussfaktor darstellt. Das folgende Kapitel befragt die Digitalisierung als komplexe Rahmenbedingung und arbeitet ihre Verwobenheit mit der Typografie heraus. Es geht darum, dem Einfluss dieses technologischen Umbruchs auf die Typografie selbst und auf viele sie umgebende Felder nachzuspüren. Das Nachfolgende ist ein Abriss der Komplexität der Einflussfaktoren und Veränderungen der Wechselbeziehungen von Digitalisierung und Typografie.

Die Digitalisierung ist ein Prozess, der stetig, aber verdeckt, langsam und kraftvoll viele Bereiche sowohl im Zentrum als auch an der Peripherie der Typografie verändert. Damit wandeln sich auch Schriftklassifikationen, was Publikationsformen und typografische Öffentlichkeit, aber genauso, was das zu klassifizierende Material angeht. Die Digitalisierung ändert die »Bodenbeschaffenheit«, den Grund, auf dem Schriftklassifikationen gebaut sind, und wirkt damit auf die Statik und Standfestigkeit der Klassifikationsgebäude und damit zumindest indirekt auf ihren Aufbau. Andere wichtige Bausteine für die Klassifikation, wie ihre historischen Bezüge, ihre Nutzungsaspekte oder ihre Einbettung in Normen und Lehrpläne, zeigen nur eine geringe Abhängigkeit vom Digitalisierungsprozess.

Über mehr als ein Jahrhundert wurden Modelle zur Schriftklassifikation entwickelt. Ihre Geschichte zeigt, dass Innovationen und Kritik wie auch Strukturinnovationen an bestimmten Punkten gehäuft auftreten. Die Klassfikationsgeschichte beginnt parallel zum Erfolg von Zeilensetzmaschinen im frühen 20. Jahrhundert, Kondensationspunkte sind Umbrüche in der Typografie wie die Internationalisierung der typografischen Industrie nach dem 2. Weltkrieg, das

Eindringen fotomechanischer Reproduktionsmethoden ab den 1960er Jahren oder die Entwicklung von PostScript als Voraussetzung für Desktop-Publishing in den 1980er Jahren und die umfassende Digitalisierung aller typografischen Produktionsmittel[6] in den folgenden Jahrzehnten. Neue Möglichkeiten der Publikation von Schriftklassifikationen werden entwickelt. Es treffen »analoge«, prototypisch gedachte, in Buchform publizierte Klassifikationsansätze auf »digitale«, relational gedachte, facettierte, im weltweiten Netz veröffentlichte. Ansätze, die Jahrzehnte lang für Orientierung in vielen hunderten Schriftarten sorgen konnten, scheinen in einem Meer tausender Free-Fonts unterkomplex und undifferenziert. Konzepte, die als mentale Modelle in den Köpfen von Generationen von Typografinnen etabliert wurden, treffen auf Systeme, die als Prozesse in Rechenautomaten ablaufen, die ohne digitales Werkzeug weder denk- noch nutzbar sind. Schriftklassifikationen werden von papiergebundenen Denk-Werkzeugen zu algorithmischen Navigationssystemen. Die Welt der Schriftklassifikation und der Typografie wird im Rahmen der Digitalisierung neu geordnet. Die Auswirkungen der Digitalisierung auf die Typografie zu verstehen ist wichtig für das Verständnis der Entwicklung von Schriftklassifikationen.

Der Begriff »Digitalisierung« ist hier assoziativ, unscharf und weit gefasst, er soll dispositiv[7] verstanden werden. Im Kontext dieser Arbeit umfasst er das Aufkommen und die umfassende Verbreitung von digitalen Werkzeugen und Prozessen in allen Bereichen der Typografie. Von der Gestaltung von Schrift über ihre Herstellung, Lagerung, Vertrieb, die typografischen Gestaltungsprozesse, die Prozesse der Produktion von Letternexemplaren (im Druck oder auf dem Bildschirm), die Produktions- und Verbreitungsprozesse typografischer Produkte, Materialien, Arbeitsplätze bis hin zu den Leitmedien des typografischen Diskurses: Alle diese Felder sind im Zuge der Digitalisierung starken Veränderungen unterworfen. Zeitlich beginnt die Digitalisierung der Typografie und der grafischen Industrie in den 1960er Jahren, nimmt in den 1980er Jahren mit der Entwicklung von PostScript Geschwindigkeit auf und

6 Zum Aufkommen des Desktop-Publishing vgl. z. B. Kinross 2004: 158ff, zur Entwicklung und Verflechtung von Computern und digitaler Schrift aus medientheoretischer Perspektive vgl. Heilmann, 2014: 222ff.

7 »Dispositiv« ist gemeint hier im Sinne Foucaults, als *»heterogene Gesamtheit, alles Erdenkliche, sei es sprachlich oder nichtsprachlich«*, mit einer *»konkrete[n], strategische[n] Funktion«* und *»Verschränkung von Macht- und Wissensverhältnis«* (Agamben 2008: 9).

entwickelt ihr entscheidendes Momentum mit der zunehmenden Popularität des Desktop-Publishing in der grafischen Industrie ab Beginn der 1990er.

Brennen (Brennen, Kreiss 2014) unterscheidet Digitalisierung in »*Digitalization and Digitization*«. Digitization beschreibe den »*material process*« (ebda.) der Umwandlung eines analogen Signals in »*digital bits*«,[8] was die Transformation von etwas Materiellem, Physischen in einen digitalen Code beschreibt und letztendlich auf eine »Verzifferung« verweist, Quantisierung und Diskretisierung: den Initiationsritus aller Dinge, die ins »Innere« eines Computers gelangen sollen. »*Digitalization*« dagegen bedeute »*the way in which many domains of social life are restructured around digital communication and media infrastructures*« (ebda.) Diese Unterscheidung soll hier nicht nachvollzogen werden. Denn »technische Schrift« spielt auf beiden Ebenen der Digitalisierung eine Rolle: Typografie, reproduzierbare Zeichen, Sprachkodierung bilden die Grundlage diesen Übergangs zwischen »Analogem« und »Digitalem«, die »Verzifferung« ist zwingende Voraussetzung des umfassenden Wandels durch die Digitalisierung — und bildet gleichzeitig die Grundlage der Kulturtechnik des Schreibens. Im Kontext typografischer Schrift scheint es daher zielführender, Digitalisierung in ihrer Komplexität und Verwobenheit in einem einzigen Wort zu subsumieren.

Die deutlich spürbaren Veränderungen durch die Digitalisierung liegen auch darin begründet, dass diese sich viele alltägliche Prozesse »einverleibt« hat. Kittler beschreibt ihre Fähigkeit mit »*Computer … können … sämtliche Analogmedien adressieren, … und das heißt verschlingen*« (Kittler 2004 [1989]: 519). Gelegentlich wird die Digitalisierung als Revolution bezeichnet, auf Wikipedia wird die »*Digitale Revolution*« in 23 Sprachen beschrieben.[9] Mit Blick auf die Entwicklungen seit den 1980er Jahren haben die Umwälzungen in Folge der Digitalisierung tatsächlich weitreichende Auswirkungen in vielen Bereichen der grafischen Industrie und der Typografie. Dennoch sollen diese Veränderungen hier als stetiger, hochkomplexer Prozess verstanden werden, ein allmählicher, sich über Jahrzehnte hinweg vollziehender Wandel, weniger als eine schlagarti-

8 Das englische *bits* ist zweideutig, und wird ist an dieser Stelle genau so gemeint: Es beschreibt die atomare Informations-Einheit, welche zwei Zustände kodiert, ein *Maß für Information*, und bedeutet *Bissen* oder *Bisschen*, eine kleine, zahlenkodierte *Portion von Information*.

9 vgl. [wiki 12].

ge Transformation hin zu neuen Verhältnissen, wie es der Begriff »Revolution« suggeriert. Im Folgenden sollen Kontexte genannt und erläutert werden, über die und in denen die Digitalisierung Wirkung entfaltet. Die gezeigten Kontexte können nur kurz angerissen werden. Sie hätten eine eigene Publikation verdient, die »Weltformel der Digitalisierung« muss noch formuliert werden.[10]

Zum Verständnis des Wandels der Schriftklassifikationen sind diese Kontexte von Bedeutung. War die Typografie schon immer ein »intellektuelles Handwerk«, das aus den Texten der Wissenschaft Produkte erzeugt, werden wesentliche Teile des Handwerks, des Hantierens mit Schrift zu geistigen Tätigkeiten. Die Typografie wandelt sich im Rahmen der Digitalisierung ihrer Elemente von einem »Handwerk« zu einem »Denkwerk« oder einem »Denkhandwerk«.[11] Dabei ist die Typografie Objekt und Subjekt gleichermaßen, sie »wird digitalisiert« und »digitalisiert mit«, ist gleichermaßen Akteurin und teilweise Voraussetzung desselben Prozesses. Zeitgenössische Typografie ist nicht ohne digitale Werkzeuge denkbar, gleichzeitig sind digitale Werkzeuge ohne Typografie nicht denkbar.

2.1 Erscheinungsformen

Historisch betrachtet hatten Zahlen in der Entwicklung der Computertechnik einen Vorsprung vor den Buchstaben. Die Digital- oder Computertechnik der digitalen Frühzeit bis ca. in die 1960er Jahre war zunächst eine eher »numerische Angelegenheit«, sowohl was die Einsatzbereiche als auch die Bedienung der frühen Geräte angeht. Alphabetische Codierung und Schrift hielten in größerem Umfang erst allmählich Einzug, parallel zu den zunehmenden Einsatzmöglichkeiten der Rechner. Nicht umsonst bezeichnet man Computer auch als »Rechner« und

10 Eine Zusammenfassung von Perspektiven auf »die Digitalisierung« aus sozio-ökonomischer Sicht z. B. bei Brennen, 2014.

11 Dieser Begriff sei hier völlig subjektiv vom Autor als gelerntem Schriftsetzer formuliert, da das digitale typografische Gestalten sich immer noch wie ein Hantieren anfühlt, wenn auch Maus-moderiert: Texte werden manuell getippt und damit gesetzt, nach den Rändern hin ausgeschlossen, verschoben, Formate in Bündigkeitszonen unterteilt, Satzspiegel aufgerissen, Texte umbrochen und Bilder umflossen. Die Hand an der Maus hand-wirkt auch.

nicht als »Schreiber«. Prozessoren können Daten in Form von Zahlen »computieren«, sie zählen und berechnen. Betrachtet man den Binärcode als Zahlenraum, kann ein Computer dann schreiben, wenn das Alphabet numerisch abgebildet wird. Wenn Computer schreiben, wird die Schrift berechnet, nicht beschrieben. Betrachtet man den Binärcode dagegen als symbolischen Verweisraum, werden bereits auf Prozessor-Ebene binäre Strukturen verarbeitet, die auf Buchstaben verweisen.[12] Parallel zur Entwicklung höherer Programmiersprachen[13] werden Computer nicht nur Rechen-, sondern auch hoch effiziente Text-Verarbeitungs-Maschinen. Typografie und Computertechnik sind aufs Engste miteinander verwoben.[14] Um diese Verwebungen soll es im Folgenden gehen.

Technische Schrift, Verzifferung, Produktion

Typografie beruht auf technischer Schrift.[15] Technische Schrift wird hier verstanden als eine Menge von Buchstabentypen zur Erzeugung von Buchstabenexemplaren. Zweck der technischen Schrift ist die *Produktion* von *Letternexemplaren* aus *Letterntypen*. Diese »Buchstabenproduktion« ist gekoppelt an bestimmte

12 Die Unterscheidung des Binärcodes ist eher eine philosophische Frage. Auch wenn auf Ebene des Prozessors die Bitfolge 01000001 indifferent verarbeitet wird, ist spätestens auf Ebene des Betriebssystems klar, was hier codiert wird – ob es sich um eine Repräsentation des Buchstabens A, die natürliche Zahl 65, die erste Codehälfte einer Farbe oder etwas ganz anderes handelt.

13 Gemeint sind hier Programmiersprachen, in denen Programme hauptsächlich durch sprachliche Befehle (im Gegensatz zu Maschinen-Codes, die viel stärker auf Zahlen beruhen) entwickelt werden, wie C, Smalltalk, Object Pascal, C++ oder Java. Sie haben gemeinsam, dass ihre Befehle aus menschen- und maschinenlesbaren Wörtern bestehen. Schnittstelle zwischen Maschine und Mensch beim Programmieren sind Wörter, verarbeitet werden Befehls-Sätze. Computer führen aus, was Entwicklerinnen schreiben.

14 Zum »Einzug« der Texte in die Digitaltechnik in »Textverarbeitung. Eine Mediengeschichte des Computers als Schreibmaschine« bei Heilmann, 2012, die Entwicklung des Schreibens mit und für den Computer ab den 1960er Jahren S. 140ff.

15 In Anlehnung an Flussers »technische Bilder« (entlehnt aus der »Kommunikologie«, vgl. Flusser 1998) sei hier der Begriff technische Schrift in Abgrenzung zur Handschrift verwendet. Sehr verkürzt dargestellt wendet sich Flussers Konzept der technischen Bilder gegen das Verständnis von z. B. Fotografien oder Videos als unmittelbare Abbilder der Natur. Er betont als eine zentrale mediale Eigenschaft ihre technische Qualität, die starke Koppelung ihres Entstehens an technische Vorgänge, z. B. der automatisierten Kalkulation (vgl. z. B. für Fotografie ebd.: 181ff). Flusser betont dabei auch die Rückkoppelungsprozesse »im Machen«, zwischen Technik und Bild-Autorin, die bei der Entstehung des »Techno-Bildes« mitgedacht werden müssen. Technische Schrift soll verstanden werden als Schrift, die nur in ihrer Koppelung an Technik und Kalkulationen verwendet, geschrieben und gelesen werden kann.

Abbildungskontexte.[16] Im engeren Sinne wird von Typografie gesprochen, wenn diese Exemplare Teil eines reproduzierbaren Mediums sind, wenn technische Schrift zum Zweck der Vervielfältigung oder Veröffentlichung verwendet ist, wie in einem Buch, auf einer Website oder in einer App.[17] Technologie ist etablierendes Moment der Typografie und der Informatik: *Ohne Technologie gibt es keine Typografie und keine Informatik.* Das Leitmedium der Mensch-Computer-Interaktion ist Schrift. Programme werden in Programmiersprachen entwickelt, Fehler als Texte ausgegeben, komplexe Information über geschriebene Sprache kommuniziert. Während Assembler-Sprachen neben Zahlen nur ein paar kurze Buchstabenkombinationen verwenden, stellen die höheren Programmiersprachen streng normierte, aber hochkomplexe und unendlich erweiterbare Variationen natürlicher Sprachen dar – die Programmierung wird »sprachlicher«, »schriftlicher«. Computerprogramme sind »menschenlesbar« und in alphabetischen Zeichen notiert. Eine wesentliche, und vermutlich die bedeutendste Schnittstelle zwischen Mensch und Computer ist Schrift. Programme, Anweisungen für Computer, werden in Schrift notiert, Computer und ihre Programmierer »sprechen« mit ihren Anwendern mit Hilfe von Schrift, komplexe Interaktion ist ohne Schrift kaum möglich. Technische, digitale Schrift ist eine Voraussetzung für die Interaktion mit Computern. *Digitale Schrift ist ein etablierendes Moment der modernen Informatik.*[18]

16 Gemeint sind hier konkrete Ausgabegeräte wie Drucker oder Bildschirme einschließlich der dazu notwendigen Technik, Darstellungslogiken, Berechnungen usw.

17 Das »Typographeum« bezeichnet die *»Gesamtheit der Einrichtungen des Buchdrucks mit beweglichen Lettern«* [wiki 09] und beinhaltet dabei ausdrücklich alle am Publikationsprozess beteiligten Instanzen wie Autoren, Druckereien, Verleger, Leser oder den Buchhandel. Es entwickelt durch die Publikation, die Erzeugung einer Öffentlichkeit, seine Wirkmacht, der nicht weniger als z. B. die Entstehung des neuzeitlichen Wissens- und Rationalitätsbegriffs zugeschrieben wird (vgl. Giesecke 1991). McLuhan nennt den medienökologischen Komplex um die Druckpresse die Gutenberg-Galaxis (vgl. McLuhan 1967) und schreibt dieser eine ähnliche Kraft zu.

18 Heilmann geht noch weiter, er bezeichnet Schrift als *»… den Nullpunkt im Koordinatensystem der gesamten medientechnischen Entwicklung, welche der Entstehung der frühesten Zeichensysteme in Mesopotamien, Ägypten, China und am Indus folgt. Im Lichte dieser Gründungsstaaten erscheinen noch die epochalen Zäsuren der Mediengeschichte als Expansionen der Logik und Leistung der Schrift«* (Heilmann, 2012: 14). Zur Schrift als Grundlage des »Computierens« formuliert er: *»Mit Computertechnik wird alles durch und zu Schrift gemacht. Was immer an den äußerlichen Schnittstellen eines Computers an multimedialen Formen erscheint: in seinem ›Inneren‹ ist* [es, jop] *auf ein einheitliches Schriftformat gebracht.«* (Herv. i. O., ebd.: 26).

Die Transformation von Sprache in Schrift ist ein Vorgang der Digitalisierung: Das analoge, kontinuierliche akustische Signal Klang (im Sinne hörbarer Sprache) wird in die abzählbare Menge von Zeichen (im Sinne von Buchstaben) überführt. Eine Klangsequenz wird zeit-quantisiert (in Zeit-Einheiten aufgeteilt) und wertdiskret (als Buchstaben) dargestellt. Geometrische Information wird als Zahlenkolonne zur Erzeugung eines Letternexemplares gespeichert. *Diskretisierung und Quantisierung sind grundlegende Prozesse der Schriftlichkeit und der Informatik.*

Protokolle, formalisierte Prozesse

Digitale Schrift liegt im typografischen Raum flächensyntaktisch und wertdiskret als Umrissbeschreibung vor, als eine Menge von konventionskonform gespeicherten Werten, welche die Grenzen der zu färbenden Fläche beschreiben: Buchstabenformen. Buchstaben sind mathematische Linienbeschreibungen[19] in der nicht mehr physisch, nur noch logisch begrenzten Matrix digitaler Typografie. Diese Daten sind elementarer Bestandteil eines technischen Abbildungs-Kontexts, der aus den Daten der Lettern-Typen Exemplare erzeugt. Der Rendering-Kontext ist die Schnittstelle zwischen abstrakten, digitalen Schriftdaten und lesbaren Buchstaben, zwischen nicht-ästhetischer, nur denk- oder computierbarer Struktur und ästhetischem Phänomen. Das Rendern markiert den Übergang von einer abstrakten, nur denkbaren formalen Repräsentation zum sinnlichen, sichtbaren Zeichen. Der Rendering-Kontext definiert die Regeln des Übergangs, die Schrift die konkrete Formgebung innerhalb dieser Regeln. Digitale Schrift liegt in streng beschriebenen Formaten vor, gesetzesgleiche Konventionen legen fest, was wie kodiert und gespeichert wird. Der typografische Handlungsraum basiert auf berechenbaren Prozessor-Zuständen, die zwar nicht vorhersehbar (für alle denkbaren Zeichenformen offen), aber immer definiert sind (ein nicht-definierter Zustand ist gleichbedeutend mit einer Fehlfunktion). Jede Handlung mit typografischer Schrift in einem digitalen Sys-

19 Die mathematische Grundlage für die Umrissbeschreibungen typografischer Glyphen bilden Bézierkurven. Sie wurden in den 1960er Jahren von Pierre Bézier und Paul de Casteljau unabhängig von einander entwickelt und ermöglichen die Definition von Freiform-Kurven auf mathematisch relativ einfacher Basis (vgl. Haralambous 2007: 691f, wiki 10).

tem – oder in einem digitalen Klassifikationssystem – kann nur innerhalb dieser stark konventionalisierten Strukturen stattfinden.

Der Moment der identischen Kopie ohne Original, der Produktion von Exemplaren aus Typen, etabliert die Typografie. Buchstabenexemplare haben viele Geschwister, sind aber gleichzeitig Waisen: Die Buchstabentypen sind zwar strukturell gleich (die Form des a im Exemplar gleicht der im Typus), aber ansonsten grundverschieden.[20] Produktionsprozesse[21] werden als digitale Ablaufbeschreibungen, »Schriftprogramme«,[22] definiert; digitale Typografie findet von der Entwurfsphase bis zur Ausgabe in digitalen Handlungskontexten statt. Typografische Typen sind formale Abbildungsvorschriften, die in normierten Abbildungsprozessen, Rendering-Kontexten, zur Herstellung von Exemplaren dienen. Exemplare werden aus Typen hergestellt, Sinn und Wert analoger wie digitaler Schriften liegt in ihrem Potenzial zur Produktion von Exemplaren. Typografische Schriften sind immer »produktiv«. Diese Produktion läuft stets nach strengen Protokollen[23] ab. Häufig sind diese Protokolle Sonderformen digitaler Daten: Sie sind digital »beschriebene« Handlungsabläufe, welche die Kommunikation zwischen unabhängigen Instanzen steuern. Typografische Schrift ist eine standardisierte Datenstruktur, sie ist nur dann interoperabel, wenn sie in

20 Exemplare sind strukturell gleich zu Typen, das Exemplar eines a hat die Form, aber sonst nichts mit dem Typus des a gemein. Exemplare im Buchdruck sind in Buchstabenform gefärbte Teile auf einem sonst ungefärbten Substrat. Typen sind bleierne Kegel, auf denen spiegelverkehrte Letternformen auf einer einheitlichen Höhe zum Abdruck dienen. Der Typus bleibt stets abstrakt, etabliert die Möglichkeit, viele Exemplare zu erzeugen. Das Exemplar ist der Abdruck, das Rendering-Ergebnis des Typus, a auf Papier oder Bildschirm, der mit dem Bleiletter oder dem digitalen Glyphen nur strukturell, sonst aber gar nicht übereinstimmt. Vergleichbar ist es mit dem Exemplar eines Buchs, es hat viele Geschwister, aber keine Eltern; das Manuskript ist kein Original, sondern eine Vorlage.

21 Der Erfindung der Typografie liegen ökonomische Überlegungen zugrunde, Produktivität ist tief im Konzept der Typografie verwurzelt; McLuhan zu Gutenbergs Druckerpresse: *»The invention of typography … providing the first assembly line …«* (McLuhan, 1967: 124). Typografie ist per se *produktiv*.

22 Ob digitale Schriften eher als Abbildungsvorlagen oder eigenständige Programme verstanden werden können, ist eine akademische Frage. Juristisch wurde diese Frage geklärt, Schrifthersteller vertreiben und lizenzieren »Schriftsoftware«, schützen ihre Schriften über Lizenzen, analog zu Lizenzen für Software. Sie leiten daraus auch die Preise für Schriften ab, die für die Nutzung der »Schriftensoftware« anfällt, oder stellen sie umsonst, »lizenzfrei« zur Verfügung.

23 »Protokoll« ist hier gemeint im Sinne Peter Galloways. Galloway lädt den Begriff auf, er subsumiert die Menge aller Konventionen, Zwänge und Restriktionen über alle Anwendungsebenen hinweg; er versammelt alle Einschränkungen technischer, physischer, psychischer, sozialer oder ökonomischer Natur im Begriff »Protokoll« (vgl. Galloway, 2004).

einem wohldefinierten Schriftformat vorliegt. Es sind die Mechanismen des umgebenden Systems, welche die Möglichkeiten digitaler Schrift definieren. Die der Typografie, dem Programmieren von und Interagieren mit Computern zugrunde liegenden Protokolle zur Verarbeitung von digitaler Schrift reichen von der Bildschirmoberfläche bis ins Herz der Prozessorarchitektur. *Typografische Protokolle etablieren die Digitaltechnik, digitale Protokolle etablieren und limitieren den typografischen Handlungsraum.*

Verbreitung, Vernetzung, Öffentlichkeit

Im Zuge der Digitalisierung werden digitale, leicht zugängliche, stets verfügbare, breitbandige und globale Netzwerke entwickelt und einer breiten Öffentlichkeit zugänglich gemacht. Digitale Geräte sind Schnittstellen der Kommunikation, die typografische Welt ist global vernetzt. Die Vernetzung, besonders durch das WWW, hat Auswirkungen auf viele Bereiche der Typografie, die Publikation und Zugänglichkeit von Schriften. Vermarktung und Vertrieb, Texte und Diskurs finden im Netz statt. Die Vernetzung ist ein Katalysator für die Popularisierung. »Digital« bezeichnet nicht allein eine Speichermodalität, es schließt die Möglichkeit des niedrigschwelligen, digital vermittelten Austauschs in Echtzeit mit ein. Die Prozesse der analogen Typografie fanden über Jahrhunderte im Verborgenen statt; Schriftgestalter, Schriftsetzer und Drucker waren »privilegierte«, in die Geheimnisse der schwarzen Kunst eingewiesene Experten. Auch wenn die Produkte, Zeitungen, Bücher, Broschüren, die Drucksachen publik waren, blieben Produktionsmittel und -wege nur wenigen zugänglich. Die Konzepte von »Zielgruppen« oder »Experten« im Fachdiskurs wurden durch die Digitalisierung stark augmentiert. Abgesehen von der Verbreitung der typografischen Produktionsmittel auf jeden Schreibtisch ergibt sich aus der Digitalisierung die Möglichkeit eines niedrigschwelligen Zugangs zu allen, auch den typografischen Fachdiskursen. Gepaart mit der alltäglichen Relevanz typografischer Fragestellungen verändert sich die »typografische Öffentlichkeit«.[24] Die typografischen Produktionsmittel werden, wenn nicht demokratisiert,[25] so zumindest popularisiert.[26] Vormals nur den Spezialisten zugängliche Werkzeuge befinden sich in digitaler Form auf dem Schreibtisch im Büro, auf der Spielkonsole, auf dem Mobiltelefon in der Hosentasche. Grundlegende typografische Fragestellungen, wie die Auswahl einer Schrift und deren Verhältnis zu einer Textaussage, stellen sich Webdesignerinnen und Sekretären genauso wie Typografinnen.[27] Digitale Typografie ist keine Disziplin von Experten. *Typografie ist digitaler Alltag.*

Virtualisierung, Flüssigkeit, Leichtgewichtigkeit, Sterblichkeit
Die Produktionsmittel genauso wie die Reproduktionsmittel von typografischer Schrift sind Programme. Digitale Schrift und ihre Transformationsprozesse sind immateriell,[28] genau wie alle Prozesse vom Zeichnen der Schriftzeichen über Lizenzierung, Vertrieb bis hin zur Installation und Anwendung. Vergleichbar mit Speicherkapazitäten oder Verarbeitungskapazitäten, die virtualisiert, in

24 Zur Veränderung der alltäglichen Relevanz von Typografie und der typografischen Öffentlichkeit merkt Kinross an: »*The internet provides the platform for this enlarged and changed culture of typography: of practical example, of sales and exchange of tools, of discussion and sharing knowledge. The printed age becomes both less prevalent (overtaken by electronic transfer and display) and more important (a stable record of knowledge that will outlast the transience of digital formats).*« (Kinross, 2004: 182).

25 Kinross (2004: 182) blickt kritisch auf die »Demokratisierung« im Bereich digitaler Typografie: »*... after all, for the majority, the generation and production of these tools is still largely in the hands of a few corporations ...*«. Inzwischen ist diese Konzentration noch weiter fortgeschritten: Alle großen Schrifthersteller gehören nun einem Konzern rund um die Firma Monotype an.

26 Wie in allen Handwerksberufen bestand das Wissen um Typografie und Buchdruck aus gut gehüteten Geheimnissen. Das erste Buch über die Kunst des Druckens, *Meachanick Exercises* von Joseph Moxon, erscheint erst 1683/84, mehr als 200 Jahre nach Erfindung des Buchdrucks (vgl. Giesecke, 1991: 69). Jenkins fasst den Prozess der Wissens-Verbreitung in der digitalen Kultur als Verschwinden des »expert paradigm« auf. Er versteht darunter die Erschließung ehemals spezialisierter Wissensgebiete durch Laien. Nach Jenkins können sich User im Netz Spezialwissen bei Bedarf aneignen, damit »das Expertentum« ersetzen und selbst zu Experten werden (vgl. Jenkins, 2006: 50ff).

27 Scheidt schreibt bereits 1991 Nutzern von DTP-Software (welche vom damaligen Leistungsstand mit heutigen Textverarbeitungsprogrammen vergleichbar ist) ein »*ausgeprägteres Schriftbewusstsein*« zu (ebd.: 156 ff), die er als Folge der Nutzung dieser Anwendungen sieht. Dieser Effekt trifft heute wahrscheinlich auf alle Nutzer von Textverarbeitungsprogrammen zu.

28 »*Das für uns Interessante am Digitalen liegt darin, dass es als binärer Code vom Menschen denkbar, aber als Repräsentation im digitalen Gerät nicht erfahrbar ist. ... Um wahrgenommen zu werden, um überhaupt zum Menschen zu gelangen, muss auch das Digitale ästhetisiert, den menschlichen Sinnen zugänglich gestaltet sein. Das Erkennen, Erfahren und Begreifen des Digitalen findet über analoge Kanäle statt.*« (Petri, Schütte 2012: Einleitung, o. p.).

die Cloud verlagert werden, ist digitale Schrift nicht einmal mehr zwingend physikalisch am Ort des »Erscheinens« der Exemplare gespeichert. In zeitgenössischen Lizenzierungsformen ist Schrift, wie viele Mediendaten, virtualisiert. Lediglich die Ausgabe auf den Bildschirm oder Papier verbleibt als letzte ästhetische Instanz »analog«.

Eine Eigenschaft des Digitalen als Speicherungsmodalität ist es, dynamisch, permanent wandelbar, flexibel und nie per se fertig oder abgeschlossen zu sein. Beim Schreiben eines Textes schiebt der Cursor die »Endmarke« vor sich her,[29] der Moment des Finalisierens, Abschließens, der unveränderlichen Publikation ist in den Prozessen und Verarbeitungsmodalitäten des Digitalen nicht angelegt. Betrachtet man die Kontrollstrukturen, den Zwang zur Formalisierung als Zugangsmodus und -voraussetzung zum Digitalen, passt Deleuze' Bild der Kontrollgesellschaft: *»In den Disziplinargesellschaften hörte man nie auf anzufangen* [...], *während man in den Kontrollgesellschaften nie mit irgend etwas fertig wird«* (Deleuze 1993: 11). Alle Bewegungen im Digitalen werden bestimmt und begrenzt durch einen formalisierten, be- und verzifferten, hochgradig symbolischen Raum. *»Den Ausweg aus dem endlosen Schalten und Walten des Digitalen weist erst der Medienbruch«* (Heilmann 2012: 251): Die Transformation eines digitalen Textes zu einem Buch, Heilmanns »Medienbruch« ist die Drucklegung. Das Digitale verweilt im Zustand des permanent Provisorischen, des Unverbindlichen; Digitales wird entwickelt, verändert, revidiert und versioniert, ohne dabei abgeschlossen, zu Ende, fertig und festgelegt zu sein. Der letzten, bis gerade eben aktuellen Version folgt ein Update. Der Aggregatzustand des Digitalen ist heiß und flüssig,[30] es erkaltet und erstarrt nicht aus eigener Kraft. Das Digitale ist hochdynamisch und wandelbar, ein Quecksilber des Medialen, es erhält seine Form, seine Begrenzung, seine Ästhetik von außen, es trägt sie nicht in sich selbst. Digitale Schriften sind Programme, die auf Updates warten; Strukturen, denen die Kontingenz, das »Immer-auch-anders-sein-Können« des Digitalen eingebrannt ist.

29 Das Vor-sich-her-Schieben der Endmarke ist das kleine Credo Heilmanns (2012). Zur provisorischen Natur digitaler Texte merkt er an: *»Digital verfasste Texte, akademische Qualifikationsarbeiten zumal, wachsen und wuchern, werden fortgeschrieben: keine Tinte, die versiegt, kein Papier, das zur Neige geht«* (ebd.: 251).

30 Dieses Bild ist physikalisch gemeint und bezieht sich ausdrücklich nicht auf McLuhans *»media hot and cold«* (McLuhan 1964: 25ff).

Ein Grund der Popularität typografischer Schrift im Digitalen mag in ihrer hohen Informationsdichte liegen und in der geringen Entropie von alphabetischer Sprachkodierung. Sie beinhalten effiziente Verweis-Strukturen, Schriften sind einfache Datenbanken, in denen die Adresse für einen Buchstaben oder eine Buchstabenkombination mit einem Glyphen, einem Bild verknüpft ist. Digitale Schriften gehören vermutlich zu den ältesten der populären digitalen Mediendaten überhaupt. Typografische Schriften und Text sind »klein«, sie belegen wenig Speicherplatz und sind leicht zu transportieren. Sie sind digitale Leichtgewichte unter den Mediendaten; besonders im Vergleich zu Ton, Bild oder Video. Verarbeitungsökonomie (z. B. im Sinne von Performanz durch Standardkonformität) ist für Schriften als grundlegende Datenstrukturen bereits in niedrigen Schichten von Betriebssystemen von zentraler Bedeutung. Verarbeitungs-ökonomische Überlegungen sind die Grundlage bei der Spezifikation digitaler Datenformate, das gilt besonders für digitale Schriften. Sie sind eine der Voraussetzungen dafür, dass Betriebssysteme überhaupt funktionieren.[31] Schriften sind hocheffiziente Datenstrukturen, die grafische Formen, Glyphen, mit Adressen, Buchstaben, assoziieren. Sie müssen für Mensch wie Computer leicht zu verwenden sein. Diese Leichtigkeit macht die Verbreitung einfach, starke Standards halten digitale Schriften handhabbar und kompatibel. Schriften sind einfach zu verbreiten und als Kommunikationsmittel niedrigstschwellig zu verwenden.

Wirtschaftlich betrachtet sind Schriften dabei als digitale Daten »digitale Informationsgüter«.[32] Ein wesentlicher Aspekt für den Wandel der typografischen Welt im Zuge der Digitalisierung liegt in der drastischen Veränderung der Kosten für digitale Schriften. Während die Gestaltung einer Schrift auch digital weiterhin aufwendig und zeitintensiv ist, sind die Kosten für Kopien, Verbreitung und Nutzung marginal.[33] Für Schrift als Produkt charakteristisch sind

31 Ein Selbsttest belegt die zentrale Bedeutung digitaler Schriften für das Betriebssystem: Das Löschen der Verzeichnisse \Windows\Fonts unter Microsoft Windows oder /Library/Fonts unter MacOS benötigt Administratorinnen-Rechte. Wer sie bekommt und die Inhalte löscht, hinterlässt ein unbrauchbares Betriebssystem.

32 Linde beschreibt die wirtschaftlichen Besonderheiten von digitalen Informationsgütern (Linde 2010). Digitale Schriften als leichte, starken Konventionen und Standards unterliegende Mediendaten sind ein Paradebeispiel für Veränderungen von Kostenstrukturen durch die Digitalisierung.

33 Die Verschiebung der Kosten ist in der Typografie keine Neuheit. Wenn für Bleilettern im Handsatz die Kosten für den Guss der einzelnen Lettern noch relevant waren, bestehen viele Innovationen der mo-

die hohen Initialkosten und die niedrigen Grenzkosten[34] (z. B. durch Download) in der Folge. Die Freefont-Bewegung bezieht aus diesem Umstand ihre Kraft: Einmal gestaltete, bezahlte Schriften können dann ohne weitere Kosten umsonst zur Verfügung gestellt werden.[35] Digitale typografische Schrift ist, wenn nicht gratis, dann zumindest günstig zu haben.

Mit der teilweisen Verlagerung des typografischen Diskurses und der Klassifikationssysteme in das WWW geht auch eine »neue Sterblichkeit« einher: Während für Bücher und gedruckte Werke lange tradierte, verlässliche Systeme existieren, um ihre Erfassung, Lagerung und Zugänglichmachung über lange Zeit zu garantieren, verbleiben digitale Klassifikationen ephemer: Sie leben und sterben mit angemeldeten Domains, vor- und nachgeschalteten Shop-Systemen, sich ändernden Konzernstrukturen. Alte Schriftformate sind auf neuen Geräten nicht nutzbar. In fast allen Fällen ist das »Verschwinden«, »Offline-Schalten« eines Dienstes gleichzusetzen mit seinem »Tod«. Digitale Schriften genauso wie Klassifikationssysteme in digitaler Form befinden sich in einem permanent prekären Zustand: Sie funktionieren nur in den streng genormten Rendering-Kontexten und Laufzeitumgebungen. Die Abschaltung eines Systems entzieht es dem Diskurs. Klassifikationen leben fast parasitär auf Web-Servern und Großrechnern der Cloud: Sie leben auf einem Wirtssystem und sterben mit dessen Abschaltung. Dem Problem der Sterblichkeit versuchen digitale Systeme durch metaphorischen Rückgriff auf die Biologie zu entgehen: Begriffe wie klonen, vererben, replizieren, hosten[36] oder infizieren kommen häufig in Kontexten vor, in denen es um Sicherung der Systeme

---

dernen Typografie auf Verschiebungen dieser Kosten: Lettern- und Zeilengussmaschinen genauso wie Fotosatzgeräte sind Verlagerungen von Kosten: Hohe Kosten für stück- bzw. letternweisen Guss wurden transformiert in hohe Investitionskosten und minimale Stückkosten.

34 *»Die Grenzkosten (auch Marginalkosten) sind in der Betriebswirtschaftslehre und der Mikroökonomik diejenigen Kosten, die durch die Produktion einer zusätzlichen Mengeneinheit eines Produktes entstehen«* [wiki 08]. Eine der wichtigsten Veränderungen der wirtschaftlichen Rahmenbedingungen durch die Digitalisierung ist für Brynjolfsson (2014: 19), dass für bestehende digitale Informationen, auch aber nicht ausschließlich im Sinne von Produkten, die Grenzkosten auf nahezu null sinken.

35 In *The Free Font Movement* beschreibt Crossland (2008) zunächst den Konflikt zwischen *»professionals«* und *»free culture advocates«* (ebd.: 1), zwischen *»free«* und *»for-profit type«* (ebd.: 49), und schlägt als mögliche Lösung eine Veränderung der ökonomischen und sozialen Beziehungen zwischen Gestalterinnen, Kunden und Leserinnen vor.

36 Das eingedeutschte *hosten* ist das Verb zum englischen *host*, deutsch Wirt, Wirtssystem.

vor Störung, Abschaltung, Kollaps geht. Das Digitale versucht dem Tod zu entrinnen durch Konzepte, die aus den Lebenswissenschaften entliehen sind.

Digitaler Exponent

Eine wesentliche Eigenschaft des Digitalen, unabhängig davon, ob Verarbeitungskapazitäten, Vernetzungspotenziale oder Bandbreitenentwicklung betrachtet werden, ist die nicht lineare, sondern exponentielle Veränderung. Moores Gesetz[37] scheint in vielen Bereichen der Digitaltechnik und der digitalen Kultur anwendbar. Das Wachstum des Digitalen ist exponentiell. Dies gilt auch für die Wachstumsbewegungen digitaler Technologien und Produkte. Das Digitale scheint einen Exponenten zu beschwören, was auch darin begründet liegen könnte, dass eine Qualität des Digitalen die Verbindung und Vernetzung vieler Instanzen ist.[38] Viele Mengen im Digitalen wachsen exponentiell, egal ob es sich um Speicherkapazitäten, Nutzerzahlen, Bandbreiten, hochgeladene Mediendaten oder Twitter-Meldungen handelt.[39]

Die Verbundenheit aller Dinge

Der Versuch, Folgen und Implikationen der Digitalisierung abzuschätzen, muss auch deswegen scheitern, weil alle der genannten Faktoren fast nahtlos ineinandergreifen.[40] Viele Prozesse laufen im Verborgenen ab, in einem Gerät oder Interface vereinigt, sie werden nicht an einer »Oberfläche« erkenn- oder erfahr-

---

37 Gordon Moore schätzte, dass die Dichte von Transistorelementen auf Digitalschaltungen sich jährlich verdoppeln würde (vgl. Moore 1965). Daraus ergibt sich auch eine mindestens quadratisch wachsende Zunahme von Verarbeitungskapazitäten. Moores Gesetz bezog sich auf Speicherdichte physikalischer Datenträger, ist aber auch auf andere Bereiche der Digitaltechnik anwendbar.

38 Mathematisch argumentiert ergibt die Multiplikation mehrerer linearer Steigungen eine exponentielle Zunahme.

39 Zu vergleichbaren Beobachtungen und Übertragungen des Mooreschen Gesetzes auf andere Kontexte vgl. z. B. [wiki 21].

40 Auch für den Erfolg neuer Schrift-Technologien ist nicht »nur« eine Technologie an sich, sondern eine Fülle von Faktoren relevant. In *»Dan Rhatigan on Variable Fonts and the Future of Typography«* nennt Dan Rhatigan als Voraussetzungen für den Erfolg der neuen Schrifttechnologie *Variable Fonts* mehrere eng miteinander verknüpfte Faktoren: geringer Speicherbedarf, einzelne, einfach zu installierende Dateien, verständliche Implementierung der Parametrisierung, die Unterstützung auf Ebene der Betriebssysteme und der Anwendungen sowie eine einfache Umsetzung auf Ebene der Nutzerschnittstellen (Vinh 2017).

bar. Diskretisierung, Protokolle, Popularisierung, globale und breitbandige Vernetzung, Formalisierung und Virtualisierung finden gleichzeitig und vernetzt unter dem Mauszeiger, hinter dem Handy-Display statt. Viele digitale Prozesse entziehen sich der Ästhetisierung, sind transparent. Digitales *verschwindet während seines Vollzuges*[41] und ist dennoch wirksamer und wichtiger Teil zum Verständnis der digitalen Typografie. Es ist auch deswegen schwierig, die Digitalisierung zu fassen, Auswirkungen, Gefahren und Chancen zu identifizieren, weil so viele Sphären gleichzeitig beeinflusst werden. Das Digitale ist ein Dispositiv, es besteht aus vielem Gesagtem wie Ungesagtem, ein Netzwerk zwischen Vielem, das in Machtverhältnisse eingeschrieben ist und aus Macht- und Wissensverhältnissen hervorgeht.[42] »Digitalisierung« ist ein mystisches Wort, dessen Nennung die Idee des permanenten Wandels heraufbeschwört; und das auch deshalb, weil es gleichzeitig so vieles bedeutet.

Typografie als digitaler Alltag

Die Paradigmen »des Digitalen« spielen eine zentrale Rolle zum Verständnis der jüngeren Entwicklung der Typografie. Die häufig als Revolution bezeichnete Digitalisierung hat die typografischen Produktionsverhältnisse vollständig gewandelt. Die Digitalisierung der Typografie hat bereits in den 1960er Jahren begonnen, weit bevor sie in vielen anderen Lebensbereichen sicht- oder spürbar war. Sie ist weniger eine plötzliche, radikale Veränderung, eher ein stetiger, immer noch andauernder Prozess, der sich auf viele Bereiche der Typografie auswirkt. Dabei wurde »die Typografie« seither nicht völlig verändert, eher angepasst, transformiert, adaptiert. Im Gegenteil ließe sich behaupten, dass der Kern der Typografie analog wie digital derselbe sei.[43] Sprachkodierung in »technische Schrift« findet weiterhin täglich statt, lediglich die

41 In Anlehnung an Krämer: *»Denn Medien ›anti-aesthetisieren‹ sich in ihrem Gebrauch, sie entziehen und verbergen sich im störungsfreien Vollzug«* (2008: 27).

42 In Anlehnung an Agambens Verständnis von Foucaults Dispositiv-Begriff, vgl. Agamben 2008.

43 Ein Vergleich des grundlegenden Funktionsumfangs von professionellen typografischen Anwendungen zeigt, dass die spezifisch typografischen Funktionen kaum verändert werden. Ein im Buchdruck produziertes Buch muss sich weder wesentlich von einem in QuarkXPress 3.31 (typografisches Satzprogramm, 1996) noch von einem in Adobe InDesign CC2 (typografisches Satzprogramm, 2017) gestalteten unterscheiden. Der entscheidende Unterschied liegt weniger in der Funktion als in den Prozessen: Die neuen Technologien führen nicht zwingend zu gesteigerter typografischer Qualität, aber zu enorm gesteigerter

Rahmenbedingungen haben sich, hauptsächlich in ökonomischer Hinsicht, geändert. Die »digitale Typografie« ist eine verstärkte Form der »analogen Typografie«: Auch in der digitalen Typografie geht es um Text in unterschiedlichen Schriften, um die Steuerung einer Tonalität, der »Stimme« eines Textes über Schriftform und Anordnung. Ein Stück weit ist Typografie unabhängig vom Medium, in dem sie »stattfindet«. *Typografie wird durch die Digitalisierung nicht von Grund auf verändert, sondern verstärkt.* Sie wird im Vergleich zu ihrer »analogen« Form weitreichender, günstiger, einfacher, automatischer, weiter verbreitet und alltäglicher denn je.

Ohne die Digitalisierung der Typografie hier detailliert diskutieren zu können, lassen sich ihre Effekte für die Typografie zusammenfassen: *Typografie ist digitaler Alltag.* Typografie findet, teils verborgen oder unbeabsichtigt, in praktisch jeder Computeranwendung statt. Alle zum typografischen Gestalten notwendigen Werkzeuge und Schriften sind virtuell, allgemein zugänglich, kostengünstig oder gefühlt kostenlos verfügbar. Die im Digitalen ablaufenden typografischen Prozesse sind effektiv, schnell und zum größten Teil völlig transparent, gleichzeitig aber umfassend und omnipräsent auf allen Ebenen digitaler Kommunikation. Alle für die Typografie relevanten Prozesse, besonders der im Rahmen der Klassifikation wichtige Moment der Schriftauswahl, aber auch der des typografischen Gestaltens allgemein, finden im »digitalen Raum« statt oder münden dort, sie sind durch digitale Geräte und Anwendungen moderiert.

2.2 Bewegungen

Über die Zeit betrachtet lassen sich bei der Entwicklung der Digitalisierung der Typografie, vielleicht auch der Digitalisierung ganz allgemein, drei grundlegende Bewegungen identifizieren: *Verteilung*, *Zentralisierung* und *Vernetzung*. Stark vereinfacht geht es in Digitaltechnik und Informatik um die Verortung von Kapazitäten. Kapazitäten bedeutet hier ganz allgemein die Möglichkeit des Um-

---

Produktivität. Digitale Typografie ist nicht zwingend besser oder schöner, mit hoher Wahrscheinlichkeit aber einfacher, schneller und kostengünstiger.

gangs mit Daten, im Sinne der Typografie z. B. um Schrift-Daten. Daten werden ein- und ausgegeben, verarbeitet und gespeichert;[44] Schriften und Schriftlizenzen werden geladen, geprüft, gespeichert, Buchstabenexemplare werden produziert. Innovationen in der Digitaltechnik beruhen häufig auf der Verschiebung von Kapazitäten an andere Orte oder Instanzen.[45] Diese Verschiebungen finden durch Verbindung, Vernetzung statt und leiten Kapazitäten hin zum Anwender (z. B. De-Zentralisierung von Rechenkapazitäten auf mobile Endgeräte) oder zu einem Zentrum (z. B. zentrale Speicherung von Daten in der Cloud).

Die *Verteilung* ist die offensichtlichste Bewegung der letzten Jahrzehnte, inner- wie auch außerhalb der Typografie. Kapazitäten im Sinne digitaler Technologie, Geräte, Schnittstellen, Daten, Rechenleistung, Speichermöglichkeiten werden ausgehend von Zentren der Konzentration in die Peripherie verteilt. Auf Typografie bezogen wandern Schriftdaten, z. B. über Betriebssysteme, auf die Computer der Anwenderinnen. Verarbeitungskapazitäten, z. B. die Möglichkeit der Ausgabe auf Bildschirm oder Drucker, werden immer weiter verteilt. Dabei ist nicht nur die schiere Anzahl der Endgeräte ausschlaggebend, auch die Möglichkeiten der typografischen Interaktion nehmen stark zu. Waren die Möglichkeiten zur Verarbeitung und Ausgabe digitaler Typografie noch in den 1970er auf wenige Betriebe der grafischen Industrie konzentriert, befanden sie sich schon in den 1990er Jahren auf jedem Personal Computer, später auf jedem Mobiltelefon. Auch jenseits der Typografie wird verteilt: Ein- und Ausgabegeräte, früher als vereinzelte Geräte an Börsen, in Großbanken oder Behörden, stehen heute in jedem Haushalt, als Touch-Displays des Mobiltelefons in der Hosentasche.

Zentralisierung bezeichnet hier die genau gegenläufige Bewegung: Kapazitäten bewegen sich weg vom Anwender, hin zu einem Zentrum. Sieht man die Geschichte der Personal Computer und mobilen Endgeräte als Geschich-

---

44 *Ein-* und *Ausgabe, Verarbeitung* und *Speicherung* ist eine Umschreibung der Kittlerschen Trias *Übertragen, Speichern und Prozessieren* aus Perspektive der Daten (vgl. Kittler, Friedrich: Vorwort. In: Draculas Vermächtnis. Technische Schriften. Leipzig 1993: 8, zit. n. Winkler 2010)

45 Die Digitaltechnik arbeitet ständig an ihrer eigenen Virtualisierung. Auch wenn Online-Dienste, Speicherplätze oder Dateien »direkt« über eine Adresse angesprochen und identifiziert werden, können sie »im Hintergrund« auf mehrere Orte, Datenträger, Server usw. verteilt sein. Die hier angesprochene »Verteilung« bezeichnet genau diese Virtualisierung, die Auflösung kultureller Instanzen der »logischen Ansprache« (wie »google.de«) am Interface in Netzwerke undurchschaubarer technischer Komplexe im unsichtbaren Hintergrund.

te der Verteilung, ist die Geschichte der großen digitalen Anbieter digitaler Produkte eher eine der Konzentration: Für die Typografie im internationalen Kontext relevant sind wenige Anbieter, der Großteil der international verfügbaren Schriftlizenzen ist sogar unter dem Dach eines Konzerns konzentriert.[46] Zunächst findet die Zentralisierung in Form der Konzentration statt. Um Redundanz von Daten auf verschiedenen Geräten zu vermeiden, werden Massenspeicher auf zentralen Servern genutzt. Zunächst auf lokaler Ebene – private und lokale Server in Firmen und Institutionen werden etabliert –, später auch auf globaler Ebene: Cloud-Dienste wie z. B. von Amazon speichern und verarbeiten Daten von Nutzern weltweit in großen Rechenzentren. Kleine Navigationssysteme nehmen lokal Routenwünsche auf, senden diese an eine Zentrale, wo die komplexen Wegfindungs-Algorithmen viel schneller zu Ergebnissen kommen, die dann wieder als Routen-Empfehlungen an den Ausgangspunkt zurückgesandt werden. Die Zentralisierung ist zunächst ein Phänomen der Konzentration von Kapazitäten: Speicherungs- und Verarbeitungskapazitäten werden an einem oder wenigen Punkten versammelt. Eine direkte Folge sind sich ändernde ökonomische Nutzungskonzepte: in zentral gespeicherten Webfonts, in Monats- und Jahreslizenzen bei großen Schrift-Bibliotheken, wie sie auch im Bereich von Softwarelizenzen (z. B. Adobe Creative Cloud, Microsoft Office 360 oder Steam), bei Streaming-Diensten von Filmen (z. B. Netflix, Maxdome oder Amazon Prime) oder Musik (z. B. Spotify, Apple Music, Napster oder Soundcloud) üblich sind oder in Cloud-Services wie Dropbox, der Amazon Cloud oder Sciebo. Die Zentralisierung ist besonders an Fluss und Verortung automatisiert erfasster Datenbestände abzulesen: Daten über Klickverhalten, Such-Anfragen oder Surf-Verhalten in Online-Shops, sozialen Netzwerken oder Suchmaschinen werden gesammelt und bilden riesige, zentralisierte Datenbestände. Der Begriff Big Data beschreibt eine der Folgen der Konzentration von Datenbeständen.

46 Die Firma Monotype hat durch den Aufkauf u. a. der Firmen Linotype und FontShop in den Jahren 2013 und 2014 ein Quasi-Monopol auf sehr populäre und umsatzstarke Schriften wie Helvetica, Frutiger oder Univers erworben und kontrolliert damit einen wesentlichen Teil der Schriftarten, die seit Jahrzehnten die westliche visuelle Kultur prägen.

Vernetzung macht die beiden Bewegungen möglich. Sie ist allgemein im Sinne von Datentransfer gemeint,[47] aber auch auf physische Netzwerke wie das Internet anwendbar. Die Verbindung von Zentrum und Peripherie macht die Verschiebung von Kapazitäten möglich, Cloud-Dienste oder Abo-Modelle sind niedrigschwellig mit Verbindung zu einem Netzwerk nutzbar. Konstante Vernetzung wie im WWW wirkt katalytisch auf die Bewegungsmuster, sie ermöglicht ihre Kombination und die dauerhafte Nutzung beider Möglichkeiten. Navigationsdienste verdeutlichen dies: Die auf einem Server zentralisierten Kartendaten der Erde (z. B. von Google oder Microsoft) können für Zugriffe von verteilten Geräten bereitgestellt werden, die Vernetzung ermöglicht eine konstante Nutzung ohne spezialisiertes Endgerät. Die Navigation und Wegweisung findet dezentral statt, währen die komplexen Wegfindungs-Algorithmen in der Zentrale ablaufen. Auch im Bereich der Typografie wirkt die Vernetzung katalytisch: Technologien wie Webfonts oder Lizenzmodelle wie zeitliche Abonnements für Schriftlizenzen basieren darauf, dass das Zentrum (hier ein Webfont- oder Lizenz-Server) mit der Peripherie (dem Browser oder der Schriftverwaltung der Benutzer) permanent vernetzt sind.

Am Beispiel des Smartphones lässt sich das Zusammenspiel der Bewegungen illustrieren: Es verteilt Berechnungs-, Speicher-, Ein- und Ausgabekapazitäten sowie Interaktionsmöglichkeiten auf eine breite Nutzer-Basis. Hosentaschenkleine Geräte reagieren auf sanftes Streichen über ihre Oberfläche. Gleichzeitig konzentriert das Smartphone die Funktionalitäten wie Wecker, Telefon, Foto- und Videokamera oder MP3-Player an einem Ort. Die Vernetzung der weit verteilten Nutzerinnen-Interaktionen mit zentralisierten Diensten ist der Katalysator, der beide Bewegungen vereint und ihnen ein größeres Moment verleiht.

Bezogen auf die Typografie lässt sich beobachten, was vermutlich für die gesamte Digitalisierung gilt: Während die Schnittstellen, die Ein- und Ausgabekapazitäten immer weiter verteilt werden, streben Datenspeicherungs- und Verarbeitungskapazitäten zu den großen (Rechen-)Zentren. Wenn die Interaktion mit Schrift, die Letternproduktion dezentralisiert stattfindet, werden Schriftlizenzen und -daten zentralisiert. Viele an der Peripherie verteilte Nut-

47 Welcher auch durch Transport oder Weitergabe von Datenträgern stattfinden kann. Eine frühe Form der Vernetzung findet »zu Fuß« statt, durch das Zirkulieren von Floppy-Disks zwischen Fans und Nerds.

zer greifen über ein Netzwerk auf ein Klassifikationssystem eines Schriftherstellers zu. Digitale Schriftklassifikationen sind nicht mehr nur einem Expertenkreis zugängliche mentale Modelle in Textform, sondern der digitalen Öffentlichkeit zugängliche Orientierungssysteme, auch sie sind den Bewegungen des Digitalen unterworfen.

2.3 Destillat

Für die Typografie ist die Digitalisierung *die* technologische Umwälzung der letzten Jahrzehnte. Dabei ist typografische Schrift in einer merkwürdigen Zwischen-Position. Sie ist einerseits direkt am »Prozess« beteiligt, sie ist Voraussetzung und Akteurin, *sie wird digitalisiert und digitalisiert gleichzeitig mit.* Alle Fixpunkte der Typografie, wie Typen- und Exemplar-Produktion oder Speicherung und Übertragung, werden durch digitale Medien vermittelt. Schriftgestalterinnen und Typografen, Hersteller und Kundinnen, Text-Schreiberinnen und Leser sind vereint in der Nutzung digitaler Technik – oder verdammt dazu. Die typografische Öffentlichkeit wächst, Typografie ist Alltag. Schriftklassifikationen könnten (und sollten!) nun *alle* interessieren. Das Destillat der Digitalisierung der Typografie ist die Verstärkung des Vorhandenen, ein *citius, altius, fortius* in allen Dimensionen, die alles, was die Typografie bewegt, im exponentiellen Superlativ verstärkt. Doch auch wenn, um in Kittlers Worten zu schreiben, die Computer die analoge Typografie *verschlungen*[48] haben, bildet den Kern digitaler Typografie genau das, was auch der Kern analoger Typografie ist: Typografie etabliert als sinnliche Schnittstelle den publizierten Text. Kein Text ohne Schrift. Die Auswahl einer bestimmten Schrift für einen Text ist weiterhin die

48 Hier könnte zudem angemerkt werden, dass der Computer nicht nur die analogen Technologien verschlingt: Technologien wie Unicode oder OpenType zeigen durch ihre Abwärtskompatibilität und Erweiterung älterer Standards, dass die Standards auch sich selbst verschlingen. Neuere digitale Technologien beinhalten und ersetzen ältere. *Unicode* basiert auf dem *American Standard Code for Information Interchange* (ASCII), *OpenType* kapselt Schriften im *Type1*- oder *TrueType-Format*. Der Computer verschlingt sich auch selbst.

Ur-Szene der Typografie. Für die Typografie als Kleid der Sprache[49] gilt analog wie digital: *Typography is what language looks like.*[50]

49 In Anlehnung an das Bonmot »Schrift ist das Kleid der Sprache«, das häufig Erik Spiekermann zugeschrieben wird. Spiekermann selbst meint, das Zitat sei nicht von ihm, er habe aber etwas Sinngemäßes in einer BBC-Dokumentation der 1980er Jahre gesagt (Spiekermann per Mail am 29.9.2017).

50 Vgl. Lupton 2010.

3 Fragen der Schriftklassifikationen

Die Geschichte der Typografie ist, wie viele Medienentwicklungen, eine Geschichte der steten quantitativen Zunahme. Es wird immer mehr gedruckt und gelesen, geschrieben und veröffentlicht, demselben Trend unterliegen auch die typografischen Produktionsmittel. Es gibt ein Mehr an Akteuren, ein schon früh der Internationalisierung und Globalisierung unterworfenes Umfeld und ein Meer an Technik, bereits weit vor der Digitalisierung und noch deutlicher danach. Jede technische Entwicklung — sei es der Pantograf, Zeichen- und Zeilengussmaschinen im 19. Jahrhundert, elektro-mechanische, später elektronische Automatisierung von Satz-Verfahren, Offset-Druck und optische Reproduktionstechniken seit Mitte des 20. Jahrhunderts oder die Digitalisierung im letzten Viertel desselben– steht für ein »Mehr«, eine Zunahme typografischer Möglichkeiten und letztlich an Komplexität. Eine der deutlichsten und gut quantifizierbaren Zunahmen ist das Mengenwachstum an und die Zugänglichkeit von typografischen Schriften. Hier beginnt die Geschichte der Schriftklassifikationen, sie folgt einem bekannten Muster der Moderne: Struktur soll in einer überkomplexen Schriften-Welt Ordnung und Übersicht schaffen. Zunächst soll es hier um grundlegende Fragen der Schriftklassifikation gehen: Was wird warum klassifiziert, wie wird klassifiziert und in welchem Kontext entstehen welche Klassifikationen? Im folgenden Kapitel sollen Motivationen und Begleitumstände dieses Ordnung-Schaffens beleuchtet werden, warum überhaupt klassifiziert wird, in welche gedachten Strukturen Schriften sortiert werden und wie sich die Klassifikationen seit Beginn des 19. Jahrhunderts entwickeln.

3.1 Wie viele Schriftarten gibt es?

Durch diese für die Schriftklassifikation grundlegende Frage wird der praktische Nutzen oder die Notwendigkeit von Klassifikation besonders deutlich. Erst eine schwer übersehbare Menge von Schriften und der Wunsch des Überblicks verweisen auf die Notwendigkeit eines Ordnungs- oder Klassifikationssystems. Es geht darum, zu fragen, *was*, aber vor allem, *wie viel davon* klassifiziert werden soll. Die Frage nach der Zahl verfügbarer Schriftarten ist dabei nicht ohne weiteres zufriedenstellend und selbst für einen bestimmten Stichtag kaum abschließend zu beantworten.

3.1.1 Physische Schriften

Einer Zählung der auf dem Markt verfügbaren Schriftarten für den Handsatz hat sich Willi Mengel 1966 gewidmet, Ulrich Stiehl fasst folgendermaßen zusammen:

> *Aufgrund seiner Auszählungen kam Willi Mengel zu folgenden Ergebnissen: Im Jahre 1966 gab es* ***190*** *Schriften verschiedenen Namens, wobei jedoch manche Schriften wie z. B. Garamond usw. von verschiedenen Schriftgießereien hergestellt wurden, so daß sich die Anzahl der verschiedenen Schriftarten auf* ***208*** *erhöhte. Diese 208 Schriftarten (= Druckschriften) lagen im Jahre 1966 in insgesamt* ***538*** *Garnituren vor (Normal, Halbfett, Kursiv usw.). Da aber bestimmte Schriftarten (z. B. Schreibschriften) nur eine einzige Garnitur haben, gab es damals nur 99 verschiedene richtige Schriftfamilien sowie überdies* ***109*** *Ein-Garnitur-Druckschriften.* [Herv. i. O., jop] (Stiehl, 2006)

Gezählt wurden hier die Namen der Schriftfamilien oder Garnituren, formale Ähnlichkeit dabei unterstellt. Für physische Schriftträger stellt sich das Problem der Ähnlichkeit in besonderer Weise.[51] In Verfahren wie Hand- oder Maschinensatz wird jede Schriftart in verschiedenen Größen hergestellt, die sich z. T. deutlich voneinander unterscheiden.[52]

---

51 Zur Problemstellung der Ähnlichkeit zwischen unterschiedlichen Exemplaren des selben Typus und anderer Arten der »*mutation of the output form*« vgl. auch Dixon, 2001: 2·4.

52 Die typenseitigen Unterschiede verschiedener Schriftgrößen der gleichen Schrift dienen der visuellen Vereinheitlichung des Druckbildes. Kleine Schriftgrößen werden schwierigen Druckbedingungen angepasst, sind weniger detailliert ausgestaltet und verfügen über größere Buchstabenbreiten, um ein

Reichardts »*Internationales Verzeichnis der Bleisatz-Schriften*« (2011) beansprucht, »*alle bekannten* [Bleisatz-, jop] *Schriften des 20. Jahrhunderts*« aufzuführen (ebd.: Vorwort, o.p.), auf Basis von »*Seemann: Handbuch der Schriftarten (1926) mit Ergänzungen bis 1939, Jaspert/Berry/Johnson: The Encyclopaedia of Typefaces (1970) und Mac McGrew: American Metal Typefaces of the Twentieth Century (1995)*« (ebda). Reichardt berücksichtigt dabei über 140 Schrifthersteller aus 22 Herkunftsländern. Die umfangreiche und teilweise mit Musterzeilen der entsprechenden Schriftarten ergänzte Liste enthält *11.678 Schriftschnitte* aus *6.991 Schriftfamilien,*[53] in alphabetische Kapitel sortiert auf insgesamt 457 Seiten. Er unterscheidet nach Schriftform, nicht nach Namen. Er zählt die Schriften *identischen Namens,* aber unterschiedlicher Hersteller als jeweils *eine* Schrift, nicht aber die gleiche Schrift mit jeweils unterschiedlichen Namen.[54]

Im Fotosatz, einem der dominanten Satzverfahren ab den 1970er Jahren, können unterschiedliche Schriftgrößen aus einer Vorlage erstellt werden. Manche Schriftarten wurden unter gleichem Namen von unterschiedlichen Herstellern produziert, mit minimalen formalen Unterschieden,[55] oder aber formal ähnliche bis hin zu identischen Schriften unterschiedlich bezeichnet.[56] Andere

Zusammenfließen der Buchstaben zu verhindern. Höhere Schriftgrade sind dagegen häufig markanter ausgestaltet und weisen eine geringere Laufweite auf. Kleine Schriften sind keine geometrischen Verkleinerungen von größeren Vorlagen, sondern eine Interpretation einer Schrift mit dem Ziel, ein möglichst einheitliches Erscheinungsbild in allen Schriftgrößen zu erreichen. Kleinere Schriften verfügten über robustere Formen, was mit der teilweise sehr geringen Größe der Lettern zu tun hat: Bei einer Schriftmatrize in 6 pt (ca. 2,25 mm) Kegelhöhe sind die Buchstabenelemente und Strichstärken nahe der Grenze dessen, was mechanisch in Letterngussverfahren darstellbar und später druckbar war.

53 Für diese Arbeit wurden analog zu Mengel (1966) zunächst die Schnitte, dann die Familien gezählt. Auf die Unterscheidung in Familien und »Ein-Garnitur-Druckschriften« wurde verzichtet.

54 Es werden beispielsweise ca. 60 Schriften mit der Bezeichnung »Egyptienne« in unterschiedlichen Schnitten von unterschiedlichen Herstellern erfasst, die »Egyptienne fett« der Gießerei Wilhelm Gronau wiederum nur einmal, obwohl sie auch unter dem Namen *Doric, Doric No. 40 ATF, Doric No. 520, Dorische Schrift* und *Dór-jellegü betük* vertrieben wurde (vgl. Reichhardt 2011: 110f).

55 Schriften wurden und werden häufig aus lizenzrechtlichen Gründen unter alternativen Namen angeboten. Gründe liegen in der Geschichte der Aufkäufe von Schriftherstellern und Rechte-Inhaber, in Anpassungen und Neuinterpretationen für andere Satztechnologien oder in alternativen Lizenzmodellen. Als populäre Beispiele seien hier die Humanist 521 und Humanist 777 (beide Bitstream 1990) als digitale Versionen der Gill Sans bzw. der Frutiger genannt. (vgl. z.B. Listen *Equivalent Font Names* Brilliant et al. 2009 oder *Font Name Reference Table*, Adobe 1997).

56 Die unterschiedliche Benennung bzw. die Schwierigkeit, vom Namen auf die formalen Eigenschaften einer Schrift zu schließen, besteht schon lange, dazu De Vinne: »*... but all ornamental types, and indeed many plain types, are named and classified in an unsatisfactory manner. The names given to them are*

wiederum weisen trotz gleicher Benennung wesentliche Unterschiede auf. Die Fotosatz-Schriften beziehen sich häufig auf Vorbilder aus dem Bleisatz, die Unterscheidung der verschiedenen Schriftfamilien wird zunehmend schwierig: »*Bei den Serifenschriften und den serifenlosen Schriften treten ... die bekannten Schriften aus der Bleisatzzeit dominant auf, allerdings in Form unzähliger Abwandlungen, die selbst von Kennern oft nicht mehr zu unterscheiden sind*« (Andree 2013: 67). Insgesamt wächst die Anzahl an Satzschriften: »*Das Schriftenangebot steigt in den folgenden Jahren in Größenordnungen, die Anfang der 1970er Jahre noch unvorstellbar gewesen waren*« (ebd.: 63). Zahlenmäßig ist das Angebot der Fotosatz- und Transferschriften nicht erfasst. Es bleibt zu vermuten, dass die Anzahl der Satzschriften vor dem Hintergrund dieser Satztechnologien bereits deutlich zunimmt. Ein exponentielles Wachstum brachte die Digitalisierung.

3.1.2 Digitale Schriften

Die absolute Anzahl digitaler Schriften ist kaum zu erfassen. Stiehl stellt in seiner Zusammenfassung einen quantitativen Vergleich digitaler und analoger Schriften an: »*Heutzutage gibt weit über* ***50.000****, vermutlich sogar inzwischen schon über* ***100.000*** *verschiedene* ***Fonts,*** *d. h. Schriftschnitte ... Zum Vergleich gab es damals im Jahre 1966 nur 538 ›Fonts‹, also 538 verschiedene Bleisatz-Schriftschnitte.*« [Herv. i. O., jop] (Stiehl, 2006) Mengels Statistiken beschränken sich auf den westdeutschen Raum, nur Handsatzschriften der dort verfügbaren Hersteller werden berücksichtigt. Der quantitative Vergleich bleibt dennoch eindrücklich.

Auch Archer sieht eine immense Zunahme des Schriftangebots:

> »*... the rate at which typefaces are produced has increased dramatically in the last two decades. The Encyclopedia of Typefaces, second edition (1953, p. 353–358) indexed fewer than 1,000 types in general use; the expanded and revised fourth edition (1970) cited an upper range of 6,000 typefaces, but not all of these were generally available. In 1974, the Association Typographique Internationale (ATypI) listed 3,621 named typeface designs according to Robin Kinross; a figure taken to project a 2,761 % increase over a 28-year period (Cahalan, 2004, p. 62). Since the release of the widely adopted digital font*

---

fanciful and not at all descriptive. When made by different founders, the same face may be labeled by each founder with a different name.« (1902: 182f)

creation software (Altsys Inc.'s Fontographer, 1987), reported totals have been steadily climbing upwards from 25,000, but no-one is really certain how many typefaces there are anymore; conservative estimates suggest 40 – 60,000 (Peter Bilak, personal communication, 2004), but the total number, whatever it is, now increases daily.« (Archer, 2007: 8f)

Cahalan führt später (2007: 63f) mehrere Schätzungen auf, wagt aber nur die Prognose » *... my study showed growth from 3621 named typefaces in 1974 ... to another estimate of 100,000 typfaces* [in 2002, jop]« (ebd.: 190). Crossland (2008: 49) bleibt vage bei »*tens of thousands*«. Anhand von Indizien schließt auch de Jong auf die enorme Zunahme der Schriften: »*Der Katalog* Die schönsten Bücher der Bundesrepublik Deutschland 1980 *listet für 41 prämierte Bücher 17 verschiedene Schriften – gesetzt wurde im Handbleisatz, in Maschinensatz und im Lichtsatz. 25 Jahre später sind in den deutschen, niederländischen und Schweizer Katalogen regelmäßig mehr unterschiedliche Schriften als prämierte Bücher aufführt.«* (Herv. i. O., de Jong 2008: 71). Bemerkenswert ist diese Zahl insofern, da ihr auch eine qualitative Bewertung zugrunde liegt: Im Unterschied zu vielen digitalen Einzelschriften, die für wenige, manchmal sogar nur einen einzigen Einsatzzweck gestaltet wurden, handelt es sich bei dieser Nennung zum Großteil um Schriften, die für einen universellen Einsatz aufwendiger gestaltet wurden und von hoher typografischer Qualität[57] sind. Vertraut man den Angaben großer Schrifthersteller bzw. -vertriebe, kann davon ausgegangen werden, dass im November 2008 mehr als 150.000 digitale Schriften existieren.[58] Google stellt im April 2018 insgesamt 877 Schriftfamilien umsonst im WWW zur Verfügung.[59] Die Website myfonts.com bietet im April 2017 insgesamt 32.581 [myfonts 02] verschiedene Schriftarten an. Selbst vorsichtig geschätzt stehen unter Berücksichtigung aller analogen Satzverfahren vor der

57 Gemeint sind hier Schriften, die besonders für Mengentext geeignet sind. Typografische Qualität ist nicht messbar, häufig genannte Qualitätsmerkmale sind ein großer Zeichenvorrat für eine hohe Sprachabdeckung, mehrere Schriftschnitte, Optimierungen für verschiedene Schriftgrade, typografische Auszeichnungsmöglichkeiten wie Kapitälchen und Ligaturen oder verschiedene Ziffernpositionen wie hoch- und tiefgestellte, Mediäval-, Tabellen- und Versalziffern.

58 Nach eigenen Angaben verfügte im November 2008 der deutsche Schrifthersteller und -vertreiber FontShop über ca. 40.000 Schriftarten (fontshop[01]), das Verzeichnis von fonts.com über 154.041 Schriftarten (fonts[01]). Die »Zählung« der verfügbaren Schriften stand bereits ein Jahr später nicht mehr online zur Verfügung.

59 fonts.google.com (Stand 4/2018)

Digitalisierung wenige Tausend analogen Schriftarten mehrere Zehntausend, wenn nicht über Hunderttausend bzw. Hunderttausenden digitalen Schriften gegenüber.

3.1.3 Ähnlichkeit und Identität

Wann es sich bei einer Schrift tatsächlich um eine »andere« Schrift handelt, ist kaum eindeutig zu beantworten. Visuell identische oder sehr ähnliche Schriften existieren unter verschiedenen Bezeichnungen, die Grenze zwischen ähnlich und identisch ist fließend. Die absolute Anzahl einzelner Schriftarten, Schriftschnitte oder Fonts zu ermitteln wäre denkbar, dennoch stellt sich hier das Problem von Duplikaten neu. Eine digitale Kopie ist ihrem Original strukturell (und beweisbar) identisch; sie unterscheidet sich lediglich durch den Ort ihrer Speicherung, beide Exemplare sind *eine Schriftart*. Ob zwei digital nicht-identische Schriften aber tatsächlich unterschiedlich sind, ist nur im visuellen Vergleich feststellbar. Für die Schriftklassifikation ist die relevante Frage die der ästhetischen, nicht die der »digitalen«, datengebundenen Identität. Erschwert wird dieses Problem dadurch, dass einzelne Schriftarten aus lizenzrechtlichen Gründen mit unterschiedlichen Namen in verschiedenen Ausgaben und Formaten vorliegen.[60] Auch gleiche Schriften können je nach Ausgabe und Version stark von einander abweichen. McLean (1980: 71) zeigt Satzbeispiele der »Univers Medium« von Frutiger in den Fotosatzsystemen von Monotype, Compugraphic, Photon, Monophoto, Linotype und IBM, die wie sechs unterschiedliche Schriften wirken. Der Schriftname, der bei digitalen Schriften oft als Identifikationsmerkmal verwendet wird, ist hier lediglich ein grober Gattungsbegriff, der noch deutliche Abweichungen zulässt. Ebenso schwierig zu berücksichtigen sind Unterschiede im Zeichenvorrat. Manche Schriftarten verfügen über Zeichen verschiedener oder mehrerer Aufschreibesysteme, wie Kyrillisch, Griechisch oder Hebräisch,[61] sind aber auch

---

60 Als Beispiel sei hier die digital erschienene *Neue Haas Grotesk* genannt, die »zurückbringe«, was die *Helvetica* durch die »Übersetzungsvorgänge von einer Satztechnologie in die andere« verloren hätte: »… *features like optical size variations, properly corrected obliques, alternate glyphs, refined spacing, …*« (fontbureau: 2011) Die *Neue Haas Grotesk* ist mit der *Helvetica* in Teilen identisch, in vielen Details aber unterschiedlich. Beide nach einem Schriftmuster unterscheiden zu können bedarf dennoch eines sehr geschulten Blicks.

61 Dies betrifft hauptsächlich digitale Schriften im Type1- und TrueType-Format, deren Adressraum begrenzt ist. Beispielsweise beinhaltet die von Adobe 1990 herausgebrachte Schrift *Minion* im Type1-Format als »normale« Version die Sprachabdeckung der in lateinischen Lettern notierten Sprachen des

als »kleinere« Version ohne diese erhältlich. Auch diese Schriftarten liegen in verschiedenen Ausgaben vor, die verschiedene Sprachräume abdecken, z.B. den mitteleuropäischen. Innerhalb dieses Zeichenvorrats (Mitteleuropa) sind sie den anderen Schriftarten nicht nur ähnlich, sondern exakt identisch; berücksichtigt man den gesamten Zeichenvorrat, unterscheiden sie sich wesentlich. Schriftarten in unterschiedlichen Formaten können sich digital, also in ihrer »technischen« Formbeschreibung, voneinander unterscheiden, obwohl sie identisch »gedacht« und ästhetisch kaum zu unterscheiden sind.[62] Darüber hinaus existieren Schriftarten, die (und sei es rein zufällig) einander gleichen, ohne dass irgendeine »Verwandtschaft« besteht oder sie digital identisch wären.[63]

Kurz gesagt: *Es wäre möglich, aber wenig sinnvoll, zu ermitteln, wie viele* digital *identische Schriftarten existieren. Es wäre sinnvoll, aber kaum möglich, zu ermitteln, wie viele* formal *identische Schriftarten existieren.*

Auf der Ebene physischer Schriftträger stellt sich das Problem der Ähnlichkeit auf andere Art. Für manche Verfahren, z.B. für Hand- oder Maschinensatz, wird jede Schriftart in verschiedenen Größen hergestellt (s.o.), die sich z.T. deutlich voneinander unterscheiden. Diese Anpassung an unterschiedliche Skalierungen wird teilweise auch für digitale Schriftarten angeboten. In der jeweils »optimalen« Größe sind die unterschiedlichen Schriftschnitte dann formal sehr ähnlich.[64] Bei anderen Verfahren, wie im Fotosatz, können unterschiedliche Schriftgrößen aus einer Vorlage erstellt werden. Manche Schriftarten wurden unter gleichem

---

europäischen Raums. Zusätzlich existiert eine Version *Minion Cyrillic* (1992) für das Kyrillische, eine *Minion Expert* mit einer großen Anzahl von Sonderzeichen wie Brüchen, Kapitälchen, griechischen Buchstaben usw. Darüber hinaus werden die lateinischen Buchstaben der Minion in identischer Form in den Schriften *Adobe Arabic* (2000), *Adobe Hebrew* (2008), *Adobe Thai* (2004) und *Adobe Song* (2009) verwendet, die wiederum um die Zeichensätze des Arabischen, Hebräischen, Thai bzw. Vereinfachten Chinesischen erweitert wurden.

62 Als Beispiel seien hier die unterschiedlichen digitalen Format-Varianten der *Frutiger* genannt. Sie wurde ursprünglich von 1988 von Adobe als Type1-Schrift veröffentlicht, wurde aber auch von Bitstream unter dem Namen *Humanist 777* vertrieben, erschien 2001 unter dem Namen *Frutiger Next* und 2009 als *Neue Frutiger*, beide Male bei Linotype im TrueType- und OpenType-Format.

63 Dies ist besonders in Bereichen der Schriftgestaltung zu beobachten, in denen die gestalterischen Parameter, anhand derer Buchstabenformen entwickelt werden, stark limitiert sind. Beispiele sind parametrische Schriftgestaltungsprozesse wie Metafont (Knuth, 1986) und Prototype (Prototypo, 2017) oder Schriftgestaltung für niedrig aufgelöste Bildschirme, Pixelschriften, deren Variationsmöglichkeiten durch die begrenzte Anzahl zur Verfügung stehender Pixel begrenzt wird.

64 Mit der oben angesprochenen *Neue Haas Grotesk* werden beispielsweise *Display*-Schnitte für den Gebrauch über 24 pt geliefert. (Vgl. fontbureau [01]: 2011)

Namen von unterschiedlichen Herstellern produziert, ohne sich formal zu unterscheiden, andere weisen trotz gleicher Benennung wesentliche Unterschiede auf.

3.1.4 Dynamisierung der Schriftform

Die Zählung von Schriften fällt auch deswegen schwer, weil neue Technologien das bislang feste quasi 1:1 Verhältnis zwischen Typus und Exemplar auflösen. Lange galt zumindest pragmatisch und auch für die digitale Typografie, dass ein Typus, eine Schriftart, genau eine Art von Exemplar erzeugt.[65] Diese Zuordnung wird durch die umfassenden Dynamisierungsprozesse der Digitalisierung schwieriger. Die kurze Geschichte der digitalen Typografie ist eine Abfolge von Dynamisierungen, in der »analogen« Typografie fest in Material gegossene Fakten werden virtualisiert, beeinflussbar, dynamisch. Die Breite und Geometrie einzelner Buchstaben, deren Abstände zueinander, die Abstände zwischen Zeilen, Absätzen, zum Formatrand, selbst das Format selbst wird variabel. Wenn digitale Typografie die Verabschiedung von Fixpunkten wie der Formatbegrenzung bedeutet, scheint nur folgerichtig, dass auch die Schriftform variabel, anpassbar, dynamisiert wird. Die relativ neue Technologie der »Variable Fonts«[66] macht es möglich, mit Hilfe von Steuerungsparametern unterschiedliche Exemplare aus der selben Schriftdatei zu erzeugen. War bislang die Typografie von einer Varianz der Exemplare bei der Exemplarproduktion geprägt, bedingt durch variierende oder instabile Produktionsprozesse, liegt nun eine Möglichkeit zur Varianz (und deren Steuerung) bereits im Typus. Der Typus, die Schriftdatei, beinhaltet eine Menge von unterschiedlichen Exemplaren (vgl. Abb. 2), bereits *vor* der Exemplarproduktion. Neben den theoretischen Implikationen, die das Verhältnis und Verständnis von Typus und Exemplar betreffen, bedeutet dies auch, dass Schriftklassifikationen Schriften auf andere Art und Weise erfassen müssen.[67] Die schlichte Zählung

---

65 Spitzfindig muss angemerkt werden, dass einzelne Exemplare desselben Typus sich unterscheiden können, wenn die Exemplarproduktion Spuren in den Exemplaren hinterlässt. Die Exemplare können, je nach Abbildungsprozess und deren Einflussfaktoren wie Druckstärke, Bedruckstoff, Rendering-Kontext oder Auflösung, unterschiedlich ausfallen. Exemplarproduktion geht immer mit einer Varianz einher. Die unterschiedlichen Auswirkungen des Produktionsprozesses auf die Form werden für das Argument der dynamischen Schriftform ignoriert, und davon ausgegangen, dass ein »statischer« Typus zumindest Exemplare erzeugt, die so ähnlich sind, dass die Zuordnung zwischen Typus und Exemplar immer eindeutig stattfinden kann.

66 Vgl. dazu auch Kapitel 2, FN 138 (prüfen! in 5.2.1), zum Verhältnis von Schriftklassifikation und -erzeugung Kapitel 6.2.14.

67 Hier geht es darum, was eine Schrift überhaupt ist, *was* klassifiziert wird. Zum Objektbgriff vgl. 6.2.1.

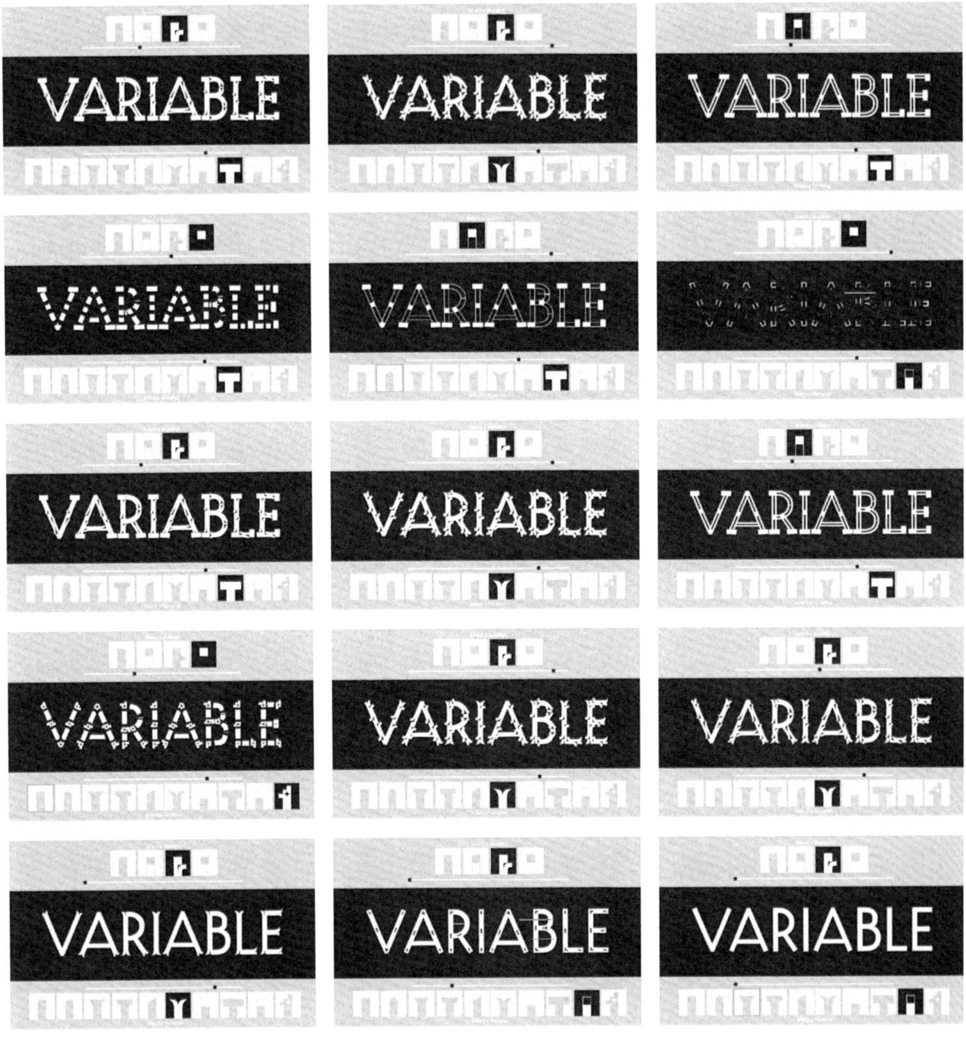

Abb. 2a bis o *Gezeigt werden hier 15 verschiedene Varianten der Schrift »Decovar«, eine »Variable Font« von David Berlow. Die jeweilige Form des Schriftzuges »Variable« wird aus der Kombination der beiden Parameter »Skeleton« (oben wählbar) und »Terminal« (unten wählbar). Dabei stehen oben vier verschiedene Skelette, unten 10 Strichenden zur Auswahl. Wie stark sich die beiden Parameter auf die Form auswirken, wird an den benachbarten Schiebereglern eingestellt. Daraus ergeben sich zunächst 60 Grundvariationen. Die Regler unterscheiden jeweils 0 bis 100. Rechnerisch ergeben sich daraus 612.060 mögliche Kombinationen, die alle aus derselben Schriftdatei erzeugt werden. Auch wenn nicht alle Kombinationen sinnvoll sind oder verschiedene Kombinationen identische Ergebnisse erzeugen, muss für die Schriftklassifikation neu gedacht werden, in welcher Form eine Klassifikation der Typen, wie bisher meist geschehen, sinnvoll ist (alle Screenshots Ausschnitte von Type Network 2017).*

von Schriftarten wird komplexer, und das bereits bei nur einer Schriftart, die in 3.1.3 aufgeführten Schwierigkeiten ergeben sich bei Variable Fonts bereits für eine einzige Schriftdatei.

3.1.5 Gefühltes Mengenwachstum

Ein rein quantitativer Vergleich kann die Veränderungen in Wahrnehmung und Umgang mit Schrift als Folge der Digitalisierung nicht ausreichend beschreiben. Eine der Folgen der Digitalisierung, des Zusammenspiels aus Markterweiterung, vereinfachten und zentralisierten Vertriebsprozessen sowie der Etablierung von Standard-Schriftformaten, ist ein *gefühltes Mengenwachstum*. Die einfache Verfügbarkeit von Schriften für digitale Systeme macht jedem, der sich ein wenig mit Typografie und Schrift beschäftigt, ob Textverarbeitungs-Anfänger oder Design-Profi, eindringlich klar: *Der Vorrat an digital verfügbaren Schriften ist groß, leicht zugänglich, aber kaum überschaubar*. Hier könnte eine Kernmotivation für die vielen neueren Klassifikationsmodelle liegen.

3.2 Aspekte der Schriftklassifikation

Erstaunlicherweise beschreiben nur wenige Schriftklassifikationen, was genau sie leisten, für welche Zielgruppe sie gedacht sind und wozu überhaupt klassifiziert werden soll. Diese grundlegenden Motivationen scheinen zwar zentral, werden aber in den vielen Publikationen und Systemen kaum näher beleuchtet. Es scheint ein Spezifikum von Schriftklassifikationen, dass den Autoren die Motivationen, aus denen heraus sie entwickelt werden, so offensichtlich scheinen, dass sie unerwähnt bleiben können. Schriftklassifikationen klassifizieren das Sichtbare, die Buchstaben, agieren aber mit Unausgesprochenem: Selten wird definiert oder auch nur thematisiert, was genau, wie genau oder warum genau klassifiziert wird. Neben den grundsätzlichen Funktionen des Zeigens und Zugänglichmachens von Schriften soll hier auf die grundlegenden Aspekte eingegangen werden, Richtungen und Zielsetzungen, welche alle Schriftklassifikationen zu unterschiedlichen Anteilen bedienen. Die drei Hauptrichtungen, auf die Klassifikationen zielen, sind die Theorie zur Schriftform, die Lehre von der Schriftform und das Handeln mit typografischer Schrift, kurz: das eigentliche *Warum* des Klassifizierens.

3.2.1 Theoretischer Aspekt

Der theoretische Aspekt von Klassifikationssystemen beschreibt zum einen ihre begriffsbestimmende und -stabilisierende Rolle innerhalb der typografischen Theoriebildung. Die geprägten Begriffe bilden Werkzeug und Material, an denen sich die typografischen Diskurse abarbeiten, sie werden aufgegriffen, bearbeitet, verworfen oder ausdifferenziert. Die theoretischen Aspekte liefern Grundlagen für die Lehre im Fach Typografie.[68] Die sprachnormierende Funktion schätzt auch Schauer: »*Nicht die Bilderscheinung, sondern die Sprache ist es, die genau unterscheidet.*« (Schauer, 1975: 44) Er sieht Schriftklassifikation als Mittel zur Begriffsbestimmung auf unterschiedlichen Ebenen: »*Definition und Bezifferung der Gruppen I bis IX* [Schriftklassen nach Vox, jop] *wurden als Grundlage zu einer inländischen wie auch übernationalen Verständigung und zu einer einheitlichen Schriftordnung angesehen. Den Druckereien und ihren Kunden sollte die Auswahl der Schriften und die Verständigung über deren Charakter erleichtert werden. Der Publizistik wie auch den Schulen würde … durch gefestigte Terminologie ein nützliches Ausdrucks- und Verständigungsmittel erwachsen.*« (Schauer, 1975: 16) Die Leistung liegt hier auf sprachlicher Ebene.[69] Schriftklassifikationen definieren Begriffe, legen Klassen, Attribute, Kriterien usw. fest. Auch die de Jongs sehen diesen Aspekt als zentral: »*Der große Vorteil der gegenwärtigen Norm* [der DIN 16518, jop] *liegt darin, dass in ihr ein einheitliches Vokabular angelegt ist, das bei aller Fragwürdigkeit der Einteilung an sich erst die Kommunikation darüber ermöglicht*« (de Jong 2008: 72).

Viele Schriftklassifikationen beschreiben *und* bebildern die für sie relevanten typografischen Unterscheidungskriterien. Die »Begriffsarbeit«, die sie leisten, bezieht sich daher nicht ausschließlich auf sprachliche Begriffe, Worte, sondern Begriffe im Sinne von Vorstellungen, Denkeinheiten, die auch über-sprachlich sein können. Sie definieren, wie Schriften anhand der identifizierten Begriffe unterschieden werden sollen. Sie legen die relevanten Charakteristika fest, wie Unter-

---

68 So ist z. B. Tschicholds Klassifikation (vgl. 5.1.4) in engem Zusammenhang mit seiner Tätigkeit als Lehrender zu sehen. Er unterrichtete unter Paul Renner an der Meisterschule für deutsche Buchdrucker in München sowie nach seiner Emigration 1933 an der Allgemeinen Gewerbeschule in Basel. Vgl. dazu Burke, 1998, 58ff. Im bis 1998 gültigen Rahmenlehrplan für den Ausbildungsberuf des Schriftsetzers war Schriftklassifikation ausdrücklich als Lehrinhalt geplant, in das neue Berufsbild des Mediengestalters für Digital- und Printmedien sind diese Inhalte ebenfalls mit eingegangen als Elemente des Lernfeldes 1.2 »Entwickeln und Anwenden von Gestaltungsgrundsätzen« (vgl. Aull et al.: 1992 und ZEFA: 2002)

69 Coles führt in *The Geometry of Type* (2013) eine Klassifikation und mit ihr ein Vokabular ein, das »*will not only make you sound smart … , but will … help you to identify, select and combine typefaces.*« (ebd.: 12)

schiede von Schriftarten beschrieben werden können. Schriftklassifikationen beeinflussen, sie bilden und steuern Denkeinheiten, die auf Schrift und Schriftform beziehbaren Referenten. Sie formulieren über Ordnungsbegriffe eine beschreibende Perspektive über das Schriftschaffen. Schriftklassifikationen sind Teil des Diskurses über Schrift, der *theoretische Aspekt* wirkt auf das *Denken über Schrift*. Er beleuchtet Schriftklassifikationen als Elemente des typografischen Diskurses.

3.2.2 Didaktischer Aspekt

Der didaktische Aspekt beschreibt den Einsatz von Klassifikationssystemen in Berufsausbildung und akademischer Lehre im Bereich der Typografie. Ein beachtlicher Teil der Schriftklassifikationen ist in diesem Kontext entstanden, didaktische Überlegungen sind in vielen Klassifikationsansätzen relevant. Manche Systeme orientieren sich am schrifthistorischen Kanon, eignen sich beispielsweise zur Vermittlung einer linearen Genese der Schriftformen, andere verdeutlichen die Parallelität der Formentwicklung in der Postmoderne.[70] Ein Großteil der Schriftklassifikationssysteme wird nicht als eigenständige Publikationen veröffentlicht, sie sind eingebettet in allgemeine Lehrbücher zum Thema Typografie.[71] Die Anwendbarkeit in der Lehre bezieht sich besonders auf die Merkbarkeit der Systeme und wird in der Literatur z. B. nach einer übersichtlichen Anzahl von leicht verständlichen Klassen beurteilt.[72] Häufig wird eine historische Zuordnung

70 Provokanter könnte man formulieren, dass lineare Konzepte von Traditionalisten wie Vox oder Tschichold einzelnen Rebellen wie Alessandrini oder Bauermeister gegenüber stehen. Auf der einen Seite der didaktischen Ansätze steht die chronologische Herleitung der Schriftform über die Schriftgeschichte, auf der anderen Seite das ständige Überwerfen und Neubeginnen durch Rekombination, Experiment und Reinterpretation der Postmoderne.

71 Die relativ neuen Arbeiten von Willberg, 2001, Bollwage, 2001, Kupferschmid, 2001, Baines, 2002, Coles, 2013 sind Lehrbücher, genauso wie die »Klassiker« Tschichold,1928, 1942a, 1942b und 1952, Renner, 1940. Sie richten sich an Auszubildende und werdende Meister in der Berufsausbildung, die späteren Arbeiten an Studierende. Die Klassifikationskonzepte sind eingebettet in Kapitel zu typografisch-gestalterischen Themen wie Proportion, Seitenaufteilung, Lesbarkeit oder Sprachnotation. Die Website http://www.100types.com (Archer, Stand 9/2008, seit Mitte 2015 offline) entstand als Master-Arbeit zur Lehre im Fach Typografie an der School of Art & Design der Auckland University of Technology. Viele Autoren von Klassifikationssystemen stammen aus der Berufsausbildung oder akademischen Lehre.

72 Die Konzeption der DIN 16518 in den 1950er Jahren spiegelte die Arbeitswelt der Druckereibetriebe der Zeit wieder. Die Norm sollte verwendet werden in der Berufsausbildung im Fach Typografie, die akademische Lehre spielte eine untergeordnete Rolle. Als Element des Rahmenlehrplans (s.o.) war für die Konzeption wichtig, wie gut und anschaulich ein System Auszubildenden im Berufsbild des Schriftsetzers nahezubringen war. Schriftsetzer war ein körperlich sehr fordernder Arbeiter- oder Handwerksberuf, Maßstab waren Lehrlinge, praktisch ausnahmslos männliche Jugendliche im Alter zwischen 15

für wichtig befunden, gelegentlich die Orientierung an Schreibwerkzeugen. Gegenüber stehen sich hier *Differenzierungspotenzial* und *Merkbarkeit;* höhere Differenzierung führt zu mehr Klassen, mehr klassifizierungsrelevanten Eigenschaften, höherer Komplexität und geringerer Merkbarkeit. Im Vordergrund steht hier die Entwicklung mentaler Modelle bei den Lernenden; ein System wirkt dann, wenn es verinnerlicht werden kann. Der *didaktische Aspekt* wirkt auf die *Lehre von Schrift,* dadurch indirekt auf *Komplexität* und *Differenzierungspotenzial* der Systeme. Er beleuchtet Schriftklassifikationen als Werkzeuge zur Lehre von der Schriftform.

3.2.3 Pragmatischer Aspekt

Der pragmatische Aspekt beschreibt die Möglichkeit der Nutzung von Klassifikationssystemen im typografischen Handlungsraum aus Perspektive der Schriftnutzer. Eine Anwendungsmöglichkeit von Klassifikationen liegt im Etablieren von Regeln zum »Einsortieren« und »Herausholen«, zum Suchen und Finden von Schriften,[73] das hier als *Adressieren* bezeichnet werden soll. Systeme, die Adressierungen vornehmen, weisen Schriften Orte zu, sie werden auffindbar durch Einsortieren. Zwar werden Schriften in allen Systemen Klassen zugeordnet, Regeln zum Sortieren oder eine exakte Adressierung[74] (vergleichbar mit einer Signatur in einer Bibliotheksklassifikation) sind zwar gelegentlich als Zielsetzung formuliert,[75] werden aber nur selten tatsächlich implementiert. Konsequente Adressierung findet erst in digitalen Systemen statt und ist dort systembedingt (vgl.

---

und 18 Jahren, überwiegend mit Haupt- oder Realschulabschluss. Erst wesentlich später erscheinen Publikationen, die sich ausdrücklich an Studierende richten. Im englischsprachigen Raum zeichnet Dixon ein ähnliches Bild: *» Systems too complex also ran the risk of being impractical to use.«* Es war um 1950 wichtig *»... to arrange typefaces in groups that may be memorised. ... none of the more sophisticated ... systems ... was adopted within a trade environment ...«* (Dixon, 2001: 2·15)

73 Taylor bringt es auf den Punkt: *Classification provides formal, orderly access to shelves.* (Taylor, 2000: 317).

74 Für Schauer gehört der Moment des »Suchens und Auffindens« zur Schriftklassifikation: *»Es ist ... die doppelte Aufgabe einer Schriftordnung, beim Einordnen ebenso hilfreich zu sein wie beim Suchen«* (Schauer, 1975: 34).

75 Schauer bezeichnet dies als den »Karteikastengedanken« (Schauer, 1975: 69). Ursprünglich war die DIN 16518 nicht nur als mentales Modell konzipiert, sondern sollte auch Richtlinien zur Schaffung einer zentralen Schriftkartei beinhalten. Diese war für die an der Konzeption der Norm beteiligten Vertreter aus der DDR vor deren Hintergrund eines planwirtschaftlich orientierten Schriftmarkts von größerer Bedeutung als für die Vertreter aus der BRD. *»Für die Schriftkartei ist eine sinnvolle Gruppierung des Schriftbestandes unentbehrlich. Das ist der Kern und der Ursprung der genormten deutschen Klassifikation.«* (Schauer, 1975: 96)

Kapitel 6.2.2). In Buchform publizierte Systeme gehen auf diesen Aspekt kaum ein. Neben dem Auffinden von Schriften nach definierten Merkmalen dienen Klassifikationssysteme als Informations- und Inspirationsquelle, die Schriften z. B. nach Einsatzgebieten, Lizenzmodellen oder Kombinierbarkeit mit anderen Schriften darstellen. Im Vordergrund steht die Nutzung im typografischen Alltag, zentral sind hier Funktionen der Ästhetisierung. Schriftklassifikationen schaffen einen Überblick, Orientierung und Vergleichbarkeit dadurch, dass Schriften mit konkreten Eigenschaften benannt und gezeigt werden.[76]

Diese Funktion ist zentral: Schriftklassifikationen machen auffindbar, sie benennen und zeigen, was unbekannt, machen zugänglich, was unzugänglich ist. Es ist wenig überraschend, dass dieses »Erscheinenlassen«,[77] eine Kernfunktion des Sortierens, in Vermarktungskontexten von zentraler Bedeutung ist. Der *pragmatische Aspekt* betrifft das Sortieren, Suchen und Finden von Schrift nach typografischen Kriterien; er wirkt auf das *Handeln mit Schrift,* besonders das Identifizieren einzelner Schriften. Der pragmatische Aspekt von Schriftklassifikationen liegt in ihrem Nutzen als Werkzeuge im gestalterischen Alltag.

Marketing

Ein besonderer Fall der Nutzung von Schriftklassifikationen liegt in ihrem Einsatz als Marketing-Instrumente. Ihre Rolle hier ist klar definiert: Klassifikationen ermöglichen Überblick, schaffen Zugang zu Schriften, der ohne sie nicht möglich wäre. Das »Zugänglichmachen« unterscheidet sich qualitativ vom »Auffinden«. Ziel von Klassifikationen, z. B. von Schriftherstellern im WWW, ist die Vermarktung. Sie liefern weniger Schriften als Ergebnis auf eine Anfrage, sondern Argumente zum Abschluss eines neuen Lizenzvertrages.[78] Die Ergebnisse sind viel offener zu bewerten als Anfragen an ein Such-System: Wer dort etwas Konkre-

76 In besonderem Maß gilt dies für digitale Systeme, die zu konkreten Attributkombinationen passende Schriftmuster zeigen und das »Testen« einer Schrift in einem konkreten Text ermöglichen.

77 In Anlehnung an Krämer, die in den Aspekten »Erscheinenlassen« und »Wahrnehmbarmachen« zwei zentrale mediale Funktionen sieht. Sie möchte Medien vor dem Horizont von Übertragungsvorgängen analysieren. Dabei argumentiert sie, diese *»... aus Kategorien ... des »Wahrnehmbarmachens« und »Erscheinenlassens« zu thematisieren«* (2008: 18f), weniger die Perspektive der Kommunikation, sondern die der Wahrnehmung in den Vordergrund zu stellen.

78 Die Entwicklungen und Veränderungen der aktuell populären Lizenzierungs-Modelle sind hier verkürzt dargestellt. Der Autor unterstellt, dass auch die Schrift-Suche und -klassifikation von Miet-Modellen im Zweifelsfall »ins System selbst«, auf Alternativen, vergleichbare Schriften verweist.

tes sucht, erhält als Ergebnis im besten Fall *eine* genau der Suche entsprechende *Schrift,* die Suche kann aber auch zu *keinem* Ergebnis führen. Klassifikationen als Marketing-Instrumente liefern hingegen immer Ergebnisse. Die Systeme liefern immer auch Verweise auf weitere Schriften im System, Alternativen oder »Companions« zu einer Suche. In einer Vermarktungs-Umgebung ist »kein Ergebnis« das schlechtest-denkbare, im besten Fall ist das Ergebnis eine offene, inspirierende Auswahl von Schriften, die auf unterschiedliche Art zur eigentlichen Suche passt und einen Kaufimpuls auslöst. Hier liegt ein legitimer, aber wesentlicher Unterschied zu didaktisch orientierten Modellen.

Schrift-Ersetzung

Ein zweiter Sonderfall im pragmatischen Umgang mit Schrift betrifft den automatisierten Zugang zu Schrift, der über Klassifikationen als Schrift-Auswahl-Mechanismen gesteuert wird. Schrift-Ersetzung ist ein grundlegender Mechanismus, um die Darstellung digitaler Texte zu ermöglichen, auch wenn die festgelegte Schrift nicht vorhanden ist; fehlende Schriften sind ein Standard-Problem des digitalen Alltags.[79] Klassifikationen sind hier insofern relevant, als über sie die Ersetzung gesteuert werden kann mit dem Ziel, dem Originaldokument möglichst nahe zu kommen. Klassifikationen lösen ein Dilemma, füllen eine Fehlstelle, ein Nicht-Vorhanden-Sein bei gleichzeitiger Notwendigkeit einer typografischen Schrift, wenn keine Fehlstelle erlaubt bzw. möglich ist.[80] Dieser Aspekt ist ein Spezialfall der Typografie: Er regelt, was zu tun ist, wenn die spezifizierte Schrift nicht bzw. keine passende Schrift vorhanden ist. Klassifikation kann hier als Eskalations-Strategie eine wichtige Rolle spielen: Sie verweist im Falle des Fehlens einer Schrift auf eine andere, möglichst ähnliche. Durch Klassifikationen gesteuerte Schrift-Ersetzung verhindert technische Störungen in typografischen Systemen.[81] Sie betrifft das Ersetzen von Schrift mit Hilfe von Klassifikationen

79 Fehlende Schriften sind ein alltägliches Phänomen, besonders im Bereich digitaler Korrespondenz: Um einen Text, z. B. in einer E-Mail, auf einer Website oder einem Text-Dokument darstellen zu können, *muss eine, ggf. irgendeine Schrift* verwendet werden.

80 Gemeint sind Situationen, in denen das Fehlen einer Schrift nicht vorgesehen bzw. nicht möglich ist: beim Öffnen eines an einem anderen Rechner erstellten Text-Dokuments, bei der Druckausgabe, der Darstellung einer E-Mail oder einer Website. In allen Fällen geht es um den Zugang zu einer Schrift als Ersatz für eine andere.

81 Die genannten Prozesse lösen technische Probleme, keine typografischen. Unter Gesichtspunkten typografischer Qualität ist Schriftersetzung praktisch nie akzeptabel. Ersetzungen sind Reaktionen auf ein

nach typografischen Gesichtspunkten. Es geht um die *automatisierte Ersetzung von Schrift* durch ein typografisches System. Ein wesentlicher Punkt ist hierbei, dass handelnde Instanz hier die Nutzerin einer oder mehrerer Schriften im Dialog mit einem digitalen System ist.

3.2.4 Aspekte, Anwendung, Anforderungen

Das Wirkfeld von Klassifikationssystemen ergibt sich aus der Kombination dieser Aspekte. Frei nach McLuhan: *The aspects of typeface classifications define the ways typographers relate to type, how they are taught their craft, how they think about and interact with it. When the relations between these aspects change, typographers change.* Sind ein System verinnerlicht *(didaktischer Aspekt)*, seine Bezeichnungen präsent und allgemein akzeptiert *(theoretischer Aspekt)*, können das daraus bezogene Wissen und die Differenzierungsmöglichkeiten durch zielgerichtete Auswahl von Schriften in die typografische Gestaltungspraxis *(pragmatischer Aspekt)* einfließen. Aus diesen drei Aspekten ergeben sich unterschiedliche Anforderungen an ein System zur Schriftklassifikation. Für die Theorie stehen eine genaue Differenzierung und trennscharfe Klassendefinitionen im Vordergrund. Aus Perspektive der Lehre ist die Möglichkeit der Unterscheidung schriftformbestimmender Faktoren wie z. B. Kombinationen aus Schreibwerkzeug und Beschreibstoff oder Reproduktionsverfahren wichtig. Dabei kann die Abbildung historischer Entwicklungen[82] wichtig sein, die Anschlussfähigkeit zum bis dahin etablierten typografischen Kanon. Die Anwendungsorientierung ließe sich nach Kriterien der Einsetzbarkeit als Vergleichs-, Orientierungs-, Sortierungs- oder als Verortungssystem beurteilen. Dabei müssten die Klassendefinitionen derart gestaltet sein, dass jede Klasse eine handhabbare Menge[83] von Schriften fasst, die sich gegen Nachbarklassen

Ästhetisierungs-Problem: Ohne Schrift kann ein Text nicht ästhetisch, lesbar werden; ersetzt wird nach der Maxime »lieber unschön als unlesbar.«

82 In Kapitel 4 wird gezeigt, dass die Anschlussfähigkeit, insb. die begriffliche Übereinstimmung zwischen neuen und alten Klassifikationssystemen, eine der Schlüsselanforderungen für die internationale Akzeptanz von Alternativvorschlägen in den 1960er Jahren war. So plädiert Schauer fast leidenschaftlich für historisch orientierte Bezeichnungen der Schriftklassen nach Stilen (Schauer, 1975: 18ff und 77f), und eine Vereinheitlichung der deutschen, englischen und französischen Begriffe für dieselben (so z. B. für Gruppe V und VI der DIN 16518 in Schauer, 1975: 104).

83 Kapazitäre Erwägungen sind für Klassifikationssysteme wesentlich. Ein Großteil der neueren Klassifikationen ist als digitale Systeme implementiert, wo Kapazitäten keine wesentliche Bedeutung mehr haben. Systeme für didaktische Zwecke orientieren sich dagegen an den Kapazitätsgrenzen der Merkfähigkeit ihrer Zielgruppe. Die resultierenden Kapazitätsunterschiede könnten deutlicher nicht sein.

scharf abgrenzen lässt, ohne dabei unverständlich oder zu kleinteilig definiert zu sein. Obwohl wenige der später aufgeführten Systeme unter ausschließlich einem Aspekt entwickelt wurden, wird deutlich, dass Spezialisierungen auf bestimmte Aufgabenstellungen oder Verschiebungen in der Bewertung der Aspekte deutliche Auswirkung auf die Systemstrukturen haben. Ein wesentlicher Anteil der Kritik an verschiedenen Systemen kann als Wertigkeitsverschiebung innerhalb der Anwendungsaspekte aufgefasst werden.

3.3 Ordnungswerkzeuge und Wissensstrukturen

Es ließe sich argumentieren, dass Wissenschaft mit dem Ordnen der Umwelt beginnt; Begriffsbestimmung und Klassifikation sind fast identische Tätigkeiten, eine Ur-Szene wissenschaftlicher Tätigkeit. Der Begriff Klassifikation (auch Klassifizierung, Typifikation oder Systematik) bezeichnet ein Ordnungssystem, in dem eine Menge von *Objekten* in *Klassen* eingeteilt wird.[84] *Objekt* (oder Einheiten, engl. *entities, objects*) bezeichnet, *was* sortiert werden soll. Zur Unterscheidung von Objekten werden *Attribute* (Eigenschaften, engl. *properties*) verwendet. Klassifikation dient hauptsächlich der Bestimmung und Kategorisierung und der Orientierung in größeren Mengen von Objekten. Klassifikationen sind systematische Repräsentationen von Wissen: »*Classification schemes have properties that enable representation of entities and relationships in structures that reflect knowledge of the domains being classified*« (Kwasnik 1999: 22). Die praktischen Anwendungsgebiete von Klassifikationen sind mehr als vielfältig. Als Beispiele für die Spannbreite der im Rahmen der Recherche für diese Arbeit aufgefundenen Klassifikationen seien hier Systeme zur Unterscheidung von Wellenlängen elektromagnetischer Strahlung, Zahnfüllungen, Dämonen und Engel (und weitere Astralwesen), Pflanzen, Kaufkraftquotienten, alle bekannten menschlichen Krankheiten, UFO-Sichtungen, psychische Störungen, Verben, Krebstumore, Wirtschaftssysteme, Bücher oder Gesteinsarten genannt. Im Folgenden soll es um die Genese von Wissensstrukturen und Episteme gehen, um konkret in Schriftklassifikationen vorkom-

84 Diese Definition von Klassen ist gemeint in der Tradition der Kategorien Aristoteles', »*… verstanden als Aussageschemata in Bezug auf etwas Seiendes.*« (wiki 16)

mende Strukturen, um die Vorstellungen, die mentalen Modelle von Schrift und Schriftklassifikation sowie die Prozesse, Handlungen und Voraussetzungen für das Klassifizieren. Kurz: Es geht darum, *wie* klassifiziert wird, um die *Werkzeuge* der Ordnung.

Die Ordnung der Dinge

Foucault schreibt mit *»Die Ordnung der Dinge«* (2001 [1971]) nicht nur eine *Archäologie der Humanwissenschaften* (so der Untertitel), er betrachtet die *Episteme* verschiedener Epochen. *»Darunter versteht er das dem alltäglichen Wissen, der Wissenschaft und der Philosophie einer Epoche zugrunde liegende, kognitive Ordnungsschema«* (Fink-Eitel 1992: 38). Foucault untersucht das *»nicht-formale Wissen«*[85] (Foucault 2001: 10) im Wandel zwischen Renaissance und Moderne.[86] Foucaults Ansatz ähnelt dabei einem ethnologischen Blick: Er betrachtet nicht das Wissen selbst, sondern die Umstände seiner Hervorbringung. Er beschreibt den Wandel der Wissensgenese nach dem Prinzip universeller Ähnlichkeiten in der Renaissance[87] hin zu einer Orientierung an der Repräsentation durch Sprache in der Klassik. *»Die im klassischen Zeitalter maßgebliche Logik von Port Royal*[88] *verbindet Repräsentation und Denken im Begriff der Vorstellung. ... An die Stelle der unendlichen Interpretation von Ähnlichkeiten tritt die geschlossene Ordnung cartesianischer »Mathesis«, die mit trennscharf klassifizierenden Identitäten und Differenzen arbeitet.«* (Fink-Eitel 1992 zur Ordnung der Dinge: 39f). Für Foucault ist im klassischen Zeitalter, unter dem Einfluss der Grammatik und klassischen Logik von Port Royal,[89] die

85 Hier sei kurz angemerkt, dass Foucaults Begriff der *Episteme* dabei ausdrücklich auch das umfasst, was in der Design-Forschung als *tacit knowledge* bezeichnet wird: Handlungswissen, schwer Auszudrückendes, Unausgesprochenes, Unaussprechliches, Verdrängtes (vgl. z. B. Mareis 2012)

86 Die *»époche«* der Renaissance umfasst bei Foucault in etwa das 15. und 16. Jahrhundert, die Klassik das 17. und 18. Jahrhundert, die Modern beginnt mit dem 19. Jahrhundert.

87 Vgl. Foucault 2001: 46f

88 Die genannte *»La logique, ou l'art de penser«* ist ein zentrales Werk zur traditionellen Begriffslogik, das zunächst anonym 1662 veröffentlicht wurde (hier verwendet: *»La Logique de Port Royal«* Arnauld 1854). Die im 19. Jahrhundert von Boole (1847) formalisierte Logik steht in direkter Nachfolge, gliedert die Logik in die Mathematik ein, liefert die theoretische Basis für digitale Schaltungen und ist die vielen digitalen Anwendungen, wie z. B. Datenbanken, zugrunde liegende Logik.

89 Foucault sieht in den Publikationen von Port Royal, einer allgemeinen Grammatik (hier verwendet: Arnauld 1810 [1660]) und einer Logik (hier verwendet: Arnauld 1854 [1662]), einen Wandel im Verständnis von Sprache. *La logique, ou l'art de penser* (ebd.) behandelt eine binäre Begriffslogik, häufig als »klassische Logik« bezeichnet.

Sprache nicht Werkzeug, sprachliche Repräsentation selbst *ist* Episteme. »*Was die Algebra für die* mathesis *ist, sind die Zeichen und insbesondere die Wörter für die* taxonomia*: Konstitution und evidente Manifestation der Ordnung der Dinge*« (Herv. i. O., Foucault 2001: 255). Taxonomien sind für ihn Mengen von Begriffen, die logisch klar voneinander abgegrenzte Objekte beschreiben: Klassifikationen. Foucault sieht den Ursprung des Wandels zur Klassik im Verständnis von Sprache, der nun die Fähigkeit der exakten Repräsentation der Welt zugesprochen wird. Dieses Verständnis manifestiert sich in *tableaus*[90] (ebd.: 188), Darstellungen, welche die Linearität der Sprache in ein gleichzeitiges Nebeneinander auflösen, eine Struktur etablieren und Ordnungen schaffen. *Tableaus* sind Mittel der Selbstermächtigung durch Darstellung. Sie schaffen durch die für Foucault grundlegenden Sprachfunktionen der Benennung der Dinge, der Derivation, der Attribution und der Gliederung bestimmte Ordnungsstrukturen, die auf Reihen von gemeinsamen *und* verschiedenen Attributen beruhen.[91] Im klassischen Wissen kann die »*Kenntnis der empirischen Lebewesen nicht anders als durch die kontinuierliche, geordnete und allgemeine Übersicht* (tableau) *aller möglichen Unterschiede erworben werden…*« (Herv. i. O., Foucault 2001: 188). Dagegen stellt er das Erkenntnismodell der Renaissance, in dem Bestimmung[92] durch spezifische Besonderheiten vorgenommen wird, während andere, potenziell gemeinsame Zuschreibungen keine Rolle spielen. »*Die Identität und das, was sie markiert, werden durch das Residuum der Unterschiede definiert. Ein Tier oder eine Pflanze ist nicht, was das Stigma anzeigt …, das man an ihnen entdeckt. Es ist das, was die anderen nicht sind. Es existiert in sich selbst nur an der Grenze dessen, wovon es sich unterscheidet. … Die Klassifikation hat sich … zwischen der Theorie des* Merkmals *und einer Theorie des* Organismus *angesiedelt*« (Herv. i. O., ebd.: 188f). Für Foucault liegt die Entwicklung in der Klassik in der Formalisierung der Unterscheidungslogik: Während in der Identifikation der Renaissance mit »Leerstellen« operiert wird, ausschließlich »Spezialitäten« als zentrale Merkmale etabliert werden und dabei alle anderen Merkmale unerwähnt bleiben, werden in der Klassik über die Bestimmung aller bekannten Merkmale Objekte als

90 Französisch für *Tafel, Bild, Gemälde, Tabelle, Darstellung*, im von Foucault aufgeladenen Sinne bedeutet es etwas wie »klassifizierende Abbildung«.

91 Vgl. zur Klassifikation in klassischen Zeitalter Foucault 2001: 165f.

92 Foucault verwendet als Beispiel Naturführer, er argumentiert entlang der Identifikation der Arten von Lebewesen in der Literatur der Renaissance und der Klassik (vgl. Foucault 2001: 165ff)

›Ausbrüche‹ aus einem abstrakten Beschreibungsmuster[93] definiert. Das Konzept der Hierarchie, die transitive Vererbung von Eigenschaften wird nach Foucault in der Klassik als Ordnung stiftendes Moment etabliert. Die Identität, die Definition eines Objekts sind dann nicht unbedingt der deutlichste Unterschied aus einer Oberklasse, sondern die Menge aller Abweichungen von derselben. In der Renaissance sind die Definitionen identisch mit den Abweichungen und immer der einzige Unterschied: Sie werden als *wichtig* bewertet. In der Klassik sind diese Abweichungen nicht qualitativ bewertet, sie können nebensächlich sein, sie treten eher als statistische Phänomene denn als Wesensmerkmale auf. In der Abgrenzung prototypischer zu formal-logischen Definitionen (vgl. a. Kapitel 3.3.7) treten diese »Orte« der Objektidentität ähnlich hervor: Das Objekt der Renaissance bildet ein Zentrum, es ist ein typischer Vertreter einer Art, bestimmt durch seine Besonderheiten. Es sitzt in der Mitte der Markierung seiner selbst. Das Objekt der Klassik definiert sich durch Nachbarschaft, durch eine definierte Menge gemeinsamer, geerbter Attribute einer Oberklasse, und durch genau bestimmte Unterschiede. Es sitzt in seinem Residuum und ist es selbst durch eine Grenze. Foucault geht es nicht um eine Kritik der beiden kontrastierten Paradigmen. Er möchte die Begleitumstände der Wissensgenese beider Epochen hervorbringen – als formende Voraussetzungen für das Denken. Dabei sind die herausgearbeiteten Muster, insbesondere die formalisierten Definitionen, keine »Erfindung« der Klassik, Foucault sieht sie als Resultat ihres das Denken bedingenden Umfelds. Sie sind auch insofern keine Neuheit, da sie auf Denkmustern fußen, die bereits in der Antike bekannt waren: Die Begriffslogik ist auf die griechische Philosophie[94] zurückzuführen. Für Foucault kommt die Ordnung der Dinge aus der Sprache. Die Formalisierung der Ordnungen hat für ihn ihren Ursprung in der Formalisierung der Sprache, in einer normierten Grammatik und Logik. *»Systematik (also »Ordnung«) entsteht nur in der Sprache, Sprache prägt aber unser subjektives wie gesellschaftliches Wissen und verblendet daher den Blick auf die tieferliegenden Strukturen«*

93 Das abstrakte Beschreibungsmuster ist die Gesamtheit der geteilten Attribute, in einer Hierarchie (s. u.) beispielsweise eine Oberklasse.

94 Die Aristotelische Logik beschäftigt sich mit dem Schlussfolgern und dem Wahrheitsgehalt von Aussagen. Dort werden zum einen Aussagen mit binärem Wahrheitsgehalt (wahr/falsch) behandelt, zum zweiten sind dafür »Realdefinitionen« Voraussetzung, stringente Definitionen von Objekten, die eindeutig verifizierbar oder falsifizierbar sind (vgl. Smith 2017: *4. Premises: The Structures of Assertions* und *7. Definitions*). Foucault befasst sich später umfänglich mit Aristoteles in seinen Vorlesungen am Collège de France (vgl. Foucault, 2013).

(Nohr zu Foucault 2014: 383). Eine der Folgen der zentralen Position der Sprache bei Foucault ist die Wichtigkeit des Diskurs-Begriffs in seinem späteren Werk.

Ordnungsbegriffe und -strukturen der Moderne

Die Entwicklung der Wissensstrukturen der Moderne[95] wird in der *Ordnung der Dinge* klar nachgezeichnet. Im Folgenden seien nun verschiedene Strukturen und ihre »Bausteine« angeführt, die in der kurzen, nach-klassischen Geschichte der Schriftklassifikationen etabliert wurden. Eine der zentralen Kontroversen zu Schriftklassifikationen lässt sich in der Differenz zwischen *Typologie* und *Taxonomie* komprimiert darstellen. Dabei bedeutet Typologie im Allgemeinen eine *deduktiv* hergeleitete, *synthetisch* und *qualitativ* definierte Klassifikation: die Bildung von Klassen anhand weniger typischer Merkmale. Typologien werden in Foucaults Ordnung der Dinge als die Ordnungsstruktur der Renaissance verstanden. Im Gegensatz dazu stehen Taxonomien als *induktiv, analytisch, empirisch* und *quantitativ* definierte Ordnungen, die in der Regel formalisiert unterscheiden, hierarchisch strukturiert sind und anhand einer größeren Anzahl vereinheitlichter Attribute unterscheiden. Foucault ordnet sie der Klassik zu. Im Folgenden werden die Begriffe aufgrund ihrer leicht unterschiedlichen Definitionen in Informatik, Linguistik und in der *Ordnung der Dinge* nur selten, meist in Bezug auf eine Quelle verwendet. Gemeint sind die beiden unterschiedlichen Strategien bei der Klassendefinition: wenige spezifische Merkmale in Typologien, eine große Zahl an Merkmalen und der Unterscheidung nach gleichen und unterschiedlichen Ausprägungen derselben in Taxonomien.

In der Folge werden unterschiedliche Strukturen von Taxonomien beleuchtet. Dabei wird im Wesentlichen auf Kwasniks *The Role of Classification in Knowledge Representation and Discovery* (1999) zurückgegriffen, wo für Bibliotheksklassifikationen relevante Strukturen diskutiert werden. Ihr pragmatischer Ansatz aus der bibliothekarischen Praxis heraus definiert einen Standpunkt, der besonders aus Perspektive der Schriftklassifikation fruchtbar gemacht werden kann.

---

95 Im Sinne Foucaults die Epoche nach der französischen Klassik.

Objekte und *Attribute* sind nach Scheele *Begriffe* oder *Denkeinheiten*,[96] meistens können sie mit wenigen Worten beschrieben werden. Als *Klassen*[97] werden Mengen von Objekten bezeichnet, die sich *ein oder mehrere Attribute* teilen. Zur Unterscheidung der Objekte werden *Attribute* (Eigenschaften oder Merkmale) oder Kombinationen von Attributen bestimmt, die den Objekten zugeschrieben werden können. Die *Menge der Attribute*, welche die Zugehörigkeit zu einer Klasse bestimmen, wird als *Klassensignatur* bezeichnet. Attribute als solche sind abstrakt, für sie werden »Werte« (eine konkrete Ausprägung) bestimmt. Die »Abstufung« oder Bezeichnung des Wertes bestimmt die Klassenzugehörigkeit des Objekts.[98] Die Definition der Kategorien und Abstufungen der Werte ist Teil eines Klassifikationssystems. In vielen Klassifikationssystemen, darunter alle digital realisierten Klassifikationssysteme, sind Werte diskretisiert[99] repräsentiert. Klassifikation geht häufig mit stark formalisierter Beschreibung von Objekten einher. Um eine exakte und eindeutige Identifikation zu ermöglichen, kann aus den Mengen der Klassennamen und Attribute ein kontrolliertes Vokabular[100] gebildet werden. Mit *Struktur* eines Klas-

96 Scheele bezeichnet in *Ordnung und Wortschatz des Wissens* (1977) Attribute als *»... eine Denkeinheit, in der Eigenschaften und Zusammenhänge von Gegenständen erfasst sind. ... Die Gegenstände können materieller oder immaterieller Art (...) sein. Ausdruck des Begriffs ist gewöhnlich ein Wort oder eine Wortgruppe, seine Benennung.«* (ebd.: 16)

97 Im *New Oxford American Dictionary* wird eine Klasse bezeichnet als *»...a set or category of things having some property or attribute in common and differentiated from others by kind, type, or quality...«* (McKean, 2005). Die Bedeutung unterscheidet sich im Verwendungskontext, so werden z.B. in Mathematik und Mengenlehre Menge und Klassen unterschieden (Mengen sind stets Klassen, Klassen aber nicht zwingend Mengen). In Philosophie und Informatik werden abstrakte Beschreibungen (Kategorien, Klassen) und konkrete Ausprägungen (Instanzen) unterschieden. Für diese Arbeit genügt es, eine Klasse als Beschreibung einer Gruppe in bestimmten Merkmalen gleichartiger Objekte zu denken. Einen guten Überblick über den Begriff der Klasse in unterschiedlichen Disziplinen bieten auch das deutsche und englische (wiki 01) und (wiki 02)

98 Beispielsweise könnte das Attribut »Farbe« binär angelegt sein, ein Objekt wäre dann »farbig« oder »nicht farbig«. Genauso könnte »Farbe« die Zahl einer Standardfarbe wie »HKS 13« oder »0 % cyan, 100 % magenta, 100 % gelb, 0 % schwarz« enthalten oder einen sprachlichen Inhalt haben wie »scharlachrot« oder »steingrau mit einem Stich ins Bläuliche«.

99 diskret (lat. unterschiedlich, getrennt, jop) ist hier im mathematischen Sinne von »diskontinuierlich« oder »abzählbar« gemeint. Die Festlegung eines Attributwertes ist häufig streng reglementiert, sodass nur bestimmte Werte erlaubt sind, z.B. ausschließlich Großbuchstaben von A bis K oder nur ganze Zahlen. Die begriffliche Unterscheidung von Attributen und Werten ist zur Bestimmung der Trennschärfe wichtig, der Diskretisierungsvorgang bei der Wertbestimmung wirkt direkt auf die Trennschärfe der Klassen.

100 Eine endliche Menge aus Bezeichnungen, die eindeutig Begriffen zugeordnet werden. Ein kontrolliertes Vokabular ist ein (gelungener) Diskretisierungsversuch freisprachlicher Beschreibungen. Siehe dazu z.B. NISO, 2006.

sifikationssystems ist hier die Qualität der Verhältnisse oder Bezüge von Klassen und Attributen zueinander gemeint. Im Folgenden werden dazu zunächst logische Strukturen betrachtet, unabhängig vom »Inhalt« des Klassifikationssystems.

In der Analyse der Schriftklassifikationssysteme wird deren logische Struktur hier hervorgehoben.[101] Die Struktur repräsentiert typografisches Wissen zur Schriftform genauso wie die klassifizierenden Attribute und Klassen selbst. Die innere Struktur, der Zusammenhang und die Kombination der Attribute zur Schriftunterscheidung und ihre Zusammensetzung zu Klassen, wirkt auf die Klassifikation wie ein Filter. Die Verbindungen von Attributen und Klassen enthalten implizit Information wie *»stammt ab von ...«, »erscheint vor/nach ...«, »ist Teilmenge von ...«, »gehört zu ...«, »besitzt dieselben Eigenschaften wie ...«* oder *»erweitert ... durch ...«*. In *The Role of Classification in Knowledge Representation and Discovery* (1999) beschreibt Kwasnik aus bibliothekswissenschaftlicher Perspektive die Zusammenhänge zwischen Wissen, Theorie und Klassifikation, der Prozesshaftigkeit der Wissensgenerierung und den Strukturen der Wissensrepräsentation. Ihr Argument zur Notwendigkeit der Analyse der Wissensrepräsentation ist, dass »Wissen über etwas« auch aus dem Wissen über Kontexte, Verknüpfungen besteht:

> *The distinction is drawn between merely observing, perceiving, or even describing things and truly* ***knowing*** *them. To know implies a process of integration of facts about objects and the context in which the objects and processes exist. Even in colloquial usage, knowledge about someone or something is always expressed in terms of deep relationships and meanings as well as its place in time and space* (Herv. i. O., Kwasnik, 1999: 23).

Umgekehrt liegt in den Strukturen Information darüber, wie die Autorinnen über Schriftform denken oder wie sie beabsichtigen, dass über Schriftform und ihre Unterscheidung gedacht wird. Viele Schriftklassifikationen werden ohne »Gebrauchsanweisung« publiziert: Sie definieren weder genau, an wen sie sich richten, noch was sie genau auf welche Weise[102] klassifizieren, warum bzw. mit

---

101 Dies geschieht einerseits, weil sich über die Struktur grundlegende Denkmuster zu den Objekten zeigen. Zum zweiten ändert sich die Struktur der Schriftklassifikationen im zeitlichen Verlauf deutlich, bleibt aber meist unerwähnt, ist lediglich implizit ablesbar.

102 In diesem Strukturkapitel sei angemerkt, dass *keine* Schriftklassifikation die ihr zugrunde liegende Ordnungsstruktur erwähnt.

welcher Zielrichtung sie klassifizieren oder welches Verständnis von Schrift und Schriftform ihnen zugrunde liegt. Die logische Struktur der Systeme lässt Rückschlüsse auf genau diese Felder zu. In der Struktur zeigen sich die der Klassifikation zugrunde liegenden Denkmuster.

Kwasnik identifiziert als grundlegende Strukturen *Hierarchien, Bäume* (als besondere Form der Hierarchie), *Paradigmen* als zweidimensionale Ordnungsstrukturen und *Facetten-Struktur* (als potenziell komplex und mehrdimensional). Anschließend analysiert sie die den Strukturen zugrunde liegenden Erkenntnisprozesse. Kwasnik formuliert Voraussetzungen für die Konzeption der entsprechenden Strukturen, implizite Wertungen sowie Vor- und Nachteile bei der Anwendung (ebd.: 24ff). Sie hält alle Wissensstrukturen für potenziell *»voreingenommen«* (biased), selektiv und in der Perspektive eingeschränkt, sie schreibt z. B. zu Tabellen: *»... like most classificatory structures, paradigms are usually partial and biased representations«* (ebd.: 39). Im Folgenden sind diese Hauptstrukturen und einige andere für den Bereich der Schriftklassifikationen genauer beschrieben.

3.3.1 Narrativ

Einige Schriftklassifikationen werden als Texte narrativ entwickelt. Sie sind, streng genommen und nach zeitgenössischen Kriterien, keine Klassifikationsstrukturen, sondern, wie Foucault in der *Ordnung der Dinge* argumentiert, vor-klassische Ordnungen. Sie lassen sich, im Unterschied zu den folgenden Ordnungsstrukturen, nicht eindeutig auf eine logische Struktur zurückführen, sie »gehorchen« nach Foucault den Prämissen der *Ähnlichkeiten* (vgl. Foucault 2001: 168f) der Renaissance. Dabei sind die Objekte durch ihre Besonderheiten definiert und nicht anhand einer Vielzahl gemeinsamer Attribute gedacht. Im Unterschied zu prototypisch (vgl. Kapitel 3.3.7) formulierten Ordnungen werden kaum oder keine Klassen gebildet, Narrative definieren *Begriffe*. Der Begriff Narrativ wird hier als Strukturbeschreibung vor allem dort verwendet, wo Schriften und Klassendefinitionen ausschließlich über ihre Besonderheiten definiert werden. Die unterschiedlichen Schriften werden dort in einer Erzählung beschrieben, weniger innerhalb einer logischen Struktur verortet.

3.3.2 Hierarchien

Der hierarchischen Klassifikation zugrunde liegt die Denkfigur der Inklusion, des »Kleineren im Größeren«, sie geht auf das aristotelische Denkmodell des »Enthaltenseins« zurück.[103] Größere, sogenannte »Elternklassen« vererben Eigenschaften an »Kindklassen«, die als Ganzes Teilelemente der Elternklasse sind. Die einzige notwendige Relation zwischen zwei Klassen ist die hierarchische Inklusion, »Klasse A ist Teil von Klasse B« und nicht umkehrbar. Durch die Vererbung von Eigenschaften erben Kindklassen die Eigenschaften aller Elternklassen, die Eigenschaften sind transitiv. Klassenzugehörigkeit auf gleicher Hierarchiestufe schließt sich aus (eine Kindklasse kann nur genau eine Elternklasse haben, diese wiederum genau eine usw.). Definiert wird sie durch notwendige und hinreichende Bedingungen (Kwasnik, 1999: 24). Kwasnik bezieht sich ausschließlich auf *Monohierarchien*, bei denen jede Kindklasse nur eine Elternklasse beerbt; Polyhierarchien (mit Mehrfachvererbung) werden nicht berücksichtigt. Hierarchien als Wissensrepräsentationen haben formale Vorteile (vgl. ebd.: 26f), besonders die klare Definition der Klassengrenzen. Als wesentliche Voraussetzung für die Definition einer Hierarchie wird *»require relatively complete knowledge of the domain* [Wissensgebiet, jop] *in advance«* genannt (ebd.: 28). Problematisch bewertet Kwasnik den Einsatz von Hierarchien, wenn kein genaues und abgeschlossenes Wissen des Gebiets vorliegt. Die sich aus der Struktur ergebenden Vorteile in Bereichen wie Vererbung oder Transitivität sind besonders in Situationen schwierig, wenn z. B. Objekte in verschiedenen Kontexten unterschiedlichen Klassen zugehören. *»This fuzziness requires a different method of representation — some mechanism for indicating relative weight and presence of attributes and relative closeness or distance from some best-example prototype«* (ebd.: 30). Hierarchien seien *»excellent representations for knowledge in mature domains in which the nature of the entities, and the nature of meaningful relationships, is known«* (ebd.: 30). Hierarchien sind visuell gut darzustellen, solange die Abhängigkeiten einfach (*mono*hierarchisch) bleiben. *Polyhierarchien* sind Hierarchien, in denen ein Objekt Eigenschaften von mehreren Klassen erbt. Kwasnik erwähnt sie nicht weiter, in der Schriftklassifikation spielen sie eine untergeordnete Rolle, abgesehen von Paradigmen (s. u.) als Sonderfall von Polyhierarchien.

3.3.3 Bäume

Bäume sind monohierarchische Strukturen, sie können als Graphen abgebildet werden. Bei der Abbildung eines Klassifikationssystems in einen Baum bezeichnet ein Knoten jeweils eine Klasse. Die Verbindungen zwischen den Klassen werden

103 vgl. Kwasnik 1998: 24

als Kanten dargestellt und können mit Relationen oder Abhängigkeiten beschrieben werden. Bäume sind monohierarchisch strukturiert, von jedem Kind-Element führt nur genau eine Kante zu einem Eltern-Element. Vererbung ist keine notwendige Eigenschaft von Bäumen, Strukturen mit Einfachvererbung können aber in Bäumen abgebildet werden. Davon abgesehen können die Relationen zwischen hierarchisch angeordneten Objekten arbiträr sein. Zentrale Voraussetzung für den Einsatz von Bäumen sind für Kwasnik *»complete and comprehensive information«* und *»systematic and predictable rules for distinction«*, Vorteile lägen in ihren klar definierten Verknüpfungen, der *»relationship of interest«*. Nachteile lägen in ihrer geringen Flexibilität im Fall von Änderungen und ihrer selektiven Perspektive, welche die Vorstellung von »Verwandtschaft« erwecken würde, auch wenn die definierte Relation dies nicht abbildet (vgl. ebd.: 34f). Bäume suggerieren einen Zusammenhang und eine Hierarchie der abgebildeten Objekte, die über die definierte Relation hinausgehen kann. Besonders eignen sie sich für Objekte, die zwar hierarchisch gegliedert sind, aber abgesehen von den durch die Kanten beschriebenen Relationen keine für das Sortieren relevante Ähnlichkeit besitzen.

Abbildung 3 *Tschicholds Ansatz, eines der einflussreichsten deutschsprachigen Modelle, basiert auf einer Baumstruktur. Die »Runden Schriften« sind konzipiert als eine Folge aus transitiven, abstrakten Klassen, hier die ersten drei Ebenen von links, und sieben konkreten Klassen rechts (vgl. Tschichold 1996 [1952]: 76). Die hellen Kreise zeigen die logische Struktur von Tschicholds Klassifikation.*

3.3.4 Paradigmen

Kwasnik (ebd.: 35) bezeichnet zweidimensionale Hierarchien als *paradigms.*[104] Sie werden häufig als Tabellen dargestellt. Objekte werden hier nach zwei Eigenschaftskategorien geordnet, die jeweils in einer Dimension dargestellt werden. Paradigmen repräsentieren zwei »Achsen des Interesses«, deren Attribute in Kombination eine Klasse ergeben. Sie beinhalten die Kombination von Eigenschaften, die an sich voneinander unabhängig sind. Zur Konzeption von Paradigmen wird *»knowledge of the domain«* benötigt *»or some guiding principles in order to make a good choice of dimensions«*, sie seien *»... heuristic in that they present a clear view that can then be analyzed and interpreted«* (ebd.: 39). Sie machen Häufungen oder Abwesenheit von Objekten mit bestimmten Attributkombinationen sichtbar, abstrakte oder »übervolle« Klassen können direkt identifiziert werden (ebd.: 37). Paradigmatische Klassifikationsstrukturen sind im deutschsprachigen Raum die Innovation der frühen 2000er Jahre (Beispiel s. Tabelle 1, nächste Seite).

3.3.5 Facetten

Während Hierarchien, Bäume und Paradigmen nach Foucault Ordnungen nach dem Muster der Klassik darstellen, sind Facettenklassifikationen neuere, potenziell komplexere Modelle, die zudem einer eigenen Logik folgen. Sie sind für Kwasnik eine Art der Wissensrepräsentation, seien zudem aber als eine alternative Herangehensweise an den Klassifikationsprozess zu sehen (vgl. ebd.: 39). *»The notion of facets rests on the belief that there is more than one way to view the world, and that even those classifications that are viewed as stable are in fact provisional and dynamic«* (ebd.: 39). Die Facettenklassifikation ist eine relativ junge Klassifikationsstruktur.[105] Sie ist polyhierarchisch strukturiert. Einzelne Dimensionen werden dabei in Facetten abgebildet, die sehr unterschiedliche Attribute beinhalten können. *»He* (Ranganathan [jop]) *suggests that these fundamental categories are Personality, Matter, Energy, Space, and Time«* (ebd.: 39, bezogen auf Ranganathan, 1967). Die Attribute einer Facette werden häufig in Bäumen abgebildet. Die Attribute unterschiedlicher

104 Paradigmen sind einfache Ausprägungen von Polyhierarchien. Polyhierarchien werden von Kwasnik nicht berücksichtigt, vermutlich wird diese Struktur selten in Klassifikationssystemen verwendet. Alle polyhierarchischen Schriftklassifikationen können als Paradigmen oder Facetten angesehen werden.

105 Während andere Ordnungsstrukturen bereits seit Jahrhunderten verwendet werden und z. B. auf aristotelische Denkmuster zurückgehen, wurde die erste umfassende Facettenklassifikation von S. R. Ranganathan 1933 in Indien veröffentlicht (vgl. Ranganathan, 1990).

FORM / **STIL**	**Dynamisch** Humanistisches Formprinzip *»Wanderer«*	**Statisch** Klassizistisches Formprinzip *»Soldaten«*	**Geometrisch** Konstruierte Formen *»Roboter«*	**Dekorativ** Display *»Dandys«*	**Provozierend** Display *»Freaks«*
Antiqua *Synonym: Serif* Strichstärkenkontrast, Serifen	Bembo	Bodoni	-	Saphir	Beowolf
Antiqua-Varianten Strichstärkenkontrast, keine Serifen	Rotis Semi Serif	Britannic	-	Broadway	Peignot
Grotesk *Synonym: Sans Serif* Gleichmäßige Strichstärken, keine Serifen	Gill Sans	Helvetica	Futura	Avant Garde	Renee Display
Egyptienne *Synonym: Slab Serif* Gleichmäßige Strichstärken, kräftige Serifen	Gaecilia	Glypha	Rockwell	Rosewood	Matto
Schreibschriften *Synonym: Script*	Zapf Chancery	Künstlerschreibschrift	-	Choc	Agrafie
Fremde Schriften *Synonym: Non Latin* (Bespiel Kyrillisch)	Times Gill	Helvetica Excelsior	Futura	Stencil	Dolores

Tabelle 1 *Die Tabelle zeigt die Klassifikationstabelle nach Willberg (2001: 78f). In der abgebildeten Struktur werden drei »Formprinzipien« mit traditionellen Klassenbezeichnungen gekreuzt. Im Original sind die Namen in der jeweiligen Schrift gesetzt. Dieselbe Struktur verwenden Bollwage 2001 und Kupferschmid 2001 (vgl. 5.1.11 und 5.1.12).*

Facetten können frei kombiniert werden, so dass Klassendefinitionen als Kombinationen von Attributen verschiedener Bäume zu denken sind.[106] Dabei werden einem Objekt aus verschiedenen Facetten Einfachklassen zugeordnet, durch deren Kombination es im Klassifikationssystem verortet wird. Ein wesentlicher Unterschied zu anderen Klassifikationen liegt im Zeitpunkt der Attributkombination und in den Kombinationsmöglichkeiten der Attribute selbst. Während in anderen Modellen die Attribute bzw. deren Kombination zum Zeitpunkt der Klassendefi-

106 Dabei kann jede Facette eine eigene Ordnungsstruktur enthalten. Sehr umfangreiche Facettenklassifikationen sind als Ordnungen für Bibliotheken entstanden (vgl. Bliss 1950-1953, Ranganathan 2006), Scheele entwickelt 1977 eine *Ordnung und Wortschatz des Wissens*. In allen drei Klassifikationen sind die einzelnen Facetten als Bäume strukturiert.

nition festgelegt werden *(Präkombination)*, bevor ein Objekt klassifiziert werden kann, wird die Kombination in einer Facettenklassifikation erst zum Zeitpunkt der Einsortierung vorgenommen *(Postkombination)*. Klassen bleiben zum Zeitpunkt der Konzeption des Systems unbestimmt, es werden ausschließlich Attribute zur Unterscheidung definiert. Da die Attribute stets als fluide Menge gedacht und gehandhabt werden, könnte auch argumentiert werden, dass die tatsächliche Klassendefinition erst bei der *Suche* durch eine Anwenderin vorgenommen wird. Diese Definition ist zudem *vergänglich*, sie wird mit dem Ende der Suche »vergessen«. Klassensignaturen können über mehrere Facetten hinweg kombiniert werden. Die Facetten stellen ein kontrolliertes Vokabular dar, die Anzahl der Begriffe ist eine endliche Menge.[107] Aus der Möglichkeit zur freien Kombination von beliebig vielen Bezeichnern resultiert eine große Zahl von Kombinationsmöglichkeiten.[108] Die Colon-Klassifikation nach Ranganathan (Ranganathan, 2006)[109] unterscheidet die Hauptfacetten P (Personality), M (Matter), E (Energy), S (Space) und T (Time), abgekürzt mit PMEST. Jede dieser Facetten ist in Unterkategorien aufgeteilt, alle Unterklassen liegen dabei auf einer Ebene. Diesen Hauptfacetten sind verschiedene Unterfacetten zugeordnet, über welche sich beispielsweise wissenschaftliche Disziplinen beschreiben und weiter differenzieren lassen. »*Over the years, Ragananthan's facets have been reinterpreted in many contexts, but it is surprising how well they have weathered the test of time*« (Kwasnik, 1999: 39).

Facettenklassifikation kann als eine Kombination anderer Ordnungssysteme in einer »Meta-Ordnung« interpretiert werden, die provisorisch, subjektiv und dynamisch gedacht ist. Sie ist eine Ordnungsstruktur, die anhand definierter Attribute Objekte beschreibt, die Attribute unterschiedlicher Dimensionen aber nicht in eine vorab festgelegte Ordnung bringt. Die Kombination der Attribute ist zum Zeitpunkt der Klassifikation der Objekte offen. Kwasnik sieht in dieser Offenheit große Vorteile: Facetten könnten ohne umfangreiches oder abgeschlossenes Wissen eines Gebiets formuliert werden, die Systeme seien leicht anzupassen und flexibel, könnten verschiedene Perspektiven und Strukturen inkorporieren. Ein

---

107 In Scheeles System sind Zahlenfolgen von 0000 bis 9999 möglich, wovon ca. 8000 verwendet werden.

108 Rein rechnerisch ergeben sich bei Scheeles System bei der Kombination von nur drei Einfachklassen etwas weniger als eine Milliarde mal eine Milliarde, 1018 Kombinationsmöglichkeiten. Auch wenn die Anzahl der sinnvollen Kombinationen geringer ist, bleibt das Potenzial immens.

109 Aktuell in der sechsten Ausgabe.

wesentlicher Nachteil von Facettenklassifikationen ist die schwierige Abbildbarkeit. Durch ihre Vieldimensionalität ist die Projektion in Fläche oder Raum stets gefährlich vereinfachend: »*Difficulty of visualization: ... This* [visual display, jop] *is difficult to do for a faceted classification, ... As a result, faceted schemes can only be viewed along one of two dimensions at a time, even though a more complex representation is actually incorporated into the descriptive strings*« (Kwasnik, 1999: 42). Weitere Schwierigkeiten lägen in der Analyse zur Formulierung der Facetten und der Herstellung von Verbindungen zwischen den Facetten. Die Beschreibung eines Objektes ist »neutral« gehalten, enthält daher nicht zwingend eine direkte Information in der Adressierung.[110] In anderen Strukturen ist die Erfassung der Objekte bereits »biased«, enthält dafür aber bereits Information und ggf. Wertungen. Facettenklassifikationen geben diese möglicherweise enthaltenen Wertungen nicht ohne weiteres preis, ihre Struktur ist nur ein *Sortierungspotenzial*, aber noch keine Sortierung.

Facettenklassifikationen sind Kompilationen potenziell unterschiedlicher Ordnungsstrukturen in ein umfassendes Modell. Sie beinhalten bereits in der Konzeption den Gedanken einer »praktischen«, nicht nur gedanklichen Adressierung. Sie entfalten ihr Unterscheidungspotenzial, wenn Objekte tatsächlich »behandelt«, also einsortiert und wieder gefunden werden sollen. Das ist insofern bemerkenswert, da prototypisch konzipierte Klassifikationen lediglich darauf abzielen, mentale Modelle beim Nutzer zu etablieren, Handlungen wie Suchen und Finden aber nicht vorgesehen sind. Die wesentlichen Stärken von Facettenklassifikationen, die in der Offenheit, der dynamischen Verkettung und der vergleichsweise einfachen Änderbarkeit liegen, zeigen sich am deutlichsten im Handlungskontext, eine Dimension, die bei vielen prototypisch (s.u.) formulierten Schriftklassifikationen keine Rolle spielt.

Facetten sind nicht nur Ordnungsstrukturen wie Bäume oder Paradigmen. In der für ihre Konzeption notwendigen Analyse ist der Gedanke an Sortierung und logische Verortung bereits fest verankert. Facetten sind Strukturen, deren besondere Stärke im Einsatz als flexible Klassifikationssysteme liegt. Wenn beispielsweise Paradigmen lediglich die Tabellen zugrunde liegenden Strukturen sind, liegen die Handlungskontexte für die Nutzung von Tabellen in anderen Sphären.

110 Anschaulicher: Während die Klassenzugehörigkeit z.B. in einem Bibliothekssystem ein Objekt einer Literaturgattung zuordnet und diese über die Signatur direkt »lesbar« ist, wird diese Zuordnung in einer Facettenklassifikation nur sichtbar, wenn die Gattung von einem Nutzer »abgefragt« wird, also Teil einer Suche im System ist.

Die Facettenstruktur dagegen trägt den Imperativ zu den Handlungen des Einsortierens, Suchens und Findens bereits in sich.

3.3.6 Netze

Eine seltener auftretende Struktur in Ordnungssystemen für Schrift sind Netze.[111] Sie sind hier ergänzt, da einige Schriftklassifikationen netzwerk- oder myzelartig strukturiert sind.[112] Dass Kwasnik (s.o.) Netze nicht erwähnt, liegt zum einen daran, dass Netzstrukturen in Bibliothekssystemen als komplexe Repräsentationen von Wissen nicht vorkommen. Das liegt, zum zweiten, in der Natur von Netzen begründet: Sie sind nicht-hierarchisch gedacht, haben zunächst keine Ordnung und sind daher als Ordnungsstrukturen in komplexen System wie Bibliotheken wenig geeignet. Umgekehrt ließe sich sagen, dass einige bisher genannte Ordnungsstrukturen Spezialfälle von Netzen darstellen: Hierarchien, Bäume und Paradigmen sind Netze, die einer besonderen Verknüpfungsvorschrift folgen und darüber gerichtete Ordnungen[113] etablieren. Bäume sind über die Verknüpfungen von Eltern- zu Kindknoten, in Paradigmen über Nachbarschaften, »Richtungsinformationen« enthalten. Netze sind bezüglich der Gewichtung oder Richtung (im Sinne einer qualitativen Bewertung) ihrer Inhalte (Knoten) zunächst offen, sie sind ungerichtet und nicht-linear. Netze sind insofern *Unordnungsstrukturen*. In ihnen sind nicht per se Startpunkte, Richtungen, Vererbungsmuster oder Abhängigkeiten definiert. Dennoch haben Netze ein Sinnstiftungspotenzial, aus dem im Moment ihrer Nutzung geschöpft werden kann. Das *Bewegen in einem Netz*, im konkreten Fall das Navigieren von einem Teil einer App oder Website zum anderen oder in einem Buch das Lesen einzelner Passagen und das Folgen von Verweisen zu weiteren, kann in einem Graphen abgebildet werden.

Dieser »Nutzungsgraph« hat einen Startpunkt, führt über verschiedene Knoten und endet an einem Knoten, bei Schriftklassifikationen im Optimalfall mit

111 Netz ist hier im Sinne der Graphentheorie (vgl. Harary, 1974) gemeint, als Struktur, in der Stellen (oder Knoten) über Transitionen (oder Kanten) verbunden sind, eine nicht-gerichtete, nicht-hierarchische Struktur.

112 Insbesondere die beiden Bücher *ÜberSicht* und *Rookledge Type Finder*, aber auch digitale Systeme wie www.100types.com oder Teile der FontBook-App (vgl. Kapitel 5) lassen sich in einer Netzstruktur abbilden.

113 »Ordnungen« sind hier im Sinne eines »Vor- und Nachgeordnet-Seins«, einer Reihenfolge, Sequenz oder Über- und Unterordnung gemeint.

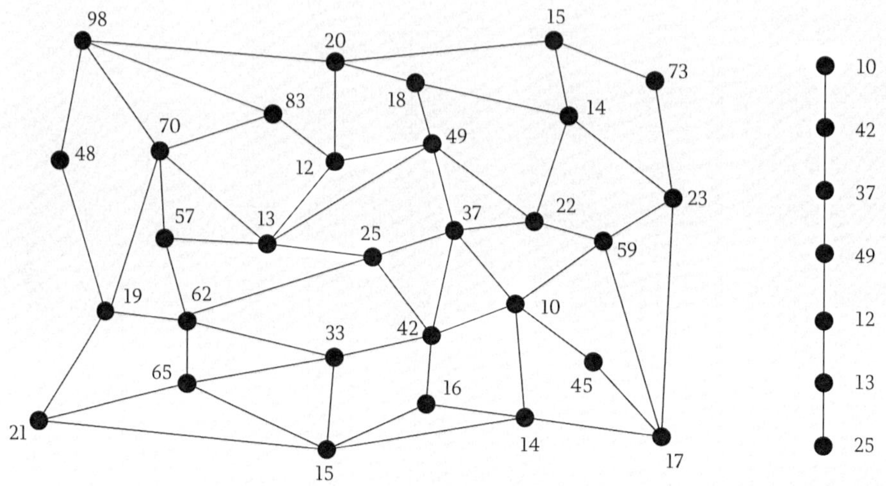

Abbildung 4 *Im Netz links wird vom weißen Dreieck zum größeren weißen Kreis durchlaufen, der Kantenzug ist hier weiß markiert. Dieser Weg ist rechts als linearer Graph abgebildet. Im Netz sind alle möglichen Kantenzüge definiert, die tatsächliche »Beschreitung«, etwa Anfang oder Ende, aber offen.*

einem Ergebnis, einer Schrift. Wesentlich ist dabei, dass der Weg durch die Nutzerin zu einem konkreten Zeitpunkt, mit einer konkreten Aufgabe oder Fragestellung »gegangen« wird. Sinnstiftung kann dann stattfinden, wenn die durchwanderten Knoten und Kanten sinnvoll zu verknüpfende Information kodieren. Die Summe aller möglichen Wege ist im Netz angelegt, ein genauer Weg ist nicht vorgegeben. Schriftklassifikationen mit Netzwerkstruktur enthalten ein Sinnstiftungs*potenzial,* aber keine Sinnstiftungs*garantie:* Ob eine Nutzerin eine Aufgabe erfüllt, eine Frage beantwortet, frustriert aufgibt oder inspiriert etwas ganz anderes auffindet als zunächst beabsichtigt, liegt bei der Nutzerin. Dieses Fehlen einer Richtung oder eines fixierten Ergebnisses unterscheidet Netze von anderen Ordnungsstrukturen. Netze sind Werkzeuge zur Herstellung einer Ordnung, wie in diesem Fall eines mentalen Modells der Schriftgeschichte oder -klassifikation. Über ihre Struktur ermöglichen sie Wege zu einem Knoten, in unserem Fall ein Klassifikationsergebnis, eine Schrift oder Klasse, geben den Weg aber nicht vor. Das bedeutet nicht, dass Netze vollkommen neutral sind oder Nutzer darin völlig frei agieren können: Wenn ein Netz bestimmte Knoten als verbunden definiert, bedeutet das gleichzeitig, dass *alle anderen nicht (direkt) verbunden sind.* Die Definition der möglichen Wege ist gleichzeitig der Ausschluss aller anderen Wege. Im direkten Vergleich mit anderen Ordnungsstrukturen sind Netze dennoch sehr offen.

3.3.7 Mentale Modelle und Prototypen

Klassifikationssysteme sind Repräsentationen von Wissen. Sie bilden abstrakte Strukturen, indem Objekte anhand bestimmter Attribute unterschieden werden; sie bilden bestehende Kategorien ab oder etablieren neue. In Klassifikationen manifestieren sich Vorstellungen von Objekten, ihren möglichen Gemeinsamkeiten und Unterschieden. Im Folgenden soll auf Konzepte aus der Kognitionspsychologie eingegangen werden, die sich mit der Bildung von Begriffen, mit dem Entstehen von Vorstellungen, mentalen Repräsentationen, beschäftigen. Im Fokus steht die Modellierung der gedanklichen Abbildungen von Realität, der Bildung von Begriffen und Konzepten. Sie können hier nur stark verkürzt dargestellt werden, zentral sind die zugrunde liegenden Denkfiguren, die als Kontrastfolie zur Analyse von Schriftklassifikationen dienen.

Klassifizieren als Form der Unterscheidung von Objekten wird häufig als Prozess aufgefasst, der durch Prädikatenlogik exakt abgebildet werden kann: Notwendige und hinreichende Bedingungen sind fester Bestandteil von Klassendefinitionen. Aussagenlogisch ausgedrückt wären Klassendefinitionen konsistent logisch definiert, ein Objekte ist *dann und nur dann* Teil einer Klasse, *wenn* es die Zugehörigkeitsbedingung erfüllt. Klassenzugehörigkeit ist gekoppelt an eine konditionale Bedingung. Klassen und Kategorien wären dann exakt bestimmbare und beschreibbare Strukturen, trennscharf definiert und klar voneinander abgegrenzt. Viele Schriftklassifikationen verwenden nur einzelne Begriffe zur Definition ganzer Klassen. Sprachliche Begriffe (Worte) können häufig nicht trennscharf definiert werden, werden kontextabhängig gedeutet und verweisen auf verschiedene Konzepte, mitunter gleichzeitig.

An dieser Stelle greifen die Konzepte aus der Kognitionspsychologie. Es geht dabei darum, zu verstehen, wie »Wirklichkeit«, wie das Selbst-Bild, Einstellungen und Meinungen oder Eindrücke von anderen Personen in mentalen Modellen repräsentiert werden (vgl. Smith 2001: 111f). Smith konzentriert sich dabei auf die Art der Repräsentation und nennt als wichtigste Modelle *Assoziative Netze, Schemata, Exemplare* und *»Distributed or PDP* [parallel distributed processing] *representations«* (PDPR) (ebda.: 112ff). Er untersucht Parallelen und Unterschiede der »Effekte« der Modelle, insbesondere ihre Auswirkungen auf das Gedächtnis, das »Speichern«, »Aktivieren« und »Verändern« von Objekten.[114] Alle Modelle sind insofern hypothetisch, dass sie zunächst konzipiert und ihre Effekte anhand von Versuchen empirisch werden und plausibel gemacht werden können, sie aber als Abstraktionen intersubjektiver Prozesse nicht »an sich« beweisbar sind. *Assoziative Netze* und *PDPR* haben eine starke neuronale Komponente. Hier werden netzwerk- oder graphenartige Repräsentationen konzipiert, in denen Teile (die wiederum Informationen repräsentieren) aktivierend oder hemmend wirken und in dynamischen Prozessen Informationen verarbeiten. Beide sind nicht primär semantisch, sie konzipieren die Aktivierung von »Nodes«,[115] deren Abstraktionsgrad und damit ihr konkreter Informationsgehalt unbestimmt ist.[116] Beide Modelle sind stark von der Inhaltsebene abstrahiert[117] und werden im Folgenden nicht weiter verwendet. *Schemata* und *Exemplare* dagegen sind insofern semantisch, als sie stark als informationsverarbeitende Modelle konzipiert sind,[118] sie sind weniger »vom Neuron« als »von der Information« her gedacht. Alle Ansätze sind insofern dynamisch, als sie in steter Rückkopplung zwischen Wahrnehmung, Verarbeitung und Handlung nicht fix oder auch nur fixierbar sind. Sie müssen als prozesshaft und damit wandelbar verstanden werden, als aktive Instanzen in einer steten Rückkopplungsschleife zwischen Wahrnehmung, Denken und Handeln.

---

114 Objekt ist hier ganz allgemein bezogen auf im Gedächtnis »abgelegte« Information, die nicht nur physische oder abstrakte Objekte beinhalten kann, sondern auch Prozesse, Meinungen, Emotionen, Handlungen usw.

115 engl. »Knotenpunkt« in einem Netz oder Graphen, die in diesem Fall konkrete Information repräsentieren.

116 *»... theorists disagree regarding the conceptual level of nodes (see Wyer & Carlston, 1994, p. 7). A node could be a feature, a concept, or a whole body of knowledge (»schema«).«* (Smith 2001 zu assoziativen Netzen: 113) *»A node may be interpreted as a feature, an object or concept, or a whole proposition. A connection between nodes is interpreted as encoding past experiences of covariation between the nodes (if nodes represent features or objects) or logical constraints such as consistency or inconsistency between propositions (if nodes represent propositions).«* (ebd. zu PDPR: 117)

117 Für beide Modelle ist die »Interaktion« zwischen Nodes als Repräsentanten zentral, die Nodes an sich bleiben relativ abstrakt. Sie sind insofern mit den anderen Modellen »kompatibel«, da ein Node für ein Schema, ein komplexes Wissensgebiet stehen kann. Ein Beispiel für ein komplexeres themenbezogenes Schema wäre nach Flechsing, *»wie man über Arbeitslosigkeit redet«* (Flechsing 1998).

118 Um das Spiel der Abstraktion und Konkretion nicht bis ins Unendliche zu treiben, wird hier der Unterschied an den atomaren Referenzen der Modelle festgemacht: *Schemata* bezeichnen *»structured unit(s) of knowledge«* (Smith 2001: 114), *Exemplare* dagegen konkrete Beispiele, eben Exemplare einer Erfahrung: *»(Exemplar representations) ... emphasize instead the role of specific experiences.«* (ebda.)

Um die Phänome der Begriffsbildung mit einerseits dem gleichzeitigen, ambivalenten Verweis, einer kontextabhängigen, dynamischen Bedeutung und andererseits der formalisierten Beschreibung mit notwendigen und hinreichenden Bedingungen fassen zu können, soll im Folgenden das Konzept des *Prototypen* verwendet werden, das Smiths *Exemplaren* (2001: 112f) ähnelt. *Lakoff* weist darauf hin, dass Menschen nicht ausschließlich anhand rein aussagelogischer Modelle Kategorien bilden (vgl. Lakoff, 1987). Lakoff betont die Repräsentation und Rückkopplung von Körperlichkeit in mentalen Modellen *(embodied mind)* und wendet sich gegen die rein formal-logische Definition von Kategorien (Lakoff, 1987: 157ff). Er geht davon aus, dass *mentale Modelle*, die auf dem Kernstück der Kategorisierung im Sinne der Begriffsbildung beruhen, Ausdruck von Körperlichkeit sind. Objektivität könne dann anhand intersubjektiv geteilter Körperlichkeit, nicht aber als abstraktes Modell entstehen.[119] Lakoff versucht nachzuweisen, dass Menschen sich bei der Bildung von Kategorien eher an *Prototypen* orientieren als an einer Menge geteilter Attribute.[120] Als Folge könne eine Kategorie eine inhomogene Menge von Objekten enthalten, es gibt »bessere« und »schlechtere« Repräsentanten derselben (*Stühle gehören stärker zur Kategorie »Möbel« als Kühlschränke)*. Prototypisch gebildete Kategorien sind gegenüber aussagenlogischen Kategorien weniger trennscharf, die sie etablierenden Attribute sind »weicher«. Ein nach Prädikatenlogik formuliertes Modell kann Identität *oder* Nicht-Identität (mit einer Kategorie oder Klasse) erfassen, es gibt keine »besonders typischen« Vertreter: Klassenzugehörigkeit ist eine *binäre* Eigenschaft. In einem mentalen Modell werden, folgt man Lakoff, die Gemeinsamkeiten der Objekte betont, die sich um die prototypischen Beispiele scharen, aufgrund von Nähe oder Ähnlichkeit zum Prototypen werden Kategorien ausgebildet. Lakoff wendet sich damit gegen ältere mentale Modelle in Psychologie und Linguistik. Auch *Johnson-Laird*

---

119 Lakoff wendet sich nicht gegen Objektivität oder Intersubjektivität, sondern möchte sie als ein Konzept etablieren, das durch physische und psychische »Speicherungs- und Verarbeitungsmodalitäten« bedingt ist. Seinem Konzept folgend wären sie eng an Erfahrungen von Körperlichkeit gekoppelt, er verabschiedet sich von einem transzendentalen Modell der Rationalität. Ausführlicher: Lakoff, 1987: 353ff

120 Die von Lakoff vertretene und erweiterte Prototypen-Theorie wurde ursprünglich von Rosch entwickelt. Nicht unumstritten bietet sie Erklärungsmuster für die Dynamik sprachlicher und mentaler Kategorien. Grundsätzlich erläutert wird die Problemstellung in Rosch, 1975 und 1978; eine Gegenüberstellung »logischer« und »prototypischer« Kategorisierung in Rosch, 1983.

(1996) betont, dass Begriffe prototypisch gebildet werden *können,*[121] genauso aber aussagenlogisch formulierbare hinreichende und notwendige Bedingungen bestehen können, die über die Zugehörigkeit zu einer Kategorie, einem Begriff entscheiden. Zudem würden genaue Bedeutungen von Begriffen häufig erst durch einen konkreten Kontext bestimmt und seien somit »für sich betrachtet« uneindeutig. »*Alltägliche Begriffe sind keine isolierten, unabhängigen Entitäten; sie sind untereinander verknüpft. Ihre Grenzen werden teilweise durch die Taxonomie bestimmt, in der sie auftreten. (Ob etwas als Hund eingestuft wird, hängt von seiner Ähnlichkeit mit typischen Hunden, typischen Katzen, typischen Wölfen usw. ab.)*« (Johnson-Laird 1996: 281). Der wesentliche Unterschied zum von Smith genannten Exemplar-Modell liegt in der Deutung der für eine Klasse exemplarischen Reize: Im Exemplare-Modell werden Klassen als eine Art gewichteter Durchschnitt aus vielen Exemplaren gebildet. Im Prototypen-Modell geschieht dies zwar genauso, es werden aber besonders typische Exemplare als prototypische Vertreter herausgedeutet. Auf die Adressierbarkeit einzelner Vertreter wird im Folgenden zurückgegriffen werden. Als mentales Modell von der Schriftform ist diese prototypische Orientierung auch ein Effekt der Kommunikation; auch wenn die mentalen Modelle der Autorinnen eher dem Exemplar-Modell entsprächen, hat eine prototypische Definition einen wesentlichen Vorteil: Prototypen sind einfach zu ästhetisieren, sie sind adressierbar und *immer* konkret. Im Fall von Schriftklassifikationen trifft dies besonders zu: Prototypen sind genau eine Schrift, von einem Hersteller, in genau einer Version, genau die in der Klassifikation abgebildeten Buchstabenformen; *genau ein Exemplar* einer Schrift wird zum Prototypen erklärt.

121 Er verweist auf verschiedene Ausprägungen dieser Denkrichtung in unterschiedlichen Disziplinen: »*Die Terminologie schwankt, doch die zugrunde liegenden Theorien* (verschiedener Disziplinen hierzu; Stereotypen nach Putman, Prototypen nach Berlin/Kay, Bezugsrahmen nach Minsky, Skripte nach Schank/Abelson, jop) *sind einander bemerkenswert ähnlich: Ein Begriff bezeichnet die typischen Merkmale der Mitglieder einer Klasse; er hat keine notwendigen und hinreichenden Bedingungen; und er hat keine eindeutigen Grenzen.*« (Johnson-Laird, 1999: 280) Gleichzeitig jedoch weist er darauf hin, dass »mentale« Begriffsbildung sowohl prädikatenlogisch als auch prototypisch vonstatten gehen kann: »*Die Prototypen sind vielleicht allzu sehr überschätzt worden. Dieser Tendenz wirken neuere Beobachtungen entgegen, daß viele scheinbar prototypische Phänomene auch bei Begriffen vorkommen, die tatsächlich notwendige und hinreichende Bedingungen haben. ... Unterschiede in der Beurteilung des Typischen und der Schnelligkeit der Einordnung reichen nicht aus als Beweis dafür, dass ein Begriff auf einem Prototypen beruht. Der einzige sichere Beweis ist, dass er standardmäßige, aber nicht zwingende Schlussfolgerungen unterstützt.*« (ebd.: 281)

Schemata sind zu verstehen als abstrakte Verallgemeinerungen von Objekten, die wie alle mentalen Modelle in steter Rückkopplung mit der Wahrnehmung stehen. »*A schema is a structured unit of knowledge about some object or concept. Schemas represent abstract or generalized knowledge as opposed to detailed knowledge about episodes tied to a specific time or context (Fiske & Taylor, 1991; Markus & Zajonc, 1985)*« (Smith 2001: 114). Die grundlegende Annahme ist die Denkfigur der Verallgemeinerung. Schemata sind auf Basis von Erfahrung gebildete idealtypische Vorstellungen. Sie sind insofern abstrakt, als sie »*kategoriales Wissen* [darstellen, jop], *das in Form einer Struktur von Leerstellen (slots) repräsentiert ist. In die Leerstellen werden die Ausprägungen der verschiedenen Attribute, die zu einem Schema gehören, eingesetzt*« (Wenniger 2017). Schemata sind damit ein Modell zur mentalen Repräsentation symbolischer Ordnung. Im Kontext dieser Arbeit könnten die Begriffe Schrift*klassen* und Schrift*schemata* fast äquivalent verwendet werden. Beides sind idealisierte Vorstellungen, die aus der Anschauung mehrerer Schriften[122] entstehen: *die Garamond* als die mustergültige Vertreterin der *Renaissance-Antiqua*.[123] Schriftklassen werden als Abstraktionen aus mehreren Schriften gebildet. »*Schemata sind dahingehend abstrakt, daß sie das für eine Kategorie Zutreffende kodieren und nicht das, was für ein einzelnes Exemplar einer Kategorie gilt*« (ebda.). Schemata sind hierarchisch gedacht. »*Von besonderer Wichtigkeit sind die Oberbegriffe: Ein Konzept erbt alle Merkmale seines Oberbegriffes, solange keine widersprüchliche Information vorliegt*« (ebda.) Sie sind innere Vorstellungen, welche die Interpretation von Objekten beeinflussen und ordnen, Erwartungen formen und Handlungen steuern. »*Schemata erleichtern damit die Prozesse des Schlußfolgerns*« (ebda.) Sie sind für die Schriftklassifikation auch deswegen relevant, da sie nicht nur das »Einordnen von Schriften in Schubladen« beeinflussen, sondern auch auf den Handlungskontext wirken: *Schriften*schemata steuern nicht nur, wie eine Schriftart ausschaut und was sie auszeichnet, sondern beeinflussen auch z. B. Erwartungen, wie sie gestalterisch eingesetzt werden und wirken kann, zu welcher Art von Inhalt und Text sie passt

---

122 Die in der psychologischen Literatur häufig verwendeten Begriffe *Exemplar* und *Typus* werden hier nicht verwendet.

123 Der typografischen Richtigkeit wegen sei hier angemerkt, dass *»eine Garamond«* nicht existiert, sondern ein eben solches idealisiertes Schema darstellt ist, gebildet aus vielen Schriften der Bezeichnung *Garamond*, wie der *ITC Garamond*, der *Adobe Garamond*, der *Stempel Garamond* usw.

oder nicht. Dabei sind Schemata hochkomplex gedacht[124] und höchst subjektiv; sie können »an sich« nicht kommuniziert werden, auf sie kann nicht verwiesen werden: Man kann »über sie« schreiben, aber nicht »sie selbst«. Schemata sind insofern *nicht-ästhetisch*, als sie auch nicht-sprachliche Inhalte referenzieren und damit nie vollständig kommunizierbar[125] bleiben. Sie sind denkbar, aber gebannt im Kopf des Einzelnen. *Schriften*schemata als mentale Modelle der Autorinnen verbleiben mental, es gibt aber einen Ausweg aus der strikten Individualität. Sie können kommuniziert werden über Beispiele: prototypische Darstellungen von Schriftarten, mit dem Ziel, beim Leser ein möglichst äquivalentes Schema einer Schriftklasse zu etablieren. In ihrer Abstraktion sind Schemata dabei extrem, hier genau liegt der Unterschied zu den Prototypen: Ein *Schema ist abstrakt und subjektiv*, es ist nicht kommunizierbar. Ein *Prototyp* dagegen *ist per se konkret*, genau ein Exemplar einer Klasse, und als gutes Beispiel immer referenzierbar.[126] Man könnte behaupten, dass Schemata genau dort beginnen aktiv zu werden, wo aus Prototypen abstrahiert wird und, z. B. um einen Handlungskontext, erweitert werden. Prototypen sind intersubjektivierbar, Schemata streng subjektiv. Schemata sind zeitgleich bewusste und unbewusste Informationen, sie haben etwas mit dem Digitalen gemein: Sie sind denkbar, aber als höchst subjektive mentale Struktur nicht intersubjektiv ästhetisierbar. Schemata sind bei den Autorinnen der Schriftklassifikationen im Schreibprozess mit am Werk. *Schriftklassifikationen sind Versuche der Intersubjektivierung auktorialer Schriftschemata.* Kommuniziert werden sie in diesem Kontext häufig über Prototypen.

Ein ebenfalls am Beispiel von Schriftklassifikationen zu beobachtender Effekt ist die *Perseveranz* von Schemata. Er bezeichnet das Beharren von Individuen auf bereits erfolgreich etablierten Schemata, insbesondere auch dann, wenn neue, dem Schema widersprechende Informationen zur Verfügung stehen.[127] Zur Etablierung eines Schemas ist Leistung in Form von Informationsverarbeitung not-

---

124 Hochkomplex verweist hier darauf, dass Schemata *alle* zu einem Objekt im Gedächtnis verarbeiteten Informationen umfassen. Das betrifft insbesondere auch Informationen, wie z. B. Assoziationen oder Affekte, die nicht ohne weiteres zu versprachlichen sind.

125 Um den Gedankenkreisel noch eine Drehung weiter zu drehen: Das Konzept der Schemata selbst ist ein Modell, eine symbolische Ordnung, und damit zwar plausibel zu begründen, aber selbst per se hypothetisch.

126 Einfach ausgedrückt: Einen Prototypen kann man zeigen und besprechen, ein Schema nicht.

127 Vgl. [wiki 19]

wendig. Das Anpassen oder gar »Abschalten« eines bereits etablierten Schemas ist demnach ebenso mit Arbeit verbunden. Schemata stabilisieren sich nach ihrer Etablierung selbst. Schriftklassifikationen begegnen der Beharrlichkeit bereits etablierter Schemata durch *Anschlüsse:* In Kapitel 5 wird deutlich, dass Schriftklassifikationen fast nie komplette Brüche mit älteren Ansätzen sind, sondern viel stärker über Ausdifferenzierungen bereits etablierter Klassen arbeiten und die Referenz auf bereits etablierte Klassen suchen. Es wird ebenfalls deutlich werden, dass diejenigen Ansätze, die sich stärker auf andere beziehen, insgesamt erfolgreicher sind. Im Kontext der Schriftklassifikation sind Prototypen und Schemata in unterschiedlicher Hinsicht wichtig. Wird die Auffassung von Schriftklassifikationen als Schemata von Klassifikations-Autorinnen gedacht, sind die publizierten Klassifikationen der Versuch, diese Schemata zu kommunizieren und intersubjektiv zu etablieren. Als Notationsformen mentaler Modelle müssen z. B. für Klassensignaturen etablierende Attribute, Begriffe definiert werden. Häufig sind die verwendeten Begriffe und die Klassensignaturen nicht exakt oder formalisiert definiert, sie können im konkreten Kontext uneindeutig, sogar mehrdeutig verstanden werden.[128] In Schriftklassifikationen wird zudem mehrheitlich auf visueller Ebene argumentiert, Prototypen in Form visueller Schriftmuster als Stellvertreter bestimmter Klassen dargestellt. Klassen werden entlang »guter Beispiele« gedacht, Schrift-Ikonen als Stellvertreter von Klassen etabliert, während exakte Klassendefinitionen fehlen. Als Folge dieser »Ikonisierung« werden keine scharfen Klassengrenzen gezogen, in den seltensten Fällen überhaupt Grenzen definiert. An den dort entstehenden Unschärfen kristallisiert sich die Kritik, »Klassenikonen« sind gut umrissen, während die Abgrenzung zu anderen Klassen diffus bleibt. Viele Schriftklassifikationssysteme sind ungenau abgegrenzt, aber ausführlich mit Prototypen bebildert.[129] Folgt man Lakoffs Argumentation, kom-

128 Ein Beispiel für einen solchen Begriff aus dem Bereich der Typografie ist das englische »roman«. Es kann für »Antiqua« stehen, also Schriften römischen Ursprungs als Gegensatz zu gebrochenen Schriften, als Synonym von »normal«, »aufrecht« im Sinne von weder »kursiv« noch »fett«, kann aber auch lokal, politisch oder historisch gedeutet werden (vgl. a. Kapitel 4)

129 Zur Veranschaulichung ein kurzer Vorgriff auf Kapitel 4: Die »internationalen Konsens-Klassen«, die sich praktisch identisch in der DIN 16518, dem BS 2961 und der Klassifikation des ATypI finden, sind prototypisch definiert: Französische Renaissance-Antiqua/Geraldes orientieren sich an Schriften des »Typus Garamond«, Barock-Antiqua/Transitional am »Typus Times« und Klassizistische Antiqua/Didones am »Typus Bodoni«. Ab wann eine Schrift der einen oder der anderen Klasse zugehört, ist eine Frage der Ähnlichkeit zu den Prototypen, nicht aber der Nähe zu einer Grenze zwischen den Klassen.

men prototypische Darstellungen in vielen Fällen den mentalen Modellen des Menschen näher. Begriffe und Kategorien werden nicht oder nicht ausschließlich formal-logisch stringent gebildet. In formal-logischen Modellen wird Klassenzugehörigkeit an der Grenze zwischen zwei Klassen entschieden, die Nähe oder der Übertritt zur Grenze ist wichtig. In prototypischen Modellen entscheidet die Nähe zur »guten Vertreterin«, die Grenze ist unwichtig und unscharf.

3.3.8 Handlungsanweisungen und Adressen

Klassifikationssysteme, die zur Sortierung und normierten Verortung von Objekten verwendet werden, beinhalten Handlungsanweisungen (für Menschen oder Maschinen) und Adressierungsmechanismen.[130] Gemeint sind definierte Prozesse und Vorschriften zur Handhabung von Objekten, wie Markierung, Beschriftung, Sortierung, Verortung oder Speicherung. Klassifikationen, die ausschließlich als gedankliche Struktur, aber nicht auf eine exakte Verortung von Objekten abzielen, verfügen kaum über Handlungsanweisungen oder Prozessbeschreibungen.[131] So beinhaltet beispielsweise die Tumor-Klassifikation *TNM*[132] zwar sehr genaue Hinweise zur Bestimmung der Objekte, aber keine direkten Handlungsanweisungen oder Vorschläge zu Verfahren wie kurativen Maßnahmen. Bibliotheksklassifikationen beinhalten dagegen sehr konkrete Anweisungen zum Verfahren mit den zu klassifizierenden Objekten. Die *Praxisregeln*[133] für den Schlagwortkatalog enthalten genaue Anweisungen zur inhaltlichen Erschließung und Festlegung von Schlagworten, wie z. B. »*Wenn eine Person* [gemeint sind Autoren oder Personen, über die geschrieben wird, bspw. in Biografien, jop] *selbst überwiegend*

130 Adresse meint hier einen definierten Ort, an dem ein Objekt »abgelegt«, gespeichert und wieder aufgefunden werden kann. Gemeint sind physische Orte wie bestimmte Regale in einer Bibliothek oder logische Orte wie eine Speicheradresse in einer Datenbank. Die Adressierung von Autoren und Zielgruppen, Adressanten und Adressaten ist hier *nicht* gemeint (vgl. dazu z. B. Dotzler et al. 2001: 13).

131 Auch das Bestimmen und Klassifizieren eines Objektes ist eine Handlung. Gemeint ist das Erkennen, Messen oder Bestimmen der Objekte. Die Handlungen, auf die sich die »Handlungsanweisungen« beziehen, beschreiben Handeln *mit* den Objekten, ihre Handhabung usw., sowie Handeln *mit* und *am System*. Klassifikationen beinhalten immer den Moment des Identifizierens und Analysierens, des Klassifizierens *von* Objekten, nicht zwingend aber Anweisungen zum Umgang, dem Hantieren *mit* Objekten.

132 Vgl. Wittekind 2017

133 Die »Praxisregeln« enthalten detaillierte Anweisungen zum Umgang mit Schlagworten. Sie haben einen Umfang von ca. 800 Seiten und sind Teil der Berufsausbildung von »Fachmitarbeiter/innen für Medien und Informationsdienste und Bibliothekar/innen«. Formuliert wird ein programmatisches Vorgehen mit exakten Regeln und Bedingungen. Vgl. dazu bspw. Heckmann, 2001 oder Bellgardt, 2000.

Initialen statt ausgeschriebener Vornamen verwendet oder diese in der für die Ansetzung maßgeblichen Quellen nachweisbar sind ..., wird vom abgekürzten Vornamen eine Synonymie-Verweisung gemacht.« (Bellgardt, 2000: §105,1). Die An- oder Abwesenheit von Handlungsanweisungen lässt Rückschlüsse auf das Selbstverständnis, den Handlungsrahmen einer Klassifikation und ihre Einbettung in andere Systeme zu. Die TNM-Klassifikation ist zu verstehen als ein Instrument zur Standardisierung der Diagnose von malignen Tumoren, ihre Ergebnisse lassen auf Statistiken basierte Rückschlüsse über weitere Krankheitsverläufe zu. Sie ist ein Werkzeug zur Orientierung, das die weitere Therapie insofern beeinflusst, als sie Argumente für oder gegen bestimmte Behandlungsformen liefert, sie ist Teil des *diagnostischen* Systems, nicht aber Teil des *therapeutischen* Systems. TNM zielt auf die Bestimmung von Tumoren, sie ist eine formalisierte *Beschreibung von* Objekten, zielt aber nicht auf den *Umgang mit* Objekten ab.[134] TNM adressiert ihre Objekte in einer logischen Ordnung, nicht einer physischen Verortung. Die Praxisregeln dagegen adressieren Objekte in einer logischen wie auch in einer physischen Ordnung. Medien[135] werden verortet an einem exakt zu bestimmenden Standort, z. B. in einem exakt zu bestimmenden Regal, *und* einer logischen Ordnung, einer Signatur, einem Verweissystem in Schlagwort-, Autorenverzeichnissen usw. Der wesentliche Unterschied liegt in der doppelten Adressierung, der Wahl eines *physischen* und eines *logischen Orts*. Die Kombination aus Adressierung und Handlungsanweisungen soll hier im Zusammenspiel mit formalisierten Definitionen und Prototypen diskutiert werden.

Um diese Verortung vorzunehmen, verwenden Klassifikationen *Adressen*.[136] Klassifikationen ordnen Objekte Klassen zu, diese Zuordnung kann als Definition von Adresszuschreibungen verstanden werden. *»Medien sind als Bedingungen von Adressierung zu begreifen und daraufhin zu beobachten, welche Formen von Adressen sie ermöglichen ...«* (Dotzler et al. 2001: 10). Alle Klassifikationen, nebenbei auch

134 Dies zeigt sich auch in der C-Facette, welche die Sicherheit der Diagnose darstellt. Der Wert C5 beinhaltet neben der Diagnose durch Histologie auch die der Autopsie (wiki 17).

135 Hier im Sinne von bibliothekarisch zu verwaltenden Objekten.

136 Hier verstanden ausschließlich als Verweise auf *Orte* für Objekte, *nicht* auf kommunizierende Instanzen, wie z. B. in Dotzler et al. 2001. Der dort verwendete (vgl. z. B. ebda. 13), umfassende Begriff von Adressierung ist hier nicht gemeint, die nach dem Adressierungsaspekt relevanten Kontexte werden hier in Begriffen wie *Zielgruppen* (vgl. Kapitel 2), *Objektbegriff* (vgl. Kapitel 6.2.1) oder *Publikationsmedium* (vgl. Kapitel 6.2.2) verhandelt.

alle Medien, adressieren, Schriftklassifikationen adressieren Schriften. »*Adressen sind nicht einfach als raum-zeitliche Koordinaten gewissermaßen naturgemäß gegeben, sie sind vielmehr als konstruktive Leistungen autonomer Kommunikationsprozesse zu verstehen, sie werden im Medium der Kommunikation allererst konstituiert*« (ebda.: 11). Schriftklassifikationen sind insofern ungewöhnlich, als viele zwar eine Ordnung formulieren, diese Ordnung aber als mentales Modell *gedacht im Bewusstsein* verbleibt. Sie strahlen insofern aus, als sie auch das Gestalten mit Schrift beeinflussen. Ihre Logik spiegelt sich in Form eines etablierten Schemas in den Köpfen von Typografinnen wieder, nicht aber in einer sichtbaren Ordnung in der »physischen Welt«.[137] Prototypische Modelle sind Beispiele für Klassifikationen, die »auf die Köpfe« der Leserinnen zielen, aber nicht »auf die Hände«: sie etablieren Klassen in Köpfen, nicht aber in den Schriftschubladen der Setzereien oder Schriftdaten-Verzeichnissen von Computern. Andere Klassifikationen sind auf die Verortung von Schriften ausgerichtet, unabhängig ob physisch in Form von Schubladen für Handsatzschriften oder in einer Verzeichnisstruktur eines Rechners. Im Moment der Verortung lässt sich die Grenze zwischen mentalen Modellen und formal-logischen Definitionen ziehen: Genau die Systeme, die Schriften tatsächlich verorten, die exakte Adressen definieren, etablieren formal-logische Definitionen zur Klassenzugehörigkeit. Die Leistung von Klassifikationen ist, diesen Vorgang der Verortung, der Adressierung intersubjektiv verständlich zu machen. Findet diese Adressierung »exakt« statt, wird *genau einer Schrift genau eine Adresse* zugeschrieben (oder muss zugeschrieben werden), werden formal-logische Definitionen zur Klassenzugehörigkeit definiert.[138] Die Etablierung der exakten Adressierung von Schriften ist der Lösungsmoment von der Klassendefinition durch lose verknüpfte Begriffe hin zu formalisierter Beschreibung, zu trennscharfen und eindeutigen Klassen. Im Zuge der Adressierung werden in den Systemen Formalisierungen auf verschiedenen Ebenen vorgenommen. Schriften gehören zu einer Klasse *wenn und nur wenn* sie deren Definition erfüllen. Somit wird festgelegt,

137 Der pragmatischen Perspektive dieser Arbeit sei geschuldet, dass Unterscheidung zwischen symbolischer Ordnung und »Welt« hier auf die Dualität von symbolischer und physischer Ordnung reduziert wird. Gemeint sind einerseits rein gedankliche Ordnungen im Gegensatz zu Ordnungen, die auch physisch und damit potenziell zeichenhaft repräsentiert sind, ausdrücklich auch in Form von Speicherzuständen in Computern.

138 Es sei hier kurz vorgegriffen (vgl. Kapitel 6.2), dass dies keine technische Notwendigkeit darstellt, sondern den aktuellen Zustand der digitalen Klassifikationssysteme beschreibt. Auch eine weniger formalisierte Definition wäre denkbar, wurde aber bisher nicht umgesetzt.

welche Verfahren zur Klassenzuordnung durchlaufen werden müssen, und wie in der Folge »gehandelt« werden soll. Diese Vorgänge werden hier als Handlungsanweisungen bezeichnet: Anweisungen im Sinne von protokollarischen Abläufen, Beschreibungen des Operationalen. In digitalen Systemen werden solche Abläufe an Computer delegiert, die Prüfung des oben genannten Synonymie-Verzeichnisses auf Konsistenz ist als Prozess in einer Datenbank denkbar. Zudem macht die digitale Umsetzung eines Klassifikationssystems die Integration von »Handlungsanweisungen« in Form von Programmierung notwendig. Digitale Systeme verbleiben nicht abstrakt »im Kopf«. Alles, was ein Computer »weiß«, vergleicht, darstellt oder speichert, sind Daten, mit denen »verfahren« werden muss, Daten sind nur zugänglich, wenn sie eine Adresse haben. Digitale Systeme können nur mit Hilfe von Handlungsanweisungen implementiert werden.

Adressierung von Schriftarten wird in Schriftklassifikationen immer vorgenommen. Wie ernst oder exakt sie gemeint sind, ob sie als mentale Modelle eine logische Ordnung etablieren sollen oder aber auch auf die Handhabung abzielen, ob eine physische Verortung mitgedacht wird, lässt sich an Handlungsanweisungen[139] ablesen. Handlungsanweisungen zeigen, inwieweit in einem Klassifikationssystem die tatsächliche Sortierung und Verortung der Objekte mitgedacht wird, ob die »Handhabung von Objekten« als Teil des Systems betrachtet wird. In Schriftklassifikationen spielen sie bis zur Einführung von digitalen Systemen selten eine Rolle, eine physische Verortung oder Sortierung wurde fast nie umgesetzt. Kein prototypisch formuliertes Modell verfügt über Handlungsanweisungen oder genaue Adressierungsmechanismen.

Zwischen Logik und Adressierung

Die Begriffe formal-logisch und prototypisch werden in dieser Arbeit kontrastierend verwendet, als zwei unterschiedliche Paradigmen der Klassifikation mit Parallelen zu Foucaults Konzepten der Episteme der Renaissance bzw. der Klassik. Der wichtigste Unterschied zwischen beiden liegt im Interpretationsspielraum der Klassendefinitionen. Über Prototypen definierte Klassen arbeiten mit Ähnlichkeit zu einem guten Beispiel. Grenzfälle sind dabei »zwischen« zwei oder mehreren Prototypen und schwierig zu unterscheiden. Formal-logische Klassifikationen bieten keinerlei Interpretationsspielraum, Klassenzugehörigkeit fällt

139 In den meisten Fällen genügt es, die An- bzw. Abwesenheit von Handlungsanweisungen festzustellen.

eindeutig aus, ist binär. Klassen sind trennscharf, es gibt keine »Hohlräume«.[140] Die Systeme sind »lückenfrei«, es kann sich nichts »zwischen« verschiedenen Klassen befinden, es gibt keinen »Ort« im System ohne Klasse. Die häufige Erscheinung von »Auffangklassen« für nicht klassifizierbare Schriften hat genau diesen Zweck: Sie bieten einen Ort für Klassen, die sonst ohne Ort blieben. Innerhalb einer Dimension sind alle Klassen disjunkt. Im Sinne des hier verwendeten Begriffs der Adressierung formuliert hieße das, es gibt keine Orte ohne Adresse. Formal-logisch formuliert hieße es: Eine *formal-logische* Definition eines Schriftklassifikationssystems liegt *genau dann* vor, wenn für *alle* klassifizierten Schriften eine *eindeutige* Klassenzuordnung getroffen werden kann. In obiger Definition verborgen ist auch der Grund, warum alle Systeme, die Schriften tatsächlich adressieren, auch stringent definiert sind. Ihre Sortierungslogik ist konkret, für sie steht die Anzahl der zu klassifizierenden Schriften fest: Sie verorten eine definierte Menge von Schriften. Praktisch alle prototypischen Modelle sind abstrakt und insofern offen, als die Menge der zu sortierenden Schriften nie exakt bestimmt oder genannt wird und ihre »Orte« nicht eindeutig zu adressieren sind. Dass alle adressierenden Systeme stringent definiert sind, liegt somit auch stark in ihrer Auswahl an Schriften begründet. *Konkretion bedingt Konsistenz.*

3.3.9 Kurze Strukturgeschichte der Schriftklassifikationen

Die Analyse in Kapitel 5 wird, wenig überraschend, zeigen, dass über die Zeit komplexere Strukturen etabliert werden. Nach den rein narrativen ersten Klassifikationen werden in der Folge Ansätze konzipiert, die stringenten logischen Ordnungen folgen, zunächst in Form von Bäumen, später als Paradigmen. Facettenstrukturen treten vermehrt als digitale Systeme auf und sind dann die dominierenden Strukturen. Die »gedachten Ordnungen« zeigen sich in den Relationen der Attribute. Frühe Ansätze stellen die historische Genese der Schriftarten in Baumstrukturen dar. In späteren Systemen können auch Verbindungen zwischen verschiedenen, zeitlich nicht aufeinander folgenden Schriftarten abgebildet werden, mehrdimensionale Konzepte entstehen. Mit der Entwicklung von Fotosatz und später digitalen Satzverfahren wird die Schriftform vom Blei emanzipiert, in den Klassifikationen die Entwicklung der Schriftformen nicht mehr als lineare Genese gedacht. Schrift-

140 Die »Zwischenräume« der Klassen sind beliebte Ziele neuer Schriftgestaltungen, die bewusst gewählt werden (vgl. Archer 2007: 5).

klassifikationen müssen mehr als nur eine einzige Relation zwischen Attributen abbilden, Facettenstrukturen treten vermehrt auf. Mit der Digitalisierung der Typografie setzen sich damit auch andere Vorgehensweisen bei der Klassifikation durch. Bäume, Hierarchien und Paradigmen ermöglichen eine analytische Perspektive, die dann sinnvoll ist, wenn möglichst umfassendes Wissen von typografischen Formvarianten vorhanden ist. Die Klassendefinitionen sind robust, dafür Veränderungen schwer vorzunehmen. Der provisorische Charakter von Facettenstrukturen verweist auch auf ein verändertes Verhältnis zur Vielfalt der Schriftformen. Während frühe Klassifikationen (vgl. z.B. Kapitel 5.1.3, 5.1.4 oder 5.1.6) aus der Perspektive einer linearen Genese argumentieren, identifizieren Alessandrini, später Willberg, Bollwage und Kupferschmid (vgl. 5.1.7, 5.1.11 und 5.1.12) Parallelen zwischen bislang »unverwandten« Schriftarten in ihren Systemen. Dieser Perspektivwechsel wird in digitalen Systemen noch radikaler vorgenommen. Eine Präkomination der Attribute findet, abgesehen von großen Konsens-Klassen wie »Grotesk«, »Serif«, »Slab« und »Script«, kaum mehr statt, die Abbildung einer linearen Entwicklung über die Zeit steht nicht mehr im Vordergrund. Schriften werden nicht mehr im Verhältnis zu einer Abstammung klassifiziert, sondern als Elemente mit vielen in Relation stehenden und sich dynamisch wandelnden Attributen betrachtet. Die Kombination von Attributen wird nicht mehr durch Autorinnen zum Zeitpunkt der Entwicklung der Klassifikation, sondern durch die Anwender zum Zeitpunkt der Nutzung der Klassifikation vorgenommen.

In den Strukturen der Klassifikationen werden Verhältnisse der Schriften zueinander bestimmt, erfasst oder ignoriert. Die Struktur, der Modus der Relationen zwischen Formmerkmalen der Schrift, beinhaltet implizit Wertungen, Ansichten, Perspektiven auf die Schriftform. Struktur ist weder neutral noch wertfrei, vielmehr verbirgt sich in der Ordnung ein dominantes Bewertungsinstrument, das über die Beschreibung und Verortung von Schriften in einem System wirkt. Die Strukturen der Schriftklassifikationen ordnen das Denken über die Schrift.

4 Geschichte

Mit Blick auf die Geschichte der Typografie ist die Klassifikation von Schriftarten ein relativ junges Phänomen. Die ersten stringenten Ansätze erscheinen zu Beginn des 20. Jahrhunderts. Umfangreichere Klassifikationen gewinnen in der Nachkriegszeit an Relevanz, zu diesem Zeitpunkt treten allmählich nationale und internationale Instanzen auf, die Einfluss auf Schriftklassifikationsnormen nehmen und deren internationale Gültigkeit sicherstellen wollen. Zentral ist hier die Normierung typografischer Begriffe auf internationaler Ebene. Diese Normen werden im Lauf der 1960er Jahre etabliert. Neue Satz-Technologien, die beginnende Digitalisierung des grafischen Gewerbes ab den 1970er Jahren und die Popularisierung digitaler Produktionsmittel ab den späten 1980ern führen zu einem starken quantitativen Anstieg des Angebots an Schriftarten. Die Etablierung standardisierter Schriftformate macht deren Austausch zwischen verschiedenen digitalen Systemen möglich. Das Internet wird zunehmend als Plattform für den Vertrieb von Schriften verwendet und ermöglicht einen globalen Austausch von und über Schriften. Schriftklassifikationen entstehen auch in Reaktion auf die Zunahme des Angebots an typografischen Schriften. Sie sind ein Indiz für die stete Ausdifferenzierung des typografischen Ausdrucksmittels Schriftform.

4.1 Überblick

Im Folgenden soll die Entwicklung der Schriftklassifikation zusammengefasst werden mit Fokus darauf, *wer wann* klassifiziert hat. Die Ansätze werden dabei kurz erläutert und kontextualisiert. Sie sind zunächst chronologisch aufgeführt, der besseren Übersichtlichkeit und Vergleichbarkeit ab Beginn der Digitalisierung der Typografie in die Publikationskontexte *Typografische Lehrbücher,*

Forschung und *Digitale Systeme* aufgeteilt. In Kapitel 5 werden dann einzelne ausgewählte Klassifikationen detailliert analysiert.

4.1.1 Klassenlos: 15. bis 19. Jahrhundert

In den frühen Jahren des Buchdrucks ist die Zahl der verfügbaren Schriften klein, Druckereien gießen die Schriften häufig selbst, die erste Schriftgießerei im deutschsprachigen Raum entstand als »spin-off« einer Druckerei.[141] Bis ins 18. Jahrhundert ist die Auswahl zur Verfügung stehender Schriftarten sehr überschaubar. »*So gab es in den ersten vier Jahrzehnten nebeneinander jeweils 6 – 8 in sich geschlossene, stark voneinander unterschiedene Schriftsippen.*« (Schauer, 1975: 8) Gemeint ist hier das 19. Jahrhundert, das Schauer als »*zusammenfassende Wiederholung des abendländischen Schriftschaffens seit Mitte des 15. Jahrhunderts*« (ebda.: 7) sieht. Versuche zur Sortierung oder Unterscheidung entstehen kaum, am besten illustrieren Aushänge bzw. Plakate von Schriftmustern der Druckereien den Schriftbestand der Zeit. Als früheste Quelle wird ein Aushang von *Erich Ratdolt* aus dem Jahre 1486 genannt: »*Vom späten 16. bis zum späten 18. Jahrhundert liegen uns stärker differenzierte Aushänge [...] vor, die jedoch – nach Format und Spaltenanordnung – wie eine Fortsetzung des Blattes von 1486 anmuten*« (Schauer, 1975: 9). Conrad Berners »*Specimen Charactervm Sev Typorvm Latinorvm Probatissimorvm*« (1592) ist vergleichbar, es zeigt die ihm zur Verfügung stehenden Schriftarten nach Größen. Eine eindimensionale Struktur veröffentlicht 1766 *Fournier le Jeune*[142] (zit. n. Ponot, 1989:40) im *Manuel typographique*. Er zeigt viele Muster zu Schriften unterschiedlicher Größe, zu denen er jeweils eine Überschrift formuliert, ohne dass die Schriften darüber hinaus weiter beschrieben werden. Komplexere Konzepte zur Unterscheidung werden, auch ob der relativ geringen Anzahl an Schriften, die

Abbildung 5 *Reproduktion (rechts) der Schriftprobe von Ratdolt 1486. Die Reproduktion hat das Format von ca. 28 x 36 cm. Quelle: Bayerische Staatsbibliothek*

---

141 Die 1577 als Ausgliederung aus der Engeloff'schen Druckerei getrennte Schriftgießerei ist die erste unabhängige Gießerei im deutschsprachigen Raum. Sie wurde von Jakob Sabon betrieben (vgl. Bauer 2011: 44). Zur Geschichte der Schriftgießereien in Europa bis 1600 vgl. Carter, 2002.

142 Das Schriften-Kapitel im *Manuel typographique* ist eine Liste, vergleichbar mit einem Schriftmusterbuch. Ponot identifiziert die Hauptklassen *romain, italique, bâtarde, cursive françoise, lettres de somme, lettres de forme* und *lettres tourneures* (sinngemäß übersetzt *normal* (im Sinne von »nicht kursiv«), *kursiv, Bastardschriften, französische Kursive, Gebrochene Schriften (lettres de somme, forme* und *trouneures)* a. d. Frz, jop) (vgl. Ponot 1989: 40).

Aue maria
gr̃a plena
dominus
tecū bene
dicta tu in mulierib⁹
et benedictus fruct⁹
uentris tui : ihesus
christus amen.

Gloria laudis resonet in ore
omniū Patri genitoqꝫ proli
spiritui sancto pariter Resul
tet laude perhenni Labori-
bus dei vendunt nobis om-
nia bona. laus: honor: virtus
potētia: ⁊ gratiaꝝ actio tibi
christe. Amen.

Uiue deū sic ⁊ viues per secula cun-
cta. Prouidet ⁊ tribuit deus omnia
nobis. Proficit absque deo null⁹ in
orbe labor. Illa placet tell⁹ in qua
res parua beatū. Me facit ⁊ tenues
luxuriantur opes.

Si fortuna volet fies de rhetore consul.
Si volet hec eadem fies de cōsule rhetor.
Quicquid amor iussit nō est cōtēdere tutū
Regnat et in dominos ius habet ille suos
Uita data ē vtēda data ē sine fenere nobis
Mutua: nec certa persoluenda die.

Usus ⁊ ars docuit quod sapit omnis homo
Ars animos frangit ⁊ firmas dirimit vrbes
Arte cadunt turres arte leuatur onus
Artibus ingenijs quesita est gloria multis
Principijs obsta sero medicina paratur
Cum mala per longas conualuere moras
Sed propera nec te venturas differ in horas
Qui non est hodie cras minus aptus erit.

Non bene pro toto libertas venditur auro
Hoc celeste bonum preterit orbis opes
Precunctis animi est bonis veneranda libertas
Seruitus semper cunctis quoque despicienda
Summa petit liuor perflant altissima uenti
Summa petunt dextra fulmina missa iouis
In loca nonnunquam siccis arentia glebis
De prope currenti flumine manat aqua

Quisquis ades scriptis qui mentem forsitan istis
Ut noscas adhibes protinus istud opus
Nosce: augustensis ratdolt germanus Erhardus
Litterulas istos ordine quasqꝫ facit
Ipse quibus veneta libros impressit in vrbe
Multos ⁊ plures nunc premit atqꝫ premet
Quique etiam varijs celestia signa figuris
Aurea qui primus nunc monumenta premit
Quin etiam manibus proprijs vbicunqꝫ figuras
Est opus: incidens dedalus alter erit

Nobis benedicat qui i trinitate viuit
⁊ regnat Amen: Honor soli deo est tribuendus
Aue regina celo⁊ mater regis angelo-
rum o maria flos virginum velut rosa
vel lilium o maria: Tua est potentia tu
regnū domine tu es super omnes gen
tes da pacem domine in dieb⁹ nostris
mirabilis deus in sanctis suis Et glori
osus in maiestate sua oth panthon kyr

Quod prope facce diem tibi sum conuiua futurus
Forsitan ignoras at fore ne dubites
Ergo para cenam non qualem stoicus ambit
Sed lautam sane more cirenaico
Nanque duas mecum florente etate puellas
Adducam quarum balsama cunnus olet
Vernula sola domi sedeat quam nuper habebas
Si nondum cunnus vepribus horruerit
Sunt qui insimulent ⁊ auari crimen amici
Obiciant facito rumor ut iste cadat Hec Philelphus

Hunc adeas mira quicunqꝫ uolumina queris
Arte uel ex animo pressa fuisse tuo
Seruiet iste tibi: nobis iure sorores
Incolumem seruet usqꝫ rogare licet

Est homini uirtus fuluo preciosior auro: ænæas
Ingenium quondam fuerat preciosius auro.
Miramurq; magis quos munera mentis adornāt:
Quam qui corporeis emicuere bonis.
Si qua uirtute nites ne despice quenquam
Ex alia quadam forsitan ipse nitet

Nemo suę laudis nimium lętetur honore
Ne uilis factus post sua fata gemat.
Nemo nimis cupide sibi res desiderat ullas
Ne dum plus cupiat perdat & id quod habet.
Ne ue cito uerbis cuiusquam credito blandis
Sed si sint fidei respice quid moneant
Qui bene proloquitur coram sed postea praue
Hic erit inuisus bina ꝙ ora gerat

Pax plenam uirtutis opus pax summa laborum
pax belli exacti præcium est præciumque pericli
Sidera pace uigent consistunt terrea pace
Nil placitum sine pace deo non munus ad aram
Fortuna arbitriis tempus dispensat ubi
Illa rapit iuuenes illa ferit senes

κλιω τευτερπη τε θαλεια τε μελπομενη τε
τερψιχορη τερατω τε πολυμνεια τουρανιη
τε καλλιοπη θεαη προφερεστατη εξιναπα
σαων ιεσους χριστους μαρια τελος.

Indicis characteꝝ diuersaꝝ mane-
rierū impressioni paratarū: Finis.

Erhardi Ratdolt Augustensis viri
solertissimi: preclaro ingenio ⁊ miri
fica arte: qua olim Venetijs excelluit
celebratissimus. In imperiali nunc
vrbe Auguste vindelicoꝝ laudatissi
me impressioni dedit. Annoqꝫ salu
tis. M. CCCC. LXXXVI. Calē.
Aprilis Sidere felici compleuit.

sich zudem stark voneinander unterscheiden, nicht entwickelt. In der Preisliste des Schriftenkatalogs *Proef von Letteren Lettergietery van J. Enschedé* von 1768 erscheint eine erste Klassenbildung in insg. 13 Klassen, davon vier für lateinische und zwei für gebrochene Schriften (vgl. Kapitel 5.1.1). 1818 veröffentlicht die Witwe von Giambattista *Bodoni* das *Manuale tipografico* (Pankow 1998), welches Schriften narrativ nach formalen Kriterien darstellt. *»Die Gruppen sind sauber in sich geschlossen. Von einem System oder einer regelnden Ordnung kann aber nicht die Rede sein.«* (Schauer, 1975: 11). Bis ins 19. Jahrhundert werden Schriften hauptsächlich über eine Kombination aus Schriftgrad[143] und einem Schriftnamen identifiziert, wobei als Schriftname häufig nur eine Herkunfts- oder Gattungsbezeichnung verwendet wurde. In Schriftmusterbüchern des 18. und 19. Jahrhunderts ist die eindeutige Identifikation einer Schrift oft nur über die Kombination des Schriftgrades, der Schriftbezeichnung und ergänzenden Angaben wie der Nummerierung des Musterblatts oder der Seitenzahl im Schriftkatalog möglich.[144] Erst Mitte des 19. Jahrhunderts wird begonnen, Schriftarten eigene Namen zu geben,[145] eine wesentliche Voraussetzung für die Identifikation und spätere Unterscheidung von Schriftarten ist damit erfüllt. Auch spätere Publikationen über das Schriftschaffen bis zum 19. Jahrhundert führen noch keine Typologie ein.[146] Im typografischen Formenreichtum dieser Zeit werden Begriffe zur Beschreibung der Schriftform eingeführt, werden aber noch nicht konsistent verwendet und bleiben uneindeutig (vgl. Dixon, 2001: 2·4). Faktoren für das Ausbleiben von Klassifikationsansätzen sind zu vermuten im regen Schriftschaffen, unterschiedlichsten gestalterischen Richtungen und der Diversifizierung der Satztechnolo-

143 Die Schriftgrade wurden zunächst mit Namen bezeichnet, frühestens seit Ende des 17. Jahrhunderts wurden sie in Punkt gemessen. Im deutschen Sprachraum waren beispielsweise die Begriffe *»Korpus«* oder *»Garamond«* für 10 Punkt, *»Nonpareille«* für 6 Punkt Schriftkegelhöhe gebräuchlich (vgl. wiki 14). Die Bezeichnungen in den verschiedenen Sprachen waren nicht einheitlich.

144 Um die eindeutige Identifikation einzelner Schnitte, und damit die bei den Herstellern eingehenden Bestellungen, zu ermöglichen, wurden v.a. im späteren 19. Jahrhundert verschiedene Identifikationsmechanismen verwendet. In den Schriftmusterbüchern wurden Nummerierungen für verschiedene Elemente verwendet, teilweise für die Schriftschnitte, die Musterblätter (die nicht immer in gleicher Abfolge gebunden wurden) oder die Katalogseiten.

145 *»[...] c'est vèrs 1850,[...] qu'on commença a donner aux lettres des noms distinctifs.«* (Ponot, 1989: 41).

146 Schauer wundert sich über den fehlenden Strukturierungswillen namentlich bei Carl Ernst Poeschel und der bedeutenden Druckerei Enschedé in Haarlem, vgl. Schauer: 1973: 11).

gien dieser Periode.[147] Die Diversifizierung der Schriftform wird im 19. Jahrhundert weit vorangetrieben. Allerdings werden in dieser Periode keine dominanten Gestaltungsprinzipien etabliert, Unterschiedlichkeit scheint von größerer Bedeutung. Zur Orientierung verwendbare Ansätze oder auch nur begriffliche Definitionen sind schwer auszumachen: *»Die Terminologie wurde so kompliziert [...], daß es schwer war, mit dem [...] Namen die jeweils richtige Sachvorstellung zu verbinden. Der Historismus des 19. Jahrhunderts hat wahrscheinlich viel zu dieser Wirrnis beigetragen.«* (Schauer, 1975: 12) Bis Ende des 19. Jahrhunderts sind keine systematischen Ansätze zur Klassifikation von Schriften bekannt. Dies könnte auch auf die fehlende Notwendigkeit stringenter Unterscheidung hinweisen: Zum einen wurden in der Typografie des 19. Jahrhunderts Schriften unterschiedlichster Stile, Herkunft und Anmutungen gern, bunt und ausgiebig gemischt.[148] Zum anderen wird in dieser Zeit erst allmählich begonnen, Konzepte wie Schriftfamilien und einheitliche Benennungen zu etablieren, über die z. B. formale Verwandtschaft (jenseits von Abbildungen) kommuniziert werden kann. Auf Seite der Druckereien ist der Bedarf nach der Bildung von Kategorien zur Orientierung noch nicht stark. Ihr Vorrat an Schriften ist in den meisten Fällen überschaubar, insbesondere wenn man bedenkt, dass die Auswahl bereits durch technische Anforderungen stark bestimmt wurde.[149] Die Industrialisierung führte zur Konzentration von Schriftlizenzen[150] bei wenigen Anbietern, bedingt durch Aufkäufe und Zusammenschlüsse vieler kleinerer Schriftgießereien. Bei den so entstehenden, teilweise international agie-

147 Die Gründe für diese Entwicklung liegen im deutschsprachigen Raum, neben der Industrialisierung allgemein auch an den staatlichen Maßnahmen zur Alphabetisierung der Bevölkerung und dem daraus resultierenden, enorm steigenden Bedarf an Druckprodukten, was hier nicht vertieft betrachtet werden kann. Zu den gestalterischen Entwicklungen und deren Verwobenheit mit technologischen Innovationen wie Zeilensatzmaschinen schreibt sehr anschaulich Kinross, 2004: 34ff; sehr knapp auch Chappell, 1999: 191ff; belustigend abfällig zur typografischen Gestaltung Tschichold, 1928: 20f.

148 *»Es geht um die bis ins Absurde reichende Formdifferenzierung (...) Formelemente und stilistische Herkunft spielen bei der Einteilung und Gruppierung völlig untergeordnete Rollen; denn Mischungen der Arten (...) sind die Regel.«* (Schauer, 1975: 13).

149 Faktoren wie die absolut zu setzende Textmenge und der entsprechende Vorrat an Lettern, Schriftgrößen, Papierqualitäten oder Sprachabdeckung waren wichtigere Faktoren bei der Schriftwahl. Die Auswahl zwischen mehreren Schriften für eine Satzarbeit war eher ein Luxusproblem.

150 Die Etablierung eines Lizenzrechts, im deutschsprachigen Raum »Gebrauchsmusterschutz«, beginnt in dieser Zeit. Dem kann hier nicht weiter nachgegangen werden. Es bleibt zu bemerken, dass sich an der Geschichte der Hersteller typografischer Schriften die Prozesse und Wirkkräfte der Industrialisierung sowie des gestärkten Urheberrechts gut ablesen lassen.

renden Konzernen werden teilweise viele hundert Schriften in einem Programm konzentriert. Die Schrifthersteller benötigen für immer umfangreicher werdende Schriftmusterbücher eine linearisierte Ordnung, die sich allmählich herausbildet.

Unterschiedliche Bemühungen zur Standardisierung, etwa einer einheitlichen Schrifthöhe oder Maßeinheiten, fanden auf regional-nationaler Ebene statt.[151] Die etablierten Standards waren nicht international wirksam, bis ins 20. Jahrhundert wurden unterschiedlichste Bezeichnungen, Maßsysteme und Schrift-Geometrien verwendet.[152] Eine faktische internationale Normung des typografischen Punktes brachte erst das Desktop-Publishing in den 1980er Jahren.[153] Die während des 19. Jahrhunderts geprägten Begriffe zur Beschreibung der Schriftform sind, dem Schriftschaffen der Zeit entsprechend, sehr vielfältig, kategorial sehr unterschiedlich und teilweise widersprüchlich. Nur einige finden später breitere Verwendung und werden kanonisiert.[154] Bis Ende des 19. Jahrhunderts wurden keine international verbreiteten Begriffe etabliert, eine Kanonisierung von einigen formal unterschiedlichen Hauptgruppen deutet sich aber in den Schriftmusterbüchern der Schriftgießereien an. Diese beginnen ab der Mitte des 19. Jahrhunderts stark an Umfang zu gewinnen und werden nach sehr unterschiedlichen Kriterien strukturiert. Im deutschsprachigen Raum dominieren die gebrochenen Schriften das Angebot, sie werden häufig unterteilt in *Fraktur*, *Schwabacher*, *Gotisch* und *Runde*. Die wichtigste Unterscheidung der Antiquaschriften ist die zwischen Kursiven und Normalen, diese werden häufig in »französische« (deutsche Bezeichnung Klassizistische Antiqua), »englische« (Barock-Antiqua) und

---

151 Bauer (1929: 21ff) identifiziert sechs unterschiedliche typografische Maßsysteme: *nach Fournier, nach Didot, das Metrische, das Deutsche, das deutsche Einheitssystems auf Grundlage des Didot-Systems* und *das anglo-amerikanische System*. Sie wurden, je nach eingesetzter Technik, mehr oder weniger parallel verwendet.

152 Einen Vergleich historischer typografischer Maßsysteme ab dem 18. Jahrhundert unternimmt Bauer (1929), Mosley (2008) von der Postinkunabelzeit bis ins 18. Jahrhundert. Zur britischen Normung der Position der Schriftlinie im Schriftkegel und dem Umgang mit nicht-normkonformen Schriften vgl. de Vinne (1911): 71ff.

153 Die Berechnungsgrundlage des DTP führt mit dem DTP-Punkt einen Quasi-Standard zu einer Zeit ein, als der Schriftgrad (digitale Entsprechung zur Kegelhöhe) noch relevant, andere Werte wie die Schrifthöhe (Höhe der Lettern von Fuß bis Buchstabenbild) dagegen bedeutungslos geworden waren. Ein Punkt ist dort mit 1/72 Zoll definiert, ca. 0,3528 mm. Der US-amerikanische Pica-Punkt, z. B. von Linotype-Zeilengussmaschinen verwendet, war ca. 0,3513 mm groß. Die 1975 in Deutschland in Kraft getretene ISO-Norm des Didot-Punktes, manchmal auch als Berthold-Punkt bezeichnet (mit 0,376 mm fast genau 3/8 mm) wurde von anderen Herstellen kaum umgesetzt.

154 vgl. Ponot: 1989: 41f.

Mediävalschriften (Venezianische Renaissance-Antiqua) unterteilt. Dazu kamen verzierte Schriften und Handschriften, Ornamente und Symbole und, beginnend Mitte des 19. Jahrhunderts, serifenbetonte und serifenlose Schriften.

Auch wenn im 19. Jahrhundert noch keine Ansätze zur Kategorisierung, Sortierung oder Klassenbildung erkennbar sind, werden die Hauptklassen in der Struktur der Schriftmusterbücher vorbereitet. Symptomatisch liegen die Wurzeln der Schriftklassifikationen dort, wo der Unterscheidungsdruck am größten ist, den häufig viele hundert Seiten umfassenden Musterbüchern der Schrifthersteller. In ihnen wird ein latenter Kanon etabliert, dessen Klassen erst später benannt und bezeichnet, beschrieben und von einander abgegrenzt werden. Die Klassen, die später in praktisch vielen Klassifikationen weitertradiert werden, sind *Fraktur* und *Antiqua*, diese in die Untergruppen gegliedert *Serifenschriften, Serifenbetonte Schriften, Serifenlose Schriften, Schreibschriften, Auszeichnungsschriften* sowie *Symbole mit nicht-alphabetischen Zeichen* und *nicht-lateinische Alphabete*. Die in vielen älteren Katalogen dominante Unterscheidung zwischen *Normalen* und *Kursiven* verschwindet im Zuge der Etablierung von Schriftfamilien, in denen kursive und aufrechte Schnitte zusammengefasst werden, und wird gegen Ende des 19. Jahrhunderts kaum noch vorgenommen (vgl. Kapitel 5.1.1).

4.1.2 Beginn: 1900 bis Mitte der 1920er Jahre

Um die Jahrhundertwende nimmt das Interesse an der historischen Entwicklung der Schriftform zu. Ansätze, die im weiteren Sinne als Schriftklassifikationen betrachtet werden können, werden ab den 1920er Jahren entwickelt. Historische Darstellungen spielen bei der Ausdifferenzierung der Klassifikationsbegriffe eine Rolle und sind hier mit aufgeführt. Die ersten systematischen Versuche, feste Begriffe zur Beschreibung der Schriftform zu etablieren, sind in *Practical Printing* von *Southward*, 1882 und in *The Practice of Typography* von *De Vinne* aus dem Jahr 1902 zu finden. Beide Ansätze sind auch als Lehrbücher formuliert und unterscheiden Schriften nach formalen Kriterien,[155] orientieren sich aber deutlich an

155 Southward unterscheidet zwischen Buch- und Akzidenzschriften, nur letztere werden noch etwas genauer differenziert: »*It is very difficult to make any satisfactory classification for Jobbing letter, but the following is that generally recognised: (...) Roman (...) Antiques (...) Sans-serifs or Grotesques (...) Ornamented (...) Blacks (...) Scripts.*« (Southward, 1890: 21) Die wichtigste Unterscheidung liegt für Southward zwischen *Roman* und *Italic*. Die unterschiedlichen Schriftformen stehen nicht im Vordergrund der Publikation, ihnen sind sechs der 634 Seiten des Buchs gewidmet. Auch bei De Vinne steht

drucktechnischen Erfordernissen (vgl. Dixon, 2001: 2·6). Diese frühen Publikationen wenden sich ganz allgemein an Verleger, Drucker und Setzer, sie machen keinen Unterschied zwischen verschiedenen Rollen im grafischen Gewerbe und Verlagen. Vielmehr sind die »rein typografischen« Themen eingebettet in Publikationen, die Informationen unterschiedlichster Gebiete rund um Satz, Druck, Buchbinden, Materialkunde, Mechanik, Weiterverarbeitung, Vertrieb und wirtschaftliche Aspekte behandeln.[156] De Vinnes und Southwardes Publikationen sind Handbücher für Unternehmen im grafischen Gewerbe zu einer Zeit, in der sich die verschiedenen arbeitsteiligen Rollen in konkrete Berufsbilder ausdifferenzieren. Als Lehrbücher für technische und wirtschaftliche Zusammenhänge in der grafischen Industrie behandeln sie auch Typografie und zählen zu den frühesten Arbeiten, die ästhetische Aspekte des Setzens, der Seitengestaltung und des Druckens aufgreifen. tEinen ersten analytischen und umfangreich visualisierten Überblick über Schriften des 19. Jahrhunderts liefert *Thibaudeau*.[157] Nach Dixon (ebd.: 2·6) wird der Ansatz 1903 für die Peignot-Schriftgießerei entwickelt, in Buchform veröffentlicht erscheint er unter dem Titel *La Lettre d'Imprimerie, origine, développement, classification* im Jahr 1921 (vgl. Kapitel 5.1.2). Sein Ansatz basiert auf Differenzierung der Serifenform, er gleicht stark dem von *Bullen*, der zwischen 1911 und 1912 für die Schriftgießerei American Typefounders eine Klassifikation für deren Bibliothek erarbeitet.[158] Southward, De Vinne, Thibaudeau und Bullen formulieren das Fundament, auf denen der Diskurs um Unterscheidung und Klassifikation von Schriftarten fußt. Thibaudeau versucht dabei als einziger, über den latenten Kanon hinaus Klassen zu definieren und seine Unterscheidungsmerkmale sprachlich *und* grafisch darzustellen. Diese Publikationen treten nicht zufällig zu Beginn des 20. Jahrhunderts auf. In dieser Zeit nimmt die Publikationstätigkeit rund um und über die grafische Industrie zu. Zunehmend erschei-

---

die Funktion vor der Form, dennoch umreißt er die Klassen *Roman, Italic, Script, Black-letter, Gothic, Italian, Title, Antique* und *Ornamental* (De Vinne, 1902: 182ff).

156 Stichworte aus dem Inhaltsverzeichnis von Practical Printing sind z. B.: *»Composition, Types and Appliances Described, Rudiments of Compositors Art, Various Branches of Compositors Art, Press work, Machinery and Materials, Art of the Pressman, Colour Printing, The Warehouse Department, Foundry and Ancillary Departments, Economy of the Printing Office«* (vgl. Southward, 1911: Inhaltsverzeichnis Vol. 1 und Vol 2, o. p.).

157 In einigen Quellen auch als *Thibadeau* (ohne u nach dem a) geschrieben, hier immer *Thibaudeau*.

158 vgl. dazu Mosley, 1960: 92.

nen nicht nur Texte, die sich mit technischen Aspekten des Setzens, Druckens, Buchbindens und Publizierens befassen. Es werden auch vom Handwerklichen und Wirtschaftlichen abgekoppelte Perspektiven entwickelt, die unter anderem ästhetische Qualitäten in den Fokus nehmen. Der Beginn typografischer Theoriebildung markiert auch den Beginn eines Diskurses zur Schriftklassifikation.

4.1.3 Differenzierung: 1920er bis 1940er Jahre

In den 1920er Jahren beginnt in den USA und besonders in Großbritannien eine Zeit der Rückbesinnung auf traditionelle Typografie des 15. bis 17. Jahrhunderts, eine größere Anzahl von Schriften werden nach historischen Mustern neu gestaltet und vermarktet.[159] In diesem Klima veröffentlicht *Updike* 1922 eine historisch angelegte Studie *Printing Types, Their History, Forms and Use*. Sie ist ein umfänglicher Überblick, der neben historischen auch lokale Bezüge, stilistische Verwandtschaften und Stilschulen verschiedener Schriften herstellt. *Morisons* 1926 erscheinendes *On Type Designs Past and Present* ist eine ebenfalls geschichtliche Betrachtung der Entwicklung von Schriftformen. Sie ähnelt der von Updike, orientiert sich aber stark am Schaffen einzelner Schriftgestalter. 1934 folgt *Johnson* in *Type designs: their history and development* Morisons historischer Aufarbeitung. 1935 veröffentlicht *Warde* in *The Library* ihren Aufsatz *Type faces, old and new*, in welchem sie, an Morison orientiert, die Formen der Mengensatzschriften historisch herleitet und ein binäres Vererbungsmodell anhand formaler Kriterien konzipiert (vgl. Kapitel 5.1.3). Sowohl Fokus als auch Struktur ihrer Arbeit werden später von Tschichold aufgenommen, um einige Klassen erweitert und stärker ausdifferenziert. Zwar ist Wardes Text begrifflich kaum innovativ und dem Entstehungskontext[160] entsprechend traditionell orientiert, die von ihr entwickelte Struktur dagegen ist richtungsweisend. Sie konzentriert sich ausschließlich auf Serifenschriften.[161] Die Publikationen bis 1940 verfolgen das Schriftschaffen zunächst historisch, beziehen einzelne Stilbegriffe auf kunsthistorische Stil-

---

159 Zur Reformbewegung vgl. Kinross, 2004: 64ff.

160 Warde war Werbeleiterin bei Monotype und im Umfeld der britischen Reformbewegung tätig. (Verweis Analyse, Kapitel 5.1.3).

161 Warde bezieht Grotesk- und Egyptienne-Schriften in ihr Schema mit ein, schließt sie aber aus der Klassifikation aus mit der Anmerkung *»not used in normal books«* (Warde, 1935: 133). In der tabellarischen Darstellung sind sie bezeichnet als *»MONSTROSITIES, ect. (to the book printer)«* (ebd.: Anhang n.p.).

epochen, die teilweise von späteren Klassifikationen übernommen werden.[162] De Vinne, Southward und Thibaudeau formulieren ihre Ansätze aus pragmatischer Perspektive, sie schreiben für Drucker, Setzer und Verleger. Für sie stehen praktische Aspekte wie typische Anwendungsgebiete bestimmter Schriften und die Begriffsbestimmung zur Beschreibung der Schriftform für das Kundengespräch im Vordergrund. *Bullen* und *Warde* sowie 1953 das Autorenduo *Berry* und *Johnson* mit ihrer *Encyclopedia of typefaces* bringen zwar Aspekte aus den Bibliothekswissenschaften mit ein, Bullen und Berry/Johnson bleiben aber bei einer linearen historischen Auflistung. Updike und Morison formulieren ebenfalls einen chronologischen Überblick, der von ihrer gestalterisch-weltanschaulichen Perspektive gefärbt ist. Für sie ist die Zuweisung von Schriften auf Schriftgestalter-Persönlichkeiten in ihrem spezifischen historischen Kontext wichtig. Während vor allem Thibaudeau großen Wert auf die Versprachlichung von Schriftbeschreibung legt und seine Abbildungen nur ergänzend den Text illustrieren, argumentiert Warde als einzige zusätzlich stark auf Ebene der Abbildungen.[163] Von Warde abgesehen sind die Ansätze bis zu diesem Zeitpunkt narrativ. Sie bilden Kategorien oder Klassen, die in längeren Texten kombiniert mit Abbildungen erläutert werden, Trennschärfe steht nicht im Vordergrund.[164] Die Anzahl der Klassen bleibt gering, es werden kaum komplexe Strukturen etabliert. Die vorherrschende Gliederungsstruktur ist eindimensional. Der Ansatz Wardes sticht durch die enge Verknüpfung zur Visualisierung und ihre analytische Schärfe hervor. Sie ist die erste und für lange Zeit einzige Autorin, die auch im engeren Sinne eine Klassifikation definiert: eine Struktur mit Klassensignaturen sowie notwendigen und hinreichenden Eigenschaften. Sie unterscheidet ausschließlich nach formalen

162 Über den Begriff der »Egyptienne«, den Thibaudeau verwendet, besteht beispielsweise schon früh ein historischer und formaler Konsens. Tschichold verwendet ihn als Klassenbezeichnung, Vox als Beschreibung seiner Klasse »Mécanes« (vgl. Kapitel 5.1.2 und 5.1.5).

163 Dixon hält diese »visuelle Argumentation« für *»[...] an important precedent for visual classificatory argument.«* Das vollständige Verständnis von Wardes Konzept sei ohne Bebilderung nicht möglich: *»[...] understanding of her system is dependent upon its visual lay-out, the relative positioning of the categories to one another being an essential part of her overall thesis«* (Dixon, 2001: 2·12). Sehr deutlich gegen eine Argumentation auf Bildebene wendet sich Schauer. (vgl. Schauer, 1975: 44).

164 Schauer zu Thibaudeau: *»Genau betrachtet ist die scheinbar so einfache Aufteilung kompliziert, die Trennschärfe sehr schwach und die Verwechslungsgefahr groß.«* (Schauer, 1975: 34).

Kriterien, ihre Monohierarchie beinhaltet ein Vererbungsmodell.[165] Alle Ansätze berücksichtigen Druckschriften,[166] Warde beschränkt sich auf »book faces« von Monotype, mengensatzgeeignete Schriften.[167]

4.1.4 Normierung und Internationalisierung: Ende der 1940er bis 1970er Jahre

Bis zum Ende der 1940er Jahre wurden drei Richtungen zur Unterscheidung und Klassifikation verfolgt: die Unterscheidung nach Anwendungsgebiet und drucktechnischen Anforderungen der frühen Ansätze, die Zuordnung zu historischen bzw. stilistischen Epochen sowie die Differenzierung nach formalen Kriterien. Während erstere nach 1930 kaum weiter Anwendung findet, werden ab den 1950er Jahren immer wieder Ansätze veröffentlicht, die ausschließlich eine der beiden anderen Perspektiven wählen.[168] Manche Publikationen versuchen, diese Perspektiven zu vereinen. *Renner* veröffentlicht 1940 *Zur Ordnung und Benennung der Schriften*, worin er vergleichsweise knappe formale Definitionen von Klassen formuliert, zur Benennung aber Stilbegriffe mit historischen Referenzen wählt. Ebenfalls 1940 erscheint *Drukletters* von *Groenendaal*, dessen System sehr ähnlich konzipiert ist wie Renners und sechs Hauptklassen unterscheidet. 1941 bringt *Tschichold* in der *Geschichte der Schrift in Bildern* die historische Entwicklung der Schriftformen zusammen mit einer formalen Verwandtschaft, abgebildet in einer Baumstruktur.

---

165 Warde verfasst *Typefaces, old and new* in Großbritannien während einer Zeit der Rückbesinnung auf Tradition und Handwerk im Druckereigewerbe. Sie ist sich der historischen »Gewordenheit« der von ihr beschriebenen Schriften bewusst und behandelt diese Geschichte(n) auch im Text. In ihrem Klassifikationsansatz (vgl. Warde, 1935: 133) argumentiert sie aber anhand formaler Attribute und konzipiert eine Vererbungsstruktur. Tschichold nimmt 1951 Wardes Struktur als Vorbild. Sein Konzept, insb. seine Visualisierung, orientiert sich stark an dem ihren, ihre Arbeit wird ausdrücklich als Referenz erwähnt (Tschichold, 1951: 74). Schauer sieht in ihr eine zentrale Figur der 1940er und 1950er Jahre (vgl. Schauer, 1973: 58f).

166 Der Technologie der Zeit entsprechend Handsatz- oder Maschinensatz-Schriften in Blei.

167 Die Perspektiven unterschiedlicher Klassifikationen unterscheiden sich erheblich. Das engste Spektrum bilden dabei Tschichold und Wardes, die nur »Buchschriften« klassifizieren, ihnen gegenüber stehen Autorinnen wie Dixon, die sich auf »typeforms« bezieht und damit alle visuellen Ausprägungen von Schrift meint, auch Schrift und Beschriftung im öffentlichen Raum. Die Spannbreite reicht von Mengensatzschriften (Warde, 1935:127ff) über alle typografischen Schriften (Alessandrini, 1979: 35) bis hin zu jeder Form wahrnehmbarer Schrift (Dixon, 2001: A, 1·6ff).

168 Schauer sieht die beiden Konzepte als Gegensätze. Er stellt Klassifikationen nach formalen Kriterien solchen nach historischen bzw. stilistischen gegenüber, diskutiert Mischansätze und widmet den Schluss seiner Publikation der Frage *»Wie sollte ein historisch fundiertes System aussehen?«* (Schauer, 1975: 112ff). Dort argumentiert er für eine historische Orientierung. Problemstellungen, die sich aus der gleichzeitigen Verwendung beider Perspektiven ergeben, schildert auch Dixon, 2001: 2·15f.

Tschichold *»[...]mapped out a basic evolution of the major writing hands which also served to broadly contextualise certain printing types both historically and structurally.«* (Dixon, 2001: 2·15). Während *Tarr* in *On nomenclature of type design* bereits 1943 ähnlich wie Warde argumentiert und hauptsächlich formal unterscheidet, wählt *Ettenberg* in *Types for Books and Advertising* 1947 die historische Perspektive. 1949 folgt *Corrigan* dieser in *Becoming Familiar With Type* nach. *Hostettler* stellt 1949 in *Type* ein Modell mit Baumstruktur auf, das eine lineare Genese der Schriftformen visualisiert.

In den 1950er Jahren nimmt die Publikationstätigkeit von Schriftklassifikationen deutlich zu. Dixon (2001: 2·15f) sieht den Grund dafür in der erstarkenden Nachkriegswirtschaft, Schauer (1975: 52f; 113f) stellt das wachsende Bewusstsein für die internationale Verknüpfung des Schriftmarktes in den Vordergrund.[169] Die Publikationen ändern ihren Fokus. Vor 1950 standen produktionstechnische Aspekte, die sprachliche Normierung und begriffliche Bestimmung, die Suche nach einer formalen Ordnung im Vordergrund. Die nun folgenden Ansätze konzentrieren sich hauptsächlich auf begriffliche Konsensfindung auf internationaler Ebene.[170] Es wird versucht, Begriffe zu finden, die in mehreren Sprachen verständlich und anwendbar bzw. gut übersetzbar sind. Insbesondere in Deutschland, wo sich Druckereibetriebe nach dem 2. Weltkrieg und dem auch weiter wirksamen Frakturerlass[171] von 1941 neu strukturieren müssen und vor großen Investitionen stehen, sind die Bestrebungen zur Normierung rege. Verschiedene nationale Organisationen beginnen, Normen zur Schriftklassifikation zu erarbeiten, darunter auch der deutsche *Normenausschuss des grafischen Gewerbes, NAGRA*, dessen Vorschläge an das *Deutsche Institut für Normung, DIN,* übergeben werden. In diesem Zusammenhang erscheinen verschiedene Vorschläge zur Schriftklassifikation, die textlich gut ausgearbeitet sind und deren Ziel es ist, trennscharfe Klassen zu etablieren. Dieses Bestreben ist neu. Die Impulse für die intensiven und anhaltenden Reflexionen zur Schriftklassifikation geben die Schrifthersteller. Diese sehen

---

169 Dixon argumentiert hier ausschließlich ökonomisch (2001: 2·15f), während Schauer die Bemühungen zur Etablierung internationaler Standards hervorhebt (Schauer, 1975: 52f; 113f).

170 »International« meint in diesem Kontext vornehmlich Nationen, in denen das lateinische Alphabet verwendet wird, im Wesentlichen die USA und Europa.

171 Der Erlass sollte die Verwendung gebrochener Schriften unterbinden, die im deutschsprachigen Raum bis dahin gebräuchlich war, die Antiqua wurde die »Norm-Schrift«. Den Druckereien standen neben den Kriegsschäden hohe Investitionen durch den Schriftwechsel bevor. Zum Norm-Schrift-Erlass auch Wehde, 2001: 278ff; zur besonderen Situation des deutschen Schrifterbes Wehde, 2001: 213ff oder sehr umfassend zum Frakturstreit Hartmann: 1998.

sich in der Nachkriegszeit nicht nur der internationalen Vernetzung gegenüber, sondern auch neuen technischen und wirtschaftlichen Herausforderungen eines sich international entwickelnden Marktes. Das für den deutschsprachigen Raum richtungsweisende Konzept stammt von *Tschichold*, international dominiert das System des Franzosen *Vox*. Beide publizieren ihre Systeme zunächst separat, Tschichold 1951, Vox 1954. An den Normungsbemühungen der verschiedenen Institutionen, hauptsächlich der *Association Typographique Internationale, ATypI*, der *DIN* und der *britischen Standardisierungsbehörde BSI*, arbeiten Typografen internationalen Formats. Bei der Beschlussfassung der ATypI 1960 sind Aaron Burns, Adrian Frutiger, G. W. Ovink, Walter Tracy, Maximilien Vox und Hermann Zapf[172] beteiligt. Ziel dieser ab den späten 1950er Jahren konzertierten Normungsbemühungen war es, international »kompatible« Begriffe für Schriftarten zu etablieren, sie mündeten in der *DIN 16518*, dem *British Standard 2961* und der *Schriftklassifikation ATypI* (oder ATypI-Vox oder Vox-ATypI), später auch Normen weiterer Nationen. Tschicholds auf Warde basierende Monohierarchie bildet einen Strukturkonsens der Schriftklassifikationen der Nachkriegsjahre, praktisch alle Ansätze bilden einfache Monohierarchien. Diese werden allerdings nur implizit über die Klassendefinitionen festgelegt, finden aber weder in der visuellen Repräsentation noch der Text-Beschreibung Erwähnung (vgl. Kapitel 5.1.4).

Arpe veröffentlicht 1953 mit *Schriftbild und Schriftklassifizierung* einen Ansatz, der Schriften anhand der Form der Serifen und einzelner Buchstabenelemente unterscheidet. Er wird, auch aufgrund seiner *»inherently flawed inconsistent structural basics«* (Dixon, 2001: 2·19), kaum weitergehend diskutiert. Die erste Universalklassifikation für Schriften beansprucht Vox 1954. Sein Ansatz beruht auf mehreren von ihm entwickelten Neologismen und wird später Grundlage der Normen im französischen, niederländischen, anglo-amerikanischen und in abgewandelter Form auch im italienischen Raum.[173] (vgl. Kapitel 5.1.5). *Eckelmann* folgt 1955

---

172 Viele der Beteiligten haben im Laufe der Normierungsverfahren mehrere Vorschläge und Zwischenstände publiziert. Die später entstehenden Normen beruhen zu einem großen Teil auf einem auch international getragenen Konsens zu Klassenbegriffen. Die Zusammensetzung dieser Gruppe, populäre und einflussreiche Typografen ihrer Zeit, markiert auch die Wichtigkeit, die man der Schriftklassifikation in dieser Zeit einräumt. Gleichzeitig ist die Integration der »Granden der Typografie« auch ein Garant für die Akzeptanz der Normen in den verschiedenen nationalen und technischen Gremien.

173 Schauer sieht die Hauptqualität von Vox' System in der »psychologischen Wirkung«. Vox vermeidet die Verwendung historischer Begriffe, an deren Stelle er Wortspiele mit Anspielungen auf Schriftgestalter setzt. Interpretiert man Schauers nüchterne Analysen, entsteht der Eindruck, Vox' internationaler Erfolg

Arpes Ansatz in *Unsere Druckschriften neu geordnet*, indem er in paradigmatischer Struktur den spezifischen Duktus der drei Federformen[174] mit Buchstabenelementen, insb. Serifen, An- und Abstrichen, kreuzt. Arpe erweitert 1959 mit *»Ist das Klassifikation?«* sein Konzept zu einem Paradigma, das Serifencharakteristika mit verschiedenen Buchstabenelementen kombiniert. *Novarese* kombiniert 1957 Serifenformen mit Namen von Stilepochen, *Pellitteri* formuliert 1959 ein System nach rein formalen Gesichtspunkten, unterschieden wird nur die Form der Serifen, welche in neun Klassen geteilt werden.[175]

In der Findungsphase der Schriftklassifikations-Normen, beginnend Mitte der 1950er bis Mitte der 1960er Jahre, und der anschließenden Diskussion wurden zahlreiche Ansätze zur Klassifikation veröffentlicht. Sie sind von unterschiedlichem Ausarbeitungsgrad und konzeptioneller Tiefe; häufig werden Detailprobleme erörtert. Veröffentlichungen, die hauptsächlich als Kritik, Ergänzungsansätze zu den Normungsbemühungen oder Reproduktionen in unterschiedlichen Sprachräumen gesehen werden können, sind *Berry & Johnson*, 1953; *Balding & Mansell*, 1953; *Bastien*, 1953; *Tarr*, 1955; *Munsch*, 1958, *Noordzij*, 1971, *Lawson*, 1971, *Jacno*, 1973 und *Schauer*, 1975.[176] Diese rege Publikationstätigkeit wurde teilweise sehr kritisch rezipiert,[177] zumal die Ansätze dieser Periode struk-

läge in dessen Sprachgewandtheit und Überzeugungskraft, der metaphernreichen Sprache und nicht zuletzt der Konsensfindung mit Zapf im Vorfeld der ATypI-Beschlüsse. (vgl. Schauer: 1975: 47f).

174 Die drei Federarten, auf welche sich auch Eckelmann bezieht, sind Breitfeder, Spitzfeder und Redisfeder und ihre charakteristischen Linienformen Wechselzug, Schwellzug und Bandzug. Sie werden häufig mit den Formprinzipien *dynamisch*, *statisch* und *konstruiert*, und den Strichstärkenmodulationen *leicht*, *stark* und *nicht moduliert* assoziiert. Identische Differenzierung verwenden z.B. Noordzij 1991, Sauthoff 1998, Willberg 2001, Bollwage 2001, Kupferschmid 2001 und Blokland 2016: 231.

175 Vgl. dazu auch Schauer, 1975: 34f.

176 Schauer verfasst eine Publikation ausschließlich zur Schriftklassifikation. Darin fasst er den Normungsprozess bis in die frühen 1970er Jahre zusammen, kommentiert einzelne Autoren und vergleicht die historische und die formale Unterscheidungsperspektive. Sein Hauptanliegen ist eine Reform der DIN 16518. Er schlägt vor, die gebrochenen Schriften, die bis dahin in einer eigenen Klasse untergebracht waren, in die anderen Klassen zu integrieren. Aus heutiger Perspektive wirken diese Integrationsversuche, in eine 180 Seiten umfassende Publikation verpackt, unverhältnismäßig, da die gebrochenen Schriften zum einen im Mengensatz keine wesentliche Rolle mehr spielen. Zum zweiten scheint bereits die Schriftgestaltung zwischen 1945 und 1975 zu deutlicheren »Verformungen« anderer Klassen zu führen, was sich in den Jahrzehnten danach noch verstärkt. (vgl. Schauer, 1975; der Reformvorschlag 112ff)

177 Dazu Ponot deutlich: *»Es lohnt nicht, die (Schriftklassifikations-, jop) Vorschläge des einen oder andern detailliert zu beschreiben, besonders wenn uns der Verlauf der Zeit gestattet hat, ihr Versagen festzustellen.«* (a.d.Frz., jop) (Ponot, 1989: 45).

turell praktisch identisch sind: Es werden unter Verwendung fast identischer Begriffe (bzw. deren Übersetzungen) fast ausschließlich einfache Monohierarchien gebildet.[178] Ihre Leistung besteht damit weniger in der Innovation als in der Weiterführung des Diskurses zur Schriftklassifikation. Sie leisten Detailarbeit, z. B. in der Diskussion um Differenzierungskriterien und Übersetzungen, auch wenn sie nur Zwischenergebnisse auf dem Weg zu einer »großen«, internationalen Norm darstellen. Das »Trennmittel«, die Begriffe zur Schriftformbeschreibung werden weiter ausdifferenziert. Die europäischen Klassifikationsstandards treten zwischen 1961 und 1969 in Kraft. Die *Technischen Güte- und Lieferbedingungen 37 776 (TGL 37 776)*, die entsprechende Norm der Deutschen Demokratischen Republik, ähnelt stark den anderen Normen, lediglich die Venezianischen Renaissance-Antiquas werden nicht als eigene Klasse aufgeführt (vgl. Bergner 1990: 63).

Unabhängig vom Normdiskurs veröffentlichen *Nettelhorst* 1959 *Schrift muss passen* und *Bertin* 1965 *Voulez-vous jouer avec mon A.* Nettelhorst orientiert sich an Tschichold und Schauer, differenziert gebrochene und gerundete Schriften (lateinischen Ursprungs), die er in einer bis zu vierstufigen Hierarchie abbildet. Ungewöhnlich ist die Differenzierung der serifenbetonten Schriften in *Egyptienne, Italienne* und *Clarendon* (Nettelhorst 1959: 23). Bertins Ansatz (Bertin 1965, zit. n. Ponot 1989) unterscheidet mikro-, meso- und makrotypografische Merkmale (Laufweite, Grauwert), Charakteristika des »Buchstabenkörpers« (Grad der Schwärzung, Texturierung, Granularität der Textur), Neigungswinkel und Färbung. Er zielt weniger auf Klassifikation als auf die Analyse der Schriftform, wobei die Schriftform und die druckgrafische Darstellung[179] nicht voneinander getrennt werden. Bertins Fokus liegt auf der Beschreibung von Letterntypen wie auch -exemplaren. Das 1963 erschienene *Typeface Specimen Facsimiles* von *Dreyfus et. al.* enthält als Einleitung *On The Classification of Typographical Variations* von *Stanley Morison*. Morison analysiert anhand von 15 Schriftmustern die historische Entwicklung der Schriftform im Druck. Er zielt dabei auf eine konsistente Be-

---

178 Eine detailliertere Diskussion vieler dieser Ansätze liefert Ponot in der Reihe *»La classification des caractères«* I bis V (Ponot, 1963); ähnlich beflissen sammelte Schauer in *»Die Einteilung der Druckschriften«* (Schauer, 1975); ebenso Dixon 2001: 2·1ff.

179 Gemeint sind hier die Form der Buchstaben und der Modus ihrer Darstellung in gedrucktem Zustand, die Produktion der Exemplare und ihre druckgrafische »Weiterverarbeitung«. Exemplare können als Vollfläche auf unbedruckter Fläche erzeugt werden, aber auch z. B. in verschiedenen Rasterformen in einem Halbton dargestellt werden. Diese Darstellungsmodi können bereits im Letter vorgenommen sein oder nachträglich erfolgen. Diese Unterscheidung trifft Bertin nicht.

ATypI	Italien Novarese	Niederlande	Spanien	Portugal	England USA	England B.S. 2961	USA Ettenberg
1962	**1965**	**1965**	**1969**	**1969**	**Ält. Namen**	**1967**	**1947**
I	Veneziani	Humanen	Humanos	Humanos	Venetian	Humanist	Venetian
II	Elzeviri	Garalden	Garaldos	Garaldos	Old Face Old Style	Garalde	Garamond Old Style
III	Transizionali	Realen	Reales	Reais	Transition	Transitional	Transitional Caslon Old Style
IV	Bodoniani	Didonen	Didones	Didonis	Mod. Face Mod. Roman	Didone	Bodoni reg. Modern
V	Egiziani	Mechanen	Mecones	Mecanos	Egyptian Slab Serif Antique	Slab Serif	Square Serif Types
VI	Lineari	Linearen	Lineales	Lineais	Sans Serif Gothic	Lineale	Sans Serif Types
VII	Lapidari	Incisen	Incisos	Incisos	Display Ro.	Glyphic	
VIII	Scritti	Scripten	Escrituras	Escriturais	Scripts	Script	Decorative Scripts
IX	Fantasie	Manuaren	Manuales	Manuales		Graphic	

Tabelle 2 *Überblick (oben links und rechts) über die in verschiedenen Normen und Publikationen verwendeten Klassenbezeichnungen nach Schauer 1975 (ebd.: 52f). Seine Tabelle zeigt die unterschiedlichen Bezeichnungen bzw. Übersetzungen für einzelne Klassen und die Definitionslücken einzelner Klassifikationen. Gleichzeitig verdeckt die Kleinteiligkeit des Diskurses die eigentliche Leistung der Normungen: Die Definitionen der Hauptklassen, die Vorstellungen hinter insgesamt 11 Basisklassen sind praktisch identisch. Die Normungsbemühungen münden in einem internationalen Konsens.*

schreibung typografischer Aspekte der Buchgestaltung (Morison 1963: ix), analog zur Analyse von kalligrafischen Aspekten von Manuskripten zum Zweck ihrer Datierung. Morison setzt die gezeigten Schriftmuster in ihren jeweiligen lokalen, historischen und technikgeschichtlichen Kontext und versucht, die jeweiligen Schriftgestalter und Drucker zu identifizieren. Sein Ziel ist die Formulierung einer *paleotypography* (ebd.: xxviii), die er in den Kanon der Bibliothekswissenschaften zur Datierung von Schriften integrieren möchte. Er differenziert den Kanon

ATypI	Frankreich	Frankreich Vox	Schweiz Tschichold	BRD DIN 16518	BRD Schauer	DDR
1962	**ält. Namen**	**1963**	**1952**	**1964**	**1971**	**1962**
I		Humanes	Venezianische Antiqua	Venezianische Renaissance Antiqua	Renaissance Antiqua Jenson	
II	Elzévir	Garaldes	Ältere Antiqua	Französische Renaissance Antiqua	Renaissance Antiqua Garamond	Renaissance Antiqua
III	Elzévir de transition	Réales	Antiqua des Übergangs	Barock Antiqua	Barock Antiqua	Barock Antiqua
IV	Classiques Didot	Didones	Jüngere Antiqua	Klassizist. Antiqua	Klassizist. Antiqua	Klassizist. Antiqua
V	Egyptienne	Mécanes	Egyptienne	Serifenbetonte Linear Antiqua	Serifenbetonte Linear Antiqua	Serifenbetonte Linear Antiqua
VI	Antique	Linéales (1954: Simplices)	Grotesk Endstrichlose	Serifenlose Linear Antiqua	Serifenlose Linear Antiqua	Serifenlose Linear Antiqua
VII		Incises		Antiqua Varianten	Schauschriften	
VIII	Ecritures	Scriptes		Schreibschriften	Scripten	Schreibschriften
IX		Manuaires		Handschriftl. Antiqua	Manuale Antiqua	Sachlich betonte Schriften

der Schriftgestaltung bis zum 19. Jahrhundert. Nettelhorst, Bertin und Morison werden im späteren Diskurs kaum weiter referenziert.

Bereits zu Beginn der 1960er Jahre nimmt das Interesse der Schrifthersteller für Schriftklassifikation deutlich ab. Sie waren bis dahin die treibende Kraft hinter den Normierungsbestrebungen. Der Grund dafür liegt nach Dixon im Auftreten von Urheberrechtsfragen,[180] die durch die Verbreitung des Fotosatzes und Filmmaterial als Speichermedium für Schriften eine neue Dimension bekommen. Das Hauptanliegen der Schrifthersteller war zu diesem Zeitpunkt bereits erfüllt. Unabhängig davon, ob die verschiedenen Normen zur Schriftklassifikation be-

180 Die ATypI wurde 1957 gegründet; nach Dixon hauptsächlich zur Regulierung von Urheberrechtsstreitigkeiten der Schrifthersteller, welche mit Erfindung des Fotosatzes deutlich zunahmen. (vgl. Dixon, 2·27).

reits offiziell in Kraft waren oder noch in Kraft treten sollten, war die Normierung der Schriftbeschreibung auf internationaler Ebene, mehrsprachig kompatibel, abgeschlossen. Die enorme Publikationstätigkeit und der breit geführte Diskurs münden in einen internationalen Klassifikationskonsens. Unterschiede in der Definition der Hauptklassen sind marginal, ihre Bezeichnungen bzw. deren Übersetzung einheitlich.

4.1.5 Spezialisierung: Typografie-Bücher ab den 1960er Jahren

Der Zeitraum zwischen den 1960ern bis zur Jahrtausendwende ist für das grafische Gewerbe und die Satztechnologien einer der vielfachen Übergänge. In den 70ern haben sich Produktionsprozesse jenseits von Bleitypen bereits etabliert, Film und andere optische Träger spielen als Speichermedien für Typen und Exemplare eine immer größere Rolle. In der Verbreitung des Offset-Drucks lag ein wesentlicher Grund für die Durchsetzung foto-chemischer Schriftreproduktionsprozesse.[181] In den 1960er und 1970er Jahren beginnen digitale Prozesse Einzug in das grafische Gewerbe zu halten, z. B. mit der Kathodenstrahl-Belichtungstechnologie. Das Aufkommen von Desktop-Publishing (DTP) in den 1980er Jahren und die Umstellung auf teilweise, später vollständig digitale Druckformproduktion prägt die grafische Industrie bis heute. Eine der bahnbrechenden Entwicklungen liegt in der Einführung der Seitenbeschreibungssprache PostScript durch die Firma Adobe im Jahr 1984. Mit ihrer Hilfe ist es erstmals möglich, Seiteninhalte geräteunabhängig zu beschreiben. So werden auch Schriften als Umrissbeschreibungen geräteunabhängig definiert. Typografische Schrift emanzipiert sich vom Druckprozess, und damit dem Drucken überhaupt. Dieser Schritt ist techno-logisch nachvollziehbar, ändert aber radikal das Verständnis typografischer Schrift: *Die Schriftform wird unabhängig von einem Medium und einem konkreten Abbildungsprozess beschrieben.*[182] Der Prozess der Digitalisierung im grafischen Gewerbe vollzog sich ab den 1990er Jahren mit wachsender Geschwindigkeit.

---

181 Die Entwicklung der Druckvorlagenherstellung hin zu foto-chemischer Produktion führte u. a. dazu, dass auch Unternehmen aus der chemischen Industrie, und damit international tätige Konzerne, zunehmend Einfluss im grafischen Umfeld nahmen (vgl. dazu z. B. Kinross, 2004: 158f). Ein gutes Beispiel ist die Firma Agfa: Die im Lieferumfang von Mac OS X inbegriffene Schrift *Gill Sans* enthält einen Eintrag, der vom steten Wandel in der grafischen Industrie zeugt: *»Digitized data copyright © 1991-2001 Agfa Monotype Corporation.«*

182 Der Autor bedauert, sich diesen Ereignissen und ihren Folgen für die Typografie im Kontext dieser Arbeit nicht umfassender widmen zu können.

Die Umstellung auf einfacher zu reproduzierende und vertreibende physische Trägermedien für Typen hatte bereits in den 1970er Jahren ein deutliches Anwachsen des Schriftangebots zur Folge. Ab den 1990er Jahren potenziert sich dieses Angebot, das Konzipieren eines umfassenden, ordnenden Klassifikationssystems wird zunehmend komplex. Nachdem die Normen der DIN, ATypI und des BS etabliert waren, nimmt die Publikationstätigkeit deutlich ab. Ab den 1960er Jahren werden im Zuge der Akademisierung der Gestaltungsausbildung neue Zielgruppen erschlossen: Wurden bis dahin hauptsächlich Akteure der grafischen Industrie adressiert, in Deutschland beispielsweise Schriftsetzer, Drucker[183] oder Verleger, entstehen nun auch Lehrbücher für Studierende.[184] In Lehrbüchern werden Schriftklassifikationen Teil eines sich über die Jahrzehnte etablierenden typografischen Bildungskanons. Im Unterschied zu den Publikationen der vorangehenden Jahrzehnte werden sie dabei eher reproduziert als entwickelt. War der Diskurs bis in die späten 1960er Jahre noch einer der Definition und von der Konsensfindung zur Klassifikation geprägt, wird nun das Wissen zur Schriftklassifikation kanonisiert und tradiert. In den folgenden Jahrzehnten übernehmen Typografie-Bücher[185] für die Lehre im gewerblichen wie auch im akademischen Kontext eine zunehmend dominante Rolle.

Die *Introduction to the History of Printing Types* von *Dowding* aus dem Jahr 1961 ist eine historische Betrachtung der Druckschriften, die in Kapitel gegliedert ist und narrativ je eine Schriftklasse beschreibt. Dowding erzählt Schrift-Geschichten, seine Kapitel beschreiben aber keine klar voneinander abgegrenzten Klassen und bleiben auch begrifflich unscharf: Sein System sei *» [...] cluttered, and there is little to no parallelism in his system«* (Childers et al 2013: 5). 1968 erscheint *An Atlas of Type Forms* von *Sutton* und *Bartram*, im dem die Geschichte der Schriftformen entlang von 20 Kapitel-Klassen prototypisch und hauptsächlich visuell erzählt wird. Im gleichen Jahr veröffentlicht *J. Ben Lieberman* das Lehrbuch *Types of Type-*

183 Ein Teil der Publikationen richtete sich direkt an Gesellen oder Meister im grafischen Gewerbe, hauptsächlich Schriftsetzer, vgl. z. B. Renner 1940 oder Tschichold 1952.

184 Während im deutschsprachigen Raum durch die duale Berufs- und Meisterausbildung bis heute typografische Ausbildung parallel zur akademischen Ausbildung existiert, mit der auch eine Kanonisierung der Bildungsinhalte einhergeht, existiert diese zweigleisign Struktur z. B. im anglo-amerikanischen Raum nicht. Viele englischsprachige Publikationen, z. B. von Stanley Morison, versuchen, diese Lücke zu füllen.

185 Die Fülle der Typografie-Bücher kann hier nicht erfasst werden. Aufgeführt werden Publikationen, die über eine Reproduktion bereits publizierter Klassifikationen hinausgehen oder in anderen Publikationen als Referenz verwendet werden.

faces. Darin enthalten ist eine komplexe, monohierarchische Klassifikation, die über 100 »*styles*« (Lieberman 1968: 78f) in 9 Hauptklassen und 30 Unterklassen aufteilt. Sie ist prototypisch definiert, zu jedem *style* wird ein Schriftmuster gezeigt. Die Klassen sind allerdings wenig trennscharf und scheinen sich teilweise zu überlappen. Das Typografie-Lehrbuch *Designing with Type* von *Craig* erscheint 1971 in der ersten Auflage. Im US-amerikanischen Raum wird es als »*probably the widest selling book through the decades on typography*« bezeichnet (Childers et. al. 2013: 10) und wurde zuletzt 2012 zum fünften Mal angepasst und neu aufgelegt. Craig »*remained loyal to his original, albeit oversimplified five categories*« (ebda.) *Old Style, Transitional, Modern, Egyptian* und *Sans Serif*, die er anhand der Schriften *Garamond, Baskerville, Bodoni, Century Expanded* und *Helvetica* prototypisch definiert (Craig 1971: 33) und durch eine Auffangklasse *Miscellanous* ergänzt. 1979, unter den Vorzeichen der Digitalisierung im grafischen Gewerbe und nach Etablierung des Fotosatzes,[186] arbeitet *Alessandrini* im *Codex 1980* als erster eine mehrdimensionale und konsequent polyhierarchische Struktur zur Schriftklassifikation aus (vgl. Kapitel 5.1.7). *McLean* entwickelt 1980 in *The Thames and Hudson Manual of Typography* eine umfangreiche prototypische zweistufige Aufteilung in insgesamt 16 Klassen, in der *Blackletter, Serif* und *Sans Serif* jeweils in vier bis fünf Unterklassen zerfallen. Strukturell so innovativ wie der Codex 1980 ist der *Rookledge Typefinder* von *Perfect* aus dem Jahr 1983, er stellt eine linearisierte, nach Buchstabenähnlichkeit referenzierte Netzstruktur dar: der Typefinder ist konzipiert wie ein Thesaurus für Schriften. Bemerkenswert ist die Struktur in Kombination mit der Publikationsform: ein relational gedachtes Nachschlagewerk in Form eines Buches, ein Kompendium der Schriftformen. *Coueignoux* unternimmt 1983 in *Approche structurelle de la lettre* eine Dekonstruktion von Antiqua-Buchstaben in einzelne Elemente, in der er auf Strategien zurückgreift, die im Rahmen der Forschung zur automatischen Texterkennung (optical character recognition, OCR) entwickelt wurden. Er versucht, mit Antiquaschriften als Blaupause, durch eine Reduktion der Lettern auf ein Skelett die charakteristischen Merkmale der Buchstabenform zu identifizieren.[187] Kurz vor der massiven Verbreitung von

186 Dazu, in einer kompakten Geschichte der Satztechnik: Siemoneit, 1979: 1 bis 19 und 111ff oder ausführlicher: Wolf, 1990. Auch die Verbreitung von Transferbuchstaben (»Rubbelbuchstaben«, abreibbare, selbstklebende Buchstaben, z. B. vom Hersteller Letraset) wirkt sich auf die Anzahl der veröffentlichten Schriften aus.

187 Coueignoux versucht, einfach ausgedrückt, den Prozess des Buchstaben-Erkennens, des Lesens, zu verstehen mit dem Ziel, ihn zu automatisieren.

Desktop-Publishing[188] und der umfassenden Digitalisierung der Typografie veröffentlicht *Solomon* im Jahr 1986 mit *The Art of Typography* ein Typografie-Lehrbuch, in dem auch eine Klassifikation enthalten ist. Solomon orientiert sich dabei weitestgehend am historischen Kanon, abgesehen von der Zusammenfassung gebrochener und serifenloser Schriften in einer einzigen, nicht weiter unterteilten Klasse *Gothic*. Sein *Art of Typography* ist das letzte im Rahmen dieser Arbeit aufgeführte »analoge« Typographie-Lehrbuch. *Lawson* veröffentlicht 1990 in *Anatomy of a Typeface* eine Geschichte der Schriftform, die er entlang der Entstehungsgeschichte einzelner Schriften erzählt. Narrativ entwickelt Lawson darin auch eine Klassifikation in Anlehnung an seine *Printing Types* (s. o., vgl. Lawson, 1971). *Aicher* 1988 und *Noordzij* 1991[189] publizieren keine Klassifikationssysteme im engeren Sinn, sie beteiligen sich durch begriffliche bzw. strukturelle Innovation. Aicher erfasst das stilistische Verwandtschaftsverhältnis zwischen verschiedenen Schriften traditionell unterschiedlicher Klassen.[190] Noordzij konzipiert ein *siebendimensionales mental image* [sic!] der Schriftform, bezieht sich dabei aber stark auf die *Hand*-Schrift.[191] In Anlehnung an Noordzij veröffentlicht *Scangraphic* 1991 mit *Nouvelle Classification Typographique* einen Ansatz, in dem versucht wird, Noordzijs mehrdimensionales Schriftfeld mit prototypischen Klassendefinitionen zu kombinieren. *Kern* und *Koch* entwickeln 1991 *ÜberSicht*, das dem Typefinder ähnelt, allerdings ausschließlich Schriften der Firma Berthold zeigt (vgl. Ka-

188 PostScript wurde von 1982 bis 1984 entwickelt, der Beginn von Desktop-Publishing wird auf ca. 1985 datiert. Solomon beschreibt deutlich »analoge« Gestaltungspraktiken, Tätigkeiten wie Skizzieren von Fließtexten mit Bleistift, das foto-mechanische Skalieren von Schriftvorlagen, Satzanweisungen oder Gestaltungstricks für den Fotosatz. Digitale Satztechnologien sind für Solomon noch nicht relevant.

189 Noordzij konstruiert das »*mental image*« mehrfach, alle sieben Dimensionen in *Letterletter* (Noordzij, 2000). Der ursprüngliche Text stammt aus dem Jahre 1985, er erschien 1991 in Neuauflage bei Uitgeverij ICS. Für diese Arbeit wurde zusätzlich eine übersetzte und mit neuen Illustrationen versehene Ausgabe verwendet (Noordzij, 2005).

190 Den von Aicher in *Typographie* (Aicher, 1989) verwendeten Begriff der *Schriftsippe* (im Englischen *clan*) führt er begleitend zur Einführung seiner Schriften Rotis Sans, Rotis Semisans, Rotis Semiserif und Rotis Serif ein, die er durch *Typographie* vermarkten möchte. Er bezeichnet stilistisch zusammengehörige Schriften, die verschiedenen Schriftklassen (Serifenlose, Serifenbetonte, Serifenschriften) angehören.

191 Noordzij war als Lehrender aktiv im Bereich Schriftgestaltung, der heutige Schwerpunkt in Schriftgestaltung an der königlichen Akademie in Den Haag geht auf sein Engagement zurück. Als Autor verfasst er eine »Theorie des Schreibens«, in welche er Typografie als einen Teil der Graphologie (Schriftwissenschaft) mit einbezieht. Noordzij argumentiert fast ausschließlich entlang der kalligrafischen Strichführung, für ihn sind typografische Buchstabenformen von ihrer Herkunft aus der Handschrift nicht zu trennen. Vgl. Noordzij 1985, 1991 und 2000.

pitel 5.1.9). In *ÜberSicht* werden Schriften über visuelle Merkmale sortiert, wobei vollständig auf textliche Beschreibung verzichtet und nur visuell »argumentiert« wird. In *20th Century Type* orientiert sich *Blackwell* 1992 zunächst an Vox' Klassen, die er um Sonderklassen wie *transitional, new transitional* oder *Incises* erweitert, in einer erweiterten Ausgabe 2002 reduziert er diese wieder weitgehend auf die historischen Konsens-Klassen. Blackwells Klassendefinitionen bleiben prototypisch und unscharf. 1992 formuliert *Bringhurst* mehrere historisch orientierte Begriffssammlungen.[192] *Khazaeli* veröffentlicht 1995 in *Crashkurs Typo und Layout* eine an die DIN angelehnte Monohierarchie aus 13 Klassen. *Alphabet* von *Haley* 1995 enthält eine komplexe, prototypisch formulierte und zweistufige Einteilung in 9 Hauptgruppen und insgesamt 19 Klassen, die als »guidelines« (ebd.: 10) zur Kommunikation über Schrift gedacht sind. Die *Classification 10* von *Parker* aus dem Jahr 1996 ähnelt dem Codex 1980,[193] mit vielen *»optional modifiers«* (Dixon 2001: 2·52), sie wurde aber nie veröffentlicht (ebd.: 2·54). Mitte der 1990er Jahre wurde der Versuch unternommen, die DIN 16518 zu reformieren. Die dazu gebildete Expertenkommission konnte keinen Konsens finden,[194] so dass bis zur Fertigstellung dieser Arbeit kein neuer Vorschlag veröffentlicht wurde. Der gescheiterte Versuch der Reform der v.a. für die Berufsausbildung relevanten Norm hinterlässt eine Lücke in den Ausbildungsrahmenplänen. Im Anschluss an das Scheitern dieser Reform wurden Vorschläge von einzelnen in der Kommission vertretenen Experten veröffentlicht. Die Ansätze von *Bollwage, Kupferschmid* und *Willberg* aus dem Jahr 2001 sind strukturell praktisch identisch, es ist zu anzunehmen, dass sie alle derselben »Partei« in der Klassifikationsdiskussion angehören. Sie argumentieren für eine Polyhierarchie, in der verschiedene Formprinzipien für mehrere Schriftklassen eingeführt werden sollen (vgl. Kapitel 5.1.11 und 12). Der

192 Ein wesentlicher Teil davon befindet sich in *The Elements of Typographic Style* (Bringhurst: 2005 [1992]). Eine noch umfangreichere Sammlung aus z. T. unveröffentlichen Quellen liefert Dixon, 2001: 2·52ff.

193 Mike Parker war Director of Typography bei *Mergenthaler Linotype*, Berater bei *Font Bureau*, Initiator der Website *myfonts.com* und ist Mitbegründer des Schriftherstellers *Bitstream*. Dem Central Lettering Record London liegen nach Dixon (2001: 2·52) einige unveröffentlichte, firmeninterne Klassifikationsansätze vor, darunter die *Classification 10*, auf die hier Bezug genommen wird.

194 An dieser Stelle kann sich der Autor nur auf Gerüchte aus der typografischen Fachwelt verlassen. Unstrittig scheint nach dem Kommissionsmitglied Max Bollwage (im persönlichen Gespräch auf der Buchmesse im Oktober 2005), dass der Normenausschuss für Druck und Reproduktionstechnik 1999 getagt und zu einem Vorschlag Stellungnahmen aus Fachkreisen eingefordert hat. Diese Vorgänge haben bereits 1998 begonnen; der Ausschuss sei vertagt auf einen unbestimmten Zeitpunkt. Bis 2017 wurde kein neuer Vorschlag vorgelegt.

Typeface Catalog der *Linotype GmbH* aus dem Jahr 2006 ähnelt stark dem Font-Book (Buch).[195] In den Kapiteln *Serifenlose Schriften, Serifenschriften, Schreib- und Pinselschriften, Schmuck- und Auszeichnungsschriften, Unzial- und Gebrochene Schriften, Sonderzeichenschriften* und *Zentraleuropäische und Nicht-europäische Schriften* werden die Schriften von Linotype alphabetisch aufgeführt. In *Strizvers* 2006 veröffentlichtem *Type Rules. The Designer's Guide to Professional Typography* werden die prototypisch formulierten Hauptklassen *Serif, Sans* und *Script* noch in sechs, vier und drei Unterklassen aufgeteilt und durch die Klassen *Handwriting, Blackletter, Titling Fonts* und *Decorative* ergänzt. In *Typeforms* aktualisiert *Bartram* 2007 seinen *Atlas of Typeforms* (ebd.: 1968) und unterscheidet jetzt 18 prototypisch definierte Klassen. Mit *Schriftwechsel* von *Stephanie* und *Ralf de Jong* erscheint 2008 keine stringente Klassifikation, aber eine Publikation, die viele wesentliche Attribute zur Unterscheidung von Schriftarten nennt (vgl. Kapitel 5.1.13). 2013 veröffentlicht *Coles* in *The Geometry of Type. The Anatomy of 100 Essential Typefaces* (vgl. Kapitel 5.1.14) eine umfangreiche prototypisch formulierte Klassifikation.

4.1.6 Forschung ab 2001

Eine neue Entwicklung beginnt mit *A Description Framework for Typeforms; an Applied Study* von *Dixon* 2001: Ihr Ansatz ist der erste, der als Forschungsarbeit zum Thema Schriftklassifikation im akademischen Umfeld publiziert wird. Dixon ist damit die erste nach Schauer (1971, 1975), die einen eigenständigen und umfangreichen Klassifikationsansatz entwickelt, der nicht als Teil eines Lehrbuchs zu Typografie oder Schriftgeschichte gedacht wird. Dixon legt die Grundlage für eine designtheoretische Auseinandersetzung mit Schriftklassifikationen jenseits von Normungsbemühungen oder Typografie-Grundlagenpublikationen. Das *Description Framework* ist der theoretische Teil eines Practise Based Philosophical Doctorate (PhD, vgl. Kapitel 5.2.3) am Central Saint Martins College in London, zu der auch eine digitale Anwendung gehört. Dixons digitaler Teil ist unveröffentlicht.[196]
www.100types.com wurde von Archer 2007 als Masterarbeit zum Thema Schriftklassifikation an der Auckland University of Technology eingereicht, deren Titel

---

195 2011 erscheint unter der Bezeichnung FontBook auch eine App von FontShop.

196 Die theoretische Arbeit konnte unter größerer Anstrengung als Reproduktion von der British Library bestellt werden. Der praktische Anteil, eine digitale Anwendung, liegt zum einen in keiner Bibliothek vor und ist technisch veraltet, so dass er auf den Betriebssystemen der letzten 15 Jahre (Windows 2000 und neuer sowie Mac OS X) nicht verwendbar sein soll.

auch gleichzeitig die URL der zugehörigen Website ist. Er formuliert einen didaktischen Ansatz zur Lehre im Fach Typografie, unterstützt durch die dazugehörige Website *100types.com* und der dort hinterlegten Klassifikation (vgl. Kapitel 5.2.4). Mit dem *Conceptual Model for Devanagari Typefaces* wird *Dalvi* 2010 promoviert (vgl. Kapitel 5.2.8). Die am Indian Institute of Technology Bombay eingereichte PhD-Arbeit klassifiziert keine Schriften lateinischen Ursprungs, orientiert sich aber an »westlichen« Modellen und zeigt, wie ein nicht-prototypisch orientiertes digitales System funktionieren könnte. Im Jahr 2013 analysieren *Childers, Griscti* und *Leben* in *25 Systems for Classifying Typography: A Study in Naming Frequency* insgesamt 25 Schriftklassifikationssysteme und extrahieren daraus die am häufigsten unterschiedenen Klassen (vgl. Kapitel 5.1.15). *Gebhardi* entwickelt ebenfalls 2013 in Anlehnung an Bauermeisters PANOSE ein System zur Beschreibung von Buchstabenexemplaren (vgl. Kapitel 5.1.16). *Friedrich* veröffentlicht 2016 mit *Ordnungssysteme in Schriftbeständen. Von Klassifikationskämpfen und pragmatischen Parametern* ein »*Kompendium der bekanntesten Klassifikationen der lateinischen Schriften*« (Friedrich, 2016: 12), an dessen Ende er einen eigenen Vorschlag formuliert und sich dabei an Gebhardi anlehnt (vgl. Kapitel 5.1.17). Im 2016 als PhD erschienenen *On The Origin of Patterning in Movable Latin Type* weist *Blokland* die Etablierung dominanter visueller Rhythmen in Schriftstempeln nach, die bis ins 15. Jahrhundert zurückreichen. Er argumentiert, dass die bereits in der Zeit des Frühdrucks etablierten Verhältnisse von Strichstärken, Buchstabenbinnen- und -zwischenräumen nicht ästhetisch, sondern stark produktionsökonomisch bedingt waren, spezifische Rhythmen bilden und auch in zeitgenössischen Entwürfen nachweisbar sind. Im Kontext dieser Arbeit sind Bloklands Thesen insofern von Interesse, als er geometrische Verhältnisse verschiedener Schriftgestaltungs-Epochen in Verbindung setzt und diese Erkenntnisse für den Prozess der Schriftgestaltung und -generierung fruchtbar machen möchte. Blokland analysiert nicht Buchstabenformen, er interessiert sich eher für die Zwischenräume (vgl. Kapitel 5.3.9). Einen Ansatz zum automatisierten Sortieren von Schriftarten entwickelt *Ho* mit *Organizing the World of Fonts with AI* im April 2017. Unter experimenteller Verwendung von Künstlicher Intelligenz und Machine Learning werden knapp 800 Schriftarten in einer zweidimensionalen Ähnlichkeitsmatrix dargestellt, in der räumliche Nähe auf automatisiert erkannte Ähnlichkeit verweist. Ho entwickelt damit einen der ersten vollautomatisierten Sortierungsansätze (vgl. Kapitel 5.2.10).

4.1.7 Digitale Publikationen und Systeme ab 1985

Veränderte Reproduktionsmethoden in den 1970ern und die Durchsetzung digitaler Produktionsmittel im grafischen Gewerbe beginnend Mitte der 1980er Jahre haben zu einem massiven Anwachsen des Schriftangebots geführt. Seit Mitte der 1990er Jahre wird der Vertrieb zunehmend über das World Wide Web abgewickelt, was eine große Zahl von Schriften breit und niedrigschwellig verfügbar macht. So addiert sich zur objektiven quantitativen Vervielfachung des Marktgutes Schrift noch eine »gefühlte Zunahme«: Es gibt nicht nur sehr, sehr, sehr viele Schriften, jetzt kann sie auch jedermann bekommen und verwenden (vgl. Kapitel 2). Die veränderte Zugänglichkeit schlägt sich in Anzahl und Umfang der Klassifikationssysteme nieder, stärker noch auf ihre innere Struktur und ihre Optimierung auf bestimmte Klassifikationsaspekte. Als Folge der wachsenden Unübersichtlichkeit auf dem Schriftmarkt und der Verbreitung des WWW werden ab den späten 1990er Jahren als digitale Systeme implementierte Klassifikationen entwickelt. Zusätzlich entstehen digitale Systeme zur Sortierung und Identifikation von Schriften, einem Grenzbereich der Schriftklassifikation. Um 2000, nach Aussetzen der Versuche der DIN-16518-Reform, ist überdeutlich, was Alessandrini bereits 1979 formuliert: Die große Zahl verfügbarer Schriften kann nur in komplex strukturierten Systemen übersichtlich abgebildet werden (Alessandrini 1979: 38f). Dem Bedarf an zusätzlicher »Sortierungskraft« wird nun auch auf anderer Ebene begegnet: Die digitale Bereitstellung interaktiver Such- bzw. Sortiermethoden beruht nicht nur auf theoretischen Konzepten und der Etablierung von Begriffen. Als digitale Systeme implementiert werden nun auch stringent formal-logische Strukturen etabliert und operationale Elemente wie auch Adressierungsmechanismen ins System integriert. Digitale Klassifikationen werden im WWW verfügbar gemacht – als Beschreibung bzw. Spezifikation, Website, interaktive Applikation oder App. Damit sind Klassifikationen jetzt nicht mehr ausschließlich mentale Modelle, sondern interaktive Systeme. Die Standardisierung von Technologien wie Unicode, OpenType und Webfonts und deren breite Akzeptanz besonders im Bereich des Web-Design vergrößert das Interesse an digitaler Typografie und führt auch zum Auftreten neuer Akteure: Sammelplattformen für Webfonts erscheinen, auch »Typografie-fremde« Unternehmen wie Google stellen Webfonts bereit. Mit tausenden frei zugänglichen und kostenfrei nutzbaren Schriften ist Orientierung gefragt wie nie. Mit digitalen Klassifikationssystemen kommt auch eine neue Vergänglichkeit auf: Klassifikationen (vgl. Kapitel 2) werden zu Systemen im Netz, sie existieren nur im Kontext ihrer Laufzeitumgebungen, sie funktionieren als Teil eines größeren Systems. Mit einem Update auf eine neue Version ist die alte verschwunden. Auch der Diskurs verlagert sich ins WWW. Er wird nicht mehr ausschließlich im Buch-typischen Rhythmus von Publikationsfolgen, sondern auf partizipativ organisierten Websites wie typophile.com[197] oder Wikipedia geführt.

IBM gibt 1985 eine kaum beachtete, inkonsistente und dilettantisch formulierte Spezifikation zur Schriftklassifikation heraus, die Teil des *TrueType-Standards* ist.[198] Das *PANOSE-System* von *Bauermeister* aus dem Jahr 1988 ist ein auf Metrik beruhendes Schrift-Vergleichssystem, das zwar nicht direkt klassifiziert, aber anhand von 9, später 10 Attributen Ähnlichkeiten zwischen Schriften feststellen kann (vgl. Kapitel 5.2.1). Es wurde in den 1990ern über die TrueType-Technologie in die Betriebssysteme Microsoft Windows 3.1 und System 7 (Apple) integriert, später auch in einige Versionen des WWW-Standards CSS. 1995 veröffentlicht *Mundie* einen digitalen Fragenkatalog *A field guide to the faces*, der die im *Typefinder* (vgl. Kapitel 5.2.2) verarbeiteten Schriften erschließt. Ähnlichkeit wird anhand distinkter Letternmerkmale bestimmt. Im Klassifikationsdiskurs spielt der *Typefinder* allerdings kaum eine Rolle. Die Online-Anwendung *identifont.com*, die seit etwa 2003 existiert, funktioniert vergleichbar, ist aber nicht auf eine bestimmte Auswahl beschränkt und dadurch deutlich leistungsfähiger (vgl. Kapitel 5.2.6). Ein Teil des Internet-Standards *Cascading Style Sheets, CSS* in der Version 2.0, der 1998 veröffentlicht wurde, steuert die Schriftauswahl durch den Browser bei der Darstellung von Internetseiten und definiert dazu Schriftklassen

---

197 Am Beispiel von typophile.com zeigen sich Charakteristika eines digital moderierten Diskurses. Die niedrigschwellige Teilnahme an sehr spezifischen Fachdiskursen (was die Schriftklassifikation ohne Zweifel ist) wird deutlich vereinfacht, verbleibt aber weniger zielgerichtet (die Diskussion, nicht das Ergebnis ist das Ziel) und »lebt« nur, solange ein Server verfügbar ist: Typophile, als eine der führenden englischsprachigen Online-Communities im Bereich Schrift und Schriftgestaltung, war aus technischen Gründen 2015 bis 2016 für mehrere Monate nicht erreichbar, die gesamte dort geführte Diskussion zum Thema unzugänglich.

198 Der Versuch einer Klassifikation von IBM ist Teil des digitalen Schriftformats TrueType und als solcher zwar für jede TrueType-Schrift gültig, aber weder funktional noch praktisch relevant. In der Literatur spielt er keine Rolle. Als Teil von TrueType wird er als Technologie und aufgrund seiner Inkonstistenzen als schlechtes Beispiel von Klassifikation erwähnt, dazu z. B. deutlich bis ironisch bei Haralambous: »*(...) gives the horrible ITC Garamond (...) may sow confusion (...) Once again, not knowing exactly how to interpret this subclass (...) Bodoni, but also Didot and Walbaum are, according to IBM, ›Italian‹. Thank you, IBM! (...) The intention is praiseworthy, but it hangs by a thread (...) The commentary in the specification is a real gem: (...) derived from German monastries: Olde English (...)*« (Haralambous 2007: 417ff).

(vgl. Kapitel 5.2.5). In narrativer Form auf seiner Website publiziert *Beinert* seit 2001 einen Ansatz zur Schriftsortierung. Er fasst viele Unterscheidungskriterien zusammen, verbleibt aber rein prototypisch und formuliert keine Klassifikation im engeren Sinne. 2005 stellen *Stürmer* und *Amartico* auf eigene Initiative die Website *typosuche.de* ins World Wild Web (vgl. Kapitel 5.2.7), eine Schriftensuchmaschine orientiert an der DIN 16518. Seit Beginn der 2000er Jahre stellen darüber hinaus viele *Schrifthersteller* und *-vertriebe* ihre Produkte im WWW dar und machen Schriften über Klassifikationen zugänglich. Dazu zählen neben Anbietern wie *Linotype*, *FontShop* oder *Monotype* im Prinzip alle Websites, die Schriften anbieten, von kommerziellen »Schriftsammelstellen« wie *myfonts.com* bis hin zu werbefinanzierten Freefont-Anbietern wie *dafont.com*. Zu den Online-Angeboten der etablierten Anbieter wie FontShop, Linotype, fonts.com oder Hoefler & Co. (vgl. Kapitel 5.2.11) kommen Aggregator-Websites wie fontsquirrel.com sowie Desktop- oder Tablet-Anwendungen wie *Fontstand* (vgl. Kapitel 5.2.11) oder das digitale *FontBook*-App (vgl. Kapitel 5.2.9). Die Kategorien und Ansätze sind vielfältig und richten sich an Anwender unterschiedlicher typografischer Vorbildung. Im Überblick sind praktisch alle bis dahin verwendeten Unterscheidungskriterien zu finden, allerdings kaum in einem System vereint, sondern über verschiedene Klassifikationen verteilt. Herausragend ist die *FontBook*-App von FontShop, eine interaktive Anwendung als Marketinginstrument, das zu den Schriften von FontShop führt. Im FontBook kann über verschiedene Kriterien, auch über eine Schriftklassifikation, zu den einzelnen Schriften von FontShop navigiert werden. FontShops Bibliothek kann nach Klassen erschlossen werden.

In den über das WWW zugänglichen Schriftklassifikationen spiegelt sich die Heterogenität der Ansätze wider: Alle Aspekte, Kriterien und Strukturen, die in einem Buch zu finden sind, sind auch im Netz – irgendwo.

4.2 Zusammenfassung

Seit Beginn des 20. Jahrhunderts wurden ca. 70 Konzepte zur Unterscheidung und Klassifikation von Schriftarten entwickelt. Der Differenzierungsgrad nimmt dabei stetig zu, Konflikte und Ausbrüche aus tradierten Mechanismen kristallisieren sich besonders an medialen und technologischen Brüchen wie dem Auftreten des

Films als Speichermedium für Schrift oder dem anhaltenden Prozess der Digitalisierung der Schriftproduktions- und -reproduktionstechnik. Der im 19. Jahrhundert etablierte latente Kanon wird in den Normen der 1960er Jahre weiter tradiert. In dieser Zeit wird rege um international akzeptierte Normen gerungen, die Bemühungen um eine prototypisch formulierte Orientierung münden in weltweit[199] anerkannte Standards. Während die lang andauernden Etablierungsprozesse der Normen rund um Vox, DIN, BS und ATypI in den 1960er Jahren einen weitreichenden und international wirksamen sprachlichen Konsens geschaffen hatten, entwickeln sich typografische Sortierungskonzepte seit den 1970ern sehr unterschiedlich. Schriftklassifikationen in Buchform sind theoretische Abhandlungen, meist in Form von Lehrbüchern. Sie werden als mentale Konzepte, Ordnungsstrukturen, konzipiert und sind bis heute eine tragende Säule im Diskurs.

Erste digitale Systeme erscheinen in den 1990er Jahren. Digitalität hat nicht nur als Speicherungs- und Verarbeitungsmodalität für Schriften weitreichende Folgen. Interaktive Systeme erhalten einen Schub durch die Entwicklungen des World Wide Web als Darstellungs- und Übertragungsmedium, auch wenn bereits in den 1980er Jahren Konzepte entwickelt werden, die durch ihre komplexe relationale Struktur als interaktives System denkbar sind und nur digital umsetzbar wären.

Seit 2000 erscheinen Ansätze mit theoretischer *und* didaktischer Zielrichtung aus dem akademischen Kontext. Sie zielen weniger auf Verkauf, sondern auf die mentale Erschließung der Schriftenvielfalt ab. Die technologischen Entwicklungen ab dieser Zeit, v. a. diejenigen, die auf Typografie im WWW abzielen, verändern die Popularität typografischer Schriften, ihre Zielgruppen und die Nachfrage. Eine weitere Entwicklung wird besonders jetzt, zum Ende der 2010er Jahre deutlich: Die Schriftklassifikation, die ihre Ursprünge in den Schriftmusterbüchern des 19. Jahrhunderts hat, kommt aus Vermarktungs-Kontexten und ist nun im WWW genau dort auch zu finden. Die Navigation, der Vergleich, die Orientierung in einem unübersichtlichen Angebot stehen wieder im Vordergrund. Den initialen Moment für das Entstehen dieses Orientierungswillens bildet die Orientierungslosigkeit, die mit der Popularisierung von Webfonts numerisch zwar

199 »Die Welt« der Schriftklassifikationen zu diesem Zeitpunkt besteht im Wesentlichen aus den Ländern, deren Aufschreibesysteme auf die lateinische Schrift zurückgehen. Aktiv beteiligt am Diskurs in den 1960er Jahren sind europäische Länder und die USA.

noch keine neue Dimension[200] erreicht, aber einen neuen Personenkreis. Der Unterschied liegt in der Sichtbarkeit: fonts.google.com ist öffentlich zugänglich, das Orientierungsproblem für jeden erkennbar. Auch wenn die Orientierungslosigkeit an sich identisch ist, liegt der Unterschied in ihrer »Popularität«: Orientierung fehlt jetzt sehr vielen. Dabei ermöglichen die Technologien des WWW nun »echte« Typografie. Bestand die Typografie im WWW der frühen 2000er noch aus der Auswahl einer Handvoll Standardschriften für längere Texte, sehen sich Webdesignerinnen nun tausenden Schriften gegenüber. Die typografischen Möglichkeiten, die durch Technologien wie Unicode, OpenType, Webfonts, HTML5 und CSS3 nun im Webdesign zur Verfügung stehen, gehen weit über eine größere Auswahl an verwendbaren Schriften hinaus. Die Schriftwahl soll hier wieder als Teil der Ur-Szene der nun digitalen Typografie gesehen werden: Mit diesen Technologien, mit einer großen Auswahl an Schriften, hält die Typografie als Gestaltungsdisziplin auch im WWW Einzug. Diese Ur-Szene spielt nun nicht mehr ausschließlich in der Gutenberg-Galaxie: Das Typographeum wurde auf die Technologien des Informationszeitalters ausgeweitet. Folgerichtig werden die Instrumente, die das Denken über Schriftform moderieren, auch digital. Schriftklassifikationen sind nun nicht nur Darstellungs- und Vermarktungsinstrumente, Bestimmungsbücher oder Führer durch die Welt der Schriftformen. Schriftklassifikationen sind jetzt auch *Suchmaschinen*.

Die Vielfalt der Ansätze verweist auch darauf, dass die Bedingungen, unter denen Schriftklassifikation betrieben wird, sich stark voneinander unterscheiden. Die in Kapitel 3.2 herausgearbeiteten Aspekte werden sehr unterschiedlich gewichtet. Damit sind die Grundanliegen der Schriftklassifikationen, das *Wozu*, uneinheitlich. Genauso vielfältig sind die Antworten auf die Fragen, *was* und *wie* klassifiziert werden soll. Nachdem die Entwicklung hier zunächst chronologisch nachgezeichnet wurde, sollen nun zentrale Ansätze eingehend diskutiert werden.

---

200 Google als einer der größten Anbieter frei zugänglicher Webfonts stellt 2017 nur das ungefähr Dreifache der 1970 im Hand- oder Maschinensatz verfügbaren Schriften bereit. Dies ist überschaubar, besonders im Vergleich mit den in der digitalen Kultur sonst üblichen exponentiellen Wachstumszahlen.

5 Durchleuchtung

Der Blick auf die Geschichte offenbart die Vielfalt der Schriftklassifikationen. Der vorangegangene Überblick war eine weitwinklige Perspektive, er erfasst und vergleicht verschiedene Ansätze, setzt sie in Beziehung zueinander sowie zum historischen und technologischen Umfeld, und nimmt, von Weitem, Differenzierungspotenzial und Klassifikationsstruktur in den Fokus. Dieser Fokus, der Schärfepunkt soll beibehalten werden, in diesem Kapitel wird aber das Objektiv gewechselt: Makro-Blick richtet sich auf die einzelnen Klassifikationssysteme. Hier geht es zunächst darum, wer zu welchem Zeitpunkt welche Schriften betrachtet und unterscheidet, welche logische Struktur hinter der Definition des Systems steht und welches Differenzierungspotenzial in den verschiedenen Ansätzen liegt. Hauptsächlich soll herausgearbeitet werden, *wie* klassifiziert wird, die vielen kleinen *Wie-Fragen*[201] sollen ins Bild rücken. Analysiert werden Buchpublikationen und digitale Systeme, die zum großen Teil im WWW zugänglich sind.

In den *Schriftmusterbüchern* des 18. und 19. Jahrhunderts werden die Klassifikationskriterien als latenter Kanon vorbereitet. Für eine frühe, detaillierte und narrative Klassifikation steht *Thibaudeau, Warde* entwirft als erste ein stringent definiertes System. Die Konzepte von *Tschichold* und *Vox*, letzterer untrennbar mit dem *British Standard 2961* und der *ATypI/Vox-Klassifikation* verwoben, sind zusammen mit der *DIN 16518* Stellvertreter für die im internationalen Konsens entstandenen Normen der 1950er und 1960er Jahre. Mit dem *Typefinder* und *Über-Sicht* werden die ersten Ansätze entwickelt, die tatsächlich viele Schriften konkret adressieren. *Alessandrini* formuliert 1979 früh einen vieldimensionalen, relationalen Ansatz, der viele folgende an Komplexität übertrifft. Das *FontBook (Buch)*

---

201 Das modale *Wie* ist für diese Analyse zu gering aufgelöst und soll hier alle wesentlichen die Art der Unterscheidung betreffenden Eigenschaften umfassen: die Struktur, die Unterscheidungsattribute, die Art der Klassendefinition usw.

ist das umfangreichste zeitgenössische Schriftmusterbuch. Die Publikationen der DIN-Reformer *Willberg, Bollwage* und *Kupferschmid* werden Ende der 1990er publiziert. Sie integrieren als erste neuere Gestaltungsansätze in eine paradigmatische Struktur. Die *de Jongs* klassifizieren nicht direkt, diskutieren aber praktisch alle klassifikationsrelevanten Unterscheidungsattribute. *Coles'* prototypisch formulierter Ansatz ist ein gutes Beispiel für den aktuellen Stand des Diskurses. Erstes umfangreiches und stark differenzierendes, umfassend praktisch eingesetztes *digitales System* ist PANOSE, das heute noch Teil der Spezifikation digitaler Schriften ist. *Mundie* nutzt als erster eine Hypertext-Struktur zur Klassifikation. *Dixon* und *Archer* erweitern die Schriftklassifikation um operationale Elemente und entwickeln komplexe, interaktive Systeme. Einen Sonderfall stellt der Web-Standard *Cascading Style Sheets* dar, in dessen Spezifikation ein unterkomplexes, aber sehr wirkmächtiges Klassifikationsmodell integriert ist. *Dalvi* entwickelt eine digitale Facettenklassifikation für Devanagari-Schriften. In *identifont.com* und *typosuche.de* wird die Interaktion tief ins System integriert, als elementarer Teil etabliert sie die Logik dieser Systeme. Die *FontBook-App* zeigt, was ein Interface zur Navigation in einer großen Menge vor-klassifizierter Schriften leisten kann. In einem Experiment verwendet *Ho* künstliche Intelligenz, um Schriften zu sortieren. Den Abschluss bilden Klassifikationssysteme von *Schriftherstellern* und *-anbietern im WWW*, deren Perspektive zwar der Verkauf ist, die aber teilweise umfangreiche Klassifikationen pflegen und diese verhältnismäßig häufig aktualisieren.

Hinweis zu den Klassenbezeichnungen: Um den Bezug auf die einzelnen Klassen in der Folge eindeutig zu halten, werden sie im Verlauf der Analyse mit einer Bezeichnung versehen, die aus einem Kürzel des Autors und einer Ziffer oder Ziffernfolge besteht. Hier sollen Zweideutigkeiten vermieden werden, insb. da häufig dieselben Klassenbezeichnungen mit unterschiedlichen Definitionen von mehreren Autoren verwendet werden. Für eine Übersicht der üblichen Übersetzungen von Klassenbezeichnungen s. Tabelle 2, eine Liste der Klassifikationsansätze in Anhang 9.4.

5.1 Gedruckte und textgebundene Publikationen

Die folgenden Publikationen bestehen hauptsächlich aus Texten und Abbildungen und wurden in den meisten Fällen als Buch oder als Teile von Büchern publiziert. Auch wenn einige nur oder nur noch online verfügbar sind, handelt es sich im Wesentlichen um Monografien, Aufsätze oder Artikel, deren Veröffentlichung in gedruckter Form stattfand. Ansätze, die auf eine digitale Umsetzung abzielen, sind in Digitale Klassifikationen, Kapitel 5.2 zusammengefasst, darunter auch solche mit sehr umfangreichen Texten.

5.1.1 Schriftmusterbücher 18., 19. und Anfang 20. Jahrhundert

Schriftklassifikationen entstehen mit den ersten theoretischen Texten zur Typografie gegen Ende des 19. Jahrhunderts. Eine eingehendere Differenzierung typografischer Schriften nach unterschiedlichen Kriterien, technischen, historischen und formalen, beginnt in den Schriftenkatalogen seit dem 18. Jahrhundert. Die Geschichte der Schriftenkataloge kann an dieser Stelle nicht detailliert betrachtet werden. Für die Perspektive der Schriftklassifikation muss es hier genügen, die Gesamtentwicklung anhand von ca. 40 Katalogen beispielhaft zu illustrieren.[202] Eine Liste befindet sich im Anhang, Kapitel 9.7.1. Die analysierten Kataloge sind in mehrfacher Hinsicht nicht repräsentativ: Sie stammen hauptsächlich aus dem mittel-europäischen Raum und vorwiegend aus dem 2. Teil des 19. Jahrhunderts. Sie decken damit weder politisch-historisch noch technikgeschichtlich die Gesamtheit der Schriftenhersteller und deren Schriften ab. Dennoch zeigt sich im Überblick ein klares Muster: der *latente Kanon*, um den es hier gehen soll. Der Autor erwartet, dass dieser auch unter Berücksichtigung eines noch umfangreicheren Fundus Bestand hätte.

202 Grundlage für den Überblick sind Schriftenkataloge von Schriftherstellern aus den Beständen der Gutenberg Bibliothek Mainz und des Klingspor Museums Offenbach. Analysiert wurden Exemplare größeren Umfangs aus dem Zeitraum zwischen dem 18. und beginnenden 20. Jahrhundert. Nicht berücksichtigt wurden Kataloge für Matrizen zum maschinellen Zeilen- oder Letternguss.

Struktur der Kataloge

In vielen Katalogen fällt zunächst die Sortierung nach Einsatzfeldern und Materialien auf. Eine wesentliche, wenn auch selten beschriebene[203] Unterteilung der Schriftarten ist die in Leseschriften,[204] Zierschriften,[205] Plakatschriften und nicht-alphabetische Zeichen. Dies hat neben der Trennung nach Einsatzzweck auch produktionsbedingte und wirtschaftliche Gründe, die sich auch an den Preislisten der Kataloge ablesen lassen: Während Leseschriften aus Blei gegossen wurden, teilweise vorproduziert wurden, direkt ab Lager verkauft und nach Gewicht abgerechnet wurden, waren die Preise für Zierschriften deutlich höher. Plakatschriften wiederum wurden überwiegend aus Holz hergestellt und pro Einzelbuchstabe bezahlt. Symbole und Vignetten wurden stückweise abgerechnet, bestanden aus unterschiedlichen Materialien und wurden häufig auf Holz- oder Bleifüße aufgebracht, um Druckhöhe zu erreichen. Die verschiedenen Materialien der Typen wurden auch von verschiedenen Firmen oder Abteilungen innerhalb derselben Firma hergestellt. Die Aufteilung der Kataloge war nicht nur ausschließlich nach formalen Kriterien, sondern auch ganz wesentlich produktionstechnisch bedingt. Ein großer Teil der Kataloge des 19. Jahrhunderts wird von Druckvorlagen eingenommen, die keine oder nicht ausschließlich Buchstaben waren: Sonderzeichen und Polytypen, Linien, Einfassungen und Rahmen, Symbole und Illustrationen. Im Verlauf der Industrialisierung fand eine starke Marktkonsolidierung statt, die zu vielen Aufkäufen und damit zu starker Zentralisierung führte. So weist beispielsweise der Katalog *Épreuves de Caractères Ch. Laboulaye & Cie.* die Firma als »*successeurs de* [Nachfolger von; jop] *Didot, Mole, Lion, Tarbé, Crosnier, Èverat, Laboulaye Frères, Biesta*« (Laboulaye & Cie. 1859: Titelblatt) aus, jede für sich überregional oder international agierende namhafte Firmen. Die Firma

---

203 Wie in vielen Klassifikationen operieren die Schriftenkataloge mit Unausgesprochenem oder Ungeschriebenem: *ob, wie* und *warum* sie strukturiert sind, wird kaum thematisiert; oft nicht einmal erwähnt, *daß überhaupt* eine Einteilung vorgenommen wird.

204 Hier gemeint im Sinne von Schriften für den Mengensatz, mit einfachen, schwarzen Buchstabenkörpern (im Gegensatz zu verzierten, schattierten usw.), häufig verfügbar von sehr kleinen Größen um 6 Punkt bis zu 24 oder 36 Punkt. Es ist anzunehmen, dass der Großteil des Umsatzes dieser Schriften mit Größen zwischen 8 und 12 Punkt erzielt wurde, daher die Bezeichnung »Brotschrift«.

205 Gemeint sind hier auffällige Auszeichnungsschriften, z. B. zu Werbezwecken. Im Vordergrund steht hier augenscheinlich die Betonung der Gestaltung, die Unterscheidung und das Auffallen: die Buchstaben wurden z. B. mit Ornamenten versehen, schattiert, konturiert, schraffiert, konnten zweifarbig gedruckt werden usw.

Abbildung 6 *Der Buchblock der Hauptprobe der Stempel AG Schriftgiesserei und Messinglinienfabrik, Frankfurt am Main, ca. 1926, ist etwa 9 cm stark. Links unten steht eine Euro-Münze zum Größenvergleich.* Quelle: *Gutenberg-Museum Mainz*

Stempel ist 1926 an vier Standorten – Frankfurt am Main, Mainkur, Leipzig sowie Budapest – tätig und stellt in ihrem Katalog fünf verschiedene Abteilungen zur Druckvorlagen-Herstellung vor (Stempel 1926: IVff). Um 1900 werden sehr umfangreiche Kataloge mit mehreren hundert Seiten Umfang produziert. Die Schriftproben der Schriftgießerei Flinsch (ca. 1900) bestehen aus ca. 1800 Seiten von ca. 44 × 28,6 cm Größe im geschlossenen Format, von denen allerdings überwiegend nur die rechte Seite verwendet wird, während die linke leer bleibt. Die Sammlung enthält Schriftmuster unterschiedlicher Formate und Materialien, der Buchblock ist ca. 90 mm stark. Davon nehmen ca. 12 mm die gebrochenen Schriften in Lesegrößen ein, ca. 16 mm Antiqua-, serifenbetonte und wenige serifenlose Schriften in Lesegrößen, gefolgt von ca. 10 mm Zierschriften und 50 mm für Schmuckelemente wie Linien, Einfassungen, Vignetten, Muster, Symbole und wenige Plakatschriften. Im Katalog werden unterschiedliche Orientierungsmechanismen verwendet: ein alphabetischer Index, Einteilung in Kapitel, eine Gesamtübersicht zu den verschiedenen Kapiteln, die Nummerierung der Schriften und Musterblätter und Seitenzahlen.

Besonders die Kataloge des 18. Jahrhunderts sind »moderierte Publikationen«: Sie sind als Bücher gebunden, enthalten aber abgesehen von einem Titelblatt keine weiteren Informationen zur Verwendung des Buches, keine Einleitung oder Hinweise zur Orientierung, keine technischen Erläuterungen oder Preise. So beginnen z. B. die Kataloge *Trattner* 1769, *Caslon* 1785, *van der Wiel* (o. J.) oder *Fr. Dresler & Rost-Fingerlin* 1832 jeweils mit einem Titelblatt, auf das unvermittelt die erste Schriftprobe folgt und die auch im weiteren Verlauf oder am Ende keinerlei textliche Ergänzungen hat. Diese Kataloge sind ohne Erläuterung nicht ver-

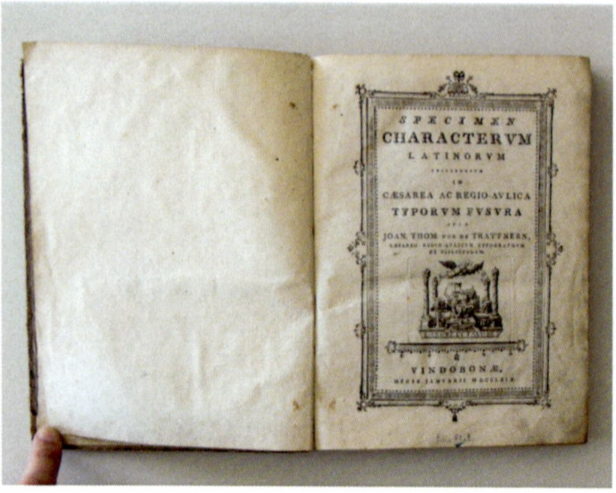

Abb. 7a, b *Das Specimen Charactervm Latinorvm, J. T. Trattner, Wien, 1769 (geschlossenes Format ca. 17 × 23 cm) enthält abgesehen vom Titel keine erläuternden Texte. Das Titelblatt links ist die erste bedruckte Seite, die rechte Abbildung zeigt die Rückseite der Titelei und die erste Seite mit einem Schriftmuster.*
Quelle: Gutenberg-Museum Mainz

wendbar.[206] Es ist davon auszugehen, dass die notwendigen Informationen im Gespräch weitergegeben wurden oder bei den Nutzern bereits vorhanden waren.

Erst die umfangreicheren Kataloge ab Mitte des 19. Jahrhunderts enthalten weiterführende Informationen zur Bestellung, Materialien, Zahlungs- und Liefermodalitäten usw. Zu diesem Zeitpunkt wird auch die Doppelnatur der Kataloge deutlich. Einerseits zeigen sie das Gesamtprogramm der Schriftenhersteller, Kataloge sind Listen von Produkten. Zudem sind die Kataloge auch Zeugen der Qualität der Produkte selbst: Die Druckqualität der Kataloge verweist auch darauf, wie die Produkte im tatsächlichen Einsatz taugen. Besonders die Kataloge der großen Hersteller zeigen, was die Drucktechnik der Zeit zu leisten im Stande war: farbig und blind geprägte Einbände, verzierte Rahmen, Vignetten, großflächige Illustrationen,[207] Formsatz, mehrfarbiger Druck oder Sonderfarben wie Rot und Gold

---

206 »Verwendbar« bedeutet hier die zweckgemäße Nutzung im Sinne eines Marketing-Instruments: Schriftenkataloge sollen Kunden (Buchdrucker) den Kauf einer Schrift ermöglichen bzw. sie dazu bewegen, wobei dabei gegebenenfalls Kunden-des-Kunden (Auftraggeber) »mit-überzeugt« werden müssen. Viele für eine konkrete Bestellung notwendige oder zumindest wünschenswerte Informationen wie Preise, Gewichte, Zeichenvorrat oder Lieferzeiten sind in den Katalogen nicht enthalten, manche enthalten nicht einmal eine genaue Adresse. Es ist plausibel, dass diese Informationen zugänglich waren, auch wenn erst ab Mitte des 19. Jahrhunderts begonnen wurde, sie konsequent in die Schriftenkataloge zu integrieren.

207 Dabei sind die mit Abstand beliebtesten Motive historische Darstellungen von Buchdruckern, Werkstatt-Situationen und repräsentative Abbildungen der Firmengebäude mit funktionaler Industrie-Architektur, rauchenden Schloten usw.

Abb. 8a, b *Einband und Haupttitel des Katalogs Schriftgießerei Julius Klinkhardt, Leipzig und Wien, Gesamt-Probe, Octav-Ausgabe, 1883 (geschlossenes Format ca. 20 × 29 cm). Der Einband ist in Gold, Schwarz und blind geprägt, die Titelei zeigt großflächige Illustrationen und ist den Farben Gold, Gelb, Hell- und Dunkelbraun, Hellblau, Rot und Schwarz gedruckt.* QUELLE: *KLINGSPOR MUSEUM OFFENBACH*

machen deutlich, dass die Kommunikationsaufgabe der Schriftenkataloge nicht lediglich in der Darstellung der Schriften liegt. Sie haben als Buchobjekte auch einen stark repräsentativen Charakter, sie sind im doppelten Sinn Vorzeigeprodukte der Schriftenhäuser.

Einige Kataloge verfügen über keine erkennbare Ordnung,[208] während andere, insbesondere die späteren und umfangreichen, über offensichtliche Strukturen und Verweissysteme verfügen. Es ist anzunehmen, dass neben der material- und einsatzorientierten Anordnung die umsatz- bzw. renditestärkeren Schriften prominenter,

208 Zum Beispiel wirkt die Zusammenstellung der Kataloge von Enschedé 1768, Mostert & Zonen 1852 oder Enschedé en Zonen 1859 vollkommen willkürlich.

weiter vorn in den Büchern platziert werden und die ungewöhnlicheren, seltener georderten Schriften weiter hinten. Die meisten Kataloge beginnen mit Leseschriften[209] aus Blei, zum größten Teil aufrechte und kursive Serifenschriften, seltener auch in halbfetten und fetten Schnitten. Die Kataloge aus dem deutschsprachigen Raum beginnen meist mit gebrochenen Schriften (z. B. *Dresler & Rost-Fingerlin 1837, J.B. Meltzler 1840, J. M. Huck & Comp. 1858, Woellmers ca. 1896*), die aus allen anderen Ländern mit Antiqua (z. B. *Sanlecques 1757, Lion & Laboulaye Frères 1828, Fonderie Générale 1842*). Sehr häufig werden die Schriften nach Größe sortiert, häufig von groß nach klein, seltener von klein nach groß dargestellt. Für die Schriftgrößen wurden sprachliche Bezeichnungen verwendet,[210] selten die Größe als Zahl ergänzt. Wesentliches Element zur Identifikation der Schriften ist diese Bezeichnung für die Kegelhöhe , ergänzt durch eine Schriftbezeichnung. Im Katalog der Gießerei von Dresler und Flingern von 1837 werden beispielsweise *»Perl Antiqua«*, *»Perl Antiqua Cursiv«*,[211] *»Petit Englische Fette Schriften«* oder *»Neue Text Schreibschrift auf eigenem Kegel«* (alle Dresler, Flingern 1837 o. p.) angeboten. Dabei sind die Bezeichnungen der Schriften bis ins spätere 19. Jahrhundert nicht als Namen, sondern als Beschreibungen der Schriftform zu verstehen. Die späteren Klassenbezeichnungen wie *»Grotesk«* oder *»Egyptienne«* gehen auf die Schriftbezeichnungen zurück, die verwendet werden, bis Schriften mit eigenen, nicht mehr form-beschreibenden Namen versehen werden. Bevor Namen als Bezeichnung etabliert werden, werden viele Schriften über Nummern identifiziert. Was oben als Adressierung (vgl. Kapitel 3.3) bezeichnet wird, ist im Fall von Schriftkatalogen als exakte Identifikation eines Schriftschnitts, z. B. für eine Bestellung zu verstehen.[212] In sehr vielen Fällen ist diese Identifikation bereits über die Kombination aus Schriftgrad und Bezeichnung möglich.

Die früheste textliche Darstellung von Schrift-Klassen in den Schriftkatalogen ist in *Proef von Letteren Lettergietery van J. Enschedé* von 1768 und *Proeve van Lettern*

---

209 Je nach Sprachraum mit Antiqua (Niederlande, Frankreich, England) oder gebrochenen Schriften (deutschsprachiger Raum).

210 Für die Bezeichnung der Schriftgrade wurden sprachliche Bezeichnungen verwendet. Für deutsche und englische Bezeichnungen vgl. Tabelle der Schriftgrade (wiki 14).

211 Hier steht *Perl* für 5 Punkt Kegelhöhe, *»Antiqua«* und *»Antiqua Cursiv«* sind die Bezeichnungen für die Schriftart.

212 Hier ist buchhalterische Genauigkeit angebracht: Die Adressierung funktioniert *dann und nur dann*, wenn *einer Bezeichnung genau ein Schriftschnitt* zugeordnet werden kann, genau eine Schrift von genau einer Kegelhöhe.

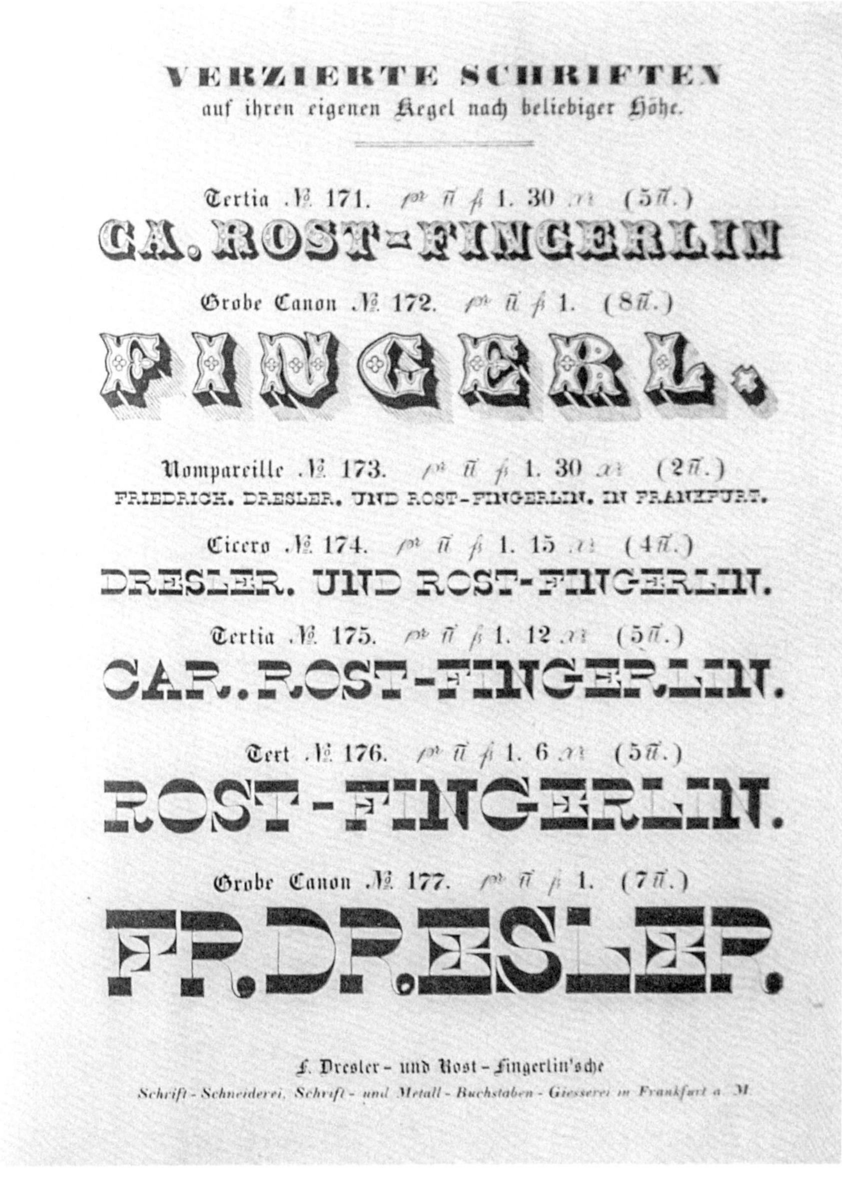
VERZIERTE SCHRIFTEN
auf ihren eigenen Kegel nach beliebiger Höhe.

Tertia № 171. pr ℔ fl 1. 30 xr (5 ℔.)
CA. ROST-FINGERLIN

Grobe Canon № 172. pr ℔ fl 1. (8 ℔.)
FINGERL.

Nompareille № 173. pr ℔ fl 1. 30 xr (2 ℔.)
FRIEDRICH. DRESLER. UND ROST-FINGERLIN. IN FRANKFURT.

Cicero № 174. pr ℔ fl 1. 15 xr (4 ℔.)
DRESLER. UND ROST-FINGERLIN.

Tertia № 175. pr ℔ fl 1. 12 xr (5 ℔.)
CAR. ROST-FINGERLIN.

Tert № 176. pr ℔ fl 1. 6 xr (5 ℔.)
ROST-FINGERLIN.

Grobe Canon № 177. pr ℔ fl 1. (7 ℔.)
FR. DRESLER.

F. Dresler- und Rost-Fingerlin'sche
Schrift-Schneiderei, Schrift- und Metall-Buchstaben-Giesserei in Frankfurt a. M.

Abbildung 9 *Aus dem Kapitel »Verzierte Schriften« des Schriftmusterbuchs Fr. Dresler und Rost-Fingerlin, 1832 (Abbildung in Originalgröße). Die Identifikation der Schriften erfolgt über Schriftgröße und eine Nummer, z.B. die oberste Schrift »Tertia No 171«, gefolgt von Preisangaben und einem Schriftmuster.*
QUELLE: GUTENBERG-MUSEUM MAINZ

Lettergieterye J. van de Groot von 1781 auszumachen. In beiden sind die Kataloge und Schriftmuster in etwa von großen zu kleinen Schriften aufgebaut, weisen aber darüber hinaus im Ablauf fast keine erkennbare Struktur auf. »*Weder bei Enschedé ... besteht irgendein Bedürfnis nach Systematik. ... Dem ordnenden Historiker ... fällt es nicht leicht, das Verhalten der beiden Herausgeber ... zu verstehen*« (Schauer: 1973: 11). Bemerkenswert sind aber die Preislisten, bei beiden Katalogen die letzten Seiten, in beiden Fällen mit eigener Paginierung (s. Abb. 10). Sie sind praktisch identisch und nach Preisklassen gegliedert, die auch Schriftklassen darstellen: »*ROMEINSCHE EN CURSYFSCHE CAPITALEN, ROMEINSCHE EN CURCYFSCHE GESCHADUWDE CAPITALEN, ROMEINSCHE EN CURCYFSCHE S C H R I F T E N, GESCHREVEN SCHRIFTEN, NEDERDUITSCHE SCHRIFTEN, HOOGDUITSCHE SCHRIFTEN, GRIEKSCHE, HEBREEUWSCHE EN OOSTERSCHE SCHRIFTEN, MUZIEK, LINIEN, PONDEN EN SCHILLIGEN, HALVE CYFFERS EN TEEKENS, BLOEMEN EN TITEL CIERAADEN*« (Versalsatz und Sperrungen i. O., de Groot 1768, o. p.). Übersetzt würden diese Klassen sinngemäß *Aufrechte und kursive Versalien, verzierte aufrechte und kursive Versalien, aufrechte und kursive Schriften, Schreibschriften, gebrochene Schriften,*[213] *griechische, hebräische und arabische Schriften, Musik,*[214] *Linien, Münzzeichen,*[215] *Bruchziffern und nicht-alphabetische Zeichen* sowie *Blumen und Titel-Zierrat* (a. d. Niederländischen, Ralf de Jong, jop) heißen.

Diese erste textlich festgehaltene Ordnung und die Struktur des Kataloges deuten bereits die später auszumachenden, vielschichtigen Ordnungskriterien für typografische Schriften an. Die Versalschriften sind hauptsächlich in großen Größen verfügbar und für Plakate, Titel und Überschriften geeignet, die verzierten Versalschriften für werbliche Zwecke und Überschriften, die aufrechten und kursiven Schriften werden für den Mengensatz in Lesegrößen[216] angeboten, Fremdsprachensatz in wenigen Mengensatzgrößen, dazu kommen Sonderzeichen, Symbole und Rahmenelemente. Die Preisliste erhält diese Struktur aufgrund der unterschiedlichen Preise für die jeweiligen Schriften und Schriftgrößen, sie ist eine raumökonomische Darstellung in Tabellenform. Aus ihr wird auch deutlich,

213 Die beiden Klassen »nederduitsch« und »hoogduitsch« sind gebrochene Schriften mit teilweise unterschiedlichen Preisen, für die de Groot jeweils eine Klasse einführt.

214 Unter *muziek* fasst de Groot Zeichen für den typografischen Notensatz zusammen.

215 *Pond* und *Schelling* waren Einheiten von Münzen, eine alternative Übersetzung wäre »Währungszeichen«.

216 Bei de Groot reichen die Lesegrößen von *»Kleine Canon«* bis hin zu *»Parel«*, was dem deutschen »Kleinen Kanon« mit 32 Punkt und »Perl«, 5 Punkt, entspricht. Der Großteil Lesegrößen bewegt sich rund um *»Garamond«*, 10 Punkt.

wie selbstverständlich die rein formale Unterscheidung und pragmatische Kriterien wie Einsatzzweck gleichberechtigt nebeneinander stehen.

Latenter Kanon

Schauer kann in den Schriftkatalogen und Musterbüchern des 19. Jahrhunderts keine etablierten Ordnungen oder Begriffe ausmachen: »*Die Terminologie wurde so kompliziert ... daß es schwer war, mit dem ... Namen die jeweils richtige Sachvorstellung zu verbinden.*« (Schauer, 1975: 12). Dagegen soll hier argumentiert werden, dass zwar keine einheitlichen, übergreifenden Begriffe oder gar mehrsprachige[217] Konzepte etabliert werden, sich aber in der Übersicht über viele Publikationen und deren Struktur starke Parallelen zeigen. Im Überblick über die genannten Kataloge werden über die verschiedenen Sortierungen, Navigationselemente und Verweissysteme hinweg die folgenden Klassen unterschieden: *Gebrochene Schriften* (gelegentlich unterteilt in *Fraktur, Schwabacher* und *Gotisch), Antiqua-Schriften, Schreibschriften, Auszeichnungsschriften* (im Sinne »auffälliger«, weniger Mengensatz-geeigneter Schriften), *Nicht-lateinische Schriften* (z. B. Griechisch, Hebräisch, Kyrillisch), *Sonderzeichen* (z. B. aus Mathematik, Astronomie), *Schriften für den Notensatz* (für verschiedene Notationssysteme, bestehend aus Linien, Noten und versch. Symbolen), *Rahmenelemente*[218] und *illustrative Elemente* (wie Vignetten, Fleurons, ganze Überschriften wie »Rechnung« oder »Speisekarte«, zeigende Hände). Unter »Schrift« verstehen die Hersteller hauptsächlich (aber nicht ausschließlich) alphabetische Hochdruckvorlagen für den Buchdruck. Die Schriften werden in verschiedenen Sprachen unterschiedlich bezeichnet. Die Benennung der Antiquaschriften ist im Englischen, Deutschen, Französischen und Niederländischen ähnlich, hier ist die Unterscheidung in *normal* und *kursiv* die deutlichste. Üblich sind die Begriffe wie *Antiqua, roman, romains* und *kursiv, current, italique*

Abbildung 10 *(Nächste Doppelseite) Die Preisliste am Ende des Schriftkataloges Proef von Letteren Lettergietery van J. Enschedé von 1768 (geschlossenes Format ca. 13 × 22 cm) ist nach Preis- und damit auch Schriftklassen gegliedert. Die hier abgebildeten Seiten 4 und 5, am Ende des Buches, zeigen vier Klassen.*
QUELLE: GUTENBERG-MUSEUM MAINZ

217 Gemeint sind Klassen vergleichbar mit der ATypI-Vox-Klassifikation, über deren Definition ein internationaler Konsens besteht und deren Bezeichnungen in mehrere Sprachen übersetzt wurden.

218 Hier sind Rahmenformen, z. B. für Anzeigen, gemeint. Diese bestehen aus repetierenden Linien oder Mustern, die aneinandergesetzt Rahmen verschiedener Größen bilden können.

Engelsche Nonparel Romein, het ß,	—	42 Stuiv.
Engelsche Nonparel Curcyf, —	—	44 ——
Parel Romein No. 1., van *Fleischman*,	—	60 ——
Parel Romein No. 2., van *Fleischman*,	—	60 ——
Parel Romein No. 3., — — —	—	55 ——
Parel Curcyf No. 1., van *Fleischman*,	—	65 ——
Parel Curcyf No. 2., van *Fleischman*,	—	65 ——
Parel Curcyf No. 3., — — —	—	60 ——
Robyn Romein No. 1., van *Fleischman*,		75 ——
Robyn Romein No. 2., — —	—	70 ——
Robyn Curcyf, — — —	—	70 ——
Non plus Ultra, gezegt: Diamant Romein, van *Fleischman*, — — —	—	5 Guld.

NEDERDUITSCHE SCHRIFTEN.

Groote Canon Duits, van *Fleischman*, het ß,		11 Stuiv.
Kleine Canon Duits, van *Fleischman*,	—	11 ——
Paragon Duits, van *Fleischman*, —	—	11 ——
Text Duits, van *Fleischman*, — —	—	11 ——
Augustyn Duits No. 1., van *Fleischman*,		11 ——
Augustyn Duits No. 2., — —	—	10 ——
Mediaan Duits No. 1., van *Fleischman*,		12 ——
Mediaan Duits No. 2., — —	—	11 ——
Descendiaan Duits No. 1., van *Fleischman*,		13 ——
Descendiaan Duits No. 2., — —	—	12 ——
Garmond Duits, van *Fleischman*, —	—	16 ——
Brevier Duits, van *Fleischman*, —	—	22 ——
Collonel Duits, van *Fleischman*, —	—	32 ——
Parel Duits No. 1., van *Fleischman*,	—	60 ——
Parel Duits No. 2., van *Fleischman*,	—	60 ——
Non plus Ultra, gezegt: Robyn Duits, van *Fleischman*, — — —	—	75 ——

MUZIEK.

Volmaakte en Volkomene Muziek, van *Fleischman*, — — —	—	5 Guld.
Text Muziek- en Psalm-Nooten, v. *Fleischman*,		50 Stuiv.
Groote Augustyn Muziek- en Psalm-Nooten, van *Fleischman*, — —	—	50 ——
Augustyn Psalm-Nooten, van *Fleischman*,		40 ——
Augustyn Nooten-Letteren, van *Fleischman*,		50 ——

Me-

Mediaan Psalm-Nooten, van *Fleischman*, 't ℔, 45 Stuiv.
Descendiaan Psalm-Nooten, van *Fleischman*, 50 ——
Descendiaan Psalm-Nooten, van *C. van Dyk*, 45 ——

GESCHREVEN SCHRIFTEN.

Dubbelde Paragon Geschrevene Capitalen, het ℔, — — — — 22 Stuiv.
Dubbelde Augustyn Geschrevene Capitalen, 22 ——
Dubbelde Mediaan Geschrevene Letteren, 20 ——
Dubbelde Descendiaan Geschrevene dito, van *Fleischman*, — — — 22 ——
Dubbelde Garmond Geschrevene dito, van *Fleischman*, — — — — — 36 ——
Text Oud Geschreven, — — — 20 ——
Augustyn Oud Geschreven, — — — 20 ——

GRIEKSCHE, HEBREEUWSCHE EN OOSTERSCHE SCHRIFTEN.

Dubbelde Paragon Grieksche Capitalen, het ℔, —— —— —— 20 Stuiv.
Dubbelde Text dito, — — — — 20 ——
Dubbelde Mediaan dito, — — — 20 ——
Dubbelde Descendiaan dito, van *Fleischman*, 22 ——
Dubbelde Garmond dito, — — — 20 ——
Dubbelde Brevier dito, van *Fleischman*, — 22 ——

Parysche Geschaduwde Grieksche Capitalen, 30 ——
Dubbelde Paragon dito, — — — 30 ——
Dubbelde Text dito, — — — 30 ——
Dubbelde Augustyn dito, — — — 30 ——

Text Grieksch, — — — — 24 ——
Augustyn Grieksch No. 1., van *Fleischman*, 30 ——
Augustyn Grieksch No. 2., — — — 30 ——
Mediaan Grieksch, — — — — 32 ——
Descendiaan Grieksch, van *Fleischman*, — 40 ——

oder *curcyf*. Häufig wird im Deutschen der Begriff *Antiqua* synonym für *normal*[219] verwendet, im Englischen, Französischen und Niederländischen verweist er eher auf »nicht-gebrochene Schriften«. Andere Begriffe, die z.B. auf geografische Herkunft verweisen, werden im Überblick kaum konsistent verwendet. Die gebrochenen Schriften werden im Französischen als »*Gothiques*« oder »*Allemandes*« (vgl. Laboulaye et Cie. 1842, o.p.; Deberny et Cie. 1899, 2. part, o.p.) unter unterschiedlichen Bezeichnungen in verschiedenen Sprachen, im Deutschen als »*Fractur*« und »*Schwabacher*« (vgl. Hänel 1837: Blätter 33, 161) und im Niederländischen als »*Hoogduitsch*« (De Groot 1768, o.p.) bezeichnet. Auffällig ist dabei, dass formal ähnliche Schriften häufig in direkter Nachbarschaft als Gruppen gezeigt werden. Die Gruppen wiederum sind oft nach Größen sortiert. Die serifenbetonten und serifenlosen Schriften werden aufgrund ihrer noch geringen Anzahl[220] nicht als allein stehende Klassen dargestellt, aber in den Katalogen eindeutig und durchgängig mit Begriffen wie »*Grotesk*«, »*Egyptienne*« oder »*Clarendon*« bezeichnet. Der Katalog von Laboulaye & Cie. (1842) zeigt serifenlose und serifenbetonte Schriften in den Kapiteln »*Caractères de Fantaisie*« und »*Caractères d'Affiches*« (Plakatschriften, jop; ebd.: Kapitel »Avis«, o.p.). Dabei werden die serifenbetonten bereits mit »*Egyptienne*« bezeichnet, während für die einzige serifenlose, nur aus Versalien bestehende Schrift die Bezeichung »*Initiales Antiques Noires*« (Schwarze Antiqua-Initialen, a.d.Frz., jop) verwendet wird. Im Katalog von Stempel (1926) sind bereits eigene Teile für Grotesk-Schriften aufgeführt. Die serifenbetonten Schriften dominieren dort zahlenmäßig die Kapitel der Plakatschriften, ihnen werden aber keine eigenen Kapitel eingeräumt. Zudem werden neben den eher formalen und inhaltlichen Einteilungen häufig verschiedene Materialien (z.B. Blei-, Messing- oder Holzschriften[221]) und Einsatzgebiete (z.B. Mengensatz, Karten- und Akzidenzschriften, Zier- und Überschriften) unterschieden. In den umfangreicheren Katalogen gegen Ende des 19. und Beginn des 20. Jahrhunderts werden für verschiedene Materialien und Einsatzgebiete häufig einzelne Kapitel gebildet, die dann wiederum nach formalen Kriterien und Größen sortiert werden. Auch

---

219 »Normal« bedeutet i.A. die Negation typografischer Auszeichnung, sprich z.B. *»nicht-kursiv oder halbfett«*.

220 Diese Schriften treten erstmals zu Beginn den 19. Jahrhunderts auf und sind erst zu Beginn des 20. Jahrhunderts in größerer Zahl verfügbar.

221 Die verschiedenen Materialien wurden für hauptsächlich für verschiedene Produktionsverfahren verwendet: Blei hauptsächlich für »kleinere« Schriften, formstabile, aber wenig flexible Messingschriften zum Prägen, Holzschriften waren relativ günstig in großen Größen, z.B. für Plakate, herzustellen.

wenn die Begriffe zur Unterscheidung variieren, ist die Sortierung nach formaler Ähnlichkeit über verschiedene Kapitel und viele Kataloge hinweg deutlich.

In den Schriftkatalogen wird spätestens seit Mitte des 18. Jahrhunderts ein *latenter Kanon* etabliert, der 1882 von Southward, 1902 von De Vinne und 1921 von Thibaudeau aufgegriffen wird. Die folgenden Klassen, die im Großteil der später publizierten Klassifikationsansätze auszumachen sind, können auf Schriftkataloge, teilweise bis ins 18. Jahrhundert, zurückgeführt werden:

- *Serifenschriften*
- *Serifenbetonte Schriften*
- *Serifenlose Schriften*
- *Schreibschriften*
- *Gebrochene Schriften*
- *Auszeichnungsschriften*
- *Symbole und nicht-alphabetische Zeichen*
- *Nicht-lateinische Schriften*

Bei der Benennung der Klassen der frühen Klassifikationssysteme werden die Schriftbezeichnungen der Schriftenkataloge des 19. Jahrhunderts verwendet. Hier liegen die Wurzeln der Schriftklassifikation.

5.1.2 Thibaudeau

Francis Thibaudeau veröffentlicht 1921 *La Lettre d'Imprimerie* [frz. »der Druckbuchstabe«, jop] als leidenschaftliche Ode an den Buchstaben, er ist für ihn *»die Verfestigung des Klangs der Sprache, Gefährte der Gedanken, Wahrer des menschlichen Wissens, Bote menschlicher Bindung«* [a.d.Frz., jop] (Thibaudeau, 1921: 5). Der darin enthaltene Ansatz zur Schriftklassifikation wurde bereits 1903 für die Schriftgießerei Peignot entwickelt.[222] Der erste Band des zweibändigen Werks umfasst eine kurze Geschichte der lateinischen Prägeschriften, gefolgt von einer sehr ausführlichen und hochwertig produzierten,[223] 366 Seiten starken Geschichte der Druckschriften[224] (ebda.: 44 - 410). Der ebenso aufwendig produzierte

222 Vgl. Dixon, 2001: 2·6.

223 Schauer nennt die umfangreich bebilderten und mit Druckmustern versehenen Bände *»verschwenderisch ausgestattet«* (Schauer, 1975: 30). Tatsächlich sind im ersten Band viele Beispiele für Druckverfahren zur Reproduktion von Schrift enthalten. Der zweite Band liefert mit ca. 200 ganzseitigen Probedrucken einen Eindruck dessen, was 1921 produktionstechnisch möglich war.

224 Thibaudeau betitelt sie mit *»Der Metallbuchstabe auf Titel- und Textseite«* (a. d. Frz, jop).

zweite Band beginnt mit einer ausführlich bebilderten narrativen Beschreibung von Schriftklassen auf über 56 Seiten (ebda.: 415 - 471). Ein wesentlicher Teil der beiden Bände besteht aus Schriftmustern und großflächigen Reproduktionen mit Schrift- und Bildelementen. Besonders der zweite Teil des zweiten Bandes enthält eine Fülle von Mustern unterschiedlichster Druck- und Reproduktionsverfahren.[225] Thibaudeau plädiert für einen reflektierten Umgang mit Gestaltungsmitteln, besonders der Schrift: »*Die vielfältigen Schöpfungen von Buchstaben und typografischen Ornamenten, die alten Schriften klassischen Typs hinzugefügt wurden, machen sehr deutlich, was man einst vernachlässigen konnte:* die Analyse der konstituierenden Elemente des Buchstaben, *für ihren rationalen Gebrauch.*« [Herv. i. O., a. d. Frz.: jop] (ebd.: 1). Es ist anzunehmen, dass Thibaudeau sein Werk hauptsächlich als Grundlagenarbeit konzipiert hat, das sprachregelnd wirken, die große Vielfalt der Schriftformen seiner Zeit widerspiegeln und Basis für eine rationale Diskussion von typografischen Arbeiten liefern soll. Bemerkenswert ist zum einen der Versuch, über sich an Stilformen orientierenden Neologismen eine bessere Orientierung zu ermöglichen, andererseits die Durchlässigkeit seiner Klassendefinitionen, die auch Klassen-Kombinationen ermöglichen. Diese im Ansatz paradigmatische Struktur wird in den 1980er Jahren von Alessandrini wieder aufgegriffen und konsequent umgesetzt.

Fokus

Der *Lettre d'Imprimerie* ist als umfassendes Werk gänzlich den typografischen Schriften gewidmet. Es gelingt ihm, die Schriftenvielfalt seiner Zeit zu strukturieren, ohne dabei Vorbehalte gegen oder Vorlieben für bestimmte Drucktypen zu formulieren. Thibaudeaus Fokus ist damit, verglichen mit anderen Publikationen, sehr offen.

225 Der zweite Band enthält schätzungsweise 200 großflächige Bild- und Druckbeispiele, darunter beispielsweise Muster mehrfarbiger Holzschnitte, Kupferstiche, verschiedene hochwertige Papiere, mehrfarbige Chromotypografie, Lichtdruck, 6-farbige Landkartenreproduktionen, Reproduktionsbeispiele mit 20er bis 80er Raster, Vierfarbdruck mit Sonderfarben, Prägungen, Héliochromie oder Galvanoreproduktionen. Der Band mutet an wie eine Sammlung von Machbarkeitsstudien der grafischen Industrie der Zeit. Viele Verfahren sind noch mit heutiger Technologie technisch wie handwerklich schwer kontrollierbare Prozesse. Diese »verschwenderische« Ausstattung und produktionstechnische Vielfalt deutet darauf hin, dass *La Lettre d'Imprimerie* nicht unter rein wirtschaftlichen Gesichtspunkten produziert wurde. Er zeigt eine erstaunliche Vielfalt von in den 1920er Jahren technisch realisierbaren Druckprodukten und -technologien und war als Prestigeobjekt vermutlich auch als Werbung für die jeweiligen Dienstleistungsunternehmen gedacht.

Klassen

Thibaudeau beschreibt seine historisch angelegten Klassen narrativ. Sie werden nach Herkunftszeit und Stil unterschieden, er liefert eher eine erzählende Beschreibung als die Definition klar abgrenzbarer Klassen. Thibaudeau räumt der Formenvielfalt im Schriftschaffen des 19. Jahrhunderts bemerkenswert viel Raum in seinem Konzept ein. Insbesondere die große Anzahl von Zierschriften und Varianten der Schriftform wird über die einzelnen Kapitel hinweg (die jeweils eine Schriftklasse beschreiben) konsequent mitgedacht und teilweise ausgiebig bebildert. Er unterscheidet die Klassen nach der Serifenform, dabei entspricht »*Didot*« (Tib1) der klassizistischen Antiqua,[226] »*Antique*« (Tib2) bezeichnet serifenlose Schriften. Die »*Égyptienne*« (Tib3), die Klasse der serifenbetonten Schriften, ist in zwei Unterklassen geteilt, die »*Égypienne Anglaise*« (Tib4), deren Serifenansätze ausgerundet sind, und die »*Italiennes*« (Tib5), welche über rechtwinklige Serifenansätze verfügen und deren Grundstriche »*amaigris*« (dünner, verschmälert) sind.[227] Die Klasse »*Empattement fendu*« (Tib6) bezeichnet Schriften mit gespaltenen[228] Serifen. Tib6 wird wie die anderen historisch hergeleitet, auf zahlreiche praktische Anwendungsgebiete bezogen und umfassend bebildert. Eine weitere

Abbildung 11 *(Nächste Doppelseite) Die tabellarische Darstellung von Thibaudeaus Klassifikation für Groß- und Kleinbuchstaben (ebd. 1921: 470, 471, geschlossenes Format ca. 15×21,5 cm). Er verwendet für die Definition seiner vier Hauptklassen ausschließlich die Serifenform, im Unterschied zu den beschreibenden Texten und gezeigten Beispielen, die z. B. detailliert auf Variationen des »Schriftkörpers«, wie Schattierungen oder Umrandungen, eingehen.*

---

226 Thibaudeau argumentiert eher prototypisch, definiert keine klaren Klassengrenzen, Entstehungsgeschichte, technologischer Hintergrund, stilistische und formale Merkmale vermengen sich zu einer Schriftklassen-Erzählung. Ein Herausarbeiten von Klassensignaturen wie bei später folgenden Ansätzen ist für den *Lettre d'Imprimerie* nicht möglich. Aus diesem Grund werden Thibaudeaus Klassen hier zur Orientierung mit den heute im deutschsprachigen Raum üblichen Begriffen assoziiert, auch wenn diese erst ca. 50 Jahre später etabliert werden.

227 Diese Bezeichnung entbehrt nicht eines gewissen Humors. Heute versteht man die Serifen als verdickte Elemente des Buchstaben, die Bezeichnung der DIN lautet »serifenbetont«. Thibaudeau dagegen schreibt lieber von »abgemagerten Hauptstrichen«.

228 Das frz. *fendre,* dt: spalten, (zer)teilen, könnte im Kontext mit *geteilte* bzw. *sich teilende* Serifen übersetzt werden. Gespalten meint hier, dass Serifen, die sonst visuell als ganzes Element wahrgenommen werden, »zweiteilig« sind. Die Strichführung betont, dass die Serifen in zwei Gesten geschrieben werden können oder dass die Hauptstriche sich spalten, anstatt in einer Serife zu münden. Schriften mit gespaltenen Serifen waren v.a. 19. Jhdt. als Zierschriften gebräuchlich; es existieren heute vergleichsweise wenige digitale Versionen.

ORIGINE, TRANSFORMATION & CLASSIFICATION

de la

LETTRE D'IMPRIMERIE

DÉTERMINÉES

par son

EMPATTEMENT (1)

La Majuscule.

LES QUATRE GRANDES FAMILLES CLASSIQUES

L'ANTIQUE

TRACÉ PRIMITIF
SANS EMPATTEMENT

Relevée sur les inscriptions PHÉNICIENNES et réalisée en types mobiles au commencement du XIXe siècle.

M

Type de l'*Antique* ou *lettre bâton.*

ÉGYPTIENNE ANGLAISE

M

Caractéristique : *Arrondissement intérieur des angles d'empattement.*

L'ÉGYPTIENNE

1re TRANSFORMATION
AVEC EMPATTEMENT
RECTANGULAIRE

Relevée sur les inscriptions GRECQUES et réalisée en types mobiles au commencement du XIXe siècle.

M

Type de l'*Egyptienne* à traits bruts.

Sous-Familles :

Les ITALIENNES

M

Caractéristique : *Empattements renforcés. Traits intérieurs amaigris.*

Le ROMAIN ELZÉVIR

2e TRANSFORMATION
AVEC EMPATTEMENT
TRIANGULAIRE

Relevé sur les inscriptions ROMAINES et réalisé en types mobiles à la fin du XVe siècle.

M

Type du *romain-Garamond* ou *Elzévir.*

Sous-Familles :

Les LATINES

M

Caractéristique : *Empattement triangulaire horizontal adapté à la graisse de corps de* l'Egyptienne angl.

Le ROMAIN DIDOT

3e TRANSFORMATION
AVEC EMPATTEMENT
A TRAIT FIN HORIZONTAL

Principe innové par PHIL. GRANDJEAN et généralisé par F.-A. DIDOT au XVIIIe siècle.

M

Type du *romain Didot.*

CLASSIQUE DIDOT

M

Caractéristique : *Ajouté d'empattements triangulaires sans modification de la finesse de trait des déliés.*

Les MONUMENTALES

M

Lettres d'inscriptions à pointes d'empattements vives et accentuées.

Les DE VINNE

M

Retour à la forme elzévirienne avec exagération des pleins.

Les HELLÉNIQUES

M

Traits bi-concaves réalisan. l'empattement triangulaire.

(1) L'EMPATTEMENT consiste dans la forme donnée à l'*attaque* ainsi qu'à la *terminaison* des jambages de la lettre. Il est la base de la classification des familles.

ORIGINE, TRANSFORMATION & CLASSIFICATION

de la

LETTRE D'IMPRIMERIE

DÉTERMINÉES

par son

EMPATTEMENT (1)

La Minuscule.

LES QUATRE GRANDES FAMILLES CLASSIQUES

Le ROMAIN ELZÉVIR

A EMPATTEMENT

TRIANGULAIRE

Alphabet minuscule extrait de la *Caroline romane* et adapté à l'empattement des capitales romaines d'inscription par NICOLAS JENSON à la fin XVe siècle.

m

Minuscule *Elzévir.*

Sous-Familles :

Les LATINES

m

Empattement triangulaire horizontal adapté à la graisse de corps de l'Egyptienne angl. —

Les DE VINNE

m

*Retour à l'attaque d'empattement de l'*Elzévir *avec reprises horizontales.* —

Le ROMAIN DIDOT

EMPATTEMENT

A TRAIT FIN HORIZONTAL

Transformation de la minuscule romaine d'après le principe d'empattement innové par GRANDJEAN dans son *romain du roi* et généralisé par F.-A. DIDOT au XVIIIe siècle.

m

Minuscule *Didot.*

CLASSIQUE DIDOT

m

Ajouté d'empattements triangulaires, maintien de la finesse des déliés.

Les HELLÉNIQUES

m

Montants bi-concaves réalisant l'empattement triangulaire. ———

L'ANTIQUE

SANS EMPATTEMENT

Adoption de la forme romaine de l'alphabet de NICOLAS JENSON pour l'ajouté d'une minuscule au type primitif des majuscules phéniciennes.

m

Minuscule *Antique.*

(1) Dans la constitution de la minuscule on retrouve toutes les particularités d'empattements caractérisant et classifiant les capitales. ———

REMARQUE. — Aucun dessin d'alphabet de lettres d'imprimerie ne peut se soustraire à la loi de l'empattement et quel qu'on puisse l'imaginer, il contiendra fatalement dans ses terminaisons de jambages, sa coupe et sa graisse, des éléments-types permettant de le classer à première vue dans l'une des quatre familles classiques ou de leurs sous-familles.

L'ÉGYPTIENNE

EMPATTEMENT

RECTANGULAIRE

Adoption de la forme romaine de l'alphabet de NICOLAS JENSON pour l'ajouté d'une minuscule aux majuscules des inscriptions grecques.

m

Minuscule *Égyptienne.*

ÉGYPTIENNE Anglaise

m

Arrondissement intérieur des angles d'empattement. ———

Sous-Famille :

Les ITALIENNES

m

Empattements renforcés; traits intérieurs amaigris.

Besonderheit ist, dass Angehörige dieser Klasse gleichzeitig auch anderen Klassen angehören können, um ihren Duktus jenseits der Serifenform zu beschreiben. Die Hauptgruppe *»Romain Elzévir«* (Tib7) bezeichnet Serifenschriften der Renaissance und des Barock und ist in drei Untergruppen geteilt. Die *»Monumentales«* (Tib8) verfügen über spitze, akzentuierte Serifen mit stumpfwinkligen oder nur schwach ausgerundeten Ansätzen. Die *»De Vienne«* (Tib9) bezeichnet Übergangsformen des Barock, deren Serifenenden spitz, die Ansätze aber rund sind. Auch die *»Helleniques«* (Tib10) wurden von der Literatur der folgenden Jahre nicht aufgegriffen. Thibaudeau meint hier Schriften, die über Serifen verfügen, deren Übergang in die Hauptstriche aber stark betont ist, so dass man auch von Verdickungen der Hauptstriche in Serifenform oder als Serifenersatz sprechen könnte. Die letzte Klasse, *»Lettre Tourneure«* (Tib11), bezeichnet stark verzierte Buchstaben, unter anderm solche, die über verschiedene Achsneigungen innerhalb derselben Schrift verfügen.[229] Thibaudeau fasst sein Klassifikationssystem auch in zwei Tabellen zusammen, auf die in späteren Publikationen hin und wieder verwiesen wird. Dort werden die Klassen Tib1, Tib2, Tib3, Tib4, Tib5, Tib7, Tib8, Tib9 und Tib10 aufgezählt und mit ihren Verwandtschaftsverhältnissen dargestellt. Tib6 und Tib11 bleiben unerwähnt, was ein Grund für ihre Nichtbeachtung in den Ansätzen der Folgezeit sein könnte.

Attribute

Thibaudeau unterscheidet seine Klassen primär nach der Form der Serifen. Ein einziges Mal, in Tib10, wagt er, über die Serife hinaus in Richtung Hauptstrich zu argumentieren, Tib11 ist die einzige Klasse, welche über Achsneigung als Kategorie indirekt auf einen Schreibprozess verweist. Außergewöhnlich an Thibaudeau ist sein Versuch, auch die Varianten der Schriftform begrifflich einheitlich zu fassen. Er unterscheidet als erster Schriftvarianten über verschiedene Klassen hin-

229 *Tourneure* bedeutet hier »verzierend«, wörtlich »gedreht« oder »gedrechselt«. Thibaudeau verweist hier auf den Gestus stark ornamentaler, verzierter Schriftarten und stellt Verbindungen zwischen den auslandenden Buchstabenformen des 19. Jahrhunderts und verschiedenen Handschriften ab dem frühen Mittelalter her. Die Intention hinter der Etablierung dieser nur unscharf umrissenen Klasse bleibt unklar, Thibaudeau scheint es wichtig zu sein, die Verbindung zwischen Handschrift und Typografie zu betonen. Die letzten Abbildungen dieses Kapitels zeigen Variationen zur Form der Schriftart »Auriol«, in der beide Bände der Publikation gesetzt sind, und deren Schöpfer George Auriol »französischer Erfinder der gedruckten Handschrift« (ebd.: o. P.) die Gesamtausgabe gewidmet wurde.

Abbildung 12 *Doppelseite aus dem Kapitel zu Buchstaben mit gespaltenen Serifen (Abbildung 25% der Originalgröße). Typisch für den Lettre d'Imprimerie ist die reich bebilderte Schriftmusterspalte außen, die in direkter Verbindung zum Text steht und Thibaudeaus Bezeichnungen bebildert.*

weg konsistent,[230] beispielsweise durch »schattiert, schwarz schattiert«, »weiß bzw. schwarz gefüllt« (für Negative und Outline-Schriften), »mit Blumen versehen« (fleuronée), »aus dünnem Strich« (à filet), »mit Ornamenten versehen« (ornée), »horizontal zweigeteilt« (lorgnette) [a.d.Frz., jop].

Klassensignaturen

Thibaudeaus Klassen sind prototypisch formuliert und unscharf umrissen, er versieht sie nicht mit einer Signatur. Seine Publikation dient eher der Begriffs-

230 So scheut beispielsweise Thibaudeaus Zeitgenosse Southward, Variationen der Schriftform begrifflich näher zu bestimmen: *»It is altogether impossible to illustrate or even enumerate all the varieties of job founts. Additions to them are constantly made, and styles once popular are constantly going out of fashion ...«* (Southward, 1882: 65). Er erwähnt und bebildert lediglich nur *rimmed*, *shadowed* und *outline*.

bestimmung als der Etablierung einer trennscharfen Struktur. »*Genau betrachtet ist die scheinbar so einfache Aufteilung kompliziert, die Trennschärfe schwach und die Verwechslungsgefahr groß.*« (Schauer, 1975: 34) Die Klasse Tib6 stellt eine Besonderheit dar, eine Schrift aus Tib6 kann oder muss noch einer weiteren Klasse angehören, die ihren Stil definieren soll.

Struktur

Unter Ausnahme der Klasse Tib6 stellt Thibaudeaus Ansatz je nach Interpretation eine lineare oder monohierarchische Struktur dar. Zur Definition von Tib6 gehört die zusätzliche Zuordnung einer in Tib6 enthaltenen Schrift zu einer weiteren Klasse, so dass von einer ansatzweise paradigmatischen Struktur gesprochen werden kann. Obwohl die Möglichkeit zur doppelten Klassenzugehörigkeit für Thibaudeaus Konzept nicht wesentlich ist, hebt sie seinen Ansatz aus denen der folgenden 70 Jahre hervor. Erst 1979 konzipiert Alessandrini eine Polyhierarchie und denkt weiter, was im *Lettre d'Imprimerie* angelegt ist. Thibaudeaus Publikation ist im engeren Sinne keine Klassifikation, die narrativ definierten Klassengrenzen bleiben diffus.[231]

Kritik

Das narrative Konzept legt eine breite begriffliche Grundlage für viele der folgenden Klassifikationen. Die Leistung dieser Klassifikation liegt in der Definition unterschiedlicher Attribute zur Differenzierung der Schriftform. Der *Lettre d'Imprimerie* ist keine Klassifikation im engeren Sinne, vielmehr eine Sammlung und Darstellung der Vielfalt typografischer Formen des 19. Jahrhunderts. Thibaudeaus Argumentation ähnelt nach Foucault dem Ordnungsprinzip der Renaissance (vgl. Kapitel 3.3), der Definition von Klassen anhand ihrer Spezifika. Einige der von Thibaudeau verwendeten Begriffe werden im typografischen Diskurs weitergetragen,[232] wie die Differenzierung der Serifenformen. Einzig seine Kategorien der gespaltenen Serifen (Tib6), der *Helleniques* (Tib10) und der »Drehbuchstaben« (Tib11) sind in keiner anderen Klassifikation zu finden, schon in seiner eigenen

---

231 Vgl. dazu auch Schauer, 1973: 34f

232 Thibaudeau rekurriert auf bereits gebräuchliche Begriffe. In dieser Hinsicht eine Sammlung, deren Leistung in der Kompilation und Kombination liegt, weniger in der begrifflichen Innovation.

Abb. 13 *Abbildungsspalte aus dem Kapitel L'Italienne (Abbildung 93% der Originalgröße). Thibaudeau versucht, alle die Schriftform beschreibenden Begriffe konsistent in allen Klassen zu benutzen, auch bildlich darzustellen.*

»Abschlussgrafik« werden die Klassen Tib6 und Tib11 nicht aufgeführt.[233] Es gelingt nicht, alle zentralen Attribute seines Ansatzes zu etablieren oder diese in eine logisch konsistente Klassifikationsstruktur zu überführen. Thibaudeau ist dennoch von zentraler Bedeutung, er leistet wichtige, grundlegende Begriffsarbeit. Der *Lettre d'Imprimerie* enthält die erste eigenständige, umfangreiche Schriftklassifikation. Häufig wird sein Ansatz im weiteren Diskurs auf die Abbildungen (vgl. Abb. 11) reduziert, die seine konzeptionelle Tiefe nicht in Gänze wiedergeben.

5.1.3 Warde

Das Klassifikationsschema *Type Faces, Old and New* von Beatrice Warde aus dem Jahr 1935 besteht aus Text und einer Tabelle. Diese ist einer Ausgabe von *The Library* beigebunden.[234] Die Struktur ihres Ansatzes ist richtungsweisend, sie konzipiert ein baumartiges Modell. Es ist visuell monohierarchisch notiert, aber polyhierarchisch gedacht, was allerdings nur aus Anmerkungen hervorgeht. Warde beschreibt ihr Modell zwar sprachlich, alle Abhängigkeiten der Klassen sind aber in einer baumartig strukturierten Tabelle definiert. Abgesehen von Tschichold wurde ihre Arbeit im deutschsprachigen Raum wenig rezipiert und kaum referenziert.

---

233 Es ist zu vermuten, dass diese Klassen bereits zum Publikationszeitpunkt randständig waren und von Thibaudeau aus Gründen der Vollständigkeit aufgeführt, aber nicht tiefer eingebettet wurden.

234 An dieser Stelle sei Ralf de Jong gedankt, der mich auf den Beibinder aufmerksam gemacht und zunächst Reproduktionen der Publikation und später den Originaltext in einem faksimilierten Sonderdruck der London Bibliographic Society von 1957 zur Verfügung gestellt hat. Auf diese Fassung wird hier Bezug genommen.

Wardes Fokus

Warde wendet sich mit *Type Faces, Old and New* an die typografische Fachwelt. Sie publizierte vorher für den *Fleuron* unter dem Pseudonym *Paul Beaujon* und wurde 1927 vom Schrifthersteller Monotype als Redakteurin für den *Monotype Recorder* und *Monotype Newsletter* eingestellt, zwei Publikationsreihen zu Informations- und Werbezwecken. 1929 wurde sie auf den Posten der Werbeleiterin befördert, den sie bis in die 1960er Jahre ausfüllte.[235] Ihre berufliche Position genauso wie ihre große Nähe zur traditionell orientierten Typografie-Bewegung rund um Stanley Morison erklären die Fokussierung auf bestimmte Schriften, Monotype-Schriften der 1920er und 1930er Jahre. Ihr Ansatz hat eine klare Ausrichtung: Er ist ein Marketing-Instrument der Monotype Corporation, sie »bewirbt« Schriften, die aus den damals in Britannien dominanten Gestaltungsbewegungen hervorgingen. Die britische Reform-Bewegung und die Schriftveröffentlichungen von Monotype sind eng verwoben, sowohl was die beteiligten Personen angeht, als auch die den Schriftgestaltungen zugrunde liegenden Konzepte.[236] Wardes Ansatz kann nicht als abstrakt formulierte Klassifikation für alle Schriftarten gelesen werden. Vielmehr stellt er den Versuch dar, die Monotype-Schriften ihrer Zeit einerseits in formal-ästhetische Zusammenhänge zu bringen und sie im historischen Kontext zu verorten, was der gestalterischen Haltung ihres Umfeldes entsprach. Genauso kann sie als Versuch eines Brückenschlages gelesen werden, der die alten, für den Handsatz geschnittenen Buchstaben mit den neueren, als Familien konzipierten Schriften für Monotypes Maschinensatz zu verbinden sucht.[237] Dennoch ist Wardes Klassifikation sowohl für ihre Zeit als auch in ihrer strukturellen Stringenz ein-

---

235 Die ungewöhnliche Biografie von Beatrice Warde, die sich in der konservativen, zwischen den Weltkriegen traditionell orientierten und männerdominierten englischen Fachwelt durchsetzen konnte, bleiben ebenso wie ihre Verbindungen zu Personen wie Eric Gill und Stanley Morison hochinteressante Forschungsfelder, die hier nur erwähnt, aber nicht vertieft werden können.

236 Kinross bezeichnet diese Ära britischer Typografie als *new traditionalism*, das Netzwerk von Personen und Organisationen, welche diese konservative Bewegung anheizten, den *typographic club* (Kinross, 2004: 64 ff). Die verschiedenen Akteure dieser Bewegung waren, teilweise über Jahrzehnte und auf das Engeste, miteinander verknüpft (vgl. Gruendler, 2002).

237 Warde betont eine Verwandtschaft der Monotype-Schriften für den maschinellen Guss von Einzelzeichen mit den historischen Schriften des 15. bis 19. Jahrhunderts. Gleichzeitig versieht sie diese Schriften mit der für die Klassifikation selbst eigentlich weniger wichtigen Anmerkung, dass diese *to-days fonts* mit mindestens 5 Schnitten ausgestattet seien. Diese Anmerkung spielt auf die Schriften des Mitbewerbers Linotype an, dessen Schriften für das Zeilenguss-Verfahren nicht immer über alle typografischen Varianten verfügten (s.u. W5.1). Wardes Klassifikation ist auch ein Marketing-Instrument.

zigartig. Sie wird von Tschicholds Klassifikation direkt beerbt und steht in Abstraktionsgrad und Vielfältigkeit der herausgearbeiteten Attribute für lange Zeit völlig allein. Gründe dafür, dass ihr Ansatz im später auflebenden Klassifikations-Diskurs kaum Erwähnung findet, sind in der geringen Auflage, der engen Zielgruppe der Publikation sowie im »Monotype-Stallgeruch« zu vermuten. Genauso wie die britische Reformbewegung unter Typografie praktisch ausschließlich Buchgestaltung verstand, berücksichtigt Wardes Klassifikation folgerichtig ausschließlich *book-type*.

Klassen und Klassensignaturen

Wardes Modell ist hauptsächlich in grafischer Form notiert (s.a. Abb. 14). Die von ihr verwendeten Begriffe sind in einer Art Anhang genauer beschrieben, die Definition und Relation der einzelnen Klassen kann einer zentralen Grafik entnommen werden. Ihr System hat die Struktur eines binären Baums, auch wenn als grafische Repräsentation eine Tabelle gewählt wurde. Das Notationssystem ist ausgeklügelt, sie unterscheidet Klassennamen, Schriftgruppen sowie Schriftnamen und weist ihnen jeweils eine andere Schreibweise zu.[238] Warde differenziert die Klasse *Alphabet* (W1), die in *exotics* (W1.1) und *romanics* (W1.2) unterteilt wird, *exotics* bezeichnet nicht-lateinische Schriften und wird nicht weiter verhandelt. Die Klasse W2, *order*, unterscheidet mit *single* (W2.1) Alphabete ohne, mit *composite* (W2.2) Alphabete mit Groß- und Kleinbuchstaben. Die Klasse *letter* (W3) hat die Kindelemente *broken-stroke* (W3.1) und *round-letter* (W3.2), gemeint sind gebrochene bzw. »kontinuierliche« Schriften. In W3.1 werden in *text* (W3.1.1), *cursives* (W3.1.2) und *fractur* (W3.1.3) unterschieden, alle gemeinsam haben die zusätzlichen Attribute *never more than dual* (W3.1.4) und *wholly calligraphic* (W3.1.5). Als etablierendes Attribut von W3.2 wird *use of curves in lower-case* definiert, weitere optionale Eigenschaft ist die Verwandtschaft (Schriftfamilien) zu zwei bis vier anderen Schnitten. Die Klasse *form* (W4) unterscheidet *not roman* (W4.1) und *roman* (W4.2). Dabei besteht W4.1 aus Schriften mit Anlehnung an die Handschrift, im Einzelnen *round black (bastards)*[239] (W4.1.1), zudem werden als *Cursive forms*

238 Diese Unterscheidung besteht aus versaler Schreibweise und der Verwendung von Anführungen. Sie wurde, soweit sichtbar inhaltlich motiviert, in der hier verwendeten Notation beibehalten. Die Erfahrung mit unterschiedlichen Notationsformen und das Erkennen ihrer Notwendigkeit wurzelt vermutlich in Wardes früherer Tätigkeit als Bibliotheksgehilfin bei der American Type Founders Company.

239 Gemeint sind Mischformen römischer Buchstaben mit gebrochener Strichführung und den sich daraus ableitenden Verfallsschriften.

(W4.1.2) *Scripts* (W4.1.2.1), *cursives* (W4.1.2.3), und *italic* (W4.1.2.4) unterschieden. W4.1.1 referenziert außerdem die Kursiven aus W3.1.2. Warde fügt der Klasse über Anmerkungen die Attribute *evidence of persisting calligraphic influence* (Wc), *evidence of engraver at work* (WE) sowie *evolutionary tendencies at work, as regards historical periods of type design* (W>) hinzu. W4.2 wird definiert durch die Kombination von Groß- und Kleinbuchstaben, die sie als *combination of two alphabets but distinguished MORPHOLOGY of (certain) letters of LOWER CASE* [Herv. i. O., jop][240] bezeichnet. Die Klasse *thickening* (W5) unterteilt Warde in *stressed* (W5.1) und *unstressed* (W5.2), gemeint ist hier eine Unterscheidung nach Strichstärkenmodulation. W5.1 wird zusätzlich mit der Anmerkung versehen, dass eine zeitgenössische Schrift aus zwei aufrechten, zwei zusätzlichen kursiven und einem zusätzlichen Kapitälchen-Schnitt bestehe.[241] Die Klasse 6, *stress* (Winkel oder Betonung des Strichs) besteht aus den beiden Klassen W6.1, *bias stress* (schräge Modulations- bzw. Strich-Achse) und W6.2 *vertical stress* (Betonung der Vertikalen durch waagerechte Modulations- bzw. Strich-Achse). Beide Klassen werden durch beispielhafte Abbildungen von e und l mit schrägem bzw. waagerechtem Achsenwinkel ergänzt. W6.1 wird dabei mit den Zusatzattributen Wc, WE und W> sowie mit der Anmerkung *subdivided by formation of letters* versehen, W6.2 mit dem Zusatz *incorrectly called ›modern‹* spezifiziert. Die Klasse *group*, W7, ist am weitesten ausdifferenziert. Die letzte abstrakt formulierte Klasse besteht aus insg. fünf Unterklassen und bildet in der Tabellen-Notation die einzige Ausnahme in der sonst binären Struktur.[242] Die erste Klasse W7.1 erhält die Bezeichnung *venetian* mit der Ergänzung *so-called*, ihr Unterscheidungsattribut ist der schräge Strich des kleinen e, was nur für Eingeweihte an einer Abbildung eines eben solchen e erkennbar ist. W7.2 wird als *aldine group* bezeichnet, die den Zusatz *commonly known als OLD FACE* [Herv. i. O., jop] erhält und der eine Abbildung eines e mit waagerechtem Strich beigefügt ist. Die Klasse wird nicht weiter spezifiziert. W7.3 heißt *independent* und wird durch konkrete Schriftbeispiele und den Zusatz *modern draughtsmen, e.g. Goudy* beschrieben. Die Klasse *curved*, W7.4, ist

---

240 Gemeint ist hier die visuelle »Verwandtschaft« zwischen Klein- und Großbuchstaben, die historisch mit dem Beginn der Einführung der Antiqua als Druckschrift im 15. Jhdt. beginnt.

241 Monotype-Schriften wurden häufig in dieser Zusammensetzung geliefert, an dieser Stelle ragt das Marketing in ihre Klassifikationstexte.

242 Bis hierher wird jede Klasse in zwei Unterklassen aufgeteilt, legiglich Klasse 6.1 hat drei Unterklassen. Wardes Klassifikationsstruktur lässt sich abgesehen von dieser Ausnahme in einem binären Baum abbilden.

vergleichsweise üppig beschrieben: Ihr ist eine Abbildung eines e und l mit waagerechten Serifen und ausgerundeten Serifenansätzen zugeordnet, zusätzlich mit der Beschreibung »*generally with horizontal serifs: loosely called ›TRANSITIONAL MODERN‹*« [Herv. i. O., jop] sowie den Attributen Wc, W> und WE. Die Klasse *rigid*, W7.5, wird ausschließlich durch die Abbildung eines e und l mit waagerechten Serifen und rechtwinkligen Übergängen sowie dem Attribut WE bestimmt. Die Unterklassen von W8, »*SCHOOL*« *OR* »*CUT*«, beinhalten keine abstrakten Formbeschreibungen mehr, sondern historische Schriftgestaltungsschulen oder -bewegungen, die namentlich bezeichnet werden, z. B. »*MORISON SCHOOL*« oder »*Garamond*«. Den einzelnen *schools* werden Klassen aus W7 zugeordnet und diese in eine Monohierarchie gebracht, die ebenfalls baumartig von oben nach unten notiert ist. Sie verweisen ab W7.1 auf konkrete (Monotype-)Schriften, die in der Klasse W9, *series*, aufgeführt werden. Für die Klassen unter W7.1 werden nur Beispiele ohne konkrete Schriftnamen verwendet, wie *a Text (english, new design)* oder *an italic related to an aldine roman*. Zusätzlich werden sowohl in W7 als auch in W8 die Zeitabschnitte *ante-Benton,* W.ab, und *post-Benton,* W.pb, unterschieden.[243] Die letzten beiden Klassen, W9 *size* und W10 *fount,* werden als Ergänzung angefügt. Unter W9 sollen größenspezifische Anpassungen der Proportionen erfasst werden, unter W10 Variationen im Guss wie beispielsweise Veränderungen am Buchstabenkörper. Auf einem Beiblatt W11 zur Klassifikation entwickelt Warde zudem eine Baumstruktur, anhand derer Stil- und Verwandtschaftsverhältnisse (wie zwischen »Times«, »Times new roman« und »Times new roman, bold«), unterschiedliche Guss-Matrizen, Größen bis hin zu verschiedenen Guss-Varianten[244] gezeigt werden.

243 Gemeint ist hier Morris Fuller Benton (* 1872, † 1948), der den Einsatz von Pantografen in der Matrizenherstellung einführte und technisch vervollkommnete. Mit dieser Technologie ließen sich aus einer Vorlage über mechanische Transformation verschiedene Variationen aus einer Vorlage herstellen, z. B. eng oder breit laufende Schriften. Die Erfindung vereinfacht das Herstellen von Schriften unterschiedlicher Größen und Laufweiten enorm. Gleichzeitig mussten neue Konzepte für die Schriftgestaltung entwickelt werden, da mit der Automatisierung die Möglichkeiten der Anpassung an die jeweilige Schriftgröße geringer wurden.

244 An dieser Stelle zeigt sich Wardes starkes Analysevermögen. In dieser Baumstruktur bildet sie den Verlauf einer Kaufentscheidung von der Entscheidung für einen Stil bis zur konkreten Gussform, -variante und Schriftgröße nach. Gleichzeitig wirft dieses Beiblatt ein anderes Licht auf die Klassifikation, ihre Funktion als Marketinginstrument für die Anhänger der britischen Traditionalisten wird deutlich.

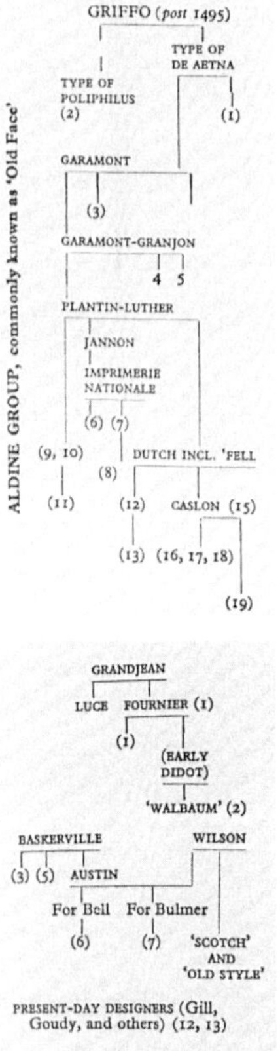

Abb. 14a, b: *Die Perspektive linearer Genese ist auch an Wardes Baum-Strukturen ablesbar. (ebda. 135, 136, 40% v. O.)*

Attribute

Wardes Ansatz unterscheidet ein breites Spektrum typografischer Attribute. In den Klassen W9, W10, W.ab und W.pb ist die Herkunft des Systems aus einer Schriftgießerei deutlich zu erkennen, hier werden Spezifika der Herstellung der Matrizen und des Gusses der Lettern erfasst. Sie deutet die Erfindung des Pantografen als wesentlichen Zeitpunkt für die Entwicklung der Schriftform heraus (W.ab, W.pb). Innerhalb der Klasse W7 werden chronologische und stilistische Abhängigkeiten sowie parallel verlaufende Bewegungen im Schriftschaffen erfasst. Warde deutet einzelne formale Attribute wie den Schrägstrich des e oder Serifenansätze als Klassendefinitionen heraus. Die Betonung der Zusammensetzung der Alphabete (z. B. mit bzw. ohne Minuskeln oder zugehöriger Kursive) bezeugt einen Willen zur historisch korrekten Darstellung. Über das Beiblatt schafft es Warde zudem, Verwandtschaftsverhältnisse und Gussvarianten ins System zu integrieren.

Struktur

Die zentrale Notation von Wardes System ist paradigmatisch, sie suggeriert zunächst eine monohierarchische Struktur (s. Abb. 13). Innerhalb von W7 werden »Gestaltungsschulen« chronologisch in einzelnen Baumstrukturen abgebildet, als Monohierarchie innerhalb einer Monohierarchie. Die wesentliche Besonderheit von Wardes System sind die optionalen Bezeichner Wc, W>, WE, W.pb, W.ab sowie W9 und W10. Diese erfassen sehr unterschiedliche Eigenschaften wie Stilveränderungen über die Zeit (W>) oder die formalen Auswirkungen des Pantografen auf das Schriftschaffen (W.ab und W.pb). Sie sind klassenübergreifend konzipiert und ergänzend gedacht. Warde schafft so eine Polyhierarchie. Genauso sind W9 und W10 einzuordnen, auch wenn sie in der zentralen Tabelle von Wardes Konzept nicht weiter beschrieben werden. Warde konzipiert insgesamt eine komplexe Polyhierarchie, damit ist sie allen Modellen der Folgejahre um Jahrzehnte voraus (s. a. Abb. 14). Zudem sind ihre Klassendefinitionen auf wenige Attribute beschränkt, sodass ihr Modell (zumindest für die wenigen Schriften, die sie klassifiziert) formal-logisch fehlerfrei beschreibbar ist. Obwohl W11 in keiner direkten Verbindung zur Haupttabelle steht, kann sie als Erweiterung oder Spezifizierung von W9 und W10 betrachtet werden, was den polyhierarchischen Charakter von Wardes System nochmals unterstreicht.

Kritik

Der polyhierarchische Ansatz Wardes ist in Anbetracht der Breite der differenzierten Attribute und ihrer Struktur richtungsweisend. Es ist erstaunlich, dass sie im Diskurs selten rezipiert wird und die breite Anlage der von ihr erarbeiteten Attribute kaum weitere Anwendung findet. Sie klassifiziert 46 Schriften, ihr starker Differenzierungswille scheint dafür übertrieben. Die wesentliche Schwäche ihres Ansatzes liegt genau in ihrer starken Selektion, sie klassifiziert ausschließlich Monotype-Schriften und von denselben praktisch nur Renaissance- und klassizistische Antiqua. Serifenbetonte und Grotesk werden nur am Rande erwähnt, anderen Schriften als *monstrosities to the book-printer* bezeichnet. Über ihre dogmatisch scheinende Auswahl, die durch ihre berufliche Position einerseits und die zeitgenössischen Strömungen Englands andererseits begründet sein mögen,

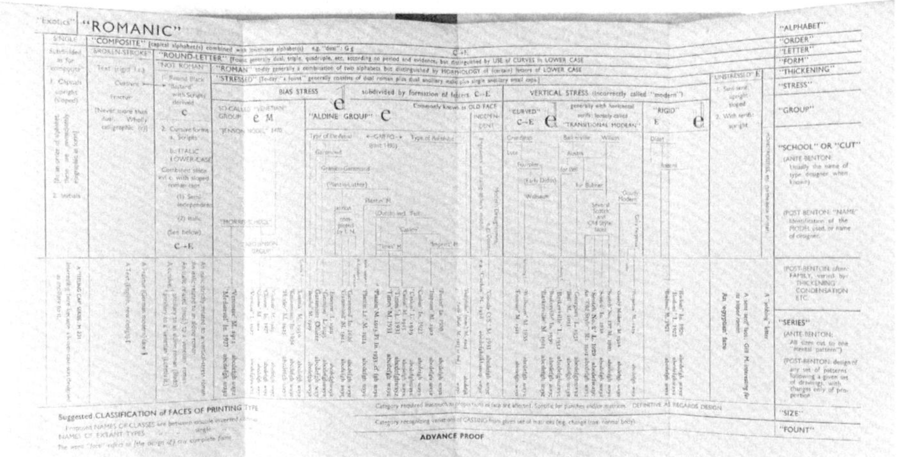

Abbildung 15 *Die Klassenrelationen von Wardes Klassifikation werden in der tabellenartigen Darstellung, auf einem nicht paginierten Beileger (geöffnet 50,6 × 25,3 cm), deutlich. Neben den beiden Dimensionen rechts (z.B. »Thickening«, »Stress«) und oben (z.B. »Rounded Letter«) werden optionale Bezeichner (Wc, WE und W>) durch die Ergänzungen »c«, »E« sowie einen Pfeil ↦ in einigen Klassen hinzugeführt (z.B. Mitte rechts oben bei »curved« in der Klasse »Vertical Stress«). Wardes System erklärt sich in der Kombination von Text, Abbildungen, tabellenartiger Darstellung im Beileger und den dort gemachten Ergänzungen.*

diskreditiert sich Warde. Es muss allerdings angemerkt werden, dass es genau die Beschränkung auf eine begrenzte Menge von Schriften ist, die ihrer Definition Stringenz verleiht. Ihr Ansatz ist der früheste, der konsistent und nicht-prototypisch formuliert ist, und der erste und für Jahrzehnte der einzige, der eine genau definierte Anzahl von Schriften klassifiziert. Von Wardes analytischer Schärfe hätten viele Klassifikationen der Folgejahrzehnte profitieren können. Obwohl ihr Ansatz für lange Zeit an Stringenz und Genauigkeit unübertroffen bleibt, geht er als eher werblicher Beitrag für Monotype-Schriften nicht in den Klassifikations-Kanon ein. Warde spielt im internationalen Klassifikations-Diskurs ab den 1950er Jahren als Autorin kaum eine Rolle. Die Gründe können hier nur vermutet werden. Zum einen suggeriert der Titel »Type Faces, Old and New« nicht unbedingt einen Text zur Schriftklassifikation. Der Artikel erscheint in den Magazinen *The Library* und *Bibliographical Society* 1935 und wendet sich eher in Richtung von Bibliotheken als an typografisch Gestaltende. Der dem Autor vorliegende Nachdruck von Monotype ist nur in einer Auflage von 150 Kopien als graue Literatur[245] erschienen. Weiterhin klassifiziert Warde nur wenige Schriften, obwohl ihr Ansatz strukturell über ein viel stärkeres Differenzierungspotenzial verfügt. Zum anderen werden im frühen Klassifikationsdiskurs nur selten Referenzen oder »Vorbilder« genannt, es ist daher möglich, dass auch andere Autoren Wardes Ansatz kennen. Zuletzt sticht ihr Ansatz hauptsächlich durch Strukturinnovation hervor, der Großteil der Autoren der folgenden Jahrzehnte verwendet dieselbe monohierarchische Struktur, erst in den 1970er Jahren entstehen Polyhierarchien. Dass Warde als Frau nicht zitiert wird, ist denkbar, aber weniger wahrscheinlich, da sie als zentrale Figur bei Monotype eine sehr herausgehobene Position innehat und eher populär ist.[246] Genau aus dieser Position heraus erfüllt der Ansatz seine eigentliche Funktion sehr gut, Warde schreibt als Werbeleiterin von Monotype: *»At the Monotype Corporation, the active work of propaganda was in the hands of Beatrice Warde.«* (Kinross, 2004: 80). Sie verortet die neuen Produkte von Monotype, allesamt Interpretationen bereits etablierter Schriftfamilien, inmitten der

245 Typisch für Eigenpublikationen von Firmen und Institutionen der grafischen Industrie werden diese nicht über den Buchmarkt vertrieben, sie sind damit schwierig bibliografisch zu erfassen bzw. häufig nicht erfasst.

246 Der Autor hält eine Diskriminierung aufgrund des Geschlechts für wenig wahrscheinlich. Es sei aber angemerkt, dass Warde ironischerweise Aufmerksamkeit erregte und sich für ihre Tätigkeit bei Monotype qualifizierte, indem sie Artikel zu typografischen Themen unter dem männlichen Pseudonym »Paul Beaujon« verfasste.

historischen Entwicklung der Schriftform. Es gelingt ihr so, die in der Publikation behandelten Schriften, alle zwischen 1911 und 1932 entstanden, in ein historisches Erbe zu stellen und mit den im englischsprachigen Raum dominanten, traditionell ausgerichteten Gestaltungsströmungen zu verbinden.[247] Sie bedient zielgenau den Bedarf der britischen Reformbewegung an »historisch richtigen« Schriften. Auch wenn Wardes Rolle als *typographic evangelist*[248] und ihre Präsenz im englischsprachigen Diskurs und der typografischen Bildung kaum zu unterschätzen ist (vgl. ebd.: 79f, Dixon 2001: 2·11), wurde ihr Beitrag zur Schriftklassifikation außer von Tschichold kaum weiter gewürdigt.

5.1.4 Tschichold

Jan Tschichold formuliert 1951 mit *Eine neue Klassifizierung der Buchdruckschriften* in der Sonderreihe *Die brauchbarsten Druckschriften der Gegenwart* in kompakter Form ein Ordnungssystem für Schriftarten. Er nimmt ausdrücklich Bezug auf die Publikationen *Printing Types, Their History, Forms and Use* (Updike 1922) und *Type Faces, Old and New* (Warde 1935), bei denen er begrifflich wie strukturell starke Anleihen macht. Tschichold bezieht sich als einziger deutlich auf Warde, auf deren Aufsatz er vermutlich während seines Aufenthaltes in London zwischen 1946 und 1950 aufmerksam wird. Als frühe deutschsprachige und sehr eigenständige[249] Publikation zum Thema Schriftklassifikation besitzt sie Strahlkraft in den

247 Diese Verortung allein ist eine große Leistung, sind die klassifizierten Schriften doch Neuinterpretationen traditioneller Vorlagen, als solche Zeugen eines Zeitgeistes, gebunden an die Monotype-Technologie. Wie viele Neuauflagen alter Schriften für neue Satztechnologien sind auch diese alles andere als »naturgetreue« Wiederauflagen.

248 Kritisch kann hier auch angemerkt werden, dass die Aufarbeitung der typografischen Geschichte über lange Zeit nicht in akademischen Kontexten, sondern im direkten Umfeld der in der grafischen Industrie tätigen, meist großen Unternehmen, stattgefunden hat. Auch Beatrice Warde hat hier viel beigetragen, sie vereint dabei die Rollen der Historikerin und der Werbeleiterin.

249 Tschichold ist bekannt für seinen Eigensinn und seine kompromisslose Zielstrebigkeit. In seinen Veröffentlichungen zu typografischen Fragestellungen formuliert er starke, reflektierte Positionen und vertritt sie mit großer Vehemenz, nicht selten an der Grenze zum Starrsinn. Die ihm häufig vorgeworfene Polarisierung betreibt Tschichold als Überzeugungstäter. Seine über die Jahre wechselnden, teilweise völlig konträren Standpunkte vertritt er jeweils mit Leidenschaft, seine Buchpublikationen und Texte sind akribisch recherchiert. Diese Akribie fordert er auch von anderen Autoren, so schreibt z. B. Beinert: *Tschichold ärgerte sich zeitlebens, dass seine Fachkollegen – im Gegensatz zu ihm – immer nur aus alten Typographiebüchern abschreiben würden* (Beinert: 2008). Seine *Neue Klassifizierung der Buchdruckschriften* ist differenziert ausgearbeitet und steht in der Stringenz ihrer Klassendefinitionen für fast fünfzig Jahre allein.

deutschsprachigen Raum und wirkt begriffsprägend für viele Klassifikationsansätze der Folgejahre, insbesondere die DIN 16518 (vgl. Kapitel 5.1.6).

Tschicholds Fokus

Als Mitglied der Werkbundes und in seiner ehemaligen Position als Schriftgestalter und Lehrender[250] publiziert Tschichold hauptsächlich in der Fachpresse des grafischen Gewerbes.[251] Er setzt bei seinen Lesern eine breite typografische Vorbildung voraus, wie die Kenntnis der Formmerkmale der alten und jüngeren Antiquas und der Stilepochen des typografischen Kanons. Dabei stützt sich Tschichold auf die oben genannten englischsprachigen Publikationen und adaptiert deren Formbeschreibung historischer Schriftarten. Tschichold widmet sich in seiner Klassifikation ausdrücklich den »Buchdruckschriften« und beschränkt sich so ausschließlich auf Schriften, die zum Mengensatz geeignet sind (bzw. solche, die er für geeignet hält). Andere Formen wie Zierschriften, experimentelle Schriften, Pinsel- oder Schreibschriften gehen in sein Klassifikationssystem nicht ein. Tschichold, als Freund des deutlichen Urteils, möchte sich mit seinem System, das auch maßgeblich der Begriffsbestimmung dient, auf die »guten« Schriften konzentrieren.[252] Einen Hinweis darauf liefert auch der Titel eines der Klassifikation sehr ähnlichen Kapitels im *Meisterbuch der Schrift* (Tschichold, 1952). Hier nennt er sein System *Klassierung und Benennung der Hauptschriftarten*. In diesem kürzeren Artikel nennt und zeigt Tschichold auch einige Beispiele für Schriften, die in seinem System keinen Platz finden: *»Das zweite Drittel des neunzehnten Jahrhunderts ist durch die erstaunliche Menge sehr phantasievoller, zum Teil phantastischer Schriften gekennzeichnet. Sie sind größtenteils sehr selten geworden …«* (Tschichold, 1952: 25). In der *Klassifizierung der Buchdruckschriften* zählt er Schriften derselben

---

250 Tschichold lehrte während und nach seinem Studium u. a. an der Akademie in Leipzig, von 1927 bis 1933 an der Meisterschule für deutsche Buchdrucker in München (vgl. z. B. Luidl, 1976: 11f, (lino 05) und Klemke: 1988) und war Autor zahlreicher Lehrbücher für Auszubildende und werdende Schriftsetzer und Buchdrucker-Meister.

251 Vgl. z. B. Tschichold, 1942, 1928 oder Luidl: 1976: 19ff.

252 Tschichold, in diesem Sinne ganz ein Kind der 1920er Jahre, schreckt nie vor überdeutlichen Wertungen zurück. Adjektive wie *furchtbar, schlimm, geschmacklos, unfähig* oder *dilettantisch* durchziehen seine Texte genauso wie *wunderbar, vortrefflich* und *vollkommen* (die negativen überwiegen bei Tschichold wie auch hier). Zum Zeitpunkt des Verfassens seines Klassifikationssystems ist Tschichold der Tradition zugewandt und sieht als »klassifikationswert« nur solche Schriften an, die er für Mengensatz in der Buchgestaltung als geeignet betrachtet.

Epoche (ab 1830) noch zu einer »... *Unmenge zwar zirkusartig amüsanter, doch längst unverwendbar gewordener Schriften. ... Nur noch gelegentlich findet man noch Überbleibsel dieses vermeintlichen Formenreichtums in Druckereien* ...« (Tschichold, 1951: 81). Im Vordergrund steht somit weniger die umfassende und lückenlose Sortierung der verfügbaren Schriftarten als vielmehr ein theoretisches, in der Lehre anwendbares Modell zur Unterscheidung von Mengentextschriften.

Tschicholds Klassen

Tschicholds Arbeit ist hauptsächlich eine der Abgrenzung, er differenziert die in der Literatur seiner Zeit gängigen Begriffsbestimmungen stärker aus, grenzt sie anhand konkreter formaler Attribute ab und verwirft »*unbrauchbar gewordene*« (ebd.: 74). Er »... *habe seit längerem an einer brauchbaren Terminologie der Schriftgruppen gearbeitet, und diese auch ... einzuführen versucht*« (ebd.: 74). Tschichold konzipiert ein analytisch monohierarchisches Klassenmodell. Die Klassendefinitionen sind in Textform festgehalten, exakt formuliert und werden zusätzlich in einem Graphen visualisiert. Als Bezeichnung wählt er die »Druckschriften römischen Ursprungs« (ebd.: 76). Sie enthalten die beiden Klassen *runde Schriften (römischer Form)* (T1) und *gebrochene Schriften* (T2). T1 und T2 bilden dabei abstrakte Oberklassen. Als Visualisierungsform wählt er, analog zu Warde, eine binäre Baumstruktur, die ein Vererbungsmodell darstellt. Jeder Knoten besitzt zwei Kind-Knoten, die Relationen sind nicht definiert. Die Endknoten (im Graphen rechts abgebildet) sind Schriftklassen, der Weg von Wurzelknoten zu Endknoten beschreibt jedoch eher Attributkombinationen als Klassen. Die Klasse T1 unterteilt Tschichold in »*1. die Familie der Schriften römischer Form mit* wechselnden *dicken und dünnen Strichen (Antiquaschriften) und 2. die Familie der Schriften, die aus* gleich starken *Strichen bestehen (Grotesk- und Egyptienne-Schriften)*« (Herv. i. O., ebd.: 75). T1.1 und T1.sind 2 zwei abstrakte Oberklassen: Die Klasse T1.1 mit Strichstärkenmodulation wird unterteilt in *die venezianischen Antiquaschriften* (T1.1.1), *die Gruppe der älteren Antiqua* (T1.1.2), *die Antiquaschriften des Übergangsstils* (T1.1.3) und *die Gruppe der jüngeren Antiqua* (T1.1.4). Dabei werden T1.1.3 und T1.1.4 durch einen Notationstrick auf die gleiche Ebene wie die anderen Klassen von T1 gehoben, sie werden im Graphen nach rechts verschoben dargestellt. Die im Graphen dargestellten »Zwischenknoten« oder abstrakten Oberklassen bilden dabei die Klassensignatur. Nach Tschicholds Verständnis schließen die meisten dieser Klassen kursive Schnitte nach gleichem Gestaltungsprinzip mit ein, Ausnahme bilden die venezianischen Antiquas[253] sowie die Egyptienne.[254] In seinem Diagramm werden die Klassen T1.1.1 bis T1.1.4 nach dem Attribut »Druck« unterschieden, wie Tschichold die Achsneigung bezeichnet. *Schräger Druck* ist dabei ein Attribut von T1.1.1 und T1.1.2, T1.1.3 wird vermittelter *senkrechter Druck* und T1.1.4 *unvermittelter senkrechter Druck* zugeschrieben. In Tschicholds Diagramm sind Klassen und Attribute gleichförmig nebeneinandergestellt. Es kann auch als Zusammenfassung aller vererbten Attribute in abstrakte Klassen gelesen werden. In einem Diagramm einheitlicher Breite fasst Tschichold alle Klassen mit ihren etablierenden Attributen zusammen. Dem Attribut *Ohne Endstriche*, als Unterklasse von *Mit gleichstarken Strichen* (T1.2), werden die Klassen *Grotesk* (T1.2.1) und *Grotesk-Kursiv* (T1.2.2) zugeordnet. Die Klasse *Egyptienne* (T1.2.3) hat nach Tschichold keine Kursiven, sie ist die letzte der *runden Schriften*. Die *gebrochenen Schriften*, T2, zerfallen nach *Rundgotisch* (T2.1), *Textur* (T2.2), *Schwabacher* (T2.3) und *Fraktur* (T2.4). Kursive und Verfallsschriften gebrochener Schriften werden in seiner Klassifikation nicht weiter berücksichtigt.

Klassensignaturen

Tschichold beschreibt seine Klassen anhand von Abbildungen historischer Schriftmuster, seine Merkmale orientieren sich an Prototypen, auf die er in der Definition der einzelnen Klassen Bezug nimmt. Die historische Referenz auf die Originalschrift(en) und deren Herkunft sind Tschichold wichtig, auch wenn alle seiner Klassen auf einer formalen Analyse beruhen. Die Klasse T1.1.1 bezieht sich auf Nikolaus Jensons Antiqua als »Urform« der venezianischen Antiqua.[255] Tschichold deutet als Hauptunterscheidungsmerkmal den schräg aufwärts laufenden Querstrich des kleinen e heraus. Die Gruppe T1.1.1 trägt den Duktus einer Breitfederschrift mit »*schräge[m] Druck*« (ebd.: 76), auf die visuelle Ausprägung

253 Zu den venezianischen Antiquas existieren keine Kursiv-Schnitte aus der Zeit zwischen 1470 und 1500. Erst deutlich später entstehende Nachschnitte werden zu Schriftfamilien zusammengefasst, die dann auch Kursive enthalten.

254 An dieser Stelle ignoriert Tschichold die zu seiner Zeit bereits verfügbaren kursiven Schnitte serifenbetonter Schriften.

255 Die Schrift Jensons zeige eine »*Abhängigkeit von der geschriebenen humanistischen Minuskel*«, unterscheide »*... sich aber im großen und ganzen nicht zu sehr von der wenig späteren Älteren Antiqua ...*« (Tschichold, 1951: 75). Ein zeitgenössischer »*schöne(r) Nachschnitt*« (ebd.: 76) sei die »Centaur« von Bruce Rogers.

dessen wird nicht weiter eingegangen.[256] *»Die Schnitte des 15. Jahrhunderts haben noch keine Kursiv ...«* (ebd.: 75f), erst die folgenden Gruppen T1.1.2 bis T1.2.1 werden ausdrücklich mit Kursiv geführt. Zeitlich ordnet er die T1.1.1 dem 15. Jahrhundert zu. Die Klasse T1.1.2 komme *»... ebenfalls von der geschriebenen Form her«* (ebd.: 76), der Querstrich des kleinen e liegt in den Schriften dieser Klasse waagerecht, die Versalformen *»verraten ... [ein] genaueres Studium der altrömischen Inschriften«* (ebd.: 76). Weitere Merkmale seien die schrägen, federkielartigen Ansätze der Buchstaben l, b, d, i, j, m, n und u und die leichten Rundungen der Serifen an der Überführung in den Grundstrich. Als Prototyp sieht Tschichold die *»unter dem* Namen Garamond *gehenden Nachschnitte, deren Mehrzahl indessen [...] die Antiqua Jean Jannons zugrunde liegt* [Herv. i. O., jop]« (ebd.: 77). Klasse T1.1.3 wird durch eine stärker werdende Modulation definiert und durch Veränderungen im Duktus: *»die Schrift wird etwas spitziger«* (ebd.: 77). Als Archetypen führt er die *»edle und ausdrucksvolle Janson«* von Stempel bzw. Linotype auf, sie zeige den *»... holländischen Stil des ausgehenden 17. Jahrhunderts«* (ebd.: 77). Die Klasse T1.1.3 bilde den Übergangsstil zwischen T1.1.2 und T1.1.4, die noch in Gruppe T1.1.2 typischen Ansätze *»sind weniger schräg, Rundungen weisen einen fast senkrechten Druck auf, und die Verstärkung der Bogen erfolgt etwas weniger plötzlich als in der Älteren Antiqua. Doch haben die Anschwellungen noch eine eingebogene Innenseite. Der Einfluss der Kupferstecher des 18. Jahrhunderts wird spürbar.«* (ebd.: 78) Als Prototypen nennt er die Schriften von Baskerville (1757) und Bell (1788). Bei der Klasse T1.4 seien *»... nahezu alle Erinnerungen an die ursprüngliche Breitfederform getilgt. Alle Schraffuren* [Serifen, jop] *liegen horizontal und sind dünne Strichlein, die sich scharf und ohne sanfte Innenkurve von den kräftigen Grundstrichen abheben. ... Der Druck der Rundungen ist genau senkrecht, unvermittelt, die Innenseite dieser Kurve ist eine Gerade.«* (ebd.: 78) Das Formprinzip ist geometrisch, der Rundungswinkel senkrecht, lediglich die Kursiv *»...behält noch einige handschriftliche Züge bei ... Es ist die kalte Schrift des Rationalismus.«* (ebd.: 78) Die Unterklassen von T1.2 werden nur prototypisch definiert. Tschichold beschreibt sie kaum näher, er schlägt für T1.2.1 lediglich den Begriff *Schraffenlose* vor, ihr erstes Auftreten datiert er auf 1832. T1.2.3 widmet er nur den Satz *»Die* Egyptienne *(seit etwa 1815) ist die dritte Gruppe dieser Schriften des beginnenden 19. Jahrhunderts,*

256 Tschichold schreibt für Leser mit einer typografischen Grundbildung, denen der charakteristische Duktus verschiedener Schreibwerkzeuge bekannt ist. Über das Verhältnis von Schreibwerkzeug und Schriftduktus, insb. über die Wirkung versch. Federarten, -haltungen und -winkel auf die Buchstabenform, vgl. z. B. Tschichold, 1942, oder sehr analytisch Noordzij, 1991 und 2000.

die schon 1825 von Hansard in seiner Typografica *als ›typographical monstrosities‹ bezeichnet wurden.« (*Herv. i. O., jop, ebd.: 79) Die Kursiven, die er mit Ausnahme der Grotesk zu den jeweiligen Klassen hinzuzählt, stünden *»stets der Grundform nahe, entlehn[en] der Handschrift aber stets mindestens die Formen* a *und* e« (ebd.: 79). Diese Formen zeichneten sie, abgesehen von einer geringeren Weite und der Schräglage, aus. Das erste Erscheinen von Kursivschriften datiert Tschichold auf 1540. Die Oberklasse T2 wird in die Gruppen *Rundgotisch* (T2.1), *Textur* (T2.2), *Schwabacher* (T2.3) und *Fraktur* (T2.4) unterteilt. T2.1 bis T2.3 ordnet er dem gotischen Stil zu, *»...die* Fraktur *(1513) ist eine Schöpfung der deutschen Renaissance.«* (Herv. i. O., ebd.: 79) Der Klasse T2.2 wird die Gutenberg-Textur zugeordnet, in ihr *»... sind alle Rundungen gebrochen.«* (ebd.: 80). Klasse T2.1, *»Die* Rundgotisch*, eine Schrift italienischer Prägung, geht nicht so weit, und läßt diese Rundungen ungebrochen; doch sind zumindest die oberen Rundungen des n und verwandter Formen gebrochen ...* [Herv. i. O.]« (ebd.: 80). Klasse T2.3 entstamme der spätgotischen Verkehrsschrift, habe selbst ein rundes a und d, *»... aber alle Formen spitziger als in der Rundgotisch. Charakteristisch sind das oben rechts gekreuzte g und das s ...«* (ebd.: 80). In Klasse T2.4 *»... sind die beidseitig runden Buchstaben der Schwabacher halb rund, halb gebrochen ...«* (ebd.: 80).

Attribute

Tschichold unterscheidet die Schriften nach den Faktoren durchgehende oder gebrochene Linienführung, Modulation, Winkelung der Buchstabenachsen, An- (oder Ab-)wesenheit von Serifen und Serifenformen, Ort und Zeit des ersten Erscheinens, Anwesenheit von Kursiv-Schnitten derselben Schriftfamilie, Ansätze bestimmter Buchstaben, Ausformung von Spitzen und Rundung bestimmter Buchstabenelemente. Darüber hinaus nennt er »Ursprungsschriften«, historische Beispiele, an denen sich zeitgenössische Nachschnitte orientieren. Tschichold legt Wert auf die historische Herleitung seiner Klassen, so entsprechen z. B. T1.1.1 genau »Old Style« von Warde (1935: o. p.); oder T1.1.2 den Seiten 160ff in Updike, 1922. Trotz des historischen Bezugs formuliert Tschichold die Klassensignaturen seiner Grundklassen über nur ausgewählte, einzelne Attribute; er formuliert klare Grenzen, Ausschlusskriterien. Im begleitenden Text weist er auf einige ergänzende Attribute hin, ohne sie dabei klassifikationsrelevant zu machen, z. B. stellt er bei allen Klassen historische Personen und Formbezüge zwischen verschiedenen Schriften her oder Besonderheiten der Serifenansätze bei den Antiquaschriften des Übergangs.

Struktur

Die Signaturen von T1 lassen sich in einer Tabelle (vgl. Tabelle 3) abbilden. Es gelingt Tschichold, binäre Attribute zur Definition der Klassen zu bestimmen. So verfügen alle Klassen, abgesehen von den beiden Grotesk-Klassen T1.2.1 und T1.2.2, deren Kursive eine eigene Klasse bilden, über eine eindeutige Signatur. Fasst man diese beiden zusammen (analog zu T1.1.2 bis T1.1.4), können die Klassen in einer Baumstruktur abgebildet werden (vgl. Abb. 3, S. 70). Jedes signaturrelevante Attribut in T1 ist binär.[257] Jede Signatur ist damit extrem knapp formuliert. Er konzipiert konsequent ein Vererbungsmuster und definiert seine Klassensignaturen ökonomisch und redundanzfrei. Einzig die Klassen T1.2.1 und T1.2.2 stellen hier eine Ausnahme dar, die Kursiven aller anderen Klassen sind dort integriert.[258] Tschichold gelingt es, die runden Schriften T1 in einen binären Baum abzubilden. Sein Konzept der Genese der Schriftform durchzieht seine Struktur, besonders in den Klassen T1, deutlich.

T2.1 bis T2.4 werden mit historischen Namen bezeichnet. Die Definitionen der Einzelklassen sind weniger exakt als in T1, Tschichold zeigt auf Abbildungen im Text charakteristische Schriftmuster. So lauten die Eigenschaften der Klasse 2.1 beispielsweise *»Ansätze in i, n, m gebrochen, Rundungen wie karolingische Minuskel, Neigung zur Brechung, ohne scharfe Spitzen«*, zu Klasse 2.2 *»fast alle Teile der Gemeinen gebrochen«* (Tschichold, 1952: 76). Zur Klassendefinition werden eines oder mehrere Attribute in Kombination verwendet. Die Klassenstruktur von T2 ist linear, er definiert prototypisch.

Kritik

Tschicholds *Neue Klassifizierung der Buchdruckschriften* ist richtungsweisend für den deutschsprachigen Raum, obwohl sie durch ihre Fokussierung auf Mengentextschriften nicht als umfassendes Orientierungs- oder Sortierungssystem angelegt ist. Er ignoriert ähnlich wie Warde alle Schriften, die für ihn nicht als Textschriften in einem Buch denkbar sind, und lässt damit einen zumindest quantitativ wesentlichen Bestandteil des Angebots seiner Zeit außer Acht. Als einer

---

257 Dieses Merkmal seiner Klassifikation scheint zunächst trivial. Die Analyse anderer Ansätze wird jedoch zeigen, dass Tschichold eines der wenigen formal-logisch konsistenten Modelle entwirft. Der Klassifizierungsvorgang lässt sich durch eine Folge von Ja-Nein-Entscheidungen abbilden, die Fragenfolge kann aus dem Klassifikationsgraphen abgelesen werden.

258 Diese Stelle ist eine Inkonsistenz in Tschicholds System, im Text geht er nicht weiter auf sie ein.

Schriftklasse Attribut	Modulation	ohne Modulation	schräges kl. e	schräger Druck	verm. senkr. Druck	Unverm. senkr. Druck	Serifen	serifenlos
T1.1 Venezianische Antiqua	X		X	X			X	
T1.2 Ältere Antiqua mit Kursiv	X			X			X	
T1.3 A. des Übergangsstils, mit Kursiv	X				X		X	
T1.4 Jüngere Antiqua, mit Kursiv	X					X	X	
T1.5 Grotesk		X						X
T1.6 Grotesk-Kursiv		X						X
T1.7 Egyptienne		X					X	

Tabelle 3 *Tschicholds Definitionen sind eindeutig und atomar. Abgesehen von den serifenlosen Schriften, welche mit »Grotesk« und »Grotesk-Kursiv« als zwei Klassen dargestellt werden, die sich eine Definition teilen, ist jede Attributkombination einmalig, keines der Attribute ist für die Definition verzichtbar.*

der wenigen unterteilt er die gebrochenen Schriften in vier Klassen, auch wenn diese nicht die Trennschärfe der Antiqua-Klassen erreichen.[259] Bemerkenswert ist die Mischung zweier epistemischer Ordnungen in einem System. Während T1 als binärer Baum in eine formal-logische Struktur überführbar ist und anhand von gemeinsamen und unterschiedlichen Ausprägungen der Attribute verargumentiert wird, verbleibt T2 prototypisch, Tschichold nennt die Besonderheiten der jeweiligen Klassen. Ein Grund dafür ist u.a. in der Definitionsökonomie zu

259 Die für Tschicholds Verhältnisse nachlässige Beschreibung (T2) wird kombiniert mit sich deutlich unterscheidenden Schriftmustern, er verlässt sich hier auf die Abbildungen. Er beschreibt vier disjunkte Klassen, die sich keines der aufgeführten Attribute teilen. Die unscharfen Klassensignaturen erschweren die Zuordnung. Die Abbildung charakteristischer Schriften für jede Klasse sprechen hier deutlicher als der Text bzw. die Klassifikationstabelle (T2). Dass Tschichold bei den gebrochenen Schriften auf eine formalisierbare Definition verzichtet, ist vermutlich darauf zurückzuführen, dass die vier Klassen durch ihre großen Unterschiede viel ökonomischer über ihre jeweilige Besonderheit zu beschreiben sind als über eine Menge von kon- und disjunkten Attributen.

vermuten. Die Gemeinsamkeiten in T2 zu definieren scheint deutlich schwieriger, als die visuell evidenten Unterschiede zu skizzieren. In Anbetracht seines engen Fokus ist Tschicholds Modell verhältnismäßig komplex, sein Modell und insbesondere seine Struktur bereiten die DIN 16518 vor.

5.1.5 Vox, ATypI und BS 2961

Das 1954 von Maximilien Vox veröffentlichte Schriftklassifikationssystem *Pour une nouvelle classification des caractères,*[260] manchmal auch als *Classification de Lure*[261] bezeichnet, wird von vielen nationalen Standardisierungsorganisationen adaptiert, darunter die der ATypI, Großbritanniens, Spaniens, Portugals und der Niederlande. In dieser Hinsicht ist es das bislang erfolgreichste Konzept zur Schriftklassifikation. Dies ist zum einen den regen internationalen Koordinationsbemühungen Vox' zu verdanken, andererseits der abstrakten und offenen Formulierung seiner Klassen, die er durch assoziative, fast poetische Beschreibungen ergänzt.[262] »*Vox's mere ›working proposition‹ was, however, to provide a focus for classificatory ideas like no other system before. Widely accepted as it stood, by 1957 it had been adopted on the continent in new type specimen books ...*« (Dixon, 2001: 2·23). Vox' ursprüngliche Klassifikation wird von anderen Institutionen um zwei Klassen ergänzt und ist in dieser Form international dominant. In der Folge werden kurz Vox und seine Verständnis von Klassifikation behandelt sowie die Adaption der ATypI, um dann eingehender den British Standard zu analysieren.

Vox

Vox definiert sein System zunächst mit zehn, später neun Klassen. Sein Ansatz zielt auf die Definition von Begriffen für den Einsatz in der Lehre ab. Er sieht

---

260 Vox stellt sein System in einer Publikation der *»Rencontres Internationales Graphique«* vor, eine 16-seitige, nicht paginierte Broschüre in französischer und englischer Sprache, herausgegeben von der École Estienne Paris. Hier wird eine Fassung des Beilegers von 1954 aus der Universitätsbibliothek Amsterdam verwendet, vermutlich eine Begleitpublikation zu einem Vortrag. Ihr liegt, neben anderer grauer Literatur, die den »Rencontres« zuzuordnen sind, ein Brief bei, der auf Vox' Vorträge im selben Jahr auf einem Seminar des Grafischen Instituts Stockholm, dem »Fomento« Kongress in Barcelona, eines Panels der »Compaignie des Chefs de Fabrication« sowie die »Biennale de l'Imprimerie« in Paris hinweist.

261 Das Modell wurde u. a. auf den *»Rencontres Internationales Graphique«*, später *»Rencontres de Lure«* im Ort Lure in der Haute Provence, Frankreich vorgestellt.

262 Vox bezeichnet beispielsweise die *Didones* (vergleichbar mit DIN4) als *Huldigung an die Göttin Vernunft*, die Réales als zugleich *rational et réaliste* (vgl. Schauer, 1975: 47).

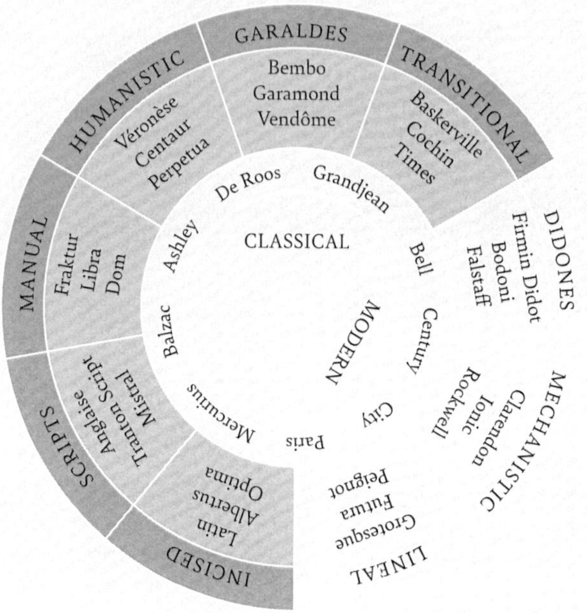

Abbildung 16 *Schriftenkreis von Vox' Schema nach Haralambous (vgl. 2007: 409), dort sind die Schriftnamen in den jeweiligen Schriften gesetzt. Im Bild wird eine Dreiteilung der Schriften in »classical«, »modern« und eine dritte, unbenannte Gruppe angedeutet. Diese Teilung ist von Vox nicht vorgesehen. Was Haralambous in einem Kreis darstellt, ist bei Vox eine Matrix, einige der Nachbarschaften sind als zeitliche Referenz zu lesen.*

die Klassifikation als *Sprachinstrument* zum besseren Verständnis von Schrift und Schriftform.[263] Dabei legt er großen Wert auf die einfache Übersetzbarkeit bzw. Übernahme seiner Begriffe in andere Sprachen,[264] Vox Ansatz ist als Sprachinnovation zu verstehen. Die Konzentration auf Sprache soll das Lernen von und Erinnern an sein System erleichtern. Er konzipiert linear und ohne definierte Klassenrelationen, um fortgeschrittenen Klassifiziererinnen bei Klassifikationsproblemen durch die Kombination von Klassenbezeichnungen weitere Differen-

263 Vgl. a. Dixon, 2001: 2·20.

264 *»Easy to transpose in English, Italian, Spanish, without loosing their form, barely their sound; adjectives and substantives at the same time, ...«* (Vox 1954: o. P.)

zierungsmöglichkeiten zu bieten.[265] In den späterem Adaptionen ist diese Logik zwar angelegt, er wirkt aber peripher und wird nicht durch weitere Mechanismen wie z. B. eine sequenzielle Notation unterstützt. Vox' System wendet sich an typografische Fachkräfte, seine Terminologie, die historischen Bezüge und Komposita aus Schriftgestalternamen sind ohne Hintergrundwissen kaum verständlich.[266] Sie ist ein Sprachspiel,[267] deren Ziel es ist, Begriffe zur Beschreibung der Schriftform zu etablieren. Der Text bezieht sich konkret auf bestimmte Schriftgestalter, Schriftarten und Epochen. Er klassifiziert Schriftfamilien, merkt aber an, dass zusätzliche Begriffe zur Beschreibung einzelner Schriftschnitte noch definiert und etabliert werden müssen. Bemerkenswert ist, dass der gesamte Text, abgesehen von einer Darstellung der Hauptklassen in jeweils passenden Schriftarten im Umschlag, *völlig ohne Schriftmuster oder Abbildungen* auskommt. Vox' Struktur ist dynamisch angelegt, dennoch denkt er prototypisch, entlang von konkreten und im Text benannten Beispielen. Er definiert keine exakten Signaturen für seine Klassen, sie bleiben offen und inklusiv.

ATypI

Die *Association Typographique Internationale* akzeptiert den um zwei Klassen erweiterten Vox-Standard 1960.[268] Ergänzt wurden zur Kompatibilität mit internationalen Normen zwei Klassen, eine für gebrochene Schriften[269] und eine für alle fremden Aufschreibesysteme. In der Literatur wird er häufig mit *Vox-ATypI* bezeichnet.

---

265 Vox erläutert die Kombinierbarkeit von Klassenbezeichnungen an Beispielen wie die Peignot (eine stark modulierte Serifenlose Schrift der späten 1930er Jahre), die er als *»Simplice«* und *»Reale«* mit Tendenz zu *»Medieve«* klassifiziert.

266 Ausführlich untersucht Dixon das Konzept und die Wirkung von Vox' Klassifikation (vgl. Dixon, 2001: 2·19ff).

267 Vox' verwendet Sprache spielerisch, er glaubt an ihre sinnstiftende Kraft: *»Try it. It becomes a fascinating game. … And what a teaching value!«* (Vox 1954: o. P.)

268 Schauer datiert die Anerkennung der ATypI auf April 1960 (Schauer, 1975: 51), Dixon auf 1962 (Dixon, 2001: 2·27).

269 Vox hat in seinem System keine Klasse für gebrochene Schriften vorgesehen. Es ist möglich, dass er, aus Frankreich stammend, sie vernachlässigt hat – sie spielten im Druckwesen Frankreichs eine untergeordnete Rolle –, oder sie den Handschriften zuordnete (vgl. Abb. 16). Schauer sieht die Konsequenz von Vox' Orientierung an historischen Epochen in der Integration der gebrochenen Schriften in die jeweiligen stilistisch definierten Klassen. Die ATypI verortet sie in einer eigenen Klasse *Blackletter.*

British Standard
Die *British Standards Institution* veröffentlicht im Jahr 1967 die Norm *BS 2961* unter dem Titel *Typeface Nomenclature and Classification*. Die erste Version des BS 2961 erschien 1958 und enthielt keine Schriftklassifikation, die *first revision* von 1967 ist die bisher einzige. Sie enthält zwei Teile, *Nomenclature* enthält Definitionen typografischer Fachbegriffe wie *ascender, descender, face* oder *counter*. Der zweite, *Classification*, ist hier relevant. Der BS 2961, dem Vox-ATypI-System sehr ähnlich, ist *die* Referenz für Schriftklassifikationen im englischsprachigen Raum.[270]

Fokus des BS 2961
Die Norm, das Kondensat der internationalen Klassifikationsbemühungen, wurde vom *Printing, Stationery and Allied Trades Commitee* für Großbritannien entwickelt. Sie dient hauptsächlich der Normierung von typografischen und drucktechnischen Begriffen. Die Klassifikation gilt für Druckschriften und zielt auf Sprachnormierung ab, sie soll »*... discussions between typeface designers and printers, printers and print-buyers and teachers of typography and their students*« (BS 2961, 1967:5) ermöglichen. Die Norm ist absichtsvoll offen formuliert, nicht bebildert und wird durch nur wenige Schriftnamen ergänzt.

Klassen und Klassensignaturen
Der BS 2961 definiert neun Klassen. Die Klassendefinitionen bestehen aus wenigen Sätzen, manchmal durch Anmerkungen ergänzt. Zu jeder Klasse werden drei bis fünf Beispielschriften genannt. Vox' Klassenbezeichnungen stellt der BS etwas unvermittelt eine römische Ziffer voran. Die Klasse *I Humanist* (BS1) wird in der Anmerkung auf die *Venetian* des 15. Jahrhunderts mit Breitfedercharakter bezogen. Als Attribute werden definiert ein schräger Querstrich des e, deutliche Linksneigung der Schriftachse, geringer Strichstärkenkontrast, gekehlte Serifen und schräge Serifenansätze in den Oberlängen der Kleinbuchstaben. Die Bezeichnung der zweiten Klasse *II Garaldes* (BS2) ist ein Wortspiel aus *Garamond*

270 Als Teil der British Standards ist sie Teil eines auch juristisch wirksamen Normengeflechts. Ihren Zwillingsschwestern, den Klassifikationen von Vox und der ATypI, fehlt diese Wirkkraft, sie sind zwar praktisch identisch, werden jedoch nicht so breit rezipiert wie BS 2961. Dazu Dixon: »*And while it may seem strange to have turned to a classification then nearly 30 years old, the BS was technically still ›current‹ (revision of this standard was scheduled for 1981 but postponed) and, along with the Vox system* (Vox 1954, jop) *from which it is derived, typical and very much still in circulation in the UK*« (Dixon[2], 21).

und *Aldine.*[271] Sie werden über ihre linksgeneigte Schriftachse, stärkere Modulation, gekehlte Serifen, einen horizontalen e-Strich und schräge Serifenansätze in den Oberlängen der Kleinbuchstaben bestimmt. Die Anmerkung nennt als frühere Bezeichnungen *Old Face* oder *Old Style,* in Anlehnung an Warde. Schriften der Klasse *III Transitional* (BS3) weisen eine horizontale Schriftachse oder eine leichte Linksneigung auf, haben gekehlte Serifen und schräge Serifenansätze in den Oberlängen der Kleinbuchstaben. Sie werden als Übergangsform zwischen BS2 und BS4 bezeichnet. Letztere, *IV Didones* (BS4), sind Schriften mit starker Modulation, vertikaler Schriftachse, horizontalen Serifenansätzen und häufig ungekehlten Serifen. Die Klassenbezeichnung setzt sich aus Bodoni und Didot[272] zusammen, die englische Bezeichnung lautet *Modern.* Die Klasse *V Slab Serif* (BS5) hat die kürzeste Definition, starke Serifen mit rechtwinkligen Enden und rechtwinkligen oder gekehlten Serifensansätzen. *VI Lineale* (BS6) ist eine abstrakte Klasse für serifenlose Schriften. Ihr sind vier Unterklassen zugeordnet. Die erste bezeichnet *a Grotesque* (BS6.1), frühe Serifenlose des 19. Jahrhunderts, die etwas moduliert sind und nach innen gebogene, eng ansitzende »Kiefer«[273] aufweisen. Der Abstrich des R ist normalerweise gebogen, das G mit Querstrich, gebogene Striche enden normalerweise horizontal. Die *b Neo-grotesque* (BS6.2) leiten sich aus BS6.1 ab, sind weniger moduliert und *»more regular in design«*[274]. Die Kiefer sind weiter geöffnet als in BS6.1, das g hat eine Schlaufe (anstelle eines doppelstöckigen g), geschwungene Linien enden normalerweise schräg. Die Formen der

---

271 Claude Garamond (*1499, †1561) und Aldus Manutius (*1449, †1515) gehören zu den einflussreichsten Schriftgestaltern nach Gutenberg und werden als Urväter der Antiqua betrachtet. Manutius' charakteristische Schriften werden wie seine Bücher *Aldines* genannt. Noch heute finden Schriften, deren Formen auf Garamond oder Manutius zurückgehen, sehr breit Anwendung.

272 Giambattista Bodoni (*1740, †1813) und François Ambroise Didot (*1730, †1804) entwickeln unabhängig voneinander in Italien und Frankreich einen Schriftstil, der heute als klassizistische Antiqua bezeichnet wird (DIN4). Die *Didot* bzw. *Bodoni* dominieren die europäischen Druckwerke im frühen 19. Jahrhundert und werden bis heute verwendet.

273 Paarig aufeinandertreffende Strichenden, z. B. bei c, die eine Art Klammer ergeben, werden i. O. als *jaws* bezeichnet. Der Begriff ist weder in der englischen noch der deutschen Literatur gängig, sodass er hier auch in seiner deutschen Absonderlichkeit stehen soll.

274 Die Klasse BS6 ist insgesamt nur ungenau umrissen, *neo-grotesque* ist an Unschärfe nicht zu überbieten. Schon die Steigerung des Normalen, *more regular,* ist kaum zu interpretieren. Die Schwankungsbreite der möglichen und sinnvollen Übersetzungen ist groß, sie könnte »regelmäßigere Gestaltung«, »normalerer Aufbau« bis hin zu »gewöhnlicheres Äußeres« bedeuten, daher wurde hier auf eine Übersetzung verzichtet.

c Geometric (BS6.3) werden aus den Grundformen Kreis oder Rechteck hergeleitet, sie sind meistens nicht moduliert und haben ein einstöckiges a. Schriften der Gruppe *d Humanist* (BS6.4) basieren auf den Proportionen römischer Versal-Inschriften und den Kleinbuchstaben von BS2. Sie sind wenig moduliert und doppelstöckig in g und a. Die Klasse *VII Glyphic* (BS7) besteht aus Schriften mit gemeißelten, nicht kalligrafischen Formen, während *VIII Script* (BS8) Schriften umfasst, die Handschrift imitieren. Die letzte Klasse *IX Graphic* (BS9) bezeichnet alle Schriften, deren Buchstaben eher gemalt oder gezeichnet als geschrieben wurden.[275]

Attribute

Im British Standard wird in den Anmerkungen Bezug auf traditionelle Begriffe genommen, die Neologismen verweisen ebenfalls auf Typografen Bekanntes. Die Attribute unterscheiden anhand einzelner Buchstabenmerkmale und mikrotypografischer Kriterien wie Achsneigung, der BS orientiert sich am Kanon und tradiert ihn weiter. Wichtigste, aber nicht ausschließliche Orientierungspunkte sind Serifenform und -ansatz. Im BS wird konsequent auf historisch-geografische Bezeichnungen verzichtet. Er bietet eine prototypische Orientierung für diejenigen, die mit den erhaltenen Schriftnamen eine konkrete Form verbinden können.

Struktur

Der BS 2961 ist als Monohierarchie konzipiert und notiert. Die Klasse BS6 ist abstrakt und hat vier Unterklassen. Während die Klassen BS7 bis BS9 separat definiert sind, könnten die Klassen BS1 bis BS4 als hierarchisch gedeutet werden. Die alternierenden Attributwerte könnten als Vererbungsstruktur gedacht sein, weder Notation noch Text geben genauen Aufschluss. Zusammen mit den Klassen BS6.1 bis BS6.4 ist der BS 2961 ein zweistufig monohierarchisches System. Die Anmerkung unter der nur zweiseitigen Klassentabelle deutet darauf hin, dass die Norm nicht als strikte Klassifikation gedacht ist. Dort wird auf die Schwierigkeit der eindeutigen Klassenzuordnung hingewiesen und vorgeschlagen: »*In cases of difficulty the use of a compound term, e.g. humanist/geralde, is suggested.*« (BS 1967: 11)

275 Die Beschreibung ist mehr als vage, zu vermuten ist hier die Trennung zwischen den englischen Begriffen *lettering* (Beschriftung; eher formell, groß) zur Klasse BS9 und *script* (von Hand geschrieben; eher informell, klein) zu BS8, welche schwer ins Deutsche zu übersetzen sind.

Damit wäre eine Polyhierarchie möglich und der BS, versteckt in den Anmerkungen, analog zu Vox' ursprünglichem Konzept als paradigmatisches System[276] konzipiert.

Kritik
Die Ansätze von Vox, der DIN und des BS werden in 5.1.6 besprochen.

5.1.6 DIN 16518

Das *Deutsche Institut für Normung* veröffentlicht 1964[277] die *DIN 16518* unter dem Titel *Klassifikation der Schriften*. Sie gilt für die BRD, die Norm der DDR wird 1962 praktisch gleichlautend verabschiedet (vgl. Schauer, 1975: 52f). Entgegen der Darstellungen insbesondere in neuerer Literatur ist die DIN 16518 nach ihrem eigenen Selbstverständnis eher eine grobe Richtlinie, deren Terminologie sich an die (inzwischen) etablierten internationalen Standards anlehnt.[278] In der Fassung von 1964 ist sie die Standardreferenz für alle deutschsprachigen Publikationen zum Thema Schriftklassifikation. Ein Reformversuch in den späten 1990er Jahren scheiterte, sodass die alte Fassung noch »in Kraft« ist.[279] Ziel der Reform war eine Anpassung der DIN an aktuelle Bedürfnisse, die stark angewachsene Anzahl typografischer Schriften und die Internationalisierung des Schriftenmarktes hatten diese Bemühungen ausgelöst.

Fokus
Die Norm beginnt mit der Formulierung eines *»1. Zweck. Durch die Klassifikation soll erreicht werden, daß die bisherige Unsicherheit in der Benennung der Schriftgruppen*

---

276 Da der BS lediglich der Begriffsdefinition dienen sollte und ein Adressierungssystem nicht im Vordergrund der Überlegungen stand, ist dieser Vorschlag eher als Erleichterung für den Anwender zu sehen, weniger als strukturelle Innovation. Dennoch ist die Mehrdimensionalität durch Vox von vornherein konzipiert und scheint im BS noch durch.

277 Einen detaillierten Einblick in die Zusammensetzung des NAGRA (»Normenausschuss für das grafische Gewerbe«) und das Zustandekommen eines Konsens gibt Schauer, 1975: 75ff.

278 Die Vorschläge zur DIN, die während der Erarbeitungsphase publiziert wurden, waren begrifflich teilweise ähnlich. Die DIN 16518 wurde dann an den Ansatz der ATypI/Vox angeglichen und in elf Gruppen unterteilt. Mit Ausnahme der nur in Deutschland eingeführten Gruppe 11 (DIN Notation XI), welche nochmals in vier Klassen unterteilt ist, sind die anderen Gruppen nicht hierarchisiert. Die Vorversionen sahen eine monohierarchische Struktur mit drei Hauptklassen und 17 Unterklassen vor, von denen einzelne nochmals in bis zu vier Klassen differenziert wurden. (vgl. Mosley, 1960: 94)

279 Auf welche Art und Weise eine Norm »Kraft ausüben« kann, wird in u. a. in Kapitel 8.1 betrachtet.

beseitigt und damit die Grundlage für eine einheitliche Schriftenordnung geschaffen wird. Den Druckereien und ihren Kunden wird die Auswahl der Schriften erleichtert und den Schulen eine Unterstützung für den Unterricht gegeben.« (DIN 1658: 1) Das Anwendungsgebiet im grafischen Gewerbe, die Funktion der begrifflichen Normierung sowie die Orientierung für die Berufsausbildung sind klar benannt.[280] Die Norm hat lediglich Richtliniencharakter, sie ist offen und wenig dogmatisch formuliert. Unter »Schrift« werden in der DIN Druckschriften subsumiert, zum Zeitpunkt ihres Erscheinens bezog sich der Begriff auf Schriften für Blei-, aber auch Fotosatz.

Klassen und Klassensignaturen

Die DIN 16518 definiert zehn Klassen, die sie als Schriftgruppen bezeichnet und mit römischen Zahlen durchnummeriert. Die Gruppen sind mit jeweils einer Schrift bebildert, zusätzlich werden weitere Schriftnamen als Beispiele aufgeführt. Die eigentlichen Definitionen der Klassen sind sehr knapp gehalten und befinden sich als Anmerkungen [sic!] unter den jeweiligen Bildern. Diese Klassensignaturen sind mit Ausnahme der Klasse DIN10 als notwendige und hinreichende Kriterien formuliert, Klassen und Klassensignaturen werden daher gleichzeitig analysiert. Die Klassendefinitionen sind narrativ, manche Attribute werden vererbt, die Werte »bauen aufeinander auf«.[281] Die Gruppe I, *Venezianische Renaissance-Antiqua* (DIN1), wird schrifthistorisch auf die *»humanistische Minuskel des 15. Jahrhunderts«* sowie *»schräg angesetzte Bandfeder im Wechselzug«* bezogen. Weitere Merkmale sind eine nicht sehr verschiedene Strichstärke, Achsneigung nach links, wenig ausgerundete Serifen, doppelte Kopfserifen bei M und N sowie ein schräger Querstrich des e. Die Gruppe II, *Französische Renaissance-Antiqua* (DIN2), *»gleicht ihrer Herkunft nach wie auch in den Eigenschaften«* der DIN1, weist stärkere

280 Der »Gültigkeitsbereich« ist darüber hinaus im Kontext der DIN-Publikationen festgelegt, die DIN 16158 ist, neben der Veröffentlichung als einzelne Norm, im *DIN-Taschenbuch 367. Normen für die Druck- und Medienindustrie* enthalten. (DIN, 2005).

281 Die DIN ist implizit mit einem Vererbungsmuster ausgestattet, das Attribute mancher, aber nicht aller Klassen miteinander verknüpft. Diese Vererbungsstruktur folgt der Hierarchisierung der Vorversion (vgl. Mosley, 1960: 94), die sich an Tschichold: 1951 anlehnt. Sie ist aber weder textlich noch visuell aus den Definitionen ersichtlich. Die redundanzminimierende Definition könnte als Rudiment der Vorgängermodelle interpretiert werden. So wird beispielsweise die Strichstärkenmodulation als alternierender Wert behandelt. Bei Gruppe I ist sie definiert als »nicht sehr verschieden«, bei Gruppe II als »größere Unterschiede« und bei Gruppe III als »stärkere Unterschiede als [Gruppe II, jop]«. Ähnlich werden die Achsneigung und die Ausrundung der Serifen behandelt. (vgl. DIN 16518, 1964: 1).

Modulation sowie einen waagerechten Querstrich des e auf. Die *Barock-Antiqua*, Gruppe III (DIN3), »*steht unter dem Einfluss der Kupferstecher-Schriften.*« Sie ist stärker moduliert als DIN2, hat wenig oder gar nicht ausgerundete Serifen und eine fast senkrechte Schriftachse. »*In der Regel sind die Serifen der Kleinbuchstaben oben schräg, unten aber waagerecht angesetzt.*« Gruppe IV, *Klassizistische Antiqua* (DIN4), »*steht den Kupferstecher-Schriften besonders nahe.*« Die Serifen sind waagerecht, der Serifenansatz kaum ausgerundet oder winklig, die Schriftachse steht senkrecht, die Modulation ist stark. Die Schriften der Gruppe 5, *Serifenbetonte Linear-Antiqua* (DIN5), sind fast nicht moduliert oder »*optisch einheitlich (linear)*« und weisen eine »*mehr oder weniger starke, aber immer auffallende Betonung der Serifen*« auf. Der Gruppe VI, *Serifenlose Linear-Antiqua* (DIN6), gehören ausdrücklich modulierte oder nicht modulierte Schriften an, die keine Serifen aufweisen. Die Gruppe VII, *Antiqua-Varianten* (DIN7), bildet ein Sammelbecken für Ausnahmen, die den anderen Gruppen aufgrund ihrer Strichführung nicht zugeordnet werden können. »*Den Kern dieser Gruppe bilden Versalschriften für dekorative und monumentale Zwecke.*« Die Gruppe VIII, besteht aus *Schreibschriften* (DIN8), solche »*nennt man die zur Drucktype gewordenen »lateinischen« Schul- und Kanzleischriften.*« Die Gruppe IX, *Handschriftliche Antiqua* (DIN9), dagegen umfasst Schriften, die »*von der Antiqua oder deren Kursiv herkommend – das Alphabet in einer persönlichen Weise handschriftlich abwandeln*«. Die Gruppe X, *Gebrochene Schriften* (DIN10), wird in vier Untergruppen geteilt. Die Gruppe Xa, *Gotisch* (DIN10.1) wird auf das Vorbild der schmallaufenden Textur des 15. Jhdts. bezogen sowie auf deren spätere, breitere Formen. Die Grundstriche von DIN10.1 sind gebrochen, Buchstabenanfänge und -enden sind würfelförmig, die Schrift ist »*eng und hochstrebend*«. Gruppe Xb bezeichnet die *Rundgotisch* (DIN10.2) und wird auf die »*Rotunda der Frühdruckzeit*« bezogen. »*Die gebrochenen Formen der Gotisch sind hier in herben Rundungen abgefangen; Anfänge und Enden zeigen keine Würfelform.*« Die Gruppe Xc, *Schwabacher* (DIN10.3), bezieht sich auf breitlaufende, volkstümliche Schriften des 15. Jahrhunderts. »*Typisch ist der kräftige Querstrich des Kleinbuchstaben g.*« Gruppe Xd, *Fraktur* (DIN10.4), bezeichnet »*...aus dem Kulturkreis Maximilians I. hervorgegangene Werkschrift*« mit »*schwungvollen Großbuchstaben sowie – überwiegend schmale*[n] *Kleinbuchstaben – mit gegabelten Oberlängen bei b, h, k und l.*« Der Gruppe Xe, *Frakturvarianten* (DIN10.5), gehören alle gebrochenen Schriften an, die aufgrund ihrer Strichführung nicht den Gruppen DIN10.1 bis DIN10.4 angehören. Gruppe

XI, *Fremde Schriften* (DIN11), bezeichnet mit Schriften »*nicht-römischen Ursprungs*« alle Schriften »fremder« Aufschreibesysteme und Bilderschriften.

Attribute
Die DIN 16518 unterscheidet hauptsächlich über die Ausformung der Serifen, Achsneigung und Modulation. Sie stellt Bezüge zu historischen Epochen und mit ihnen assoziierten Schreibwerkzeugen her. Zur Unterscheidung werden historische, formale und situationale Attribute verwendet.

Struktur
Der visuellen und textlichen Präsentation nach ist die DIN 16518 eindimensional strukturiert. Die Klassenbezeichnungen lassen vermuten, dass sie als hierarchisches Modell, ähnlich dem von Tschichold, gedacht ist. Das Vererbungsmodell der alternierenden Werte von z. B. Achsneigung und Serifenansatz bestärkt diesen Schluss. Die Klassen DIN10.1 bis DIN10.5 sind hierarchisiert, ihre gemeinsame, abstrakte Oberklasse DIN10 ist außer durch ihre Bezeichnung nicht spezifiziert. Die DIN 16518 ist als einfaches, monohierarchisches Modell konzipiert, auch wenn die Notation es nicht abbildet.

Kritik DIN, Vox, BS
Es gelingt den internationalen Normen, die Textschriften auf verbaler Ebene zu erfassen, international vergleichbare Begriffe und Klassen zu etablieren. Die DIN ist insgesamt konzeptionell geschlossen, wenn auch unterkomplex. Sie erreicht zwar, die für den deutschen Sprachraum historisch wichtigen gebrochenen Schriften zumindest zu benennen, die Klassen DIN10.1 bis DIN10.5 sind jedoch wie auch schon bei Tschichold nachlässig definiert. Den »abnormen« Schriften, den Zier- oder Headline-Schriften wird sie insofern gerecht, als eigene Klassen für handschriftähnliche Typen definiert und Sammelklassen für alle Ausnahmen eingerichtet werden. Dennoch sind diese bereits zum Zeitpunkt des Inkrafttretens der Normen quantitativ überrepräsentiert. Die Gruppen DIN1 und DIN2 differenzieren sehr ähnliche Schriften (einzig wesentliches Unterscheidungsmerkmal ist der Querstrich des kleinen e), während die bereits vor ihrer Veröffentlichung beginnende Ausdifferenzierung der Grotesk unberücksichtigt bleibt. Die Referenz auf die Epochen »Renaissance«, »Barock« und »Klassizismus« (DIN1 bis DIN4) ist als rein zeitliche Eingrenzung vor dem Hintergrund der deutschen

Kunstgeschichte (und deren Einteilung) zu sehen. Die Benennung ist auch deswegen inkonsistent, da die Gruppen durch Prototypen definiert werden, die aus unterschiedlichen Ländern und historischen Kontexten kommen und nicht auf den deutschsprachigen Raum begrenzt sind. Der Reformversuch der DIN 16518 Ende der 1990er Jahre sollte sie anpassen an die Herausforderungen, welche sich aus dem durch den Fotosatz und noch stärker die Digitalisierung immens angewachsenen Angebot an Druckschriften ergeben hatten. Sein Scheitern hinterlässt eine Lücke, das inzwischen über fünfzig Jahre alte Konzept ist, genau wie der BS und die Klassifikation der ATypI, in den ursprünglich anvisierten Bereichen nicht funktional einsetzbar. Sowohl was die Schärfe der Klassendefinitionen als auch die Struktur angeht, bleibt die DIN hinter ihrem deutschen Vorbild, der Klassifikation von Tschichold, zurück. Als Kompromissformel zwischen Tschichold und Vox gehen ihr die Besonderheiten beider Ansätze verloren: die stringenten Definitionen Tschicholds werden aufgeweicht, gleichzeitig fehlen ihr die offenen auf Sprachwitz basierenden, assoziativen Beschreibungen Vox'.

Ähnlich zeigt sich im BS ein grundsätzliches Dilemma der Schriftklassifikation. In der »Vorlage« der BS argumentiert Vox prototypisch, mit Sprachwitz, was ein größeres Assoziationsfeld öffnet, und versucht zugleich über Beispiele historische Korrektheit herzustellen. Der BS scheitert bei dem Versuch, Vox' offene Sichtweise weiterzuführen. Die Reduktion komplexer prototypischer Begriffe des typografischen Diskurses auf schlichte Kombinationen formaler Merkmale misslingt völlig.[282] Die Bezeichnungen als solche sind für Fachkundige deutbar, die Formbeschreibung bleibt aber sehr vage, wenig hilfreich und mitunter falsch. Auch die Differenzierung der Schreibschriften wird ausschließlich aus der Bebilderung klar und legt eine Unterscheidung der schreibsituationalen Faktoren wie »formell« und »informell« nahe; die begriffliche Definition ist eher hinderlich.

5.1.7 Alessandrini

Jean Alessandrini[283] veröffentlicht 1979 mit seinem *Codex 1980* in Frankreich einen Vorschlag zur Schriftklassifikation, der sich deutlich von den bis dahin ver-

282 Als Beispiel sei hier *Neo-grotesque* genannt, der eigentlich auf eine historisch-geografische Herkunft verweist. Die genaue Definition anhand von formalen Merkmalskombinationen ergibt Überschneidungen mit anderen Grotesk-Klassen, die Klasse bleibt selbst mit Bebilderung unklar.

283 Die Namensschreibweise variiert in verschiedenen Quellen, Allessandrini oder Allesandrini kommen gelegentlich vor. Hier wird einheitlich die Schreibweise Alessandrini verwendet (mit hoher Wahrschein-

öffentlichten, aber auch vielen folgenden abhebt. Der Aufsatz ist so revolutionär wie ignorant – Alessandrini behauptet im ersten Satz der Einleitung: *»Der letzte Versuch einer typografischen Klassifikation ist 25 Jahre alt, er ist Maximilien Vox geschuldet.* [a. d. Frz., jop]« (Alessandrini, 1979: 35) Damit schätzt er Vox' Ansatz zu alt ein und ignoriert im weiteren Verlauf seines Textes alle anderen bis dahin publizierten Systeme. Seine einzigen Referenzen sind die Franzosen Vox und Thibaudeau. Dennoch ist Alessandrinis Konzept auf zwei Ebenen innovativ. Zum einen ist es konsequent vieldimensional gedacht, seine 19 Grundklassen werden mit weiteren Achsen aus »Zusatzinformationen« und »Möglichkeiten« gekreuzt. Zum anderen bricht er willentlich und humorvoll mit tradierten Begriffen.[284] Alessandrini bildet viele Neologismen, die aus verschiedenen Worten zusammengesetzt wurden: »... *emparectes* is derived from the words *empattement* (»serif«) and *rectangulaire* (»rectangular«) [Herv. i. O.]« (Haralambous, 2007: 412).[285] Er verfasst den Codex zu einer Zeit, in der Bleisatz bereits durch andere Technologien verdrängt wurde: *»Das Blei ist tot«* (Alessandrini, 1979: 35). Fotosatz und Kathodenstrahl-Belichtung, und damit fotomechanische Druckformherstellung, sind nicht nur in Frankreich »en vogue«, »Abreibe«- oder Transferbuchstaben z. B. der Firma Letraset erweitern das Schriftangebot. Die Digitalisierung stößt bereits deutliche Veränderungsprozesse in Setzereien und Druckereien an, die noch wesentlich größeren der nächsten 15 bis 20 Jahre sind bereits zu erahnen.

Fokus

Der Codex 1980 ist ein logisches Konzept zur Unterscheidung von Schriftarten, das die Gestaltungsströmungen der 1970er Jahre einzubinden versucht. Vermutlich inspiriert durch eigene und andere zeitgenössische Schriftgestaltungen, die durch jedes bis dahin bekannte Raster zur Schriftklassifikation fallen, bildet Alessandrini ein deduktives Begriffsmodell, *»he describes typefaces with a series of*

lichkeit die korrekte, vgl. Alessandrini 1977 oder Manaranche 2014).

284 Alessandrinis wichtigster Bezugspunkt ist Vox, der den internationalen Diskurs dominiert. Vox' Begriffe sind und waren auch 1979 Teil des typografischen Kanons. Hätte Alessandrini sich gegen einen anderen Autor gewandt, wären seine Klassenbezeichnungen vielleicht konsensfähiger erschienen, und der Codex 1980 wäre nicht durchgängig ignoriert worden.

285 Die von Alessandrini entwickelten Neologismen waren vermutlich einer der Hauptgründe, warum *»... This classification has been roundly critisized by the adherents of the Vox classification«* (Haralambous, 2007: 411). Auch Bollwage, dessen Klassifikationsansatz ebenfalls deutlich mit alten Normen bricht (s. Kapitel 5.1.12), meint: *»Die alten Namen sind die besten«* (Bollwage, 2001: 67).

qualifying terms that go from general to specific.« (Haralambous, 2007: S. 411) Dabei verwendet er bewusst (fast) keinen der tradierten Begriffe und distanziert sich ausdrücklich von den in Frankreich populären Klassifikationen Vox' und Thibaudeaus. Andere werden in seinem 23 Seiten langen Aufsatz nicht erwähnt.[286] Ziele des Codex sind es, eine begriffliche Neuorientierung und eine *»gleichzeitig richtigere, komplexere und [...] besser der Zeit angepasste«* [a. d. Frz., jop] (Alessandrini, 1979: 35) Ordnung zu schaffen. Sehr deutlich wird, gerade durch die Bebilderung, dass Schriften aller Art, insbesondere experimentelle, integriert werden sollen. Er wendet sich konsequent gegen die von Vox und Thibaudeau eingeführten Definitionen und ignoriert die traditionellen Begriffe, deren Schriftklassen mit kunstgeschichtlichen Epochen assoziiert sind. Durch seine Neologismen rebelliert Alessandrini gegen die Traditionalismus-Neigung in der Typografie, die begrifflich in anderen Klassifikationssystemen sichtbar wird; er versucht neue, unbelastete Begriffe zu etablieren. Die große Offenheit seines Codex 1980 liegt auch in der Entwicklung der Drucktechnik begründet. Die Durchsetzung optischer Trägermedien in der Druckformherstellung ermöglicht die einfachere Integration freier typografischer Elemente, die Grenze zwischen reproduzierter Handschrift und typografischer Schrift verschwimmt. Die Druckvorlagenherstellung ist jetzt »mit Bordmitteln« möglich, was Typografinnen größere gestalterische Freiheiten, insb. bei der Auswahl der Schrift lässt. In *Typomanie* (Alessandrini, 1977) zeigt er teilweise sehr experimentelle Schriftentwürfe, die in jeder bis dahin veröffentlichten Schriftklassifikation kaum klassifizierbar wären. Darüber hinaus berücksichtigt der Codex »Schriftverwandtschaften«, Schriftfamilien können klassifiziert werden.[287] Alessandrini entwickelt, trotz der Komplexität seines Ansatzes, ein mentales Modell, das in der Kürze der Darlegung in Teilen offen und unklar bleibt. Viele Merkmale sind zwar gut beschrieben, verbleiben aber prototypisch definiert. Für den praktischen Einsatz ist es ohne Hilfsmittel kaum geeignet. Von seiner nicht näher definierten Zielgruppe verlangt Alessandrinis Codex deutliches Engagement und ein Mindestmaß an Abstraktionsvermögen.

---

286 Thibaudeau und Vox werden in Alessandrinis Vorbemerkungen kurz erwähnt, dabei kritisiert er hauptsächlich und nachdrücklich Begrifflichkeiten und deren Frankozentrismus, ohne allerdings selbst auch nur einen nicht-französischen Ansatz zu berücksichtigen. Inwieweit ihm solche Ansätze bekannt waren, geht aus dem Codex nicht hervor. Seine vehemente Ablehnung der tradierten Begriffe mündet im spielerischen Umgang mit neuen Begriffen, die jedoch mindestens ebenso »echt französisch« sind wie Vox'.

287 Besonders die Klasse A19 ist so zu deuten.

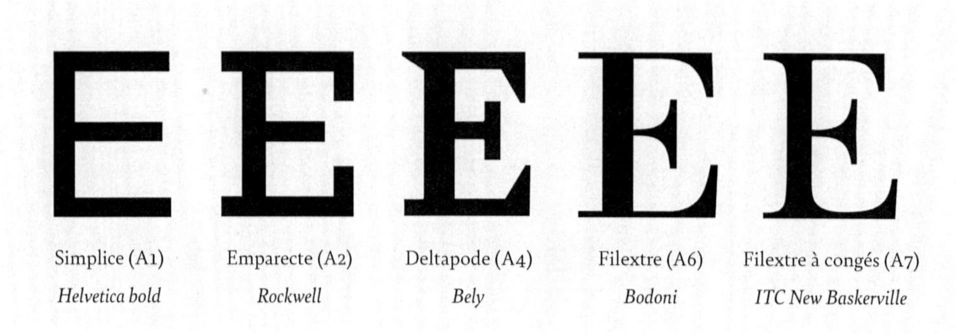

Abbildung 17 *Beispielhafte Klassifikation einiger Schriften nach Alessandrinis »dénominations préliminaires«. Die Klassenbezeichnung und die Bezeichner in dieser Arbeit sind aufrecht, der Schriftname kursiv gesetzt.*

Alessandrinis Klassen

Der Codex 1980 definiert drei Dimensionen zur Unterscheidung von Schriftarten. Die erste Dimension sind *primäre Bezeichnungen* (dénominations préliminaires), welche das Gesamtbild einer Schrift beschreiben. Er unterscheidet 19 Klassen. *Simplice* (A1) bezeichnet serifenlose Schriften, *Emparectes*[288] (A2) die mit ausschließlich rechten Winkeln an den Serifen, insb. an den Serifenansätzen. Schriften mit rechtwinkligen Serifen, aber ausgerundeten Ansätzen bilden die Klasse *Emparectes à congés* (A3). Die Klasse *Deltapodes* (A4) bezeichnet alle Schriften mit dreieckigen Serifen und gewinkeltem Serifenansatz, *Deltapodes á congés* (A5) die mit Dreiecksserifen und rundem Serifenansatz. Die beiden Klassen *Filextres* (A6 und A7) und *Filextres à congés* (von frz. *fil*, der Faden, und *extremité*) beinhalten alle Schriften mit feinen Serifen und gewinkelten Ansätzen (A6) bzw. ausgerundeten Ansätzen (A7). Die Klasse *Claviennes* (A8) fasst alle anderen Serifenschriften mit nagelförmigen Serifen (*clavus*: lat. der Nagel) zusammen[289]; der Name bezieht sich auf die Serifenform beim Mittelbalken des Versal-E. *Romaines* (A9) bezieht sich auf die »gehauenen« (ähnlich Klasse BS7) Schriften, die nach dem Vorbild in Stein gehauener Schriften entstanden sind. Die Klassen *Gestuelle calligraphique* (A10) und *Gestuelle brossées* (A11) beziehen sich auf Handschriften, wobei A10

288 Dieses Kompositum bezeichnet rechtwinklige Serifen (Haralambous, 2007: 412).

289 Diese Klasse ist vermutlich bewusst nachlässig bezeichnet und unscharf konzipiert: *»Here Alessandrini really snubs Vox and all the other classifications by lumping all types of roman typefaces into the same category.«* (Haralambous, 2007: 413)

diejenigen mit kalligrafischem, A11 die mit eher informellem Duktus beschreibt. Die *Oniciales* (A12) »... *is practically the only time, that Alessandrini does not invent a new term*« (Haralambous, 2007: 413) und bezeichnet Unzial-Schriften, die Klasse *Germane* (A13) die gebrochenen Schriften. Mit *Aliennes* (A14) bildet Alessandrini eine Klasse für fremde Aufschreibesysteme. Die Klasse *Exotypes* (A15) umfasst aber alle lateinischen Schriften, die die Formen fremder Aufschreibesysteme simulieren oder vortäuschen.[290] Unter *Machinales* (A16) werden Schriften gesammelt, die entweder zur maschinellen, optischen Zeichen-Erkennung (OCR) verwendet werden oder andere technische Darstellungsmedien wie Flüssigkristall-Displays oder 7-Segment-Schriften zitieren, »*Computerschriften*« [a.d.Frz., jop] (Alessandrini, 1979: 46). Diese Art von Schriften verweist, z.B. nach ihrer Einführung im Eurocheque-System, auf »*computer science, science fiction, robotics — in short, all the technological fantasies of that decade*« (Haralambous, 2007: 414). *Hybrides* (A18) und *Transfuges* (A19) sind weniger als Klassen im Sinne primärer Bezeichner zu sehen, sondern eher als Markerklassen, die darauf hinweisen, dass die darin enthaltenen Schriften Merkmale aus verschiedenen Klassen von A1 bis A17 in sich vereinen. Dabei gilt, dass »*an* hybride *can only be the result of a deliberate choice of the designer* [Herv.i.O.]« (Haralambous, 2007: 414), für Alessandrini zählt die *Gestaltungsabsicht*. A19 umfasst Schriftfamilien, deren verschiedene Fettegrade zu unterschiedlichen Klassen gehören.[291] Orthogonal zu den primären Bezeichnungen wird die Dimension *éventualités* konzipiert, welche die Klassen *Diagones (A20)* und *Stenciliennes* (A21) umfasst. A20 bezeichnet den Neigungswinkel[292] einer Schrift, wobei mit *mini-diagones* und *maxi-diagones* verschieden stark nach rechts geneigte Schriften, mit *anti-diagones* linksgeneigte Schriften bezeichnet werden. Als dritte Dimension konzipiert Alessandrini die Möglichkeit, *unterstützende Hinweise (renseignements d'appoint)* zu geben, die er in fünf Klassen unterteilt. Diese unterscheidet er in *Listen formaler Bezeichner* (A22), *historische Referenzen* (A23), *stilistischer und ästhetischer Bezeichner* (A24), *subjektive formale Bezeichner* (A25) und *geografische und originäre Lokalisierung* (A26). A22 besteht aus typografischen

290 Gemeint sind Schriften, die z.B. der japanischen, hebräischen oder arabischen Strichführung nachempfunden sind, aber lateinische Buchstabenformen darstellen.

291 Außer der von Alessandrini genannten *Korinna* trifft diese Bedingung nur auf wenige Schriften zu. Bei der Korinna würde der magere Schnitt zu Klasse A8 (Claviennes), der fette zu A3 (Emparectes à congés) gehören.

292 Alessandrini möchte hier unterschiedlich starke Winkel der Kursiven erfassen.

Begriffen, die z. B. Laufweite oder Fettegrade bezeichnen, wie *breitfett* oder *schmalmager*, aber auch aus einer größeren Menge weiterer formaler Merkmale wie *dreidimensional, extrudiert, verbunden, gebrochen, überlappend* oder *schattiert.*[293] Unter A23 ist eine Liste temporaler Attribute wie *antik, merowingisch* oder *futuristisch* zusammengefasst, während A24 stilistische Merkmale wie kunstgeschichtliche, lokale und situationale Aspekte assoziiert, wie z. B. *maurisch, byzanzinisch, kubistisch* oder *informell.* Unter A25 sind subjektive Begriffe wie *monoton, bestimmt, expressiv* oder *affektiert* subsumiert. Die Liste A26 enthält lokale Bezüge, in Abgrenzung zu A23 allerdings nicht als stilistische Merkmale wie in A24, sondern als originäre Lokalisierung, speziell für die Klassen A14 und A15.

Klassensignaturen

Alessandrini entwirft ein bedingtes,[294] mehrdimensionales Modell. In der ersten Dimension unterscheidet er verschiedene Serifenlose sowie Serifenschriften anhand von Serifenformen und -ansätzen (A1 bis A8).

Die Klassen A9, A10 und A11 werden durch formale Spuren von Beschreibstoff und Schreibwerkzeug in der Schriftform (Stein, Feder, Pinsel) bestimmt, genauso A16, nur dass diese Spuren von technischen Medien herrühren. Die Klassen A12 und A13 werden definiert über den historischen bzw. geografischen Bezug,[295] A14 und A15 über den sprachlichen bzw. formalen Bezug zu anderen Aufschreibesystemen. In A17 sind bildhafte und illustrative Schriften zusammengefasst, entworfen eher *»to amuse […] than to be read«* (Haralambous, 2007: 414). Die Klassen A18 und A19 stellen eine Besonderheit dar, sie markieren Schriften, die anhand der ersten Dimension nicht eindeutig klassifiziert werden können, weil sie Merkmale aus verschiedenen Klassen besitzen. Dabei soll A18 für einzelne Schriftschnitte verwendet werden, A19 aber auf Schriftfamilien, die aufgrund

293 Die ganze Liste, lustig gemischt englisch und französisch, auch bei Haralambous, 2007: 415.

294 *bedingt* bedeutet hier, dass Klassen abhängig von definierten Bedinungen miteinander verknüpft werden können. So wird z. B. die Attributliste der Klasse A24 nur verwendet für Schriften der Klasse A14 und A15. Alessandrinis Struktur »verarbeitet« Konditionale.

295 Die Bezeichnung der gebrochenen Schriften als *Germanes* entspricht eher einem zeitgenössischen Klischee als den historischen Tatsachen. Gebrochene Schriften wurden in Europa über Jahrhunderte praktisch ausschließlich verwendet, ihre Verwendung war nicht auf »Germanien« oder den deutschsprachigen Raum begrenzt. Als typografische Schrift hat sich allerdings ab ungefähr 1500 insb. in Italien und Frankreich die Antiqua durchgesetzt, während gebrochene in Deutschland noch bis ins 20. Jahrhundert gebräuchlich waren.

ihrer Variation über verschiedene Fettegrade hinweg nicht eindeutig klassifizierbar sind. Die zweite Dimension nennt Alessandrini *Eventualitäten*; die Klassen A20 und A21 werden durch Attribute bestimmt, die nicht auf alle Schriften anwendbar sind.[296] Dabei misst A20 eine eventuelle Neigung der Schrift nach rechts oder links, A21, ob es sich um eine Schablonenschrift[297] handelt. Eine dritte Dimension besteht aus *unterstützenden Ergänzungen*, die in Listen organisierte Texte bilden. Diese Ergänzungen sind in fünf Klassen A22 bis A26 unterteilt, die jeweils eine Liste möglicher Bezeichner enthalten. Die Klassennamen definieren Kategorien für diese Listen. Zusätzlich schlägt er die Begriffe *minuscules* und *majuscules* für Klein- bzw. Großbuchstaben vor sowie *lecturiennes* für Buchschriften.

Attribute

Die von Alessandrini verwendeten Kategorien zur Unterscheidung von Schriften sind vielfältig. Dabei spielen Form und Ansatz der Serifen ebenso eine Rolle wie formale Spuren von Schreibmedien, historische und geografische Faktoren oder (fremde) Aufschreibesysteme. Die beiden Markerklassen stellen eine Besonderheit dar, sie sind ein kombinatorischer Kniff, Schriften mehreren Klassen zuordnen zu können und über A20 auch Schriftfamilien (nicht nur Schriftschnitte) zu klassifizieren. Binäre Attribute (A20 und A21) und textliche Zusatzinformationen (A22 bis A26) sind als optionale Ergänzungen ins System integriert.

Struktur

Zunächst konzipiert Alessandrini eine dreidimensionale Struktur, durch die Integration von Markerklassen, optionalen Merkmalen, Bedingungen und textlichen Ergänzungen entsteht ein polyhierarchisches System. Mit den primären Bezeich-

---

296 Die Einführung von bedingten Klassen und Attributen, die nur in bestimmten Fällen angewendet werden, ist eine Besonderheit von Alessandrinis Modell. Sie liegt allerdings eher in der sprachlichen Formulierung des Modells begründet, sie ist kein »formal-logisches Muss«. Eine durchgängige Ausformulierung der Attribute, z. B. bei A21 in ein binäres Paar »ist eine Schablonenschrift« und »ist keine Schablonenschrift«, würde die Klasse zu einer obligatorisch zu erfassenden machen.

297 Schablonenschriften werden zum schnellen, aber haltbaren Beschriften von Flächen in hohen Schriftgraden verwendet, die Färbung findet meistens über Sprühnebelauftrag statt. Schablonenschriften zeichnen sich hauptsächlich dadurch aus, dass sie keine allein stehenden Binnenformen aufweisen, da jede Fläche der Schablone mit einer anderen fest verbunden sein muss (sonst fällt sie heraus). Weitere und hier wichtige Besonderheit von Schablonenschriften ist, dass ihnen »normale« Schriftentwürfe anderer Klassen zugrunde liegen. Schablonenschriften sind somit »natürliche« *Hybrides* (A18).

nungen ist eine logische Hierarchisierung der Attribute hergestellt, kombiniert mit den Bedingungen und verschiedenen Kategorien von Bezeichnern bildet er komplexe Strukturen aus, ähnlich einer Bibliotheksklassifikation. Alessandrini bebildert seine Beispiele, ohne aber prototypisch entlang »klassischer« Beispiele zu definieren; sein System ist völlig eigenständig.

Kritik

Alessandrini vertritt mit seinem Ansatz eine Abkehr von bleigebundenen, linearen Denkstrukturen und versucht, sprachlich etwas salopp, mit relationaler Denkart ein »moderneres« und komplexeres Konstrukt zu schaffen. Seinem Anspruch, »internationaler zu denken« als Vox, wird er nicht gerecht. Alessandrini scheint mit einer älteren Version Vox' zu arbeiten, er bezieht sich nicht auf die endgültige, von der ATypI erarbeitete Fassung. Zudem ignoriert er alle internationalen Standards, die im Anschluss verabschiedet werden, darunter die der Bundesrepublik Deutschland, der Deutschen Demokratischen Republik, von Italien, Spanien, Portugal und den Niederlanden. Genauso scheint Alessandrini keine im der Rahmen der Normierung entstandenen Ansätze zwischen 1955 und 1979 zu kennen, wie die von Novarese, Bastien, Tarr, Munsch, Noordzij, Lawson, Jacno oder Schauer; noch bezieht er sich auf frühere wie Tschichold, Warde, Updike, Hostettler oder Bullen (vgl. Kapitel 4). Trotz der erklärten Absicht einer Abkehr vom Frankozentrismus bleiben seine einzigen Referenzen Thibaudeau und Vox, die einzigen breit rezipierten Franzosen im Klassifikations-Diskurs. Dennoch gelingt es Alessandrini, eine strukturell wie begrifflich allein stehende Klassifikation zu konzipieren. Er formuliert das *erste komplexe, relationale Klassifikationsmodell.* Der Codex ist »digital gedacht«, zwar in seiner Komplexität praktisch kaum anwendbar, aber als digitales System umsetzbar. Zudem nimmt er als erster Medienoptimierung als Kategorie ins System mit auf, ein Schritt der Loslösung vom Buchdruck. Bedingt durch den völligen Bruch mit den bis dahin etablierten Begriffen, die direkte und ausdrückliche Ablehnung Vox' und die französischen Neologismen, die zwar witzig, aber schwer verständlich in andere Sprachen übersetzbar sind, steht sein Ansatz völlig allein. Ironisch scheint dabei, dass sich Alessandrinis Neologismen, Sprachwitz und sein Vertrauen in die (teils ironisch verwendete) Kraft der assoziativen Beschreibung in die Nachfolge Vox' stellen, den er bereits im Vorwort so stark ablehnt. Trotz seiner Komplexität stellt Alessandrinis *Codex 1980* ein mentales, prototypisch orientiertes Modell dar, das zwar mehrdimensional gedacht ist, aber nicht die stringente Definition einer formal-logischen Beschreibung aufweist.

5.1.8 Rookledge's International Typefinder

Der *Rookledge's International Typefinder*[298] (Perfect 1990) ist ein Buch zur Identifikation von Schriften, das erstmals 1983 erscheint. Die ursprüngliche Fassung wurde von Christopher Perfect und Gordon Rookledge herausgegeben, die hier besprochene aus dem Jahr 1990 wurde von Phil Baines überarbeitet.

Fokus

Der Typefinder soll als »*single reference work for the correct identification of typefaces*« (Perfect 1990: 9) für Übersicht in der, für die Verhältnisse der Zeitpunkts der Veröffentlichung, großen Schriftenvielfalt[299] liefern. Es werden ca. 700 verschiedene Schriften von verschiedenen Herstellern dargestellt. Seine besondere Navigationsstruktur ist stark auf die Identifikation anhand einzelner Lettern-Exemplare ausgerichtet. Der Typefinder ist nach Archer »*a standard desk reference, [it] employs a system of ›earmarks‹ or distinguishing characteristics to identify typefaces*« (Archer 2007: 6).

Struktur

Der Typefinder teilt die Schriften in zwei Haupt-Kapitel ein: »*Text-typefaces*« (Tf1) und »*Decorative (non-continous text) typefaces*« (Tf2) (ebda.: 5). Jede Unterklasse von Tf1 wird von einem kurzen Text eingeleitet, der einen historischen Kontext liefert und typische Vertreter der Klasse benennt und zeigt. Tf1 ist unterteilt in die an den BS 2961 angelehnten Klassen *Sloping-e-Bar (Venetian Style)* (Tf1.1), *Angled Stress/Oblique Serifs (Old Style Serif)* (Tf1.2), *Vertical Stress Oblique Serifs (Transitional Style)* (Tf1.3), *Vertical Stress/Oblique Serifs (Transitional Serif)* (Tf1.4), *Vertical Stress/Straight Serifs (New Transitional Style)* (Tf1.5), *Abrupt Contrast/Straight Serifs (Modern Serif)* (Tf1.6), *Slab Serif* (Tf1.7), *Wedge Serif (Hybrid Serif)* (Tf1.8) *und Sans Serif*

---

298 In erster Ausgabe ist 1983 (Rookledge 1983) erschienen, hier verwendet wird die dritte Ausgabe Perfect 1990.

299 Der Typefinder erscheint erstmals 1983 vor der Umbruchphase zwischen Foto-Satz und Desktop-Publishing, in der hier besprochenen Fassung in der Phase, in der diese Transition Geschwindigkeit aufgenommen hatte. Er enthält hauptsächlich Schriften für den Fotosatz und wurde hauptsächlich mit einer Linotron 202 gesetzt, einer digital gesteuerten Satzmaschine mit Kathodenstrahl-Belichtung (vgl. Perfect 1990: 4).

(Tf1.9). Dabei ist die Klasse Tf4 eine Differenzierung von BS3, sie enthält Schriften mit waagerechten oder fast waagerechten Serifen. Tf7 bezeichnet Schriften mit sehr leichten Serifenansätzen, starken, aber keilförmigen Serifen (im Unterschied zu rechtwinkligen, wie in Tf1.7) und *half-serif* (einseitige Serifen). Die Unterteilung der Serifenschriften, BS6.1 bis BS6.4, wird im Typefinder nicht vorgenommen. Die *Decorative* Klasse Tf2 nimmt diese vor, allerdings in veränderter Reihenfolge. *Flowing Scripts* (Tf2.1) und *Non-Flowing-Scripts* (Tf2.2) sind Unterteilungen von *Script*, BS8, die Schreibschriften mit durchgängiger oder unterbrochener Strichführung unterscheidet. *Unmodified (Formal Text Shape)* (Tf2.3) bezeichnet Auszeichnungsschriften und entspricht dem *Glyphic*, BS7. Die Klassen *Fat Face & Thin Face (Unmodified & Modified)* (Tf2.4) und die folgenden haben keine Entsprechung im BS. *Ornamental* (Tf2.5) wird jenseits der Klassenbezeichnung nicht weiter definiert. In *Modified Serif* (Tf2.6) sind Schriften mit »non-formal/traditional shape« versammelt, *Modified Outrageous* (Tf2.7) für Schriften *»of highly unusual or »way-out« nature«*. Die einzelnen Klassen sind zusätzlich in vier bis zehn Unterklassen geteilt, die manchmal benannt[300] werden, manchmal deren spezifische Merkmale visualisiert, aber nicht weiter benannt.[301] Die beiden Kapitel Tf1 und Tf2 starten mit Schriftmustern, nach den o.g. Klassen sortiert. Dabei werden von jeder Schrift Groß- und Kleinbuchstaben sowie Ziffern dargestellt. Die letzten 56 Seiten von Tf1 werden von *»earmark tables«* (ebd.: 97 - 157) gebildet. In diesen werden Großbuchstaben, das &-Zeichen, Kleinbuchstaben und Ziffern dargestellt. In einigen Darstellungen ist ein bestimmtes Merkmal besonders dargestellt, wie Achsneigung, Serifenansatz, Serifenform, Ziffernarten,[302] ein- oder zweistöckiges a oder g, offene Schlaufe oder Ohr beim g oder Sporn beim G. Zu jeder *earmark* sind die jeweilige Schrift über eine laufende Nummer sowie andere vermerkt, die dieses Merkmal teilen.

Attribute

Der Typefinder ist auch deswegen so bemerkenswert, weil er besonders über die *earmarks* sehr viele mikrotypografische Merkmale einzelner Lettern darstellt und Schriften darüber referenziert. Neben den im Wesentlichen am BS orientierten

300 Tf2.4 ist in die Unterklassen *roman serif, sloping, slab serif, sans serif* und *script* unterteilt.

301 Tf1.1 ist in insg. 10 Klassen unterteilt, die ohne weitere Bezeichnung über verschiedene Kombinationen aus Modulationsachse, Größe von Unter- und Oberlänge sowie Serifenform unterschieden werden.

302 Wie Tabellenziffern oder Mediävalziffern.

Eigenschaften, die in den Klassensignaturen der Hauptklassen verwendet werden, ist die Identifikation von Schriften nach Merkmalen einzelner Buchstaben möglich. Zudem wird auf den Listen-Seiten auf besonders markante Buchstaben oder Schrifteigenschaften hingewiesen. Während die Klassifikation in Tf1 nahe am Klassifikationskonsens der 1960er Jahre ist, werden in Tf2 Eigenschaften zur Unterscheidung und Klassifikation verwendet, die seit Thibaudeau 1921 nicht mehr in diesem Umfang aufgeführt wurden.

Kritik

Der Typefinder ist in zweierlei Hinsicht neu: Zum einen etabliert er ein Orientierungs-Netzwerk, das auch eine Adressierung jeder einzelnen Schrift möglich macht. Zum zweiten formalisiert er in Tf2, den *Decorative Typeface Categories,* die Beschreibung von Schriften, die nicht den Gestaltungsmustern von Textschriften folgen. In dieser Hinsicht ähnelt er dem etwas früher publizierten Ansatz Alessandrinis.[303] Es ist die erste formalisierte Darstellung dieser Schriften nach dem narrativen Ansatz von Thibaudeau aus den 1920ern. Der Typefinder ist ein Buch zum »Schmökern«, es verortet eine fixe Anzahl von Schriften und referenziert sie, sodass sie über mehrere Wege »gefunden« werden können. Der Typefinder ist ein Nachschlagewerk zur Bestimmung von Schriften genauso wie ein analoger Schriften-Browser, mit dem man durch die Vielfalt der ca. 700 ausgewählten Schriftfamilien surfen kann. Er ist damit die erste Schriftklassifikation, die eine große Menge von Schriften konsistent und nach definierten[304] Kriterien sortiert.[305] Über die Kombination von Schriftenanzahl und Adressraum ist der Typefinder die erste formalisierte Schriftklassifikation, welche die Identifikation sowie das Adressieren, das »Verorten und Wiederfinden« von Schriften ermöglicht.

5.1.9 ÜberSicht

ÜberSicht (Kern 1991) ist, ähnlich wie der Typefinder, ein Buch zur Identifikation von Schriftarten. Es gehört mit ca. 430 Seiten zu den umfangreichsten Büchern

303 Dass Alessandrinis auf Französisch publizierter Ansatz, der von englischsprachigen Klassifikationen erst nach dessen Nennung durch Dixon 2001 referenziert wurde, bei der Erstauflage des Typefinders 1983 bekannt war, ist zu bezweifeln.

304 Die Attribute zur Unterscheidung sind häufig nicht verbalisiert, sondern lediglich in Diagrammen dargestellt, manche auch nur ohne jeden weiteren Kommentar gezeigt.

305 Warde (s.o.) verortet auch, allerdings nur eine viel kleinere Anzahl von Schriften.

zur Identifikation und Klassifikation von Schriften. Umso bemerkenswerter ist, dass *ÜberSicht* insgesamt kaum eine Seite Text zum Thema enthält.

Fokus

»Dieses Context-Buch zeigt die komplette Berthold-Schriftbibliothek (Stand 1.1.1991) und die Textschriften von Georg Salden in einer neuen, praxisbezogenen Darstellung« (Kern 1991: o. p.) Der Begriff »Context-Buch«[306] beschreibt die Leistung von ÜberSicht sehr passend: Es stellt ca. 320 Schriftfamilien in einem Ähnlichkeitskontext dar.

Struktur

ÜberSicht ist in vier Kapitel unterteilt. Ein *Register* listet alle Schriften nach Namen auf und wo sie im nächsten Kapitel, *Familien*, zu finden sind. Dort werden alle Mitglieder von verschiedenen Schriftfamilien über einen kurzen Referenztext dargestellt. Eine wesentliche Leistung des Buches liegt auf diesen Seiten: Hier werden Schriftfamilien gezeigt, die nach bestimmten Kriterien ähnlich sind. Die Art der Ähnlichkeit wird durch einzelne Buchstaben, anfangs d und e, später a, im Register oben auf der Seite gezeigt. In *Figuren* wird der Zeichenvorrat jeder Schrift gezeigt. Das Kapitel *Typen* zeigt große Abbildungen der Buchstaben (von a bis z in Gemeinen und Versalien sowie Ziffern und einige Sonderzeichen) in allen Schriften, sortiert nach Buchstaben, referenziert die jeweilige Schrift und verweist bei manchen auf ähnliche Schriften. Das letzte Kapitel *Chronik* nennt zu allen Schriften die Gestalterinnen und das Erscheinungsjahr. ÜberSicht etabliert über die Vielfältigkeit der Kapitel und »Zugänge« zu den gezeigten Schriften (über Listen, Ählichkeitscluster, Zeichenvorrat oder einzelne Buchstaben) sowie die Verweise über die verschiedenen Kapitel eine komplexe Netzstruktur.

Attribute

Die Attribute, nach denen die Schriften sortiert werden und auf denen die Ähnlichkeitsbeziehungen beruhen, werden nicht ausdrücklich (als Text) beschrieben, sondern im Kapitel *Familien* über die beiden Buchstaben abgebildet. Die Schriften werden so in 37 Ähnlichkeitsgruppen sortiert. Auch wenn diese nicht genau beschrieben sind, bilden einige der Gruppen traditionelle Klassen ab:

306 Die »Context-Betriebe«, vertreten durch die Context GmbH Nürnberg, haben das Buch gesetzt und halten die Urheberrechte.

Renaissance, Barock und klassizistische Antiqua, Grotesk mit doppel- und einstöckigem a, Schreibschriften und gebrochene Schriften lassen sich anhand der Buchstabenbeispiele identifizieren. Darüber hinaus werden andere Eigenschaften wie Laufweite über breit oder schmal laufende Buchstaben, Kapitälchen oder Outlines verwendet.

Kritik

Die in ÜberSicht definierten Ähnlichkeitsgruppen für sich genommen sind nicht innovativ, sie orientieren sich im Wesentlichen an der DIN 16518. Abgesehen von der technischen Komplexität und dem redaktionellen Aufwand, ein Buch diesen Umfangs mit den Technologien der frühen 1990er Jahre herzustellen, deutet ÜberSicht auf alternative Orientierungsmuster innerhalb der relativ großen Berthold-Bibliothek.[307] Es zeigt alternative Zugänge und Querverbindungen zwischen verschiedenen Schriftfamilien und ist gleichermaßen als Kompendium und assoziativ zu verwendendes Inspirations-Buch zu verstehen. Seine Eigenheit liegt nicht in der Auswahl oder Klassenbildung, sondern in den Querverweisen. ÜberSicht ermöglicht es, sich Bertholds Schriften assoziativ zu erschließen, die Buchstruktur ist eine Schnittstellen-Innovation. ÜberSicht kann verwendet werden wie ein Thesaurus für Schriften.

5.1.10 FontBook (Buch)

Das *FontBook* (Siebert 1998) ist der mehr als 1400 Seiten umfassende Gesamtkatalog des Schriftherstellers FontShop, der in vier Auflagen zwischen 1991 und 2001 erschienen ist. Die Fassung von 1998 umfasst 25.000 Schriften von 65 internationalen Herstellern, die letzte Fassung 32.000 Schriften von 90 Herstellern.

Attribute

Das Fontbook ist in acht Kapitel unterteilt: *Sans, Serif, Slab Serif, Script, Display, Blackletter, Pi & Symbol* und *Non-Latin & Accented.* Innerhalb derer ist es alphabetisch nach Schriftnamen geordnet. Die Schriften selbst werden mit einer Darstellung des Alphabets und einiger Sonderzeichen vorgestellt, bei Schriftfamilien wird für jeden Schnitt ein Pangramm in der jeweiligen Schrift ergänzt. Zusätz-

---

307 Die Berthold-Bibliothek umfasst nicht nur die Berthold-eigenen Schriften, *»sondern auch die von Berthold übernommenen ITC-Schriften, eine große Zahl von Schriften der Stempel AG, der Linotype AG, der Monotype und der AGFA AG«* (Kern 1990: o. p.).

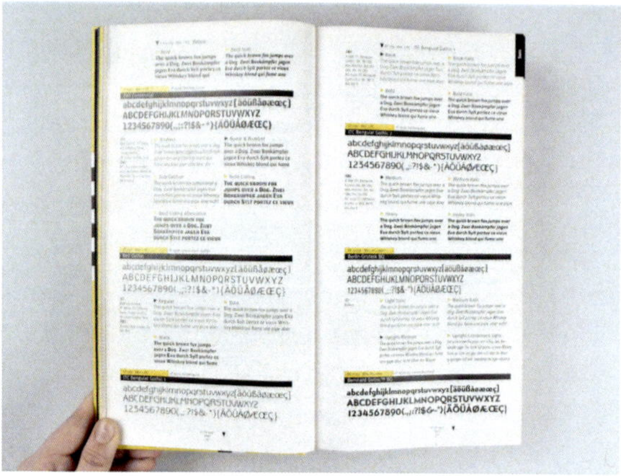

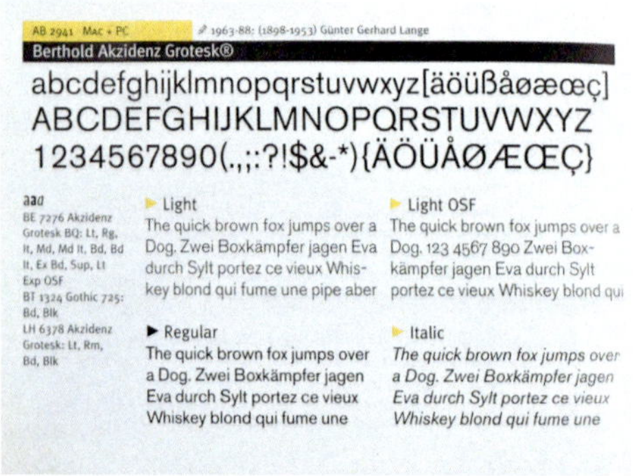

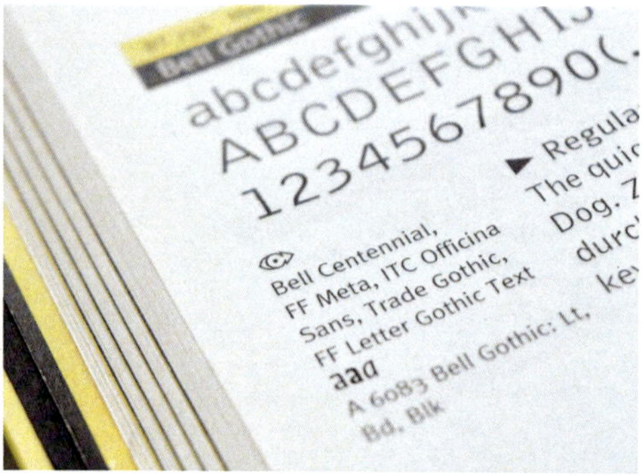

Abbildungen 18 a bis e *Das FontBook ist die »Bibel« der Schriften im FontShop-Universum, gedruckt in schwarz und gelb. Abbildung d zeigt einen typischen Eintrag, hier der Berthold Akzidenz Grotesk. Der Katalog enthält viele Querverweise und Meta-Informationen: im gelben Feld die eindeutige FontShop-Nummer, Schriftformate (Mac + PC), Daten zum Copyright (Erstveröffentlichung 1898, Daten von Überarbeitungen), Name des Designers, ein Schriftmuster zum »Regular«-Schnitt (erkennbar am schwarzen Pfeil unten, alle anderen sind gelb) und links eine Liste von Namen, unter denen die Akzidenz Grotesk ebenfalls verfügbar ist. Auf Abbildung e ist der »siehe-auch« Verweis, mit dem Augen-Pfeil-Symbol, abgebildet, der auf formal ähnliche oder auf andere Art passende Schriften verweist. Die abgebildete Ausgabe von 1998 ist 5,5 cm stark, im geschlossenen Format 15,5 × 29,7 cm groß.*

liche im Muster enthaltene Informationen sind *FontShop Referenznummer, Betriebssystem (platform information),*[308] *historische Informationen, Schriftfamilie, alternative Erhältlichkeit, »siehe auch«-Referenz* und *Paket-Informationen* (vgl. Abb. 18). Die historischen Informationen enthalten, wo vorhanden, Hinweise auf das Ersterscheinungsdatum und die jeweilige Gestalterin. Die alternative Erhältlichkeit verweist auf vergleichbare Schriften anderer Hersteller mit anderen technischen oder typografischen Merkmalen, häufig handelt es sich hier um nahezu identische Schriften in unterschiedlichen »Ausbaustufen« oder gleichen Ursprungs unterschiedlicher Hersteller. Hier wird auf urheberrechtliche oder technische Verwandtschaft bei unterschiedlichen Herstellern verwiesen. Es geht um »technische und wirtschaftliche Variationen des Gleichen«, wie die *Univers-Familie* in unterschiedlichen Größen und Zusammenstellungen von unterschiedlichen Herstellern. Die »siehe-auch«-Referenz dagegen verweist mit *»optisch verwandte Schriftarten«* (Siebert 1998: 12) auf formal ähnliche Schriften, im Unterschied zur alternativen Ähnlichkeit eher auf Bezüge auf Gestaltungsmuster oder -schulen. Es geht um unterschiedliche gestalterische Interpretationen, wie Variationen von Schriften Garamonds. Die Paket-Informationen deuten auf »Bundling« hin, wobei mehrere Schriftarten in einem Paket angeboten werden.

Struktur

Die Kapitel sind alphabetisch nach Schriftnamen sortiert. Die Struktur-Innovation des FontBooks liegt in der »siehe-auch«-Referenz, die eine große redaktionelle Leistung darstellt und im Buch eine weitere Navigationsebene nach formaler Ähnlichkeit etabliert.

Kritik

Das FontBook beerbt die frühen Schriftmusterkataloge der Hersteller von Handsatz- und Maschinensatz-Schriften: Es zitiert den latenten Kanon des 19. Jahrhunderts, wobei die Schriftmuster mit Meta-Informationen angereichert werden. Als Marketing-Instrument stellt es alle verkaufsrelevanten Daten dar, insbesondere Verweise auf Kauf-Alternativen. Eine wesentliche und in diesem Umfang bis dahin ungesehene Leistung des FontBook liegt in der

308 Die Schriften lagen 1998 in den Formaten TrueType und Type1, teilweise in gesonderten »Färbungen« für die Betriebssysteme Windows, Mac OS und Unix bzw. Linux vor.

»siehe-auch«-Referenz. Allein diese hebt das FontBook aus der Reihe der Schriftmusterbücher hervor: Es ist, vergleichbar dem *Lettre d'Imprimerie* (vgl. Kapitel 5.1.2), eine Liebeserklärung an die Formvielfalt digitaler Schriften.[309] Diese zweite, eher assoziative Ebene, die ein »Browsen« durch formal ähnliche Schriftarten ermöglicht, ist allerdings sehr dezent präsentiert, sodass sie von weniger aufmerksamen Schriftsuchenden leicht übersehen zu werden droht.

Im Wesentlichen besticht das FontBook nicht durch seine dezente Struktur-Innovation, sondern durch die Kompilation.[310] Ein Buch dieses Umfangs ist eine enorme redaktionelle und produktionstechnische Leistung: Einen Katalog von tausenden Schriften herzustellen war zu Zeiten bleierner Typografie ein Kraftakt und ist es im digitalen Zeitalter noch immer.

5.1.11 Willberg

In *Wegweiser Schrift* (Willberg, 2001) stellt Hans Peter Willberg ein Unterscheidungskonzept für Schriftarten als einen *»Wegweiser in den Fluten der Schriften«* (ebd.: 49) vor, der eine Orientierungshilfe, aber kein lückenloses System sein soll. Er fasst es in einer Matrix zusammen, *»in Wirklichkeit ist aber alles viel komplizierter«* (ebd.: 49). Es ist vermutlich im Zusammenhang mit den Reformversuchen der DIN Mitte der 1990er entstanden, und wird nach deren Scheitern veröffentlicht. Willberg betont die Nähe zu Bollwage und Kupferschmid (ebd.: 78), deren Ansätze ähnlich strukturiert sind.

Fokus

Willberg beschränkt sich nicht auf bestimmte Schriften oder Epochen. Obwohl der Großteil der Beispiele für Mengensatz geeignete Schriften zeigt, werden auch

309 Auch Frère-Jones (2008) sieht im FontBook eher eine Liebhaber-Publikation als ein Marketing-Instrument: *»... I doubt that FontBook is much of a cash cow. I suggest instead that it is simply the product of a passion for type, published not so much with pecuniary gain in mind, but simply because its authors love type. The FontBook is to type what the chocolate house is to chocoholics.«*

310 Illich beschreibt die Genese des modernen Text- und Autoren-Begriffs als eine Reihe von vielen »Loslösungsprozessen«, das Lösen des Gedankens vom Text, des Textes von Gott, der *»Lösung des Textes vom physischen Objekt«* (Illich 1991: 124f). In diesem Rahmen werden seit dem 12. Jahrhundert auch unterschiedliche Positionen des *»Buch-Machens«* unterschieden, unter anderem die auktoriale Leistung des *compilators* als jemand, der Fremdes durch anderes Fremdes ergänzt (Bonaventura [1221–1274], zit. n. Illich 1992: 112f) Die Leistung des FontBooks ist genau eine solche Leistung: die Kompilation fremder (Blind-)Texte in fremden Schriften mit fremden Meta-Daten und einem Verweis-System.

experimentellere Schreibschriften und »dekorative Schriften« gezeigt und versucht, Begriffe für ihre Beschreibung zu bestimmen. »Wegweiser Schrift« ist ein Grundlagenwerk im Fach Typografie[311] und daher bezüglich der Klassifikation nicht sehr detailliert ausgearbeitet. Das Heft soll Typografie-Interessierte zum weiteren Studium anregen, eher als ein Wegweiser anstelle einer detaillierten Landkarte. Als 1996 emeritierter Professor für Typografie und Buchgestaltung vermittelt Willberg einen undogmatischen, umfassenden Ansatz, der stark differenziert, ohne überkomplex zu werden. Die Zielgruppe ist, deutlicher als bei früheren Ansätzen, im akademischen Umfeld zu vermuten.

Willbergs Klassen

Das Konzept in Wegweiser Schrift kann als Grundlage für ein polyhierarchisches Modell verstanden werden. Willberg verzichtet vermutlich aus Gründen der Übersichtlichkeit (und um Anfänger im Fach Typografie nicht zu erschrecken)[312] auf detailliertere Darstellungen. Die ausformulierten Hauptklassen bilden eine mindestens zweidimensionale Struktur, integrierte man jedoch alle aufgeführten, aber in der Zusammenfassung nicht weiter verwendeten Klassen ins System, wäre das Ergebnis eine komplexe, polyhierarchische Struktur. Als erste Dimensionen unterscheidet er *Form* und *Stil* (ebd.: 49). *Form* stellt für Willberg die Hauptachse seiner Klassifikation dar, sie teilt die »*Satzschriften nach formalen Merkmalen* « in die Klassen *Antiqua, Grotesk, Egyptienne, Schreibschrift* und *Fraktur* (im Folgenden W1.1 bis W1.5). Willberg bezieht sich hier auf die schon von Tschichold und der DIN 16518 geprägten Begriffe, die er nicht weiter differenziert. *Stil* wird beschrieben mit *Die nach ihrer Form definierten Schriften sind innerhalb der Gruppen stilistisch differenziert* (ebd.: 49) und umfasst die Klassen *dynamisch, statisch, geometrisch* und *dekorativ* (W2.1 bis W2.4). Weiterhin nennt Willberg den Begriff der *Schrift-*

---

311 Den didaktischen Aspekt unterstreicht Willberg auch im Vorwort (Vgl. HP Willberg, 2001: 7), er war 21 Jahre Professor für Typografie und Buchgestaltung an der Fachhochschule Mainz. (Vgl. HPs Bruder K. Willberg, 1990: 7ff).

312 *»Die Einteilung ist der Übersichtlichkeit zuliebe vereinfacht«*, kommentiert Willberg seine Matrix (ebd.: 78f). Dies ist allerdings nicht nur zur besseren Übersicht nötig. Zur Integration der Unterklassen W2 wäre es möglich gewesen, die Paradigmastruktur beizubehalten. Nach Integration anderer erläuterter Klassen wäre die Projektion auf eine zweidimensionale Matrix jedoch nicht möglich gewesen, auch weil die Relationen zwischen den Einzelklassen im Text nicht weiter ausgeführt sind.

sippen[313] (im Folgenden als W6) als Unterscheidungsmerkmal (ebd.: 70), das mit den *Stilen* (W2) assoziiert werden kann. Zur Unterscheidung von *Schreibschriften* (ebd.: 71f) nennt Willberg drei Möglichkeiten, nach *Stil*, *Schreibwerkzeug* und *Schriftcharakter* (W3, W4 und W5). *Gliederung nach Stil* wird weiter bestimmt als *zu dynamischen Schriften passend* (W3.1) oder *zu statischen Schriften passend* (W3.2) und bezieht sich auf die Klassen W2.1 und W2.2. Die *Gliederung nach Schreibwerkzeug* (W4) nennt die Unterklassen *Breitfeder*, *Spitzfeder*, *Redisfeder*, *Pinsel* und *Filzschreiber u.Ä.* (W4.1 bis W4.5). Zur *Gliederung nach Schriftcharakter* nennt Willberg die *Satzschriften mit Schreibschriftcharakter* und *Charakter spontaner Handschriften* (W5.1 und W5.2). Die Klasse der *Dekorativen Schriften* (W2.4) zerfällt in *Dekorative Alphabete*, *Nostalgische Schriften*, *»Starke« Schriften* und *Provozierende Schriften* (W2.4.1 bis 2.4.4). Die *Gebrochenen Schriften* teilt Willberg wie Tschichold in *Gotisch*, *Rundgotisch*, *Schwabacher* und *Fraktur* (W5.1 bis W5.4).

Klassensignaturen

Die Definition der Klassen hält Willberg sehr knapp. Für die Hauptklassen W1.1 bis W1.5 orientiert er sich an Tschichold (T1.1, T1.2.1, T1.2.3 und T2) und beschreibt sie als *moduliert und mit Serifen* (W1.1), *nicht moduliert und ohne Serifen* (W1.2), *nicht moduliert und mit kräftigen Serifen* (W1.3) und Schriften aus *teilweise gebrochenen Strichen* (W1.5). W1.4 bestimmt er mit *Satzschriften, deren Vorlage von unterschiedlichen Schreibwerkzeugen ausgehen*, und bezieht sich damit auf die DIN8, Schreibschriften. Die Stile werden durch eine kurze Beschreibung bestimmt, zusätzlich wird ihnen jeweils ein assoziativer Begriff zugeordnet. W2.1 und W2.2 unterscheiden sich durch eine Betonung der Horizontalen (W2.1) bzw. Vertikalen (W2.2), die Assoziation mit der Breit- bzw. Spitzfeder mit den Begriffen *Wanderer* bzw. *Soldaten*. Für die Klasse W2.3 wird *»von einem vorgeplanten Konstruktionsgesetz«* ausgegangen und mit *Roboter* assoziiert, W2.4 mit Begriffen wie *Künstler* und *Nonkonformisten*. W2.4 wird als Oberklasse *einer Fülle von Schriften* (ebd.: 75) konzipiert, trotz der großen Zahl und Diversität der Schriftarten dieser Klasse schlägt Willberg eine weitere Klassifizierung vor, die jedoch nicht über die Nennung der Klassennamen *Dekorative Alphabete*, *Nostalgische Schriften*, *»Starke« Schriften* und

313 Der Begriff der Schriftsippe geht auf Otl Aicher zurück, der vorschlägt, Schriften in den Varianten Grotesk, Serif und Semiserif zu gestalten, und mit der Schrift *Rotis* ein Beispiel liefert (vgl. Aicher, 1988). Nach Pohlen wird in den 1930ern mit der *Romulus* die erste Schriftsippe von Jan van Krimpen gestaltet (vgl. Pohlen 2011: 217).

Provozierende Schriften (W2.4.1 bis W2.4.4) und eine ausführliche Bebilderung hinausgeht. Alle Unterklassen von W3 bis W5 werden neben dem Klassennamen nicht nennenswert ausdifferenziert, jedoch mit z. T. mehreren Schriftmustern bebildert. Willberg strebt keine »*lückenlose Systematik*« an, »*sondern nur einen ›Wegweiser‹ Schrift*« (ebd.: 78), seine Klassen sind offen formuliert.

Attribute

Willberg differenziert in Hauptgruppen (Form-Achse), die sich an Begriffe der DIN anlehnen. Diese kreuzt er mit der Stil-Achse, die nach Strichführung und Konstruktionsmuster unterscheidet. Verschiedene bzw. gleichmäßige Buchstabenbreiten sind dabei ein entscheidendes Attribut. Für Schreibschriften werden unterschiedliche die Schriftform bestimmende Faktoren genannt, für Dekorative Schriften Schriftwirkung als Unterscheidungskriterium vorgeschlagen. Die Unterteilung der gebrochenen Schriften gleicht der von Tschichold. Zur besseren Beschreibung »grenzwertiger« Klassen verwendet er assoziative Begriffe.

Struktur

Willberg ordnet seinen Ansatz bewusst nicht nach einer definierten Struktur, dennoch ist der Großteil seines Konzepts multihierarchisch aufgebaut. Zwar stellt er seine Ergebnisse in einer Matrix (ebd.: 78) auf, in den textlichen Ergänzungen einzelner Klassendefinitionen wird jedoch deutlich, dass an vielen Stellen ein oder mehrere ergänzende Dimensionen mitgedacht wurden. Auch wenn einige seiner Klassen nur bebildert und kaum beschrieben werden, kann sein Ansatz als Versuch einer Facettierung aufgefasst werden. Dabei wären z. B. W1 und W2 jeweils eine Facette, die optional mit Facetten wie W4 (die »Material« benannt werden könnte) oder W6 (»Verwandtschaft«) kombinierbar sind und welche im »Wegweiser« bereits mitgedacht werden. Die paradigmatische Struktur zeigt Tabelle 1, S. 106.

Kritik Willberg

Ihrer Ähnlichkeit wegen ist die Kritik der Ansätze von Willberg, Bollwage und Kupferschmid unten in 5.1.12 zusammengefasst.

5.1.12 Bollwage und Kupferschmid

Max Bollwage und Indra Kupferschmid veröffentlichen zeitnah zu Willbergs »Wegweiser Schrift« in eigenen Publikationen sehr ähnliche Klassifikationsansätze (vgl. Bollwage, Kupferschmid je 2001). Beide verwenden eine paradigmatische Struktur, deren Dimensionen über Strichführung und Serifen (bzw. keine) definiert sind. Beide Ansätze sind hier der kleinen Unterschiede wegen kurz aufgeführt, als Ergänzung zu Willbergs umfangreicherer Arbeit.

Fokus

Beide Publikationen sind als Lehrbücher im Fach Typografie konzipiert, in welche die Klassifikationsansätze als Teilkapitel integriert sind, beide wenden sich auch an ein akademisches Publikum.

Klassen

Strukturell unterscheiden sich die drei Konzepte von Willberg, Bollwage und Kupferschmid kaum. Allerdings leiten Bollwage und Kupferschmid den Begriff des »Formprinzips« unterschiedlich her, und dessen visuelle Ausprägung wird ausführlicher erläutert als bei Willberg. Die »Konsensklassen« werden von Bollwage und Kupferschmid analog zur DIN konzipiert, insgesamt ergeben sich keine gravierenden Unterschiede zu Willberg. Beide nennen Schriftbeispiele, Kupferschmid sogar sehr ausladend.

Klassensignaturen

Was bei Willberg mit *Form* (W1) bezeichnet wird, nennen Kupferschmid (2001: 30ff) und Bollwage (2001: 65f) *Formprinzip*. Beide erläutern die visuellen Ausprägungen des Formprinzips ausführlicher als Willberg. Bollwage argumentiert dabei historisch. Die unterschiedlichen Formprinzipien, die er in der Renaissance (humanistisches Formprinzip) und im Klassizismus (statisches Formprinzip) ansiedelt, sieht er als Ergebnisse soziokultureller Bewegungen; in der Ausdifferenzierung des klassizistischen Stils erkennt er *»Die Designrevolution im 18. Jahrhundert«* (ebd.: 65). Entscheidender Faktor zur Unterscheidung zwischen humanistischem und klassizistischem Formprinzip sei die Dicktenvarianz. Kupferschmid dagegen führt die Formprinzipien auf unterschiedliche Schreibwerkzeuge zurück. Das *dynamische Formprinzip* des Renaissance beruhe auf dem Duktus einer Breitfeder mit schräger Kontrastachse, das *statische Formprinzip* auf der Spitzfeder mit senkrechter Kontrastachse (vgl. Kupferschmid, 2001: 34ff). Sie führt zusätzlich ein geometrisches Formprinzip ein, das auf der Redisfeder ohne Strichstärkenkontrast beruht. Bei Bollwage werden *dekorative Formen* in eine Klasse der *Auszeichnungs-*

schriften integriert, während Willberg und Kupferschmid es als eigenes Formprinzip betrachten (W2.1 bis W2.4). Bollwage führt für diese Klasse die Merkmale *dekorative Formen, freie Formen, technische Formen* und *bildhafte Formen* ein.

Attribute
Bollwage und Kupferschmid unterscheiden die Formprinzipien nach Schreibwerkzeug (Breitfeder, Spitzfeder, Redisfeder) oder Dicktenvarianz. Beide Autoren führen das *Formprinzip* ein, die Verwendung als Dimension unterscheidet sich leicht.

Struktur
Bollwage und Kupferschmid konzipieren strukturell sehr ähnliche, paradigmatisch strukturierte Systeme. Sie unterscheiden sich in der Verortung der Schriftanmutung (Dekorative), die bei Bollwage eine eigene Klasse erhält, bei Kupferschmid als eigene Dimension mit anderen gekreuzt wird.

Kritik Willberg, Bollwage, Kupferschmid
Mit *Wegweiser Schrift* möchte Willberg kein Klassifikationssystem im eigentlichen Sinne schaffen, er meidet die Schwierigkeiten einer umfassenden Klassifikationstheorie und verbleibt bei prototypischer Darstellung seiner Klassen. Die zentralen Innovationen, die wichtigen Dimensionen *Stil* (W1) und *Form* (W2), sind nicht detailliert beschrieben, ihre exakte Merkmalsbeschreibung bleibt diffus. Besonders Willbergs Abgrenzung der *Grotesk* (W1.3) von den *Antiquas* (W1.1 und W1.2) über »gleichmäßige Strichstärke, keine Serifen« scheint wenig konsequent, da die Ausdifferenzierung der serifenlosen Schriften nach Formprinzip genau an der Modulation der Strichstärke festgemacht wird. Seine Innovation liegt, genau wie in den Ansätzen von Bollwage und Kupferschmid, in der Definition des *Stils* (dort auch Formprinzip oder Gestaltungsmuster), der in seinem zweidimensionalen Modell eine Achse bildet. Zudem benennt er verschiedene Unterscheidungskategorien wie Schreibwerkzeug oder Medienoptimierung, lässt aber den Modus eventueller Verknüpfungen zwischen der zentralen Tabelle und den weiteren Klassifikationselementen offen. Willberg arbeitet damit an der Ausdifferenzierung bereits bestehender Modelle, z. B. der DIN, deren Begriffe und Definitionen er weitgehend übernimmt, erweitert und ergänzt. Die Chance zur strukturellen Innovation nutzt Willberg nicht. Bollwage und Kupferschmid konzipieren weniger detaillier-

te, paradigmatische Modelle. Alle drei verlassen sich stark auf die Visualisierung typografischer Gestaltungsmodelle, teilweise ganz ohne sprachliche Beschreibung. Interessant ist der Vergleich der Definitionen von *dynamisch* und *statisch*, die fast deckungsgleich konzipiert werden, aber textlich unterschiedlich hergeleitet werden. Bollwage argumentiert eher aus Richtung eines gestalterischen Willens und technik-historisch, Kupferschmid entlang von Schreibwerkzeugen, Willberg auf rein formaler Ebene. Alle drei Ansätze sind als alternative Orientierungssysteme zur DIN gedacht und als solche, insbesondere in ihrer begriffssteuernden Funktion, wirksam. Der ursprüngliche Gedanke der DIN, die ein Sortierungssystem beinhalten sollte, wird auch hier nicht aufgegriffen. Dennoch sind die Ansätze richtungsweisend: mehrdimensionale, polyhierarchische Strukturen und Erfassung vieler typografischer Attribute unterschiedlicher Kategorien. Willberg, Bollwage und Kupferschmid bereiten Klassifikationen mit Facettenstruktur vor.

5.1.13 de Jong

Stephanie und Ralf de Jong veröffentlichen 2008 mit *Schriftwechsel. Schriften sehen, verstehen, wählen und vermitteln* ausdrücklich *keine* Schriftklassifikation. Sie wollen *»bewussten Umgang mit dem Thema Schriftwahl ermutigen«*, Kriterien zur Schriftwahl nennen und Argumente z. B. für das Kundengespräch liefern (vgl. de Jong 2008: 4). Auch wenn sie keine Klassifikation erarbeiten wollen, diese sei *»für Historiker interessant. Wenn überhaupt«* (ebd.: 6), gehen sie wie viele Autorinnen typografischer Lehrbücher auf die historische Entwicklung der Schriftform ein, analysieren Schreibwerkzeuge und deren formale Einflüsse auf Buchstabenformen, identifizieren Formprinzipien, differenzieren verschiedene Serifenformen und klären Begriffe zur Beschreibung von Buchstabenelementen und -merkmalen (ebd.: 11 – 60). Dem folgt eine Vorstellung und deutliche Kritik der DIN 16518. Schriftwechsel ist gegliedert in einen didaktischen Teil (S. 1 – 136), einen Teil mit ausführlichen Vorstellungen von 50 Schriften (S. 137 - 238) und einen dritten Teil (239 - 341) mit weiteren 200 deutlich kompakteren Vorstellungen.

Fokus

Schriftwechsel ist ein typografisches Lehrbuch, das bei der Auswahl typografischer Schriften unterstützen und Kriterien dazu liefern soll. Ziel der Publikation ist keine Klassifikation, sondern eine Sammlung von Kriterien unterschiedlichster Art, den Prozess der Schriftwahl zu unterstützen und argumentativ zu untermauern.

Dabei werden zwar unterschiedliche Kriterien zur differenzierten Beschreibung der Schriftform erwähnt, Schriftattribute teilweise metrisch erfasst und alle Aspekte der Klassifikation berührt,[314] daraus aber kein stringentes Modell formuliert.

Attribute

Im allgemeinen Teil von Schriftwechsel wird neben weitestgehend kanonisierten Attributen zur Schriftformbeschreibung auch eine *Schriftmatrix* entwickelt (ebd.: 72f). Die Matrix wird als dreidimensionaler Raum dargestellt (ebd.: 76), der sich in den Dimensionen *Kontrastmodell, Formensprache* und *Endstrichbehandlung* aufspannt. Der Kontrast wird nach Schreibwerkzeugen in *Schnurzugfeder* (keine Modulation), *Wechselzugfeder* (leichte Modulation) und *Spitzfeder* (starke Modulation) unterteilt, im Text werden Wechselzugfeder der Renaissance, Spitzfeder dem Klassizismus zugeordnet. Die Formensprache unterscheidet *konstruierte Formen, statisch-geschlossene* und *dynamisch-offene Formen*, die Endstrichbehandlung *ohne Serifen, mit Serifen* und *mit betonten Serifen*. In der grafischen Darstellung bilden die Kombinationen der drei Dimensionen jeweils einen Würfel, die dann »aneinandergereiht« wiederum zu einem größeren Würfel von drei Würfeln Kantenlänge werden. Der Würfel bildet prototypische Klassen,[315] er sei *»durchlässig«, »nachvollziehbar«* und *»konsequent«* gedacht (ebd.: 73). Der Würfel soll dabei einen formalen Raum aufspannen, in dem Schriften platziert werden können, räumliche Nähe soll formale Ähnlichkeit ausdrücken. Wichtig sind die Extrema der Achsen, die Endstriche sollen *»losgelöst vom historischen Ablauf«* verwendet werden, *»die Matrix kann auch auf Schriften angewandt werden, die Merkmale mehrerer DIN-Gruppen in sich vereinen«* (ebda.). Im zweiten Teil von Schriftwechsel, den detaillierten Vorstellungen der »Lieblinge« (ebd.: 138ff), konzentrieren sich die de Jongs auf ihre 50 Lieblingsschriften, *»Schriften, mit denen wir immer wieder arbeiten. Oder die wir uns immer schon einmal genauer anschauen wollten. Es sind Schriften, die eine Idee verkörpern: Das kann eine historische, eine formale oder eine funktionale Idee sein«* (ebd.: 137). Jeder Schrift ist dabei eine Doppelseite gewidmet, auf der neben umfangreichen Informationen zur Schrift sowohl Details zum Zeichenvorrat als

---

314 Die in unterschiedlicher Tiefe diskutierten typografischen Kriterien sind umfangreich, sie umfassen mikro-, meso- wie auch makrotypografische Aspekte: Formprinzipien, Modulation, Figur-Grund-Verhältnisse, Grauwert, Zeichenvorrat, Schriftfamilien und -sippen, Schriftmischung, Lesearten oder Lizenzen.

315 Anzumerken ist auch, dass einige der denkbaren Kombinationen nur theoretisch sind, nicht zu allen werden Beispiele genannt oder gezeigt.

auch einige metrische Informationen gesammelt sind. Als Meta-Daten identifiziert werden *Designerin*, *Erscheinungsjahr*, Link zum *Lizenzgeber* und *Anzahl der Gewichte*. Den Zeichenvorrat betreffen die Angaben *CE-Zeichensatz*,[316] *Griechisch*, *Kyrillisch*, die Ziffernarten *Minuskel-*, *Minuskeltabellen-*, *Majuskel-*, *Majuskeltabellen-*, *Kapitälchen-* und *Indexziffern*, *Standard-* und *zusätzliche Ligaturen* sowie *Swash-* und *Zierformen*. Bemerkenswert für die Publikationsform Buch ist die Erfassung metrischer Werte. Hier wird die *Schriftgröße* erfasst als Kegelhöhe bei einer x-Höhe von 1,6 mm. Die Verhältnisse von *Oberlängen* und *Unterlängen* zur *x-Höhe* werden in Relation gesetzt, wobei die x-Höhe immer mit 10 angegeben wird. Modulation wird im Verhältnis von *Haar-* und *Grundstrichen* erfasst und die *Laufweite* in Form der Anschläge im Mustertext gemessen auf einer Länge von 100 cm.

Kritik

Obwohl *Schriftwechsel* ausdrücklich nicht als Ansatz zur Schriftklassifikation gelesen werden soll,[317] werden im theoretischen ersten Teil und der Lobpreisung der 50 Lieblingsschriften im zweiten die Mehrheit der für Schriftklassifikation relevanten Schriftattribute genannt. Die Schriftmatrix ist ein Versuch, die komplexen Vernetzungen der wichtigsten Parameter der Schriftgestaltung, Modulation, Serifenform und Formprinzip in einem vorstellbaren Konstrukt, einem dreidimensionalen Schriftenraum zu vereinen. Es ähnelt stark einer vereinfachten Form von Noordzijs siebendimensionalem mentalen Bild der Schreibschrift (vgl. Noordzij 2000: 24f). *Schriftwechsel* vermeidet zu klassifizieren, es verbleibt konsequent prototypisch und vage. Klarheit dagegen schafft es auf Ebene der Attribute: *Schriftwechsel* versammelt einen Großteil der zeitgenössischen klassifikationsrelevanten Unterscheidungskriterien.

5.1.14 Coles

The Geometry of Type. The Anatomy of 100 Essential Typefaces ist Coles' Auslese zeitgenössischer *»typeface essentials«*, eine Auswahl *»that represents a wide range ... and every typeface was vetted for quality and design integrity. They are organised in a prag-*

316 Diese in Spezifikationen und Lizenzen gängige Abkürzung für *Central and Eastern Europe* (analog zum deutschen *MOEL*, Mittel und osteuropäische Länder) bezeichnet das Vorhandensein von diakritischen Zeichen zur Notation z. B. des Polnischen oder Lettischen.

317 Schriftwechsel beginnt mit drei Irrtümern, denen je eine ganze (in Fall dieses Buches sehr große) Buchseite gewidmet ist. Schriftklassifikation halten die de Jongs dort für verzichtbar (vgl. de Jong 2008: 6).

matic way, sorted in groups that borrow some aspects from traditional, history-based classification but without relying too heavily on dated dogma. Typefaces with similar visual character are placed near each other, making it easy to compare designs« (Coles, 2013: 7). Die Klassifikation dient ihm hauptsächlich zur Definition und Vermittlung typografischer Begriffe zur Beschreibung der Schriftform, er führt ein Vokabular ein, welches *»will not only make you sound smart at parties, but will also help you to identify, select and combine typefaces«* (ebd.: 12). Gleich zu Beginn relativiert er seinen Ansatz, der, wie alle Versuche, kreative Arbeit oder Kulturgüter zu ordnen, *»inherently problematic«* (ebd.: 12) sei.[318] Die Formenvielfalt sei zu groß, Neuentwicklungen unvorhersehbar, Coles spricht sich gegen eine historisch angelegte Klassifikation aus, die für zeitgenössische Schriften unpraktisch sei (vgl. ebd.: 12). Er stellt eine Ordnung aus 15 Klassen vor, die als Navigationsstruktur in seinem Buch dient.

Coles Fokus
Sein Ziel ist, ähnlich wie Willberg, keine stringente Klassifikation, sondern eine prototypisch formulierte Ordnung, die seinem Buch eine Struktur gibt. Dieses wendet sich an Typografen und Schriftgestalterinnen, er möchte ein mentales Modell zum besseren Verständnis seiner Auswahl etablieren. Der knappen Klassifikation voran gehen vier Seiten zur Verwendung des Buches und Erläuterungen typografischer Begriffe mit Bebilderung. Er stellt hauptsächlich für den Mengensatz geeignete Schriften vor, die Klasse »Display«, welche das Buch abschließt, wird in der Klassifikation zu Beginn der Publikation nicht erwähnt. *Geometry of Type* ist ein typografisches Lehrbuch.

Klassen
Insgesamt definiert Coles 15 Klassen, die in wenigen Sätzen beschrieben, durch »gute Beispiele« ergänzt und deren Charakteristika bebildert werden. Obwohl sie linear genannt werden, in Anlehnung an die lineare Buchstruktur, gibt es Parallelen zwischen den Klassen. Die Hauptgruppen sind *Serif, Engraved, Sans, Slab* und *Script*, die teilweise in Unterklassen aufgeteilt werden. Die abstrakte Klasse *Serif* (C1) besteht aus den Unterklassen *Humanist Serif* (C1.1), *Transitional Serif* (C1.2),

318 Seiner Begründung *»type is not biology – a typeface does not have a genetic code«* (ebd.: 12) sei hier widersprochen: Durch die strengen Formate und Konventionen der Formbeschreibung ist Schrift als eines der wenigen Kulturgüter stark kodiert; die geometrische Formbeschreibung ist praktisch ein genetischer Code.

Rational Serif (C1.3) und *Contemporary Serif* (C1.4). Die Klasse *Engraved* (C2) besitzt keine Unterklassen. *Sans* (C3), ebenfalls eine abstrakte Klasse, wird unterteilt in *Grotesque Sans* (C3.1), *Neo-Grotesque Sans* (C3.2), *Gothic Sans* (C3.3), *Geometric Sans* (C3.4), *Humanist Sans* (C3.5) und *Neo-Humanist Sans* (C3.6). Die abstrakte Oberklasse *Slab* (C4) enthält die Unterklassen *Grotesque Slab* (C4.1), *Geometric Slab* (C4.2) und *Humanist Slab* (C4.3). Die Klasse *Script* (C5) ist nicht weiter unterteilt. Das Buch enthält ein weiteres Kapitel, *Display*, das hier nicht als Klasse aufgeführt wird. Die Klassen haben, als lineares Orientierungselement im Buch eingesetzt, keine Verknüpfung untereinander. Die Doppelung der Begriffe *Humanist* (C1.1, C3.5, C4.3), *Neo-Humanist* (C3.6), *Grotesque* (C3.1, C4.1), *Neo-Grotesque* (C3.2), *Grotesque Slab* (C4.1) und *Geometric* (C3.4, C4.2) und ihre Beschreibung verweisen jedoch auf analoge Klassensignaturen (vgl. ebd.: 12).

Klassendefinitionen
Coles beschreibt seine Klassen in wenigen Sätzen, zeigt ein prototypisches Beispiel mit dem jeweiligen Schriftnamen, visualisiert die Klassifikationsattribute und ergänzt einige Klassen durch Anmerkungen und kleine Illustrationen. Die C1-Klassen sind prototypisch entlang des Kanons definiert. Bemerkenswert ist der für Coles auch in anderen Klassen relevante Übergang von Hauptstrich in Serife, der *with gradual bracket* [allmählich, gekehlt; jop] in C1.1, *with abrupt bracket* [mit ausgerundetem Winkel, jop] in C1.2 oder *unbracketed* [winklig, jop] in C1.3 verläuft (ebd.: 14ff). Unter C1.4 subsumiert Coles neuere Serifenschriften, die über eine größere x-Höhe und offene Punzen sowie Bogen-Öffnungen verfügten. C2 folgen gemeißelten Vorbildern, einer Referenz auf BS7, »*also known as Glyphic*« (ebd.: 16). Die Unterklassen von C3 werden jeweils historisch eingeordnet und Hauptcharakteristika aufgeführt. Die jeweiligen Attribute sind hier nicht im Einzelnen aufgeführt, die verwendeten Kategorien variieren, selbst zwischen Schriften gleicher Oberklasse (ebd.: 17f). C4.1 nennt Coles »*bulky beasts*« (ebd.: 20), Serifenbetonte mit Tropfenserifen, vertikaler Modulationsachse und vertikalen Ausläufen. C4.2 wird auf C3.4 bezogen, modulationsarm, ein gerader Auslauf des R und mit einstöckigem g, C4.3 auf C3.5, ergänzt durch rechtwinklige, machmal keilförmige Serifen (ebd.: 20f). C5 sind Schriften, die »emulate handwriting«, sie sind meist stärker geneigt und würden oft nach Schreibwerkzeug sortiert (ebd.: 21).

Attribute

Coles zieht viele im Diskurs bereits etablierte, kategorial sehr unterschiedliche Attribute für seine Klassendefinitionen heran. Er leitet die ersten drei Klassen historisch her, stellt Beziehungen zwischen Schreibwerkzeugen, Modulationswinkel und Seifenformen fest. Weiterhin argumentiert er häufig mit dem Abstrich des großen R (ob geschwungen oder gerade), verwendet Dickten-Varianz, Größe der Punzen und Öffnungen, Einsatzgebiete, Modulation und -winkel, Konstruktionsschemata, Kursive durch Schrägstellung oder »echte Kursive«,[319] horizontalen Raumbedarf, x-Höhen-Verhältnisse, Schreibwerkzeuge, ein- oder doppelstöckige Buchstaben, Werkzeugsimulationen oder Beschreibstoffe.

Struktur

Die prototypische Klassifikation Coles ist linear beschrieben und abgebildet, sie erfüllt ihre Funktion als Orientierungs- und Navigationselement im Buch. Die parallelen Klassenbezeichnungen sind als Vererbungs-Struktur gemeint, die manche, aber nicht alle (wie z. B. bei Willberg) Klassen betreffen. Eine komplexere Struktur ist in Coles narrativem Ansatz nicht erkennbar.

Kritik

Mit *The Geometry of Type* präsentiert Coles seine Version der 100 wichtigsten Schriften, ein Blick auf den Schriftmarkt 2012. Im Vordergrund stehen für ihn »*versatility and practical use*« (Coles, 2013: 7). Seine Klassifikation bildet die Kapitel ab, in die er sein Buch strukturiert oder umgekehrt. Coles bildet seine Klassen anhand von Begriffen, die im Diskurs etabliert sind, und versucht diese über verschiedene Eigenschaften, mit Hilfe von Abbildungen und Beispielen zu definieren. Seine Klassendefinitionen erstrecken sich über viele typografische Kategorien, was zu sehr divergenten, schwer miteinander vergleichbaren Klassen führt. Coles argumentiert stets prototypisch, eine stringent definierte, universelle Klassifikation ist nicht sein Ziel. Sein Argumentationsmuster erinnert stark an Foucaults Episteme der Renaissance, argumentiert wird über Ähnlichkeiten. Coles Ansatz ist mit 15 Klassen komplex, die Relation der ähnlichen Klassen unterschiedlicher

319 Dieses Attribut bezieht sich darauf, ob kursive Schnitte durch geometrische Neigung erzeugt oder neu gezeichnet wurden. Charakteristisch wäre bei letzterem die Variation einzelner Buchstabenformen, z. B. ein doppelstöckiges a und g im aufrechten Schnitt, einstöckige im Kursiven, ein kurzes f im aufrechten, ein langes f im kursiven Schnitt, etc.

Oberklassen (z. B. Grotesque C3.1 und C4.2) schwammig und in der prototypischen Definition ungenau. *The Geometry of Type* zeigt die Unterschiedlichkeit der typografischen Kategorien, nach denen klassifiziert werden kann. Erfasst werden Merkmale einzelner Buchstaben, Mikrotypografie, wie der Abstrich des R, Größe von Punzen und Buchstabenöffnungen genauso wie Eigenschaften mehrerer Lettern, Mesotypografie, beispielsweise Dicktenvarianz, x-Höhe, Modulation oder kursive Letternformen, bis hin zu Charakteristika der gesamten Schrift, wie Laufweite, Einsatzgebiete, Werkzeugsimulationen oder Beschreibstoffe. Coles' Modell ist eine Anpassung älterer prototypisch formulierter Modelle an die digitale Typografie der 2010er Jahre. Symptomatisch verbleibt es als Narrativ unscharf und inklusiv formuliert.

5.1.15 Childers, Griscti und Leben

Der 21-seitige Essay 25 *Systems for Classifying Typography: A Study in Naming Frequency* erscheint 2013 als Resultat einer Projektarbeit am Parsons Institute for Information Mapping im Parsons Journal for Information Mapping.[320] Er stellt die Schriftklassifikationen von De Vinne, Thibaudeau, Updike, Vox, Nettelhorst, Dowding, McLean, Lawson, Solomon, Bringhurst, Dixon, Haley, Lupton, Craig, Strizver, Bartam, Bevinton und Chong,[321] der Schrifthersteller Fontfont, Paratype, Linotype, Adobe und Letraset sowie die Klassifikationen der DIN 16518, des BS und der Vox-ATypI jeweils in einem Diagramm mit Klassenbezeichnungen dar und vergleicht sie.

Fokus

Die Studie konzentriert sich, aus dem englischsprachigen Kontext kommend, auf die Bezeichner der Hauptklassen. Die Ansätze werden dabei kurz beschrieben, die Haupt-Leistung des Essays liegt in der Analyse und visuellen Darstellung der jeweiligen Klassen. Die Methode ist bestechend einfach: Die Bezeichnungen der Hauptklassen werden benannt, gezählt und in ein Mengenverhältnis gestellt.

---

320 Die Arbeit wurde betreut von Paul Shaw.

321 Childers et. al. beziehen sich auf eine unveröffentlichte (Stand Juni 2017) Fassung eines Typografie-Buches.

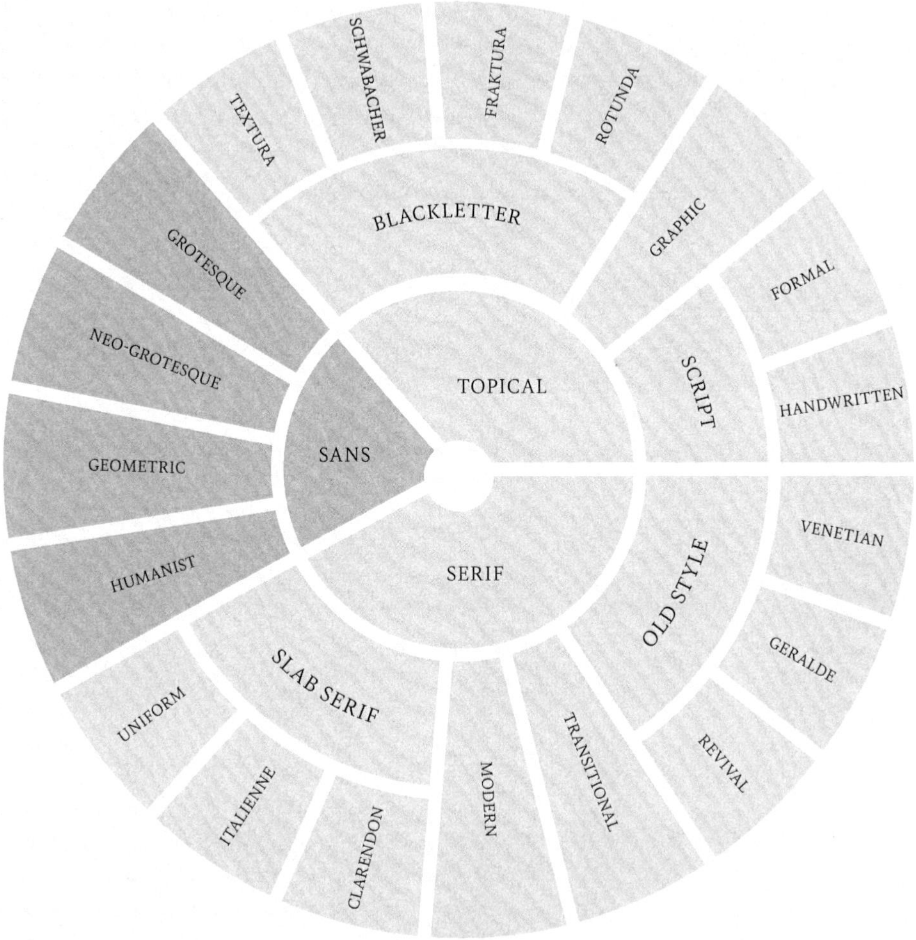

Abbildung 19 *Das Kuchendiagramm nach Childers et.al. 2013 (vgl. ebda.: 19) zeigt das »resolved system«. Es ist der Vorschlag der Autoren als Synthese aus den von ihnen analysierten 25 Schriftklassifikationen.*

Struktur und Attribute

Weder Strukturen noch Unterscheidungsattribute liegen im Fokus der Arbeit. Einige Attribute werden kurz erwähnt, wichtig ist den Autoren die Nennung der Klassenbezeichnungen, weniger die genauen Definitionen. Die visuelle Darstellung der verschiedenen Systeme zeigt deren bis zu dreistufigen Aufbau. Die Struktur oder innere Verknüpfungen sind in der Darstellung nicht erkennbar. Von den identifizierten Klassen werden die häufig vorkommenden in ein *resolved system* (ebd.: 20) zusammengeführt, das ebenfalls als Kuchendiagramm dargestellt und kurz erläutert wird. Childers, Griscti und Leben formulieren eine dreistufige Monohierarchie, die weitestgehend auf andere Systeme referenziert und daher prototypisch formuliert ist. Die Hauptklassen sind *Topical* (CGL 1), *Serif* (CGL 2) und *Sans* (CGL 3), die jeweils in Unterkategorien unterteilt sind. Topical wird als *»decorative«* (ebd.: 20) bezeichnet und synonym zu Display verwendet, die gebrochenen Schriften werden als nicht mehr gebräuchlich deklariert und ebenfalls integriert. Dabei umfasst *Topical* die Unterklassen *Graphic* (CGL 1.1), *Blackletter* (CGL 1.2) und *Script* (CGL 1.3), wobei nur die letzten beiden weiter unterteilt sind. Blackletter besteht aus den vier Unterklassen *Textura* (CGL 1.2.1), *Schwabacher* (CGL 1.2.2) *Fraktur* (CGL 1.2.3) und *Rotunda* (CGL 1.2.4), Script aus *Formal* (CGL 1.3.1) und *Handwritten* (CGL 1.3.2). Die Hauptklasse *Serif* (CGL 2) zerfällt in *Old Style* (CGL 2.1), *Transitional* (CGL 2.2), *Modern* (CGL 2.3) und *Slab Serif* (CGL 2.4). Dabei wird *Old Style* in *Venetian* (CGL 2.1.1), *Garalde* (CGL 2.1.2) und *Revival* (CGL 2.1.3) unterteilt, *Slab Serif* in *Clarendon* (CGL 2.2.1), *Italienne* (CGL 2.2.2) und *Uniform* (CGL 2.2.3). Die Klasse *Sans* umfasst die vier nicht weiter differenzierten Unterklassen *Humanist* (CGL 3.1), *Geometric* (CGL 3.2), *Neo-Grotesque* (CGL 3.3) und *Grotesque* (CGL 3.4).

Kritik

Der Essay *25 Systems for Classifying Typography* versucht eine Synthese von Klassifikationen hauptsächlich aus dem anglo-amerikanischen Raum zu formulieren. Die Autoren konzentrieren sich dabei auf die Klassenbezeichnungen und die visuelle Darstellung der Klassen in einem Kuchendiagramm. Diese Darstellung ist Fluch und Segen zugleich: Sie ermöglicht es, viele sehr unterschiedliche Systeme in eine visuell einfach erfassbare Form zu bringen und so vergleichbar zu machen. Die Darstellung liefert Argumente für die Zählung und Vereinheitlichung der »populären« Klassenbezeichnungen. Darstellungsmodus und Vergleichbarkeit in dieser Form sind neu. Gleichzeitig aber simplifiziert die Darstellung die Systeme stark, komplexere Systemeigenschaften wie Polyhierarchien, Vererbungen oder mehrfach anwendbare Kategorien sind nicht erkennbar, die Struktur ist nur zu erahnen. Allein über häufige Nennung von Klassenbezeichnern auf einen Konsens zu schließen, ist ein Kurzschluss. Die Verwendung tradierter Begriffe mag für Anschlussfähigkeit sorgen, löst aber nicht das Dilemma der kategorialen Unterschiede der Bezeichner: In der Klassifikation von Serifenschriften stehen kaum vergleichbare Kategorien nebeneinander, z. B. Herkunft, *(country)* wie *venetian*, Zeit oder Epoche wie *modern* oder formale Merkmalen wie *Slab Serif Uniform* (hier: ohne Modulation). Zudem wird eine wesentliche Schwäche der vielen prototypisch formulierten Klassifikationssysteme in das *Resolved System* weitergetragen: Auch wenn von einem breiteren Konsens über die Bezeichnung von Klassen wie *Humanist Sans* (CGL 3.1), *Garalde Serif* (CGL 2.1.2) oder *Venetian Old Style Serif* (CGL 2.1.1) ausgegangen werden kann, verbleiben die Definitionen dieser Klassen unscharf. Auch ein Schnitt über viele Systeme kann Widersprüche zwischen einzelnen Klassenbezeichnungen verschiedener Systeme nicht aufheben. Vielmehr wird suggeriert, hinter identischen Bezeichnern stünde die gleiche »Sachvorstellung«, was nicht immer der Fall ist. Die Arbeit ist eine Analyse der typografischen Klassen*bezeichnungen*, nicht aber der Klassen selbst. Wie in vielen prototypischen Systemen fällt die Grenzziehung schwer: Auch das *Resolved System* vermag keine Grenze zu ziehen, ab der eine *Sans* eine *Grotesque Sans* und nicht mehr *Neo-grotesque* ist. Childers et. al. liefern eine empirische, weniger eine qualitative Studie, sie analysieren die Schriftklassen*bezeichnungen*, ignorieren dabei Schriftklassen*definitionen*.

5.1.16 von Gebhardi

Im Rahmen seiner Bachelor-Arbeit[322] beschäftigt sich von Gebhardi mit einem System zur formalisierten Beschreibung der Schriftform: »*Der Kern der Arbeit entstand auf der Suche nach einem System, mit welchem man die unterschiedlichsten formalen Merkmale aller Schriften möglichst einfach und doch umfassend beschreiben kann. Obwohl der Fokus vorrangig auf dem lateinischen Alphabet liegt, kann es dabei als allgemein gültige Grundlage dienen, Schriften aller sprachlichen Systeme gezielt auszuwählen, zu setzen, zu analysieren und letztendlich auch zu gestalten*« (von Gebhardi, 2013). Es ist bisher nur auf seiner Portfolio-Website veröffentlicht, »*Momentan ist nicht klar, wann es eine Veröffentlichung dieser Auseinandersetzung geben wird*« (ebda.). Die gezeigten Abbildungen lassen jedoch den Rückschluss zu, dass von Gebhardi einen großen Umfang von formalen und anderen Attributen erfassen will, auch wenn die Ausarbeitung im Detail nicht erkennbar ist. Im Kontext dieser Arbeit ist diese Darstellung zwar sehr knapp, aber ausreichend, um von Gebhardis Konzept zu verstehen. Die Darstellung seiner Attribute und insbesondere sein Literaturverzeichnis lassen durch die Nennung von beispielsweise PANOSE, metaflop.com

322 Eingereicht an der Burg Giebichenstein Kunsthochschule Halle, betreut von Andrea Tinnes.

oder prototypo.io[323] eine Nähe zu Ansätzen parametrischer Schriftgestaltung erkennen, die Kontextualisierung der knappen Darstellung fällt damit leicht.

Attribute
Da die Arbeit nicht veröffentlicht ist, können die berücksichtigen Eigenschaften nur aus dem Inhaltsverzeichnis entnommen werden. Von Gebhardi unterscheidet Eigenschaften der Kategorien *Schriftbild* (G1), *Grundform* (G2), *Skelett* (G3), *Kontur* (G4), *Oberfläche* (G5), *Grafische Einflüsse* (G6) und *Umsetzung* (G7). Unter Schriftbild sind *Zurichtung* (G1.1), *Position* und *Größe* (G1.2) sowie *Modulation* (G1.3) unterschieden. Grundform ist unterteilt in *Erkennungsmuster* (G2.1) und *Stilvariante* (G2.2), Skelett in *Proportion* (G3.1), *Neigung* (G3.2) und *Kurvigkeit* (G3.3), Kontur in *Strichstärke* (G4.1), *Strich-Modulierung* (G4.2), *Winkelübergänge* (G4.3) und *Eigenformen* (G4.4), Oberfläche in *Farbe und Ebenen* (G5.1), *Dekoration* (G5.2) und *3-Dimensionalität* (G5.3), Grafische Einflüsse in *Optische Phänomene* (G6.1), *Geometrische Effekte* (G6.2) und *Technische Probleme* (G6.3). *G7,* Umsetzung, ist schwierig zu interpretieren und in *Konstruktionsarten* (G7.1), *Negativformen* (G7.2), *Gruppierungen* (G7.3) und *Zeichensatz/Familie* (G7.4) unterteilt.

Struktur
Auf die Struktur des Systems kann ebenfalls nur geschlossen werden, eine Tabelle deutet eine paradigmatische Struktur an. Zu vermuten ist eine angedachte Umsetzung in einem mehrdimensionalen Raum als relationale Datenbank.

Kritik
Von Gebhardis Abschlussarbeit ist in zweierlei Hinsicht bemerkenswert. Zum einen geht er als einer der wenigen die Klassifikation aus der Perspektive parametrischer Schriftgestaltung an. Hier verbinden sich die Perspektiven der automatisierten Schriftgestaltung mit denen der Differenzierung von Schriftarten, seine Zielrichtung ähnelt stark der von Dixon, auf die zumindest in den Referenzen kein Hinweis zu finden ist. Zum zweiten zielt von Gebhardis Struktur deutlich auf die Umsetzung seines Systems in digitaler Form. Es sind Vorschläge zur (geo-)

---

323 Metaflop und Prototypo sind Web-Services, die parametrisch gesteuerte Schriften erzeugen. Die Schriftform kann über ein Web-Frontend gesteuert werden. Dabei verwendet Metaflop die von Donald Knuth entwickelte Beschreibungssprache MetaFont, Prototypo eine eigene Erzeugungslogik.

metrischen Erfassung von Schriftattributen erkennbar, er klassifiziert bottom-up unter Einbeziehung von Meta-Daten. Von Gebhardi formuliert den Traum einer umfassenden, alle formalen Schrifteigenschaften erfassenden Schriftdatenbank.

5.1.17 Friedrich

Hartmut Friedrich veröffentlicht 2016 seine Bachelor-Arbeit[324] *Ordnungssysteme in Schriftbeständen. Von Klassifikationskämpfen und pragmatischen Parametern* als *»ein Kompendium der bekanntesten Klassifikationen der lateinischen Schriften«* (Friedrich, 2016: 12). Er stellt eine Auswahl von digital wie papiergebunden publizierten Klassifikationsansätzen in kurzen Beschreibungen vor und fasst knapp die in den verschiedenen Ansätzen relevanten Attribute zusammen. Dabei unterteilt Friedrich die Attribute in Gruppen, benennt oder definiert diese allerdings nicht weiter. Seine Leistung besteht aus der Kompilation der einzelnen Ansätze, einem stringenten, wenn auch sehr knappen Vergleich und der Formulierung zeitgenössischer Anforderungen im Schlusswort. Seine Perspektive beschreibt Friedrich als einen »sehr theoretische[n] Ansatz« (ebd.: 100), der hier als Synthese der in den diskutierten Klassifikationen verwendeten Attribute betrachtet wird.

Struktur

Friedrich schlägt im Schlussteil der Arbeit in Anlehnung an von Gebhardi (2015) vor, den dreidimensional gedachten Ansatz der de Jongs zu erweitern, um verschiedene Eigenschaften typografischer Schrift so in einem vieldimensionalen Raum abbilden zu können. Dieser soll mehr als die von de Jong vorgeschlagenen Attribute aufnehmen können. Wichtig ist ihm die Aufnahme verschiedener Kategorien von Eigenschaften, solche formaler Natur wie Modulation oder Laufweite, aber auch Meta-Daten (Schriftgestalterin, Foundry, Lizenzmodell) oder Anmutungsqualitäten über »*Nutzungskontexte*« (wie z. B. Hochzeit, Buchgestaltung) (vgl. ebd.: 96f).

Kritik

In *Ordnungssysteme in Schriftbeständen* fasst Friedrich viele Klassifikationssysteme zusammen und vergleicht die dort relevant gemachten Attribute auf einer sehr abstrakten Ebene. In seinen Schlussbetrachtungen formuliert er lediglich »Perspektiven« (Friedrich, 2016: 100) für die Entwicklung zukünftiger Klassifika-

324 Abgelegt an der Fachhochschule Potsdam, betreut von Lucas de Groot und Friedrich Forssman.

tionssysteme. Hier ist sein Ansatz deswegen relevant, da Friedrich als Synthese der Kombination »analoger« und »digitaler« Klassifikationen einen mehrdimensionalen Beschreibungsraum vorschlägt. Sein direkter Vergleich von papiergebundenen Publikationen und digitalen Systemen mündet in der Synthese verschiedenster Attribute in unterschiedlichen Dimensionen. Er bebildert diesen mehrdimensionalen Raum mit einem Tesserakt, in Anlehnung an de Jong (2008) und von Gebhardi (2013). Friedrichs Perspektive scheitert in der Visualisierung, was symptomatisch ist für den Versuch, viele Attribute unterschiedlichster Kategorien in einem System zu vereinen und zweidimensional darzustellen. Genannt ist der Ansatz hier, da er eine Synthese der bisherigen Ansätze implizit in einem digitalen System realisiert sieht, das über eine prototypische Ordnung hinaus über Verortungsmechanismen verfügt. Friedrich möchte sehr unterschiedliche Eigenschaften (wie z.B. formale Kriterien, verfügbare Lizenzmodelle, Schrifthersteller oder Nutzungskontexte) erfassen und sieht Schriftklassifikation auch als Werkzeug zur Schriftsuche und -identifikation, nicht ausschließlich als mentales Modell. Aus seinem Konzept wird zudem die wesentliche Fragestellung von Modellen deutlich, die formale Ähnlichkeit in mehrdimensionalen Räumen darstellen: Die Normalisierung der Abstände völlig voneinander unabhängiger Attribute wird vermutlich die größte, bisher noch nie angegangene Herausforderung.[325] Als Bachelor-Arbeit herausragend, vermögen es die *Ordnungssysteme*, verschiedene Ansätze zu vergleichen und vor dem Hintergrund zeitgenössischer Anforderungen zu bewerten. Die daraus zu entwickelnde Klassifikation verbleibt als »Möglichkeitsraum« (Friedrich, 2016: 98), in dem eine Synthese aus prototypischem Modell und Sortierungssystem umrissen wird, in ihr liegt in der vorliegenden Fassung deutlich mehr Wunsch als System.

325 Um dieses Argument zu konkretisieren: Würde man Ähnlichkeit mehrdimensional darstellen, wirken alle dazu verwendeten Attribute auf den Abstand, die Ähnlichkeit, zwischen zwei Schriften. Wie stark welche Attribute dabei gewichtet werden, ist zu definieren: Ist eine Schrift ähnlicher, wenn sie viel dunkler ist, aber größere Serifen hat, oder gar keine? Die Frage, wie in einem metrisch differenzierenden System die Abbildung der Attribute und ihre Wirkung auf die Verortung sind, war bis dato noch nicht relevant.

5.2 DIGITALE KLASSIFIKATIONEN

Die folgenden Ansätze wurden entweder ausschließlich digital veröffentlicht oder zielen auf eine digitale Umsetzung ab. Tiefe und Umfang der Texte unterscheiden sich dabei jedoch erheblich. Während beispielsweise die Klassifikationen der Schriftenhersteller im WWW praktisch nicht dokumentiert oder erläutert werden, gehören zu den Arbeiten von Archer, Bauermeister oder Dixon umfangreiche, teilweise mehrere hundert Seiten umfassende Texte. Der wesentliche Unterschied zu den gedruckten Publikationen besteht darin, dass sie im Rahmen der digitalen Systeme Handlungsanweisungen und Adressierungsmechanismen mit in die Systemkonzeption aufnehmen.

5.2.1 PANOSE

Das PANOSE-System von Benjamin Bauermeister erschien als Buch im Jahr 1988 mit dem Titel »*PANOSE. A Manual of Comparative Typography*« (Bauermeister, 1988). Vor seiner Gründung der ElseWare Corporation 1990 zur Verwertung seines Systems war er bei der Firma Aldus[326] beschäftigt. Bauermeister beschreibt PANOSE als »*accessible, informative specimen system*« (Bauermeister, 1988: vii). Es soll ähnliche Typen in räumlicher Nähe darstellen (was Bauermeister sowohl auf sein Buch als auf auch den logischen Adressraum innerhalb des Systems bezieht) und die jeweiligen Unterschiede darstellen.[327] Zur Unterscheidung der Schriften werden sieben Parameter verwendet, deren Ausprägung mit jeweils einer Ziffer festgehalten wird. Der Großteil des Buches, 240 von ca. 260 Seiten, besteht aus ca. 500 Schriftmustern aus 350 Familien, an deren Beispiel das System erläutert wird. ElseWare erweitert das System in der Version PANOSE 1 auf 10 Parameter. Es wird 1990 von der Firma Microsoft als Teil des TrueType-Standards in das Betriebssystem Windows 3.1 integriert. Die 1993 veröffentlichte Spezifikation von PANOSE 2, u.a. eine Erweiterung auf nicht-lateinische Schriften, bewertet Haramlabous als »*a truly ingenious system*« (2007: 424), sie wurde als Klassifikati-

326 Die Aldus Corporation war Hersteller der bahnbrechenden Desktop-Publishing-Software PageMaker, die u.a. der Seitenbeschreibungssprache PostScript zum Durchbruch verhalf. 1994 ging Aldus in der Firma Adobe auf, dem aktuell dominanten Marktführer im Bereich grafischer Anwendungen. Zu Aldus vgl. (wiki 03)

327 In der Einleitung vergleicht Bauermeister das PANOSE-System mit einem Naturkundebuch, das über Eigenschaften von Blättern und Rinde zum Namen bestimmter Bäume führt. (vgl. Bauermeister, 1988: vii)

on nie implementiert.[328] PANOSE 1.0 ist Teil verschiedener Standards und Softwarepakete, u.a. wird es vom SVG-Standard[329] der Version 1.0 unterstützt, PANOSE war Teil von CSS2, wurde aus dem Folgestandard CSS2.1 entfernt und in CSS3 über die Web Fonts Module wieder integriert und ist in den Formaten *Open Office XML* sowie *Rich Text Format*[330] verwendet (vgl. [wiki 22]).

Der PANOSE-Fokus

Der PANOSE-Standard ist für typografische Laien wie Experten gedacht, er »*can be used by anyone interested in type, regardless of experience. If you are a student or client, selecting type for the first time or the fiftieth, the PANOSE system can help you find the style you want, regardless of your knowledge of type names or historical periods. Identify the characteristics you want, and use the classification index to find it as well as to locate similar fonts.*« (Bauermeister, 1988: vii) Beispielhaft klassifiziert werden im »sourcebook« ausschließlich digital vorliegende Schriften, der Großteil davon besteht aus Mengenschriften.

Der PANOSE-1-Fokus

Durch die Implementierung des PANOSE-1-Standards in Windows 3.1 konzentriert sich der Kreis potenzieller Anwender auf Benutzer von Microsoft-Betriebssystemen und TrueType-Schriften. Die Umsetzung als Software hat weitere Folgen – das Beschreibungssystem ist mathematisch definiert, der Großteil der Attribute wird metrisch erfasst. PANOSE 1 ist ein Standard, der genaue Anweisungen und Formeln zur metrischen Erfassung enthält; die Zuweisung der Klassifikations-Ziffern des PANOSE-Systems erfolgt nach formalisierten Regeln. Zusätzlich wurde der PANOSE-1-Standard verwendet, um anhand der Klassifikationsdaten Schriften zu erzeugen.[331] Diese Umkehrung von der mathematischen

328 Für eine Beschreibung der Möglichkeiten von PANOSE 2.0 als Whitepaper vgl. Laurentis, 1993. Nach Wikipedia wurde *»PANOSE 2.0 … in ElseWare Corporation's InfiniFont parametric font generation system«* eingesetzt (wiki 7).

329 Das Dateiformat für Vektorgrafiken, Scalable Vector Graphics (SVG), ist ein unter anderem im WWW verwendeter offener Standard, der durch das World Wide Web Consortium (W3C) veröffentlicht wurde. Die erste Version stammt von 1999 (W3C: SVG).

330 *Open Office XML* und *Rich Text Format (RTF)* sind offene Standards für digitale Textdokumente.

331 Die Laserdrucker-Serie *LaserJet MP5* konnte mit Hilfe des InfiniFont-Formats anhand der PANOSE-Klassifikationsdaten Schriften innerhalb des Druckerspeichers erzeugen. Dies diente v.a. der Speicherökonomie, z.B. um die Übertragungsgeschwindigkeit zwischen Computer und Drucker zu reduzieren (vgl.

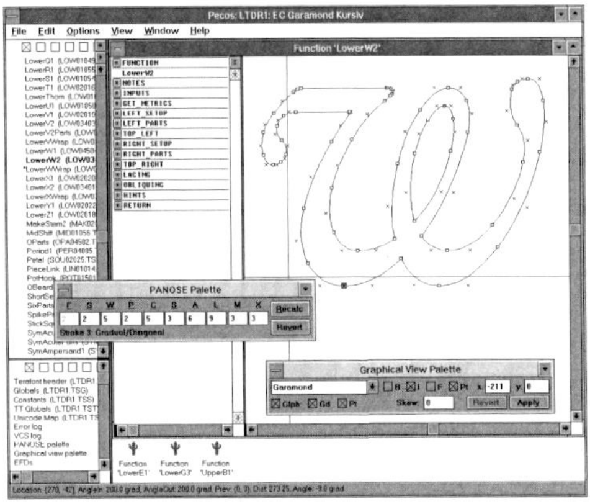

Abb. 20 *In der Schriftentwicklungs-Software Pecos werden Schriften über parametrisierbare Funktionsaufrufe gestaltet, im abgebildeten Fenster das w einer kursiven InfiniFont-Garamond. Jede InfiniFont-Schrift ist ein Programm, dessen Parameter Schriftform und gleichzeitig Werte der PANOSE-1-Klassifikation bestimmt. (vgl. Beausoleil 1993, S. 125f)*

Beschreibung von Schriften zu deren »künstlicher« Generierung ist bis dahin einzigartig.[332] Die parametrische Erzeugung unterliegt, genau wie die Erfassung, programmatischen Grenzen. Für Mengenschriften ist der Großteil der Parameter sinnvoll. Schwer anwendbar ist das System für unkonventionelle Schriften, z. B. solche mit außergewöhnlichen Einzelbuchstaben oder Messwertkombinationen. Dekorative oder handgeschriebene Schriften sind vom System per Definition ausgeschlossen. Darüber hinaus werden die verschiedenen Parameter an bestimmten Buchstaben bestimmt, hauptsächlich verwendet werden A, C, E, H, J, O, M, S und x. Das PANOSE-System erzeugt daher weniger konsistente Ergebnisse für Schriften, bei denen ein oder mehrere dieser Referenzbuchstaben schwer zu messen sind oder besondere Formen aufweisen.

Haralambous, 2007: 424). Die Kurzbeschreibung des InfiniFont-Systems liest sich wie der Traum von Lizenzkostenknauserern und der Albtraum von Schriftgestaltern: »*We have developed a high-performance parametric font generation system for the creation and commercial supply of digital fonts, and in particular, for generating a wide variety of digital typefaces using a single compact representation of typographic knowledge and characteristics. Typographic feature detail can be added or removed, depending on the application. The system does not rely on master outlines for interpolation between or extrapolation from static typefaces.*« (Abstract und komplette Beschreibung: Beausoleil, 1993).

332 Die Frage, inwieweit bzw. wie stark Schriftklassifikationen in den Bereich der Gestaltung und besonders Schriftgestaltung hineinwirken, wird hier gleichsam mit Kerosin gelöscht. Die PANOSE-Klassifikation ist hier nicht mehr nur eine von unendlich vielen möglichen Beschreibungen einer Schriftart, sie ist *eindeutig, die ökonomischste, ultimativ gültige.* Im InfiniFont-Kontext ist Identität von Schriftform und Schriftbeschreibung erreicht. Eine Grundfrage der Schriftklassifikation, nämlich ob es überhaupt möglich und notwendig ist, Schriftform durch ein komplexes Netzwerk vager, verbaler Attribute zu beschreiben, beantwortet InfiniFonts eindeutig: Zur exakten Definition von InfiniFonts genügt eine sehr kleine Menge exakter Werte.

Die PANOSE-1-Parameter

Das PANOSE-System unterscheidet Schriften anhand von sieben Kategorien, die im Textteil des PANOSE-Buches detailliert beschrieben werden (vgl. Bauermeister, 1988: ix ff). PANOSE 1 erweiterte diese auf zehn und definiert Formeln und Messanweisungen zur Bestimmung der Eigenschaften. Die beiden Systeme sind strukturell und konzeptionell fast identisch, analysiert wird im Folgenden nur PANOSE-1. Es erfasst insgesamt zehn Schrifteigenschaften, die mit jeweils einem ganzzahligen Wert dargestellt werden. Aneinandergereiht ergeben diese Zahlen die Adresse im System, wobei die Eigenschaften der betreffenden Schrift am jeweiligen Segment direkt abgelesen werden können. Das erste Segment P1 steht für *family kind*, P2 für *serif style*, P3 erfasst *weight*, P4 mit *proportion* Laufweite und Dicktenvarianz, P5 den *contrast*, P6 misst *stroke variant*, P7 steht für *arm style and termination of open curves*, P8 für *slant and shape of the letter*, P9 die *midlines and apexes* sowie P10 *x-height and behavior of uppercase letter relative to accents*.

Die Spezifikation legt Eigenschaften für die im Segment verwendbaren Zahlen fest. Das erste Segment P1 dient zur Definition der von PANOSE-1 erfassbaren Schriften. Es sieht Werte von 0 (null) bis 5 vor, wobei in PANOSE-1 nur Schriften mit dem Wert 2, der Kategorie *latin font for running text and titling*, weiterführend klassifiziert werden.[333]

Alle Beschreibungen, Formeln und Anweisungen hier detailliert aufzuführen würde den Rahmen sprengen,[334] beispielhaft seien die Adresssegmente P2, P3, P5, P6 und P9 vorgestellt. Das Segment P2, *serif style*, besteht aus einer Zahl von null bis 15. Die Werte null und 1 stehen für *any* und *no fit*. Sie sind, wie bei vielen anderen Segmenten, für Ausnahmefälle bzw. als Auffangbecken gedacht, um auch Schriften klassifizieren zu können, die nicht in allen Segmenten erfassbar sind.

333 Die anderen Werte wurden definiert, um für eventuelle Erweiterung kompatibel zu bleiben. Sie sind für 0 (null) *any type of font*, für 1 *no fit with any of the other types*, für 3 *handwritten font*, 4 *decorative font* und 5 *symbol font*. In einer späteren Fassung, die nur im WWW veröffentlicht wurde, sind die Werte 3, 4 und 5 integriert. Dort werden einige der für 2 definierten Vorgänge verwendet.

334 Einen Überblick gibt z.B. Stevahn, 1996. Doyle, 2005 vergleicht die IBM-Klassifikation mit PANOSE und evaluiert ihren praktischen Einsatz. Detailliert und kommentiert, einschließlich Berechnungsformeln und Vermaßungsregeln wird PANOSE 1.0 beschrieben von Haralambous, 2007: 424ff. Die Monotype Imaging Inc. veröffentlicht den Panose Guide von 1991 (Monotype, 1991) auf ihrer Website: eine Dokumentation für die PANOSE-Software, welche sich hauptsächlich an Lizenznehmer des Standards wendet. Sie richtet sich an Software-Entwickler und definiert z.B. genaue Variablennamen; präzise Angaben zur Metrik-Berechnung sind nicht integriert. Die hier beschriebene Version ist eine neuere als bei Haralambous, sie wurde vermutlich nach 2007 im WWW veröffentlicht.

Die Werte 2 bis 15 sind Serifenformen zugeordnet, die textlich beschrieben werden mit *cove, obtuse cove, square cove, obtuse square cove, square, thin, oval, exaggerated, triangle, normal sans serif, obtuse sans serif, perpendicular sans serif, flared sans serif, rounded sans serif.* Für jeden dieser Werte liegen mathematische Beschreibungen vor.

Das P3-Segment beschreibt das Verhältnis zwischen Buchstabenhöhe und Hauptstrichstärke und wird an den Buchstaben H und E ermittelt. Es besteht aus dem Quotienten aus Höhe des H und Dicke des Hauptstrichs des E. Die Werte 0 (null) und 1 sind für *any weight* und *no fit* reserviert, 2 steht für *very light,* einen Quotienten von größer oder gleich 35, 3 für *light* und Quotienten größer der gleich 18, aber kleiner als 35, 5 steht für *book* mit Verhältnis zwischen 7,5 und 10, der größte Wert, 11, für *extra black* mit einem Quotienten kleiner als 2.

P5 wird ähnlich ermittelt, der Wertebereich reicht hier von 2 *no contrast* bis 9 *very high.* Hier wird die Strichstärkenmodulation am Buchstaben O gemessen, wobei der Wert 2 einem Quotienten von größer 0,8, der Wert 9 einem Quotienten von kleiner oder gleich 0,08 entspricht.[335] P6 beschreibt eine typografische Feinheit, hier wird ermittelt, ob und wie stark die Strichstärke wechselt und ob der Modulationsübergang allmählich oder abrupt vorgenommen wird. Die Berechnung ist komplex, Vermaßungsbeispiele zeigt Abbildung 21.

Das Segment P9 erfasst zum einen die Positionen der jeweiligen Mittellinie von E und A sowie die Form der Spitze bzw. Kopfserife des A. P9 gibt über zwei Eigenschaften Auskunft, die wiederum in drei bzw. vier Ausprägungen aufgeteilt sind. Dazu wird die Differenz der Mittellinienhöhe von E und A in Verhältnis zur Größe des H ermittelt, das Ergebnis in die Kategorien *standard, high, constant* und *low* eingeteilt. Die Spitze des A wird anhand der in Vektor-Beschreibung notwendigen Punkte ermittelt,[336] unterschieden wird *pointed* (spitzes) A, *trimmed* (abgeschnittenes, oben flaches) A und serifed A (mit Kopfserifen). Die möglichen Kombinationen werden in 12 Zahlen dargestellt, die analog zu p3 von 2 bis 13 reichen.

---

335 In Worten ausgedrückt versteht Bauermeister unter *no contrast* ein Verhältnis zwischen dünnster und dickster Stelle im O (Buchstabe oh) von 4 zu 5, während der *contrast* von *very high* einem Verhältnis von 1 zu 25 entspricht.

336 Um eine Spitze geometrisch zu beschreiben, ist nur ein Punkt notwendig (sofern es zwei andere Richtungen gibt, in die der Strich weitergehen kann), ein abgeschnittenes A (trimmed) würde zwei Punkte benötigen, eine Serife mindestens vier. PANOSE liefert bei dieser Eigenschaft bei ökonomisch konstruierten, digitalen Schriften gute Ergebnisse. Nonkonformität, z. B. durch einen verschwenderischen Umgang mit Beschreibungspunkten an der Spitze des A, ist nicht vorgesehen und verfälscht die Klassifikationsergebnisse.

Für die Klassen P1.3 bis P1.5 werden analog zu P1.2 Werte zu Laufweite, Grauwert und Dicktenvarianz gemessen. Im Folgenden werden nur die nicht schon in P2 verwendeten Kategorien aufgeführt. P1.3.1 bezeichnet *tool kind* (Schreibwerkzeug) und assoziiert einen Werkzeugduktus mit den Werten 2 für *Flat Nib*, 3 für *Pressure Point*, 4 *Engraved*, 5 *Ball (Round Cap)*, 6 *Brush*, 7 *Rough*, 8 *Felt Pen/Brush Tip* sowie 9 *Wild Brush – Drips a lot.* Die visuelle Ausprägung von P1.3.1 wird beschrieben, dieser Wert wird nicht errechnet. P1.3.6 heißt *Topology* und setzt sich aus den beiden Unterkategorien Schriftform und Strichführung zusammen. Schriftform umfasst dabei *roman* (keine speziellen Kursiv-Formen wie g, a oder f, schräggestellte aufrechte Schrift), *cursive* (geschriebene Schrift, spezielle Kursiv-Formen) und *blackletter.*[337] Strichführung bezeichnet, ob die einzelnen Buchstaben verbunden sind, wie etwa bei der deutschen Schulausgangsschrift. Verbundene Lettern werden mit *connected* bezeichnet, *disconnected* bedeutet unverbunden. *Trailing* bezeichnet Buchstaben, deren Ausläufe (hauptsächlich der Minuskeln) auf der Schriftlinie enden. Der Kombination beider Unterkategorien werden neun Ziffern zugeordnet. Analog werden unter *form* 1.3.7 aus *slant* (Schriftneigung) und *wrapping* (überlappende Strichansätze) insgesamt 12 Kombinationen gebildet. P1.4.1 führt für *decorative latin* eine ungewöhnliche Kategorie mit der Bezeichnung *class* ein. Sie bezeichnet den *general look and feel* der Schrift und wird in zehn Unterkategorien unterschieden: *Derivative, Non-standard Topology, Non-standard Elements, Non-standard Aspect, Initials, Cartoon, Picture Stems, Ornamented, Text and Background, Collage* und *Montage.* Spätestens ab hier fällt es schwer, den Bezeichnungen zu folgen und die eher assoziativen Begriffe voneinander abzugrenzen. Sie werden hier unkommentiert aufgeführt, kommentiert weiter unten in »Kritik«. Die Kategorie 1.4.6 *treatment* differenziert die Färbung des Buchstabenkörpers und unterscheidet zwischen *Non-standard Solid Fill, White / No Fill, Patterned Fill, Complex Fill, Shaped Fill* und *Drawn / Distressed.* Unter 1.4.7, *lining,* wird die Linienführung der Außenlinien (nicht die Strichführung wie bei einer Schreibschrift) bezeichnet. Unterschieden wird hier in *Inline, Outline, Engraved (Multiple Lines), Shadow, Relief* und

337 Verglichen mit Bauermeisters präzisen, metrischen Angaben und elaborierten Berechnungsfunktionen in p1.2 wirken die Formulierungen der Kategorien für P1.3 amateurhaft, dilettantisch, ignorant. Eine Preziose ist die Beschreibung zu blackletter: *Blackletter implies that there have been major modifications to many of the letterforms. These faces tend to be very black and condensed and often feel angry or aggressive.* (Monotype, 1991: 3.7) Die von Bauermeister im sourcebook formulierten Grundsätze sind trotz ihrer Freisprachlichkeit ausreichend exakt, die Formulierungen der Monotype-Spezifikation zeugen dagegen von einem hochgradig naiven Verständnis von Schriftgeschichte und -form.

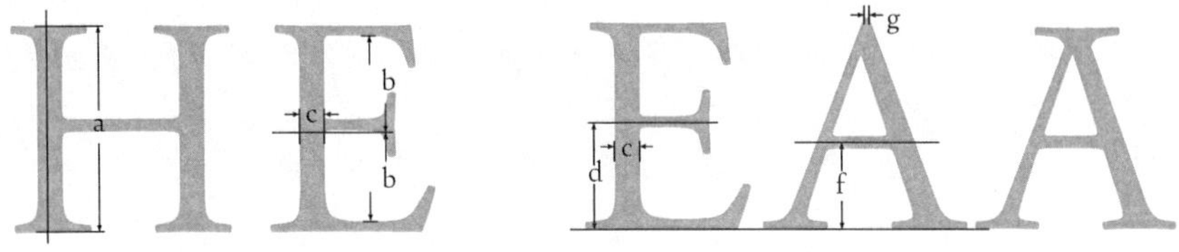

Abbildung 21 *Die Berechnung von PANOSE-Parametern (nach Haralambous 2007: 428 und 437). P3 wird aus dem Verhältnis aus $\varphi = \frac{a}{c}$ berechnet, 5 (book) entspricht beispielsweise einem Verhältnis von $7{,}5 \leq \varphi \leq 10$, die Werte von a im Verhältnis zu d bzw. f sowie b zur Ermittlung der Position der Querstriche von E und A, g zur Ermittlung der Scheitelform (»Apex«, die Spitze) des A, Variante mit flachem Scheitel ganz rechts.*

Backdrop. Symbol- oder Pi-Fonts (Schriften, die nicht aus Buchstaben, sondern aus grafischen Symbolen oder Piktogrammen bestehen) werden unter 1.5 zusammengefasst und in die zehn Kategorien *montages, pictures, shapes, scientific, music, expert, patterns, borders, icons, logos* und *industry specific* unterteilt.

Struktur

Das PANOSE-System definiert einen zehndimensionalen Raum, dessen Dimensionen aus berechenbaren Größen bestehen. Diese Größen werden anhand von Messwerten an verschiedenen Buchstaben für jede zu klassifizierende Schrift ermittelt. Jede Schrift ist ein Vektor innerhalb des Klassifikationsraums, die Ähnlichkeit zweier Schriften kann dann mit Hilfe des Abstands innerhalb des PANOSE-Raumes bestimmt werden. Die Dimensionen werden zwar anhand der gleichen Messwerte, wie der Höhe des H, ermittelt, sind aber voneinander unabhängig. PANOSE kann auch als Facettenklassifikation mit sehr geringer Differenzierung innerhalb der einzelnen Facetten verstanden werden. Der mit PANOSE-1 ursprünglich veröffentlichte Ansatz beruht auf der metrisch-mathematisch korrekten Erfassung und dem numerischen Vergleich von Schriften.

Die auf der Website von Monotype veröffentlichten Ergänzungen differenzieren die Kategorien P1.3 bis P1.5 weiter. Hier werden einerseits die für P1.2 festgelegten Merkmale verwendet, darüber hinaus aber nur narrativ definierte Kategorien ergänzt. Auch diese erweiterte Struktur könnte als facettiertes Modell aufgefasst werden, in dem metrisch errechnete Werte mit freisprachlichen kombiniert werden.

Kritik

Bauermeisters PANOSE 1.0 ist eines der am weitesten digital umgesetzten Systeme zur Unterscheidung digitaler Schriften. Sein Leistungspotenzial ist gut zusammengefasst von Hudson: »*So it works — assuming font developers accurately recorded the Panose data, which most did* not *— within that conceptual and practical framework. It isn't a classification system per se, and the numbers won't necessarily tell you what you want to know about a typeface, but it should tell you what other types are similar in certain ways.*« [Herv.i. O., jop] (John Hudson, *Type classification and Bringhurst*, http://typophile.com/node/40052, Stand 6/2011). Eine wesentliche Annahme Bauermeisters liegt darin, dass sich anhand von Charakteristika einzelner Buchstaben (die wichtigsten sind A, H, g, a und e) Rückschlüsse auf die gesamte Schrift herleiten lassen. Er geht davon aus, dass Schriften »homogen« gestaltet sind und zwischen allen Buchstaben stilistische Parallelen bestehen. Nicht oder nur schwer klassifizierbar sind daher Schriften, die ungewöhnliche Merkmale (z. B. Serifenformen) aufweisen oder deren metrische Analyse der vorgesehenen Buchstaben die Charakteristika der Schrift als Ganzes nicht entsprechend repräsentiert. Nonkonformität, sei es durch ungewöhnliche Buchstabenformen oder verschwenderischen Umgang mit Beschreibungspunkten, wird mit falschen Klassifikationsergebnissen bestraft. Die Implementierung des PANOSE-Standards unter Windows 3.11 und die Integration in CorelDraw, beides in der Design-Community des ausgehenden 20. Jahrhunderts wenig beliebte Produkte, haben dem Standard Misstrauen eingebracht. Obwohl PANOSE unter bestimmten Bedingungen[338] als *font-matching-algorithm* funktional einsetzbar ist, wird er professionellen Ansprüchen bei der Ersetzung von Schriften nicht gerecht.[339] Die Zielrichtung des Standards sind weniger typografische Fachkräfte oder die grafische

338 PANOSE dient v. a. dem Finden *ähnlicher* Schriften, z. B. wenn eine Anwenderin über bestimmte in einem digitalen Dokument verwendete Schriften nicht verfügt. Über ein *matching* der PANOSE-Parameter können dann Schriften gesucht werden, um sie anstelle der fehlenden einzusetzen. Im Optimalfall ist die Schriftänderung kaum zu erkennen. Voraussetzung dafür ist, dass überhaupt ähnliche Schriften im System verfügbar sind und dass die PANOSE-Parameter für alle auf dem Rechner installierten Schriften exakt erfasst wurden.

339 Für anspruchsvolle Typografie ist die Hauptfunktion von PANOSE, das *font-matching* im Falle von Nicht-Verfügbarkeit konkreter Schriften, nicht einsetzbar. Bereits kleinste Variationen einer Schrift, z. B. von Buchstabenbreiten, haben auch in weniger anspruchsvoll gesetzten Texten teilweise immense Auswirkungen auf Laufweiten, Umbruch und die Gesamtwirkung einer Seite. Ein gestaltetes Dokument muss nach einem Austausch der verwendeten Schriften geprüft und häufig manuell überarbeitet werden. Das Konzept hinter PANOSE, *»Öffne ein Dokument, auch wenn die dort verwendeten Schriften nicht*

Industrie als vielmehr Büro-Anwendungen wie Textverarbeitungsprogramme und ihre Benutzer, in der Mehrzahl typografische Laien. Die Hauptleistung des Standards liegt darin, *Dokumente unter widrigen Bedingungen* (wenn die verwendeten Schriften fehlen) *lesbar,* wenn möglich mit geringen Layoutveränderungen *darstellbar* und damit *veränderbar* zu machen. Die Erhaltung der Flächensyntax steht dabei nicht im Vordergrund.[340] Die spätere Anwendung von PANOSE als Bezugssystem zur *Erzeugung* von digitaler Schrift zeigt, dass eine Standardisierung basaler Buchstabenmerkmale einerseits möglich ist. Andererseits wird deutlich, dass diese metrische Differenzierung nur für solche Schriften sinnvoll ist, die relativ »gewöhnliche« Formen aufweisen. Umso schwieriger ist die Klassifikation »weniger gewöhnlicher« Schriften, wie an der sehr offenen Definition der Parameter 1.4 und 1.5 abgelesen werden kann. Basieren die erfassten Attribute von P1 bis dahin auf strikter, metrischer Erfassung, sind die Parameter teilweise in P1.3, deutlich aber in P1.4 und P1.5, ein Bruch der formalisierten Beschreibung der Schriftform. Wo bis dahin automatisierte Erfassung der Eigenschaften möglich gewesen wäre, dringen nun über freisprachliche, prototypische und über Ähnlichkeiten definierte Beschreibungen wieder ganz andere Paradigmen der Differenzierung ins System. Bauermeisters Ansatz der integrierten dezentralen Erfassung von Klassifikationsparametern durch die Schriftgestalter hat sich nicht bewährt.[341] PANOSE zeigt, dass die Beschreibung, und damit auch die *Erzeugung,* konventioneller Buchstabentypen[342] durch metrische Methoden, mittels weni-

installiert sind, und hoffe auf nur geringe Veränderung des Layouts«, ist kaum vereinbar mit typografischen Qualitätsansprüchen.

340 Angemerkt sei hier, dass viele Anwendungen für Textverarbeitung nach ähnlichem oder, für die visuelle Ebene noch dramatischer, ohne jegliches Prinzip arbeiten. Schon der Transport eines Dokuments auf einen anderen Rechner kann zu starken Veränderungen in der Flächensyntax führen. PANOSE als Anwendung zum Ersetzen von Schriftarten ist in diesen Kontexten ein Gewinn an typografischer Qualität, wenn auch auf niedrigem Niveau.

341 Was auch daran liegt, dass ökonomisch gezeichnete Schriften der Frühzeit des DTP deutlich einfacher automatisiert in PANOSE zu erfassen waren als die experimentellen Schriften, die mit Beginn der 1990er populär wurden.

342 Parametrisch generierte Schriften liegen knapp jenseits des Fokus dieser Arbeit. Es bleibt aber festzustellen, dass insbesondere für Mengentext taugliche Schriften mit Hilfe weniger Parameter in hoher typografischer Qualität generiert werden können. Die Software LaTeX von Donald Knuth (vgl. z. B. Knuth 1999), die häufig für gedruckte Publikationen im naturwissenschaftlichen Bereich eingesetzt wird, zeigt, dass parametrische Schriftgenerierung seit langem alltagstauglich ist. Neuere Entwicklungen wie Variable Fonts, die Wiederbelebung der Funktionalität von Multiple Master und die Technologie Quick Draw GX im Rahmen von Open Type zeigen, dass im Bereich von dynamisch parametrisch generierten

ger Parameter möglich[343] ist. Bemerkenswert ist der Ansatz auch deswegen, weil er den frühesten und über lange Zeit einzigen Ansatz darstellt, der Schriftform nicht analytisch-synthetisch, sondern metrisch erfasst. Bauermeister führt eine erste Taxonomie in ein Reich der Typologien ein.

5.2.2 Mundie

David A. Mundie veröffentlicht ca. 1998 *A Field Guide to the Faces*[344] auf seiner privaten Website. Das Dokument selbst ist auf 1995 datiert. Der *Field Guide* ist ein Fragenkatalog, anhand dessen sich Schriften eines vorliegenden Schriftmusters identifizieren lassen. Mundie ist als Autor im Bereich Typografie bis dahin nicht aufgetreten, er hat sporadisch im Umfeld einer Internet-Adaption der Bibliotheksklassifikation Dewey Decimal Classification[345] publiziert. Der Katalog besteht aus einer einzigen Datei, einer einzelnen sehr langen Seite, und ist nicht kommentiert. Christian Liljeberg bearbeitet die rohe Grundfassung 2001, baut eine zehnstufige Seitenstruktur auf und stellt sie auf seiner eigenen Website *retroglobe.com* zur Verfügung. Dort beschreibt er das Dokument als Werkzeug zum Identifizieren einzelner Schriften.[346] Bestimmt werden diese anhand distinkter Buchstabenmerkmale.

Schriften das letzte Wort noch lange nicht gesprochen ist. Der Frage, inwieweit Schrift, vielleicht auch Handschrift, als vom Leser erkennbares »Programm« zur Erzeugung von Buchstaben gedacht werden muss und welche Rückschlüsse sich aus dem Kontext parametrischer Schriften ziehen lassen, kann hier zum Bedauern des Autors nicht weiter nachgegangen werden.

343 Es bleibt zu bemerken: *Möglich* ist nicht gleichbedeutend mit *notwendig*. Dass Schriften computergeneriert erstellt werden können, bedeutet nicht, dass typografische Schriften von nun an nur noch »erzeugt« und nicht gezeichnet werden müssten. Das bedeutet ebenso wenig, dass *jede* Schrift computergeneriert hergestellt werden kann oder soll. Auch wenn viele Schriftfamilien zumindest computergestützt generiert werden, z. B. bei der Interpolation verschiedener Fette-Grade, ist es aktuell noch am Menschen, gestalterische und technische Fragestellungen zu formulieren, auf die mit einer Schriftgestaltung reagiert werden kann. Zumindest dieser Teil des Gestaltungsprozesses ist aktuell noch nicht maschinisiert.

344 Mundies Website ist nicht mehr online, die archivierte Version wurde dem Autoren dankenswerterweise von Christian Liljeberg, vermutlich ein Freund Mundies, zur Verfügung gestellt. Eine alte Version wurde von Liljeberg zeitweise online gestellt (Liljeberg, 2001).

345 Zitiert wird Mundie z. B. auf UKOLN 01 und in einer Hausarbeit im Fach Bibliothekswissenschaften, Haßelmeier, 2004. Die ursprüngliche Klassifikation Mundies ist online nicht mehr verfügbar.

346 Liljeberg schreibt: *»The Typeface identification guide! Do you have book or a newspaper and you don't know the typeface? This Typeface Identification Guide could be what you need! It is a step-by-step guide to help identify around 700 different typefaces. The Guide is based on the Rookledge's International Typefinder (ISBN 1559210524 or 187075803X) by Christopher Perfect and Gordon Rookledge and*

Mundies Fokus
Der *Field Guide* basiert auf dem *Rookledge International Typefinder* (Perfect 1990). Er dient dem Identifizieren der 700 im Typefinder verwendeten Schriften und liefert als Ergebnis den Schriftnamen und deren Referenznummer. Zur Identifikation werden Merkmale einzelner Buchstaben verwendet. Das beschreibende Vokabular besteht aus typografischen Fachbegriffen wie *ascender serif* oder *with leftward roman serif at apex* und setzt beim Anwender grundlegende typografische Kenntnisse voraus, wie *descenders on p, q not especially long*.

Bestimmung
Der *Field Guide* ist gedacht wie ein Bestimmungsbuch für Tier- und Pflanzenarten, ein Nachschlagewerk für die Schriften des Rookledge Typefinder. Er führt schrittweise über eine Reihe von Bestimmungsvorgängen zu einem Schriftexemplar. Die Schritte sind nummeriert, nachfolgende Schritte erhalten die Nummern aller Vorgänger und eine eigene, sodass der Weg zu einem bestimmten Schritt stets nachvollziehbar bleibt.[347] Die Bestimmung wird in Schritten vorgenommen, an denen das System in Form von Fragen auf die jeweils nächste, bzw. am Ende auf eine Schrift verweist. Die 17 Startfragen sind in die drei Klassen *with roman serif* (M1), *without roman serif* (M2) und *Display faces* (M3) geteilt. Jede der durchnummerierten Fragen nennt einen oder mehrere Buchstaben, dessen Eigenschaften festgestellt werden sollen. Die Klassen M1 und M2 beginnen mit 5 bzw. 3 Fragen zu den Buchstaben e, d und o bzw. I (Versal-i). Die Bestimmungen gehen sehr spezifisch auf konkrete Buchstabenmerkmale ein.[348] Der erste Schritt bestimmt eine im Typefinder definierte Klasse mit traditioneller Bezeichnung, für M1 *Venetian* (M1.1), *Old-Style* (M1.2), *Transitional* (M1.3), *New Transitional* (M1.4)

David A. Mundie has converted it to HTML. Credits to him! The numbers given within brackets at each typeface in this Guide are same as in Rookledge's International Typefinder. If you have the book, lucky you! It has been out of print for some time, so if you find a copy, don't hesitate to buy it!« (Liljeberg, 2001). Er bezieht sich hier auf den auch in dieser Arbeit analysierten *Typefinder*, allerdings in einer anderen Ausgabe.

347 So führt die Bestimmung 8 im ersten Schritt zu 10 weiteren Möglichkeiten, die mit 8.1 bis 8.10 nummeriert sind. 8.2 hat vier nachfolgende Bestimmungen, deren Nummern 8.2.1 bis 8.2.4 lauten usw. Jede Schrift enthält die Identifikationsnummer des Typefinders sowie die durch Konkatenation der Bestimmungsschritte entstandene Adresse.

348 Beispiele: Nr. 4 lautet *o with non-abrupt vertical stress; d with horizontal line or bracketed serifs*, Nr. 8.9.1 lautet *M with middle point above line*, Nr. 13.11.2.2.2 lautet *M round-topped*.

und *Modern* (M1.5), für M2 *Slab* (M2.1), *Wedge* (M2.2) und *Sans Serif* (M2.3).[349] Die Bestimmungen unter M3 sind weniger spezifisch, die Unterscheidung über 9 Fragen aber relativ fein. Der Weg durch den *Field Guide* besteht aus einer Sequenz von Bestimmungen, an deren Ende ein Schriftname steht. Jede dieser Schriften ist mit einer Nummer versehen, welche der im Typefinder verwendeten Nummer entspricht. Die Anzahl der Schritte zu einem Schriftnamen reicht von zwei (die Schrift steht nach Bestimmung nur zweier Merkmale fest) bis zehn.[350]

Attribute

Mundie unterscheidet serifenlose und Serifen-Schriften anhand spezifischer Buchstabenmerkmale wie der Form des Querstrichs beim G, Stärke der Modulation, Form der Serifenansätze oder Buchstaben-Außenformen (wie *G, g round* oder *G, g square*). Die traditionellen Klassenbezeichnungen spielen für die Auswahl der Attribute eine Rolle, sind aber als solche höchstens Nebeninformationen des Systems. Die unter M3 zusammengefassten Schriften werden eher über Attribute wie *Modified outrageous, Dot-formed, Felt or graphic pen* oder *Roman italic based on pen scripts* bestimmt. Hier werden über freisprachliche Beschreibung komplexere visuelle Ausprägungen zusammengefasst.[351]

Struktur

Der *Field Guide* ist ein Entscheidungsbaum, der aus insgesamt 1032 Knoten besteht. Jeder Bestimmungsschritt führt entweder zu weiteren Schritten oder endet bei einem Schriftnamen, einem Endknoten. Jede Schrift wird bestimmt durch ei-

349 Die Zuordnung einer Schrift zu einer »Standardklasse« wird anhand mehrerer Attribute bestimmt, die relevanten Eigenschaften sind vielfältig. Trotzdem gelingt es Mundie, diese Unterscheidung im ersten Schritt nur anhand von drei Buchstabenmerkmalen vorzunehmen.

350 Die »Univers 75« ist beispielsweise eine der Schriften, die erst nach zehn Bestimmungen festgelegt werden kann. Der letzte Schritt lautet hier: *14.4.3.4.1.2.2.2.2.2 r flag roman (498) Univers 75.* Der kürzeste Klassifikationsweg geht über zwei Schritte, was für mehrere Schriften zutrifft, z. B. *8.4 (273) Akzidenz Grotesk* oder *1.4 (32) Italian Old Style.*

351 Ein kompaktes Attribut wie *felt pen* fasst visuelle Ausprägungen wie informelle Strichführung und Buchstabencharakter, ausgerundete, ggf. ausgefranste, nie exakt rechtwinklige Strichansätze oder Kursivbuchstabenformen mindestens in a und g zusammen. Die Auswahl über freisprachlich abstrakter bestimmte Eigenschaften ist so schwierig wie mächtig: Attribute sind nur unscharf bestimmt, eine einzige Eigenschaft verweist aber auf mehrere intuitiv erfassbare visuelle Merkmale. In Mundies Fall ist diese Beschreibungsstrategie besonders geeignet, da die Anzahl der zu bestimmenden Schriften fix ist und versehentliche Querverweise von vornherein ausgeschlossen werden können.

Text Faces

l, d with roman serifs

1 e with sloping bar **[Venetian Serif]**
2 o with angled stress; d with definite oblique serifs, including foot serif **[Old-Style Serif]**
3 o with vertical stress; d with oblique ascender serif, horizontal foot serif **[Transitional Serif]**
4 o with non-abrupt vertical stress; d with horizontal line or bracketed serifs **[New Transitional Serif]**
5 o with strong abrupt vertical contrast; d with horizontal line or slightly bracketed serifs **[Modern Serif]**

l, d without roman serifs

6 I with slab serifs, either square or bracketed **[Slab Serif]**
7 I with wedge serif **[Wedge Serif]**
8 No serifs, except perhaps on I **[Sans Serif]**

Display Faces

9 Flowing scripts
10 Non-flowing scripts, including blackletter and uncial
11 Unmodified serif and sans serif
12 Modified serif
13 Modified sans serif
14 Fat face, modified and unmodified
15 Thin face, modified and unmodified
16 Ornamental
17 Modified outrageous

1.1 o with steeply inclined axis

15.3.2.2.1.2.1 S with diagonal terminals [528] Grotesque 126
15.3.2.2.1.2.2 S with horizontal terminals [529] Helvetica Thin [530] Helvetica Ultra Light

---

3.1.1.1.2.2.2.1 Q tail very long [65] Fontana
3.1.1.1.2.2.2.2 Q tail sweeps [61] Caslon 540
3.1.1.1.2.2.2.3 Q tail a short wedge, not extending past right edge of Q [60] Caslon 128

3.1.1.2.2.2.1.1 Q tail comma-like [56] Bookman
3.1.1.2.2.2.1.2 Q tail starts inside bowl [62] Century Old Style
3.1.1.2.2.2.1.3 Q tail sweeps

3.1.1.2.2.2.2.1 k with SWNE arm curved; j with very constricted ball [67] Imprint
3.1.1.2.2.2.2.2 k with SWNE arm straight; j ball not very constricted

---

4.2.1.1.2.2.2.1 r with arm that joins stem very low [114] Century Expanded
4.2.1.1.2.2.2.2 r with arm that joins stem high [115] Excelsior

---

6.2.2.2.2.2.2.1 W strokes only a little stepped; poor contrast [208] Clarendon 12
6.2.2.2.2.2.2.2 W stepped center strokes; medium contrast [212] Egizio

---

11.1.2.1.2.2.1.1 A pointed at top [394] Goudy Handtooled
11.1.2.1.2.2.1.1 A with serif at top [395] Hadriano Stonecut

11.1.2.1.2.2.2.1 A beveled at top; R with straight arm [396] Old Style Bold Outline
11.1.2.1.2.2.2.2 A pointed at top; R with curved arm [391] Caslon Open Face

Abb. 22a, b *Links die Startfragen des »Field Guide«. Sie unterscheiden zunächst zwischen »Text Faces« und »Display Faces«. Im weiteren Verlauf, rechts, ist die Baumstruktur anhand der Benennung der einzelnen Fragen (in HTML als Navigationspunkte, sog. Anchors, definiert) erkennbar, an welcher Stelle des Baumes und in welcher Tiefe man sich befindet. Die Adresse des jeweiligen Anchors setzt sich aus den vorherigen Antworten zusammen. Z.B. ist die Adresse von »Bookman« mit 3.1.1.2.2.2.1.1 angegeben, bei der ersten Frage wurde die dritte Antwort gewählt, dann zweimal die erste, dann dreimal die zweite usw. Der gesamte Field Guide befindet sich auf einer einzigen, sehr langen HTML-Seite, oben gezeigt sind Ausschnitte.*

nen Endknoten, der durch genau einen eindeutigen Weg im Entscheidungsbaum definiert wird. Das System ist für eine definierte Anzahl von Schriften konzipiert, so konnte Mundie in einer Baumstruktur klare Ausschlusskriterien zwischen ähnlichen Schriften herausarbeiten. Dadurch war es ihm einerseits möglich, den *Field Guide* auf eine möglichst geringe Anzahl der Schritte hin zu optimieren und gleichzeitig die Eindeutigkeit jeder Schriftbeschreibung zu gewährleisten. Strukturell bedeutet das eine Reduktion um eine Dimension. Der Typefinder ist ein Netzwerk, das entlang eines Graphen navigiert werden kann. Der Field Guide ist ein Baum, der entlang eines Weges navigiert werden kann. Mundie definiert so den Starkpunkt der »Reise« durch den Typefinder, in dem kein fester Startpunkt definiert ist. Mundies Ansatz ist damit die einseitige Deutung des Rookledge Typefinders als Identifikationssystem. Als Buch suggeriert der Typefinder zwar einen Anfang, ist aber immer für den Eintritt »irgendwo in der Mitte« offen. Er ermöglicht ein analoges Browsen durch die Schriften, man kann dabei der Struktur folgen, Querverweisen nachgehen ... oder eben nicht. Die offene Netzstruktur des Typefinders, die keine zwingenden Anfangs- und Endpunkte kennt wird von Mundie für eine der denkbaren Nutzungen des Typefinders, die Identifikation einer Schrift, optimiert. Der Field Guide ist als wegoptimiertes, statisches Identifikationssystem fest in eine Baumstruktur gegossen.

Kritik

Der *Field Guide to the Faces* ist ein Orientierungssystem in einer begrenzten Menge von Schriften. Als solches ist er effizient konzipiert. Mundie interpretiert den Typefinder und stellt ihn wegoptimiert[352] in HTML dar. Der Field Guide wäre damit allerdings schwierig auf eine größere Anzahl von Schriften erweiterbar. Die Gestaltung der Benutzeroberfläche durch Liljeberg zeigt zudem, welch große Rolle die Repräsentationsform eines Schriftklassifikationssystems für den Anwender spielt und wie stark der Aspekt von »Benutzbarkeit« durch die digitalen Medien in das Feld der Schriftklassifikation Einzug gehalten hat. Es bleibt offen, ob die Unterscheidung von Schriften über einen »Frageweg« ökonomischer gestaltet werden könnte.[353] Im *Field Guide* werden Schriften über einen Frageweg entlang immer detaillierter werdender Fragen unterschieden. Dieser Weg ist als gerichteter, monohierarchischer Graph darstellbar. So sind Stellen, an denen sich viele formal ähnliche Schriften befinden, nur über viele Fragen (Knoten) identifizierbar, während für andere nur sehr wenige notwendig sind. Denkbar wäre es, die Zahl der Fragen zu minimieren, insbesondere um häufig »nachgefragte« Schriften schneller erreichen zu können, eine Wegoptimierung könnte sich am durchschnittlichen Suchverhalten orientieren. Der produktiven Verwendung des *Field Guide* steht im Weg, dass der Fragenkatalog ohne das zugrunde liegende Schriftmusterbuch nur bedingt verwendbar ist. Das Prinzip des *Field Guide* wird später von *identifont* verwendet und auf eine deutlich größere Auswahl von Schriften angepasst.

5.2.3 Dixon

Catherine Dixon ist Typografin, Autorin und Lehrende im Bereich Typografie am Central Saint Martins College, CSM, in London. Ihr »*A Description Framework for Typeforms; an Applied Study*« ist ein *practise-based PhD* (eine praxisbasierte Disser-

---

352 Mundie konzipiert seinen Ansatz ökonomisch im Sinne von »so wenige Klassifikationsfragen wie möglich«.

353 Es bleibt zu vermuten, dass insgesamt Navigationsökonomie schon allein deshalb eine relevante Fragestellung war, da die Konzeption und Realisierung einer HTML-Struktur mit über 1000 Navigationspunkten einen nicht zu unterschätzenden Aufwand mit sich bringt. Es wäre daher naheliegend, die Zahl der Navigationspunkte gering zu halten.

tation im Fach Design) und wurde 2001 eingereicht. Der angelsächsischen Promotionstradition in gestalterischen Fächern folgend besteht die Arbeit aus zwei thematisch korrelierenden Teilen, einem Praxis- und einem Theorieteil. Dixons *Description Framework* wurde als eine interaktive Anwendung konzipiert, die zum damaligen Zeitpunkt als CD-ROM hätte erscheinen können. Der theoretische Teil stellt Vorüberlegungen und Recherche zur praktisch gestalteten Arbeit dar, reflektiert diese aber nicht, besonders die fehlende Darstellung der Ergebnisse ist sehr bedauerlich. Er ist wie eine Wegbeschreibung zu lesen, ein Reisebericht zu einem neuen Klassifikationsansatz, der den Weg, aber nicht das Ziel beschreibt. In einer Selbstbeschreibung auf der Website des CSM heißt es: »*... My PhD - A description framework for typeforms; an applied study - was a pragmatic response to an identified need for a new approach to typeform description, a case argued in Eye no. 18. A main research outcome is a new model for typeform description which challenges previous assumptions in the field. Enquiry also came to explore an appropriate methodology for such research located within my ongoing studio-practice as a designer*« (Dixon [1]). Als direkte Quellen für das *Description Framework* dienen ausführlich bebilderte Beschreibungen der von Dixon herausgearbeiteten Attribute und Kategorien in *Lust auf Schrift* (Baines, Haslam; 2002b: 48ff) sowie Reproduktionen des auf Mikrofiche archivierten Theorieteils (Dixon 2001) aus dem Central Thesis Service der British Library.

Dixons Fokus

Durch ihre Tätigkeit im *Central Lettering Record*, CLR,[354] am CSM in London, die u.a. in einer Publikation mündete (Baines, Dixon; 2003), ist Dixons Blick auf Buchstabenformen viel weitwinkliger als der der »klassischen« Typografie. Ihr *Description Framework* soll jede Ausprägung von Buchstaben erfassen, ausdrücklich auch *nicht-typografische*[355] wie dreidimensionale, handgeschriebene oder aus

354 *»The Central Lettering Record is predominantly a photographic collection concerned in general with recording examples of the lettering arts and more specifically with charting the evolution of letterforms. It comprises some 10,000 photographs and c.3,500 slides but also an extensive collection of type specimen ... examples of every kind of typographic design including book typography as well as actual examples of three-dimensional letters, shop-fronts and other signage.«* (Dixon, 2001: B1)

355 *Lettering* und *typography* sind im Englischen Begriffe, deren Übersetzung ohne Sinnverlust nicht in einem Wort geschehen kann. *Lettering* bezeichnet jede Art der Erzeugung von Buchstaben und umfasst dabei auch ausdrücklich das Schreiben von Hand. Der Definition nach unterscheidet sich davon die Typografie durch das Kriterium der (technischen) Reproduzierbarkeit. Typen, die dazu gemacht sind, reproduziert zu werden, sind typografisch, solitär auftretende Buchstaben, *letterings* nicht. Hier wird

Mosaiken geformte. Insofern geht ihre Blickrichtung weit über die der traditionellen Schriftklassifikationen hinaus, umso bedauerlicher ist, dass der praktische Teil ihrer Arbeit nicht vorliegt. Dixons Ansatz ist auf Einzelschnitte anwendbar, nicht auf Schriftfamilien.

Klassen

Dixons System ist ein deskriptives, es führt keine Klassen ein. Sie beschreibt die Schriftform über drei zentrale Beschreibungskomponenten: *Quellen, formale Attribute* und *Muster*. Diese können als Hauptdimensionen ihres Systems interpretiert werden, jeder Schrift können aber Attribute aus jeder Dimension zugeordnet werden.

Attribute

Die drei Hauptdimensionen *Quellen, formale Attribute* und *Muster* sind weiter differenziert. *Quellen* (DX1) sind dabei »gattungsspezifische Einflüsse, die in die Schriftform eingehen« (Baines, 2002) und verwenden die bereits geprägten Begriffe[356] *decorated/pictoral* (DX1.1), *handwritten* (DX1.2), *roman* (DX1.3), *nineteenth century vernacular style* (DX1.4) sowie weitere, ergänzende (DX1.?).[357] Die *formalen Attribute* (DX2) *»... sind die grundsätzlichen Merkmale, die sich auf Entwurf und Konstruktion einer Schriftform beziehen. Es gibt acht Kategorien, die jeweils weiter untergliedert sind:«* (Baines, 2002b) *»construction* (DX2.1), *shape* (DX2.2), *modelling* (DX2.3), *terminals* (DX2.4), *proportion* (DX2.5), *weight* (DX2.6), *key characters* (DX2.7) *and decoration* (DX2.8) *...«* (Baines, 2002a).

Muster (DX3) liegen nach Dixon dann vor, wenn *»eine Quelle [...] ausgemacht und die Schrift mit bestimmten formalen Attributen beschrieben werden kann. [...] Man erkennt, dass Letternformen bestimmten Zeiten entstammen, aber nicht in sie eingebunden sein müssen«* (Baines, 2002b: 48). Unter Muster werden historische und stilistische »Schriftformschulen« wie *Klassizismus, informelle Schriften, niederländischer*

---

eine Grenze zu anderen Schreibprozessen, z. B. der Kalligrafie, gezogen. Dixons Fokus verlegt den Prozess der Reproduktion vom technischen Umfeld, einem maschinellen Prozess, weg »in den Kopf« der Typografinnen; sie erfasst jede Art von Schrift, auch Handschrift.

356 Die Klassifikationsbegriffe bzw. Attribute werden der Vergleichbarkeit wegen aus der englischsprachigen Originalversion zitiert, längere Textabschnitte aus der deutschen Version.

357 Die *»additional category summarizing more recent formal influences«* (Baines, 2002a: 52) wird nicht weiter beschrieben.

Stil oder *Italienne* zusammengefasst.[358] Dixon gelingt es damit, vielfältige Begriffe unterschiedlichster Kategorien ihren drei Dimensionen zuzuordnen. Sie unterscheidet dabei Merkmale der Schriftkonstruktion (z. B. Strichstärke, Modulation), Serifenformen (z. B. Balkenserifen, Keilserifen), lokale und historische Herkunft (z. B. Egyptienne, kontinentaleuropäisch-volkstümlicher Stil), Schrift-Produktionsverfahren (z. B. Copperplate, englische Handschrift) oder Buchstabenkörper (z. B. durchgefärbt, schraffiert, Bild).

Struktur

Dixons Struktur wird von Baines nicht beschrieben.[359] Die Verschiedenartigkeit der Attribute und die drei Oberbegriffe lassen vermuten, dass die Attribute drei sich kreuzenden Hauptachsen zugeordnet sind. Dixons Modell wäre somit dreidimensional. Die unterschiedliche Struktur der Attribute innerhalb der drei Hauptachsen könnte auch auf eine Facettenstruktur hindeuten. Für die Verknüpfung der Dimensionen gibt es keine genauen Hinweise, wenngleich sie in der Definition der »Quellen« als Kombination formaler Attribute mit Quellen vorgesehen sind. Da für Dixon eine Adressierung nicht wesentlich scheint, wären Verknüpfungen funktional nicht nötig.

Kritik

Soviel vom *Typeface Description Framework* in Erfahrung zu bringen ist, konzipiert Dixon ein umfassendes System, mit dessen Hilfe Buchstabenexemplare unterschiedlichster Ausprägung beschrieben werden könnten. Die fehlende Publikation des Modells oder der Umstand, dass in der akademischen Tradition Großbritannien keine Veröffentlichung[360] üblich ist und Datenträger auch als Teil der Dissertation nicht zentral archiviert werden, kann hier nur bedauert werden. Ein wesentlicher Aspekt ihres Systems liegt in ihrer holistischen Perspektive auf das

---

358 Baines führt mehrere Muster auf und liefert viele Bildbeispiele, ob jedoch die gesamte Bandbreite der Muster dargestellt wird, bleibt unklar. Der Autor vermutet, dass nur exemplarisch zitiert wurde, die von Baines genannten Muster sind daher hier nicht im Einzelnen aufgeführt.

359 Durch die fehlende Referenz auf den Praxisteil in der theoretischen Arbeit, die schlechte Reproduktionsqualität und den nicht zugänglichen praktischen Teil fehlen Informationen zur Struktur. An dieser Stelle kann nur spekuliert werden.

360 Üblich ist die zentrale Archivierung von Promotionen an der British Library. Der Datenträger, der hier einen wesentlichen Teil der Arbeit enthalten hätte, ist nicht zugänglich, trotz mehrerer Anfragen und persönlichem Besuch in der betreffenden Bibliothek.

Schriftschaffen. Für Dixon ist die Unterscheidung zwischen *Type* und *Exemplar*, zwischen *Druckschrift* und *gedruckter Schrift* nicht wesentlich. Dixon abstrahiert die Gestaltungsabsicht von der Ästhetisierung, sie interessiert sich für das zugrunde liegende *design model.* Ihre Klassifikation kann als Ansatz zur Unterscheidung von Gestaltungshaltungen oder -strategien gelesen werden. Ebenso bemerkenswert ist dabei ihre neutrale Haltung. Sie versucht ein System zu konzipieren, das alle Arten von Schriften und Buchstaben aufnehmen kann, ohne dabei eine qualitative Wertung vorzunehmen oder bestimmte Schriften von vornherein auszuschließen. Aus der Struktur, soweit erkennbar, lässt sich erahnen, dass Dixon auch Aspekte wie zukünftige Erweiterbarkeit und Änderbarkeit in ihrer Systemarchitektur berücksichtigen möchte. Ihre Anforderung nach »Systemopazität« ist einzigartig, wenn auch schwer umsetzbar und im Konflikt zwischen den Paradigmen »Merkbarkeit« und »Übersichtlichkeit«. Es scheint zunächst sinnvoll, wenn ein Klassifikationssystem während der Anwendung seine Funktionsweise kommuniziert. Auf diese Weise sollen systemimmanente Mechanismen dargestellt und ihre, ggf. »verfälschende«, Funktion identifizierbar gemacht werden. In der Umsetzung ist diese Forderung gleichzeitig wenig praktikabel und geht an einem zentralen Nutzen von Klassifikationen vorbei. Sympathisch bleibt dabei die Haltung, auf die ihre Forderung schließen lässt: ein Misstrauen gegen Sortierung und Klassifikation per se. Nur wenn ein System zeigt, wie Selektionsergebnisse zustande kommen, können diese kritisiert werden. Dixon hebt dadurch ihre eigenen Klassifikationsstrukturen und -mechanismen als Elemente eines Diskurses hervor. Sie ignoriert dabei, dass in der Abstraktion, eben genau im Verbergen von Funktion, Logik und Struktur, ein wesentlicher Dienst von Klassifikationssystemen, insbesondere digitalen, liegt. Dem Anwender wird üblicher- und sinnvollerweise der Blick ins komplexe Systeminnere erspart, um knappe Aufmerksamkeitsressourcen und Gedächtniskapazitäten auf die »Arbeitsaufgabe«, die Klassifikationstätigkeit (hier das Sortieren, Suchen und Identifizieren von Schriften), konzentrieren zu können. Die von ihr geforderte »Innensicht« wäre ein Element, das für »Klassifikationsexperten« sinnvoll wäre, Personen, die am System selbst arbeiten, Experten, Klassifizierende. Klassifikationen sind Relevanzsysteme, die abstrakte Beschreibungen einer überkomplexen Wirklichkeit liefern. Die Aufhebung dieser Abstraktion durch die Darstellung der ihnen inhärenten Mechanismen und Funktionen ist für den Diskurs um das System selbst wichtig, sie kann der Arbeit *am* System dienlich sein. Für Arbeit *mit* dem

System, durch Anwender, die genau diese Reduktion von Komplexität erwarten, könnte die Darstellung des »Systeminneren« eine Überforderung darstellen und erscheint nur bedingt wünschenswert, für die Expertin dagegen kann diese Perspektive notwendig sein. Es drängt sich die Frage auf, ob Dixons Forderung nicht durch eine brauchbare Dokumentation des Systems erfüllbar wäre.[361]

In *Describing Typeforms: A Designer's Response* werden Dixons zentrale Paradigmen und die Struktur klarer. Es bleibt zu vermuten, dass sie eine facettierte Struktur anstrebt, die eher Orientierungssystem als Such-Werkzeug ist. Klassen könnten dynamisch formuliert werden, das System wäre »lebendig«im Sinne guter Änderbarkeit. Leider verbleibt die tatsächliche Struktur unklar, die Implementierung unbekannt. Von dem, worauf die Texte schließen lassen, wäre Dixons Ansatz der derzeit differenzierungsstärkste, elaborierteste und fortschrittlichste unter den bisher diskutierten.

5.2.4 Archer

Benjamin Archers Master-Arbeit mit dem Titel *»http://www.100types.com: Developing a Computer-Mediated Model for the Teaching of Type Design History«* wurde von John Eyles betreut und 2007 an der Auckland University of Technology (AUT) eingereicht. Sein Ansatz besteht aus einer Website[362] und einer schriftlichen Ausarbeitung. Ben Archer ist freischaffender Typograf, darüber hinaus u.a. in der Lehre im Fach Typografie an der AUT und anderen Institutionen in Neuseeland, aktuell in Großbritannien tätig.

Archers Fokus

Archers System ist für die akademische Lehre konzipiert. Die Absicht ist *»to relocate traditional paper-based library content about typographic history to a website«* (Archer, 2007: VIII), um den Unterricht im Fach Typografie mit digitalen Medien unterstützen zu können.[363] Als Anschauungsmaterial verwendet er 100 ausge-

361 Dokumentationen können ganz grundsätzlich für jede Analyse von Klassifikationssystemen sehr hilfreich sein; eine Einrichtung, die sich der Autor häufig gewünscht hat.

362 Die inzwischen, 2017, nicht mehr online verfügbar ist.

363 Als Motivation werden u.a. die nachlassenden Fähigkeiten der Studierenden in traditioneller (gemeint ist bibliografischer) Recherche genannt sowie die Bemühungen der AUT, Lehrmaterialien auch online bereitzustellen. (Vgl. Archer, 2007: 2f)

wählte »Schriften aller Zeiten«[364] und bezieht sich auf Schriftfamilien, nicht Einzelschnitte. Das Modell ist als interaktives System realisiert, es liegt nicht in linearisierter Textform vor. Die Zugänge zu den Einstiegspunkten A1 bis A6 sind daher nicht ausschließlich textliche Beschreibungen, sondern auch visuelle Strukturen.

Archers Modell

www.100types.com ist keine Klassifikation im eigentlichen Sinne, eher ein Darstellungsmodell für 100 Schriftarten, das anhand didaktischer Überlegungen entwickelt wurde und auf einer von Archer entwickelten Klassifikation beruht. Es erlaubt eine spielerische, explorative Navigation zu den ausgewählten 100 Schriften. Dazu wurden sechs verschiedene Hauptkategorien definiert: *sizes* (Ar1) bezeichnet die Anzahl der Schnitte einer Schriftfamilie und die Häufigkeit ihrer Anwendung *(ubiquity)*, *styles* (Ar2) die historische Verwandtschaft, *usage* (Ar3) gestalterische Anwendungsgebiete, *a to z* (Ar4) eine alphabetische Liste, *map* (Ar5) das Herkunftsland sowie *timeline* (Ar6) den Zeitpunkt der Erstveröffentlichung. Dabei wird Ar1 weiter untergliedert in *megafamilies, superfamilies, large families, medium families, regular families of four, small families* und *single typefaces* (Ar1.1 bis Ar1.7). Ar2 enthält acht Klassen, die sich an den Vox-Klassen orientieren. Sie sind in einer vertikalen Hierarchie angeordnet. Dabei befindet sich *gothic or blackletter* (Ar2.1) auf der obersten Ebene. Die Klassen *italic and script* (Ar2.2), *old style roman* (Ar2.3), *transitional and modern* (Ar2.4) sowie *slab serif* (Ar2.5) bilden die zweite Ebene. Die dritte besteht aus *sans serif* (Ar2.6), *titling and display* (Ar2.7) sowie *20th century roman* (Ar2.8). Die Einzeldarstellungen dieser Klassen sind teilweise weiter untergliedert und enthalten Verbindungen zu anderen Klassen.[365]

Ar3 enthält eine Liste mit elf Anwendungsgebieten: *Religious/Devotional, Book Publishing & General Purpose Text Setting, Business/Corporate, Newspaper Publishing, Advertising and Display, Prestige and Private Press, Signage, Historical Script, Experimental/expressive, Onscreen/multimedia und Telephone Directory publishing* (Ar3.1 bis Ar3.11). Darüber hinaus bietet Archer eine alphabetische Liste aller Schriften (Ar4) und eine Karte (Ar5), über welche die Länder *USA, Frankreich, England, Hol-*

364 Diese 100 Schriften beruhen auf einer Liste, die vom Type Directors Club TDC publiziert wurde: »*The original list of the ›top 100 types of all time?‹ is at www.tdc.org/reviews/typelist.html and was compiled by Paul Shaw for the Type Directors Club in 1999.*« (Archer[1]) Komplette Liste s. Anhang 9.5.

365 Ar2.6 ist in teilweiser Anlehnung an Vox in *grotesque, humanistic, geometric* und *neo-grotesque* unterteilt und enthält einen Verweis auf *machine and bitmap types.*

Abb. 23 *Die 100 von Archer ausgewählten Schriften werden hier nach »purpose« dargestellt (Screenshot von 2009).*

land, Schweiz, Italien und *Deutschland* (Ar5.1 bis Ar5.7) referenziert werden. Eine Zeitachse (Ar6) visualisiert die jeweiligen Erscheinungsjahre der Schriften sowie die Erfindung des Pantographen[366] und der Software Fontographer[367] als für die Schriftgestaltung einschneidende Technologien. Die verschiedenen Hauptdimensionen von Archers System führen jeweils zu einer Menge von Schriften, über welche einzelne Familien ausgewählt werden können. Jede einzelne Schrift wird kurz charakterisiert, dabei werden die jeweiligen Attribute der Hauptdimensionen nochmals aufgeführt.

Attribute

Archer unterscheidet verschiedene Merkmalskategorien, er verarbeitet lokalen und historischen Bezug, Anwendungsgebiete, Häufigkeit der Verwendung und bezieht sich auf das Klassenmodell nach Vox. Diese Klassen tragen Bezeich-

366 Zu Benton und dem Pantographen s. a. Fußnote 243, zur gestalterischen Auswirkung des Pantographen vgl. z. B. Bringhurst, 2000: 41f oder Warde, 1935: 122f.

367 Fontographer, entwickelt von der Firma Altsys, war die erste breit auf dem Markt verfügbare Software, die es ermöglichte, selbst Schriften zu gestalten. Sie erschien 1986 und war damit die erste Software im Personal-Computer-Markt überhaupt, die das Erstellen und Bearbeiten von vektorbasierter Formbeschreibung ermöglichte. Die allgemeine Verfügbarkeit und der erschwingliche Preis waren eine der wesentlichen Voraussetzungen für die ständig wachsende Zahl digitaler Schriften. Fontographer war für 25 Jahre die dominierende Schriftgestaltungs-Software für Apple-Macintosh-Computer. Zum Einfluss von Fontographer vgl. Clough, 2007: 6f oder detailliert zu technischen Einflüssen auf Schriftgestaltung: Verlomme, 2005.

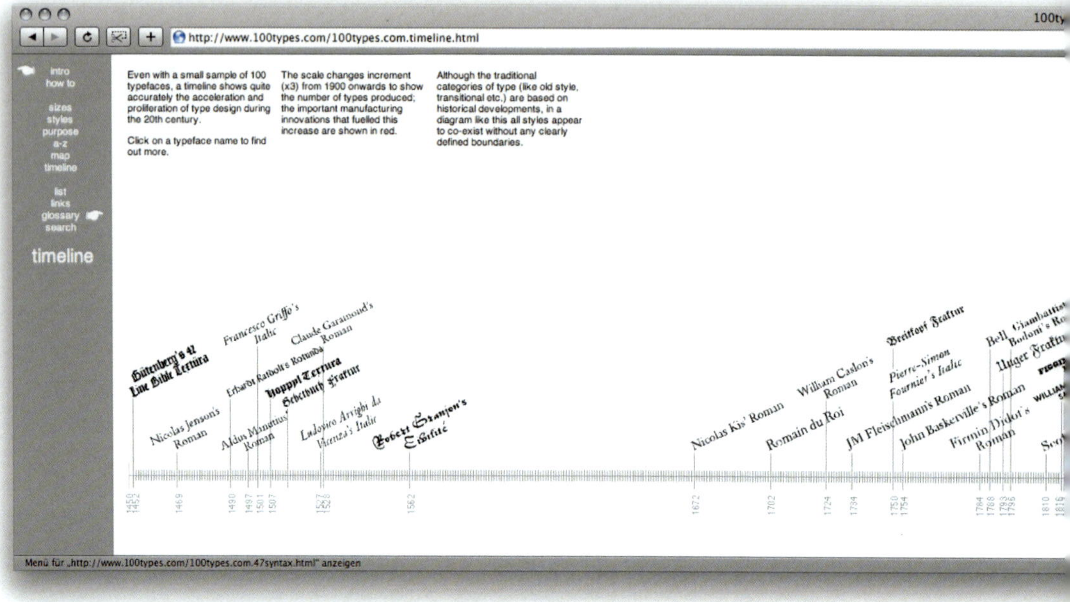

Abbildung 24 *In der »timeline« zeigt Archer alle von ihm ausgewählten Schrifen chronologisch (Screenshot von 2009).*

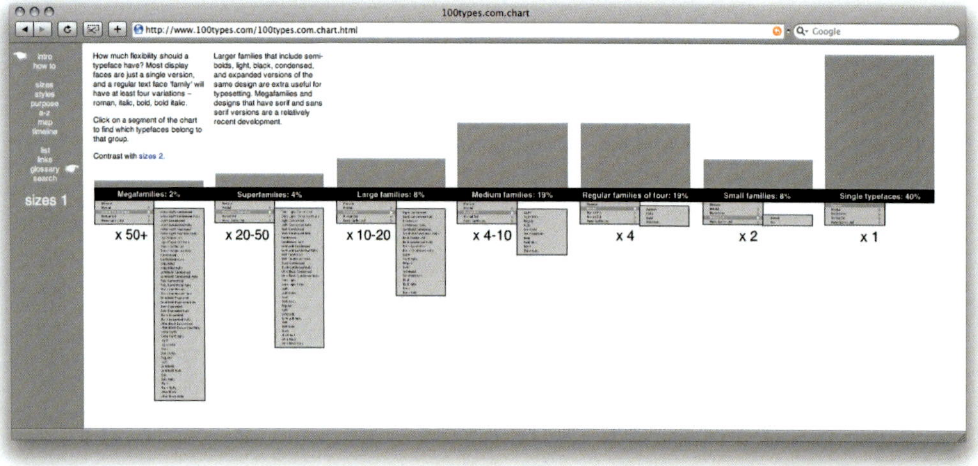

Abbildung 25 *Archer unterteilt die Schriftfamilien nach der Anzahl der Schriftschnitte in sieben verschiedenen Familiengrößen, von »Megafamilies« bis »Single typefaces«. Die Angaben unter den Klassen geben die Anzahl der Schnitte an, eine »Superfamily« besteht nach Archer aus 20 bis 50 Schnitten (Screenshot von 2009).*

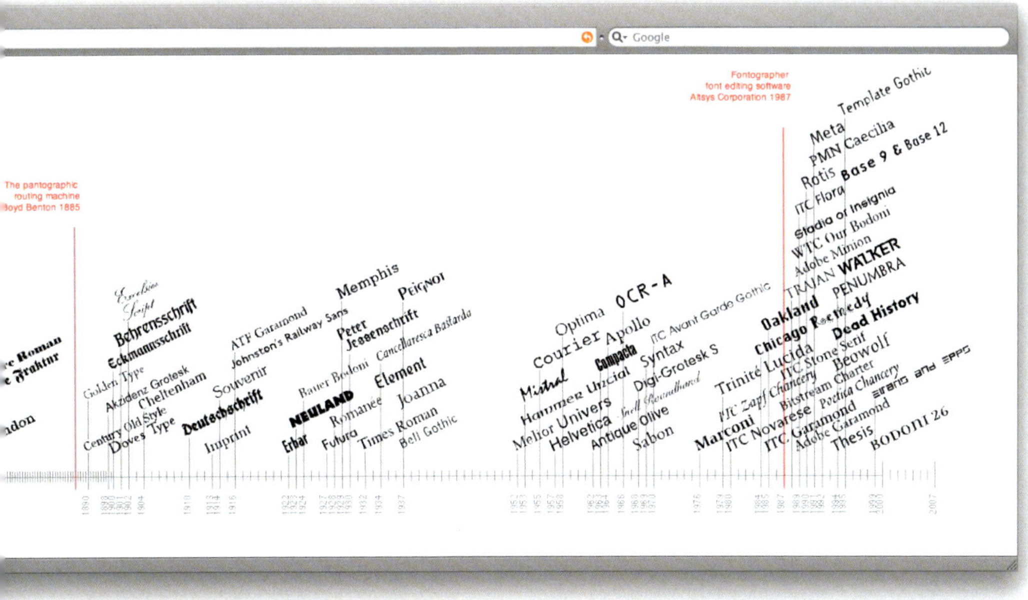

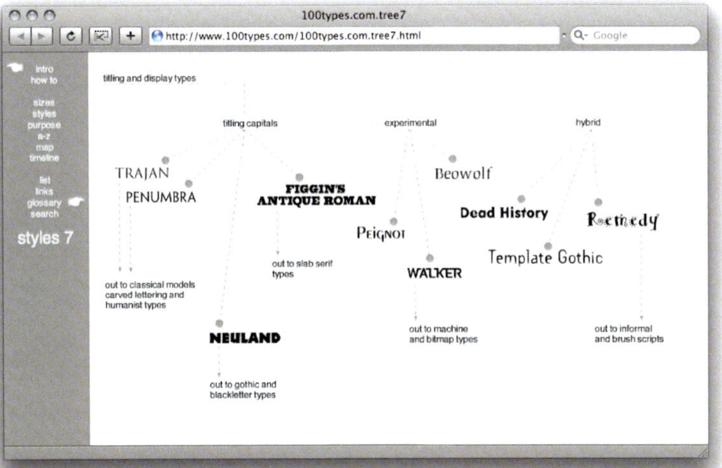

Abb. 26 *Archer beschreibt Verknüpfungen zwischen verschiedenen »titling and display types« in einer Baumstruktur. Von einzelnen Exemplaren wird auf andere, verwandte Schriften verwiesen. Archer konzipiert ein Netzwerk aus Wegen von und zwischen den 100 von ihm ausgewählten Schriften (Screenshot von 2009).*

nungen entlang des Kanon und sind weiter unterteilt. Darüber hinaus verwaltet 100types.com Zusatzinformationen zu jeder Schrift, wie Designer, Name und Ort der Schriftgießerei, digitale Nachschnitte und Schrift- bzw. Drucktechnologien, in denen die Schrift verfügbar ist.

Struktur

www.100types.com ist eine Hypertext-Anwendung, nutzt die Möglichkeiten der Verlinkung einzelner Elemente ausgiebig und baut auf eine sich daraus ergebende nichtlineare Erzählung beim Nutzen der Website. Archer konzipiert damit primär eine Navigationsstruktur. Diese bietet, eingebettet in das interaktive System www.100types.com, über sechs Einstiegspunkte unterschiedliche Wege zu den ausgewählten »100 Schriften aller Zeiten«. Am Ende eines Navigationsweges stehen Darstellungen der einzelnen Schriften, die über jede der Hauptkategorien zu erreichen sind. Die Auswahl der Unterkategorien – und damit der Weg – unterscheidet sich von Schrift zu Schrift. Archers didaktischer Ansatz spiegelt sich im Aufbau der Anwendung wider: Nicht die Schriftfamilien bilden den Kern der Anwendung, sondern die Verbindung der Schriften, ihre Gemeinsamkeiten und Unterschiede entlang der sechs Hauptkategorien. Von der Benutzeroberfläche aus betrachtet ist www.100types.com eine Website, die über Auswahlmöglichkeiten zu spezifischen Schriftarten führt, in der Navigationsstruktur haben diese jedoch keine zentrale Position. Der Hauptaugenmerk liegt auf der Darstellung unterschiedlicher Zugänge. www.100types.com ist eine nicht-hierarchische, vielfach verknüpfte Netzstruktur.

Kritik

Ähnlich wie Mundie konzipiert Archer zunächst ein Netz als Orientierungssystem für eine begrenzte Anzahl von Schriften. Sein Einsatzgebiet sieht er in der akademischen Lehre im Fach Typografie. In der konkreten Navigation durch das Netz ergibt sich ein Graph. Herausheben möchte er in seinem »Schrift-Graphen« nicht das »Suchergebnis«, eine Schrift, sondern die unterschiedlichen Wege dorthin. Archers *Der-Weg-ist-das-Ziel*-Konzept verweist auf die sehr unterschiedlichen Strategien und Kriterien beim Suchen (und Finden) von Schriften im gestalterischen Alltag. Genauso deutlich wird, dass den Such- und Entscheidungs-Prozessen komplexe Entscheidungen zugrunde liegen und dass Beschreibungsstrategien von Schriftform sehr unterschiedliche Kriterien beinhalten müssen. Archer beschränkt sich auf hundert Schriften und verzichtet von vornherein auf die

Möglichkeit, ein allgemeineres, abstraktes, ein universelles System zu schaffen. Archer möchte ein mentales Bild der Entwicklung der Schriftform etablieren und dabei die vielschichtigen beeinflussenden Faktoren berücksichtigt wissen. Seine Website zur Schriftgeschichte ist »*curated as a digital museum*« (Archer 2007: viii).

5.2.5 Cascading Style Sheets

Das W3C formulierte die vermutlich einzige weltweit wirksame Norm zur Schriftklassifikation. Sie steuert die Auswahl von Schriftarten des Browsers bei der Darstellung von HTML-Seiten, richtet sich daher an die Hersteller von Browser-Software und ist damit »gültig«[368] für alle Surfer im weltweiten Web. Hier beschrieben wird der im September 2008 gültige Standard der Cascading Style Sheets, CSS Version 2.0.[369] CSS ist kein komplex strukturiertes Schriftklassifikationssystem, wird hier aber wegen der großen Streubreite und dem enormen Wirkungsgrad aufgeführt. CSS als Zusatz zu HTML wurden und werden entwickelt, um semantisch gegliederte Texte darstellungsneutral zu speichern. Während im HTML die Inhalte einer Website, also Texte, Bilder, Hyperlinks usw., gespeichert sind, soll die Seite selbst, folgt man der Forderung nach getrennter Speicherung von Inhalt und Form, möglichst keine Information zu ihrer Darstellung enthalten. Mit dem Zusatz CSS zur Steuerung der Darstellung ist dem soweit möglich Genüge getan und der konzeptionell angelegten »Typografie-Feindlichkeit« von HTML begegnet worden.[370]

---

368 Die Spezifikationen des W3C stellen lediglich Richtlinien dar, an die sich die Hersteller mehr oder minder gebunden fühlen. Die Geschichte der Sonderwege des Internet Explorers Versionen 5 bis 9 von Microsoft in der Darstellung von HTML-Seiten zeigt diese lose Verpflichtung symptomatisch. Dennoch werden, langfristig betrachtet, die Spezifikationen des W3C im Großteil umgesetzt und sind damit für jeden Anwender eines Webbrowsers wirksam.

369 Zur Spezifikation vgl. W3C, 2008, zur Versionsgeschichte W3C, *All CSS Specifications*. Anmerkungen zur Implementierung und dem praktischen Umgang mit CSS s. z. B. Croft, 2006: 192ff. Seit ca. 2010 werden CSS nicht mehr in »Levels« (Versionen) spezifiziert, sondern einzelne Geltungsbereiche mit fortlaufenden Zahlen versehen. Im August 2017 wurde beispielsweise gerade im Rahmen von »CSS Fonts Level 4« an Animationen von Schriften gearbeitet, vgl. W3C.

370 Zu typografischen Fragestellungen aus Perspektive der Lesbarkeit vgl. dazu sehr kompakt: Liebig, 2006: 27–30, aus Perspektive des Webdesigns: Lamprecht, 2002: 35ff. Darüber hinaus wirft die Möglichkeit zur logischen Trennung von Inhalt und Darstellung gestaltungs-theoretische Fragen auf. Während die typografische Fachliteratur postuliert, Form aus Inhalten zu entwickeln, Gestaltung sei ohne Inhaltsbezug nicht möglich, wird diese Aussage von einem technischen Konzept hinter dem World Wide Web untergraben. *»Bei der* (technischen, jop) *Entwicklung von HTML spielten (…) ästhetische Überlegungen keine Rolle«* (Lamprecht 2002: 37) Die Integration typografischer Standards durch die »Hintertür« CSS

Fokus des W3C

Das W3C richtet sich mit dem CSS-2.0-Standard an die Hersteller von Browser-Software auf allen Betriebssystemen. Es strebt danach, Standards zu entwickeln, die eine konsistente Darstellung multimedialer Inhalte im WWW ermöglichen. Dabei müssen alle in Betracht kommenden Geräte, vom Handy bis hin zum Supercomputer, von der Backofen-Bedieneinheit mit Monochrom-Display bis zum hochauflösenden Fernseher, und Anwender in allen Sprachräumen berücksichtigt werden. Im Vordergrund steht nicht eine identische Darstellung auf allen Geräten, sondern die barrierearme Bereitstellung von medialen Inhalten. Die Darstellung wird durch Gerät, Anwender und Rezeptionssituation beeinflusst, der dann verwendete Browser muss der jeweiligen Situation gerecht werden. Die Schriftklassifikation des CSS-Standards sind daher als Richtlinie zu verstehen und auch so formuliert: *»Any font that is so described may be used to represent the generic »serif« family.«* (W3C, 2008/2). Das Bemerkenswerte am CSS-Standard für Schriftauswahl ist, dass er als durchgängig automatisierter Prozess gedacht ist. Er zielt auf die Auswahl einer konkreten Schriftart nach von der Website-Autorin festgelegten Kriterien ab. Er liefert als Ergebnis immer eine Schrift; wenn keine den Selektoren entsprechende verfügbar ist, muss auf Alternativen zurückgegriffen werden, der Prozess der Schriftauswahl ist *fail safe*. (ebda.)

Klassen

Das W3c formuliert die fünf Klassen *serif, sans-serif, cursive, fantasy* und *monospaced* (im Folgenden CS1 bis CS5). CS1 beinhaltet dabei alle Schriften mit Serifen, Cs2 alle ohne Serifen, CS3 Schreibschriften, CS4 *»are primarily decorative while still containing representations of characters«* (W3C, 2008/2), CS5 beheimatet dicktengleiche Schriften. Der CSS Standard verwendet ähnliche Mechanismen wie das PANOSE-1-System, dieses wurde aus lizenzrechtlichen Gründen nicht integriert.[371]

---

mag Genugtuung für Web-Typografinnen bedeuten, löst aber eine der Grundfragen typografischer Gestaltung nicht: Ist es möglich, eine universelle typografische Form, unabhängig vom textlichen Inhalt, zu finden? Diese Fragestellung kann hier nicht unerwähnt bleiben, aber leider auch nicht detailliert bearbeitet werden. Mit der Weiterentwicklung von HTML und CSS, besonders der breiten Unterstützung von Webfonts, stellt sich diese Frage aus einer neuen Perspektive, die des »typografischen Überflusses« vieler verfügbarer Schriften.

371 Die Verwertungsrechte am PANOSE-1-System lagen zum Zeitpunkt der Erarbeitung der Spezifikation von CSS 1 bei Hewlett-Packard.

Klassensignaturen

Der Standard zielt auf breitestmögliche Anwendbarkeit ab und formuliert daher eher einschließende als ausschließende Charakteristika für die einzelnen Klassen. Sie werden hier im Einzelnen nicht erörtert, sie gehen kaum über die im vorangehenden Absatz erwähnten Definitionen hinaus, die Klassen sind nicht randscharf konzipiert. Wichtig bei der Formulierung des Standards ist die Benennung von Beispielschriften mit hohem Verbreitungsgrad: Aus dem Schrift-Repertoire der Betriebssysteme Mac OS X, Linux und Windows wird jeweils mindestens eine Schrift genannt, dazu weitere lizenzkostenfreie. Eine Besonderheit stellt die Nennung von Beispielschriften mit Buchstaben bzw. Glyphen lateinischer, griechischer, kyrillischer, hebräischer, japanischer, arabischer und Cherokee-Zeichenformen dar. CSS 2.0 deckt als einziges System viele Aufschreibesysteme[372] ab: »*The richer selector syntax of CSS2 may be used to create language-sensitive typography*« (W3C, 2008/4).

Handlungsanweisungen

Der Standard des W3C enthält, im Gegensatz zu vielen anderen Schriftklassifikationssystemen, Anweisungen zur Auswahl von Schriften nach Klassenzugehörigkeit. Zur Auswahl von Schriften nach den Kriterien wird ein *font matching algorithm* formuliert. Dieser liegt in Pseudocode[373] vor und richtet sich an Software-Entwickler, die standardkonforme Browser-Software implementieren (W3C, 2008/3: 15.5). Darin ist beschrieben, nach welchen Kriterien in welcher Reihenfolge die Auswahl einer Schrift stattfinden soll, formuliert nach einer Art Notfall-Prinzip. Zuerst werden alle wünschenswerten Schriftauswahlkriterien behandelt, danach alle weiteren zumindest theoretisch denkbaren, ans Ende werden »Notfall«-Methoden gestellt, die immer eine Schriftauswahl als Ergebnis liefern: »*›font-weight‹ is matched next, it will never fail.*« (W3C, 2008/3)

372 Der Standard ist dabei ausdrücklich nicht auf lateinische Schriftzeichen beschränkt.

373 Pseudocode beschreibt einen Programmablauf innerhalb eines Computers in menschlicher Sprache, wie »teile die Anzahl der Schriften durch zwei und drucke das Ergebnis«. Pseudocode wird v.a. dann verwendet, wenn Richtlinien für bestimmte Funktionalitäten unabhängig von einer Programmiersprache formuliert werden sollen.

Struktur

Die Klassenstruktur des CSS-2.0-Standards ist eindimensional angelegt. Durch die exakten Anweisungen des *font matching algorithm,* in dem Klassenbezeichnungen, konkrete Schriftnamen und verschiedene metrische Schriftdaten kombiniert werden, entsteht eine polyhierarchische Struktur.

Kritik

CSS stellt eher eine Vorgabe zur Implementierung eines automatisierten Schriftauswahl-Prozesses dar als ein Klassifikationssystem. Dennoch ist es vermutlich das momentan am breitesten implementierte System,[374] trotz seiner funktionalen Einschränkungen. Es ist einer der seltenen Fälle, in dem Funktionen und Algorithmen direkt in der Systemdefinition festgelegt sind. Zudem ist CSS aus seinem Anwendungskontext heraus so offen, interpretierbar und wenig differenziert konzipiert, dass der Standard als Klassifikation (nicht als Schriftauswahl-Prozess, wie er gedacht ist) typografischer Schriften nicht einsetzbar ist. Deutlich wird auch hier, dass Digitales im Allgemeinen und Schriftklassifikationen im Besonderen dann performant sind, wenn sie in andere, legale oder – wie hier – Normungs-Kontexte eingebunden sind. Es ist ist allerdings nicht gesagt, dass »Gültigkeit« auch »Wirksamkeit« mit einschließt. Auch wenn CSS in der genannten, inzwischen veralteten Version immer noch von allen Browsern unterstützt wird, also tatsächliche »Gültigkeit« besitzt, bedeutet das nicht, dass der Standard auch tatsächlich zur Anwendung kommt, also tatsächlichen Einfluss auf die Auswahl einer Schrift in einem Browser hat.[375] Aus der Situation von 2018 aus argumentiert ließe sich zumindest behaupten, dass der Schriftauswahl-Prozess CSS in bestimmten technischen Konstellationen tatsächlich wirksam ist. Ob er in der hier besprochenen veralteten Fassung tatsächlich breit angewendet wird, kann bezweifelt werden. Die Folgeversionen bzw. die aktuell unterstütze Version gehört aller Wahrscheinlichkeit nach zu den breitest angewendeten Spezifikationen überhaupt.

374 »Wirksamkeit« im Sinne tatsächlicher *Implementierung* und tatsächlicher *Anwendung* ist schwer zu bewerten. Es scheint allerdings plausibel, dass die hier diskutierte CSS-Version von vielen Browsern unterstützt wird und trotz ihres relativen Alters tatsächlich zur Anwendung kommt.

375 Gleich einem Gesetz schlummert ein Standard in einem abstrakten Zustand, seine »Wirksamkeit« entfaltet er nur, wenn der von ihm geregelte Fall tatsächlich auftritt; in der juristischen Analogie, wenn es zu einem Gerichtsverfahren mit einem Urteil kommt.

5.2.6 www.identifont.com

Die Website www.identifont.com beheimatet eine webbasierte Anwendung zur Identifikation von Schriftarten und wurde von David Johnson-Davies entwickelt. Identifont bezeichnete sich als *»largest independent directory of typefaces on the Internet«* (Identifont [2], 2017).[376] Identifont war die erste Anwendung, die es ermöglichte, nach formal ähnlichen Schriften zu einer namentlich bekannten Referenzschrift zu suchen.

Fokus

Identifont bietet verschiedene Verfahrensweisen zum Auffinden von Schriftarten an. Die für diese Arbeit relevanten sind *»Fonts by Appearance«* und *»Fonts by Similarity«*. Erstere dient dem Identifizieren eines Schriftschnitts nach formalen Merkmalen einzelner Buchstaben. »Fonts by Similarity« sucht Schriften *»that are visually similar to a particular font«* (Davies, 2006). Außerdem ist die Suche nach »Picture Fonts« über die Eingabe von Schlüsselworten möglich. Die anderen Dienste der Website, das Identifizieren von Schriften nach Schriftnamen oder Designern, bleiben im Folgenden unberücksichtigt. Identifont ist stark anwenderorientiert und versucht über eine einfache Schnittstelle zeiteffizient zu einem Ergebnis zu führen.

Feststellung der Ähnlichkeit

Identifont ermöglicht das Auffinden von Schriftarten nach bestimmten formalen Merkmalen, meist die einzelner Buchstaben. Eine größere Anzahl[377] solcher Merkmale ist im System hinterlegt. Dem Anwender werden zur Identifikation Fragen zu bestimmten Buchstaben gestellt. Die Reihenfolge der Fragen wird nach Trennschärfe vom System bestimmt. Identifont kann nach eigenen Angaben ca. 6800 Schriften unterscheiden (Stand 11/2008). Die Anzahl der Fragen, die zum Identifizieren eines bestimmten Schriftschnitts notwendig sind, differiert daher stark,

---

376 Seitenaufruf 2017, textlich unverändert seit mindestens 2006.

377 Identifont ist ein privatwirtschaftliches Unternehmen, diese Kriterien sind daher nicht öffentlich zugänglich. Lediglich durch reverse-engineering ließe sich eine vollständige Liste der erfassten Attribute herstellen, die Auswahllogik ist ebenfalls nicht transparent. Für diese Arbeit genügen die nach Augenschein feststellbaren Attribute völlig.

sie liegt aber selten unter 5 oder über 25.[378] Die Fragen sind Entscheidungsfragen, wobei zum jeweiligen Buchstabenmerkmal mehrere Optionen verfügbar sind.

Die Identifikation findet über eine Fragensequenz statt, Ergebnis ist eine Liste von Schriften, welche die über die Fragen ermittelten Kriterien erfüllen. Alternativ oder ergänzend bietet das System an, zu einer bestimmten Schrift formal ähnliche zu finden, die über die im System hinterlegten Kriterien bestimmt werden.

Attribute

Die von Identifont erfassten Attribute sind zum großen Teil mikrotypografische Merkmale einzelner Buchstaben, wie die Form des P-Bogens, die der Vertikalstriche beim $-Symbol, Winkel des Anstrichs beim M oder die Bogenform des g (doppelstöckig oder nicht). Einige Attribute sind allgemeiner gefasst, z. B. die Serifenform, gefüllte Buchstaben oder präzise bzw. handschriftliche Strichführung.

Struktur

Die genaue Funktionsweise von identifont.com ist »von außen« nicht erkennbar. Es ist aber wahrscheinlich, dass die Feststellung der Ähnlichkeit über eine ungewichtete Reihung der vom Anwender bestimmten Kriterien stattfindet. *»Fonts by Appearance«* wäre damit vermutlich dynamisch baumartig strukturiert. Dynamisch bedeutet hier, dass die Knoten des Attribut-Baumes festgelegt sind, das System aber in Abhängigkeit von den Antworten unterschiedliche Knotenkombinationen wählt, um über einen möglichst kurzen Weg zu einer kurzen Ergebnisliste zu kommen. Das »ungefragte« System besteht aus einer Menge von lose verknüpften Attributen (Fragen), einem nicht-hierarchischen Netz. Bei der Abfrage des Systems entsteht ein Weg entlang eines Baumes. Die Suche nach Ähnlichkeit zu einer Referenzschrift ist paradigmatisch strukturiert.

Kritik

identifont.com ist ein zwischenzeitlich leicht ergrauter Dienst zur Identifikation von Schriften, keine Schrift-Klassifikation im engeren Sinne. Es kann außerdem, vergleichbar mit dem *Rookledge Typefinder* oder *ÜberSicht* (s. Kapitel 5.1.8, 5.1.9),

378 Es ist möglich, Fragen zu ignorieren und mit *»Not sure«* zu antworten, diese Fragen werden nicht berücksichtigt. Die Ergebnisse stammen aus einem Selbstversuch im November 2008 mit 30 Identifikationsvorgängen.

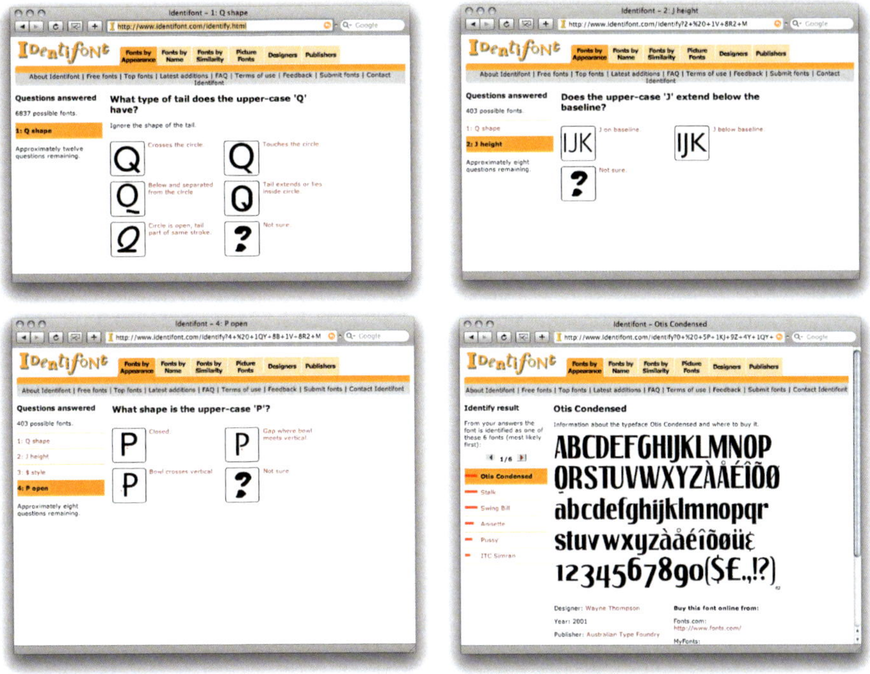

Abb. 27a bis d *Auf identifont.com werden Schriften nach distinkten formalen Kriterien identifiziert, hier Form des Querstrichs des Q, Unterlänge des Versal-J, Form des P-Bogens, Darstellung des Suchergebnisses (alle Screenshots von 2008).*

zum Suchen von Schriften mit bestimmten Merkmalen verwendet werden.[379] Der Dienst »Fonts by Similarity« ist ungewöhnlich, hier können Ähnlichkeiten zwischen Schriften anhand der in »Fonts by Appearance« erfassten Daten festgestellt werden. Das Verfahren ähnelt dem von Bauermeisters PANOSE, basiert aber auf einer größeren Anzahl viel kleinteiligerer Eigenschaften.

5.2.7 www.typosuche.de

Die Website www.typosuche.de wurde von Florian Stürmer und Michael Amarotico in ihrer Freizeit entwickelt. Die Motivation war zunächst ein Versuch, eine Schriftklassifikation in einem digitalen System abzubilden. Die Feststellung, dass die DIN 16518 die aktuell verfügbare Schriftlandschaft nur lückenhaft aufzuneh-

379 Das funktioniert auch ganz ohne Vorlage, ein Durchwandern der Fragen führt ebenfalls zu einem Ergebnis.

men vermag, führte zur Entwicklung von typosuche.de. Ziel des Projekts ist es, einen digitalen Dienst ähnlich einer Suchmaschine herzustellen (Stürmer, 2008).[380]

Fokus
Ähnlich wie identifont.com richtet sich das Angebot von typosuche.de an Gestalter, die Website versteht sich als ein Suchassistent. Im Vordergrund steht die Darstellung einer Schriftauswahl nach vom Anwender selektierten typografischen Attributen.

Klassen und Attributfilter
typosuche.de stellt für die sieben Grundklassen *Serif* (TS1), *Grotesk* (TS2), *Zierschrift* (TS3), *Handschrift* (TS4), *Schriftsystem* (TS5), *Gebrochen* (TS6) und *Dingbats* (TS7) unterschiedliche Filter bereit, die jeweils klassenspezifische Attribute enthalten. Die Grundklassen werden zunächst nicht weiter spezifiziert. Über eine etwas versteckte Hilfefunktion werden die entsprechenden Äquivalenzklassen aus der DIN 16518 genannt. TS1 wird dabei auf die Klassennamen von DIN1 bis DIN4 bezogen, TS2 auf alle Serifenlosen. TS3 nimmt alle Schriften auf, »*deren Merkmale sich von den anderen Gruppen nicht klar ableiten lassen. Meist steht der grafische Entwurf und nicht die Lesbarkeit im Vordergrund*«. TS4 gilt für »*Schriften, die in ihrem Aussehen der Handschrift nachempfunden sind*«, TS5 bezeichnet mit »*Schriftsystemen*« große Schriftfamilien oder Clans. TS6 wird analog zu DIN10 konzipiert, TS7 umfasst »*alle Zeichensätze, die aus Symbolen, Ornamente[n], Figuren etc. bestehen*«, gemeint sind Schriften, die aus grafischen Symbolen anstelle von Buchstaben bestehen. Die Besonderheit von TS7 ist, dass »*auch einzelne Schnitte von Schriftfamilien [...] hier zu finden (so z. B. Minion Ornaments)*« sind. Die klassenspezifischen Attribute bestehen aus Listen und können mit »egal«-Markierung versehen werden (s. Abb. 29), wenn sie bei der Suche nicht berücksichtigt sollen. Außerdem stehen verschiedene binäre, optionale Attribute zur Verfügung.

Die Attribute der Klassen TS1, TS2 und TS6 sind binär. Zur Suche in der Gruppe TS1 stehen die folgenden obligatorischen Attribute zur Verfügung (in *kursiv*, jew. Werte in Klammern dahinter): *Mengensatz* (tauglich, nicht tauglich), *Lage des e-Strichs* (horizontal, schräg), *Anbindung* (gemeint ist die Ausrundung der Serifenansätze: Winkel, Rundung), *Achse* (vertikal, schräg), *Strichkontrast* (stark, schwach), *Serifenart* (parallel, mit Kehlung), *Oberlänge* (gleich, unterschiedlich), *Anstriche*

380 Aus einem Telefonat mit Florian Stürmer am 11.11.2008.

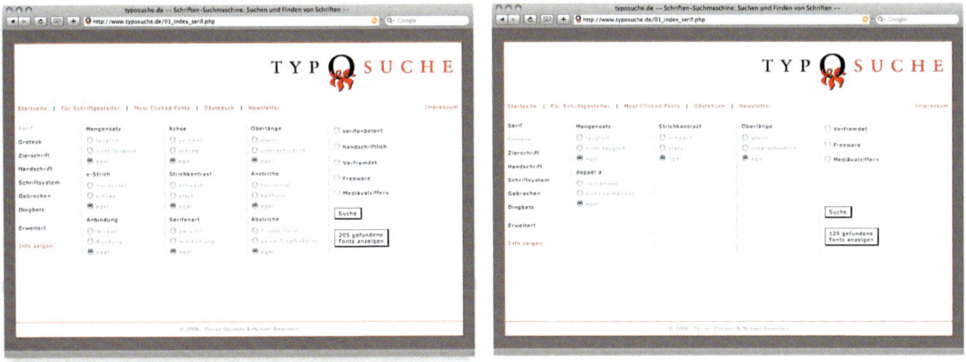

Abb. 28a, b *Typosuche.de dient der Schriftsuche über Attributfilter, die an Hauptklassen in Anlehnung an die DIN 16518 angepasst werden können. Links die Attributliste zur Klasse »Serif«, rechs zu »Grotesk« (Screenshots von 2009).*

(horizontal, keilförmig) sowie *Abstriche* (Tropfenform, keine Tropfenform). Optionale Attribute von TS1 sind *serifenbetont, handschriftlich, verfremdet, Freeware* und *Mediävalziffern*. TS2 kann durchsucht werden nach *Mengensatz* (tauglich, nicht tauglich), *doppel a* (vorhanden, nicht vorhanden), *Strichkontraste* (schwach, stark) sowie *Oberlänge* (gleich, unterschiedlich), optional sind *verfremdet, Freeware* und *Mediävalziffern*. Für TS3 steht eine nicht weiter beschriebene Liste zur Verfügung, bestehend aus *Ausgeschnitten, Bastard, Block, Cartoon, Designerfont, Digital, Disco, Eckig, gepunktet, Historisch, Kabel, Pinselstrich, Pixelfont, RoundedGrotesk, Rund, Schablonenschrift, StarTrek, Stempel, verschnoerkelt, verspielt, verziert, Western* und *zerstoert*. Weiteres obligatorisches Attribut ist *Strichkontrast* (schwach, stark), sowie optional *condensed, Freeware, Mediävalziffern*. TS4 kann durch die obligatorischen Attribute *Freihand, Schreibschrift, Kalligraphie, Graffiti* und das optionale *Freeware* durchsucht werden.

TS5 mit der kryptischen Beschreibung »Schriftsystem« verfügt nur über die optionalen Attribute *Serif, Grotesk, Gebrochen* und *Freeware*. TS6 hat zwei optionale Attribute *Schriftbild* (eng & hoch, breit & rund), *b, h, k, l* (gegabelt, gerade) sowie optional *Verfremdet*. TS7 kann nach der nicht bezeichneten obligatorischen Liste *Art, Astrologie, Blindenschrift, Cartoons, Culture, Gesichter, Icons, Logos, Mathematik, Menschen, Natur, Noten, Nummern, Ornamente, Spiel, Symbole, Tiere, Weihnachten* und *Werkzeug* durchsucht werden, mit dem optionalen Attribut *Freeware*. Die erweiterte Suche (TS8) lässt eine Suche nach *Schriftnamen, Schriftgestalter, Foundry, Gestal-*

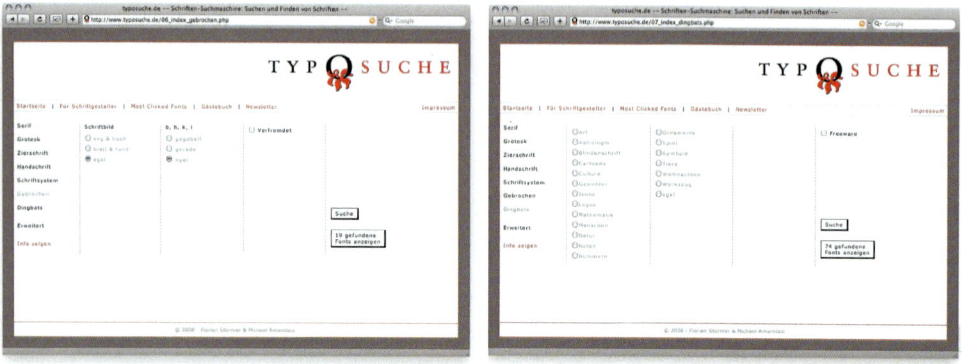

Abb. 29a, b *Die Klassifikationsattribute variieren von Klasse zu Klasse, links die Attribute zu Gebrochenen Schriften, rechts Dingbats (Screenshots von 2009).*

tungsjahr und *Schriftformat* (PostScript, TrueType, OpenType) für die Betriebssysteme Windows und Mac OS zu, zusätzlich das optionale Attribut *Freeware*.

Attribute
Typosuche.de fasst Attribute sehr unterschiedlicher Kategorien klassenspezifisch zusammen. Teilweise werden Attribute auf Buchstabenebene erfasst, auch Serifenformen, Modulation und Strichführung werden genauer spezifiziert. Genauso werden mesotypografische Merkmale, wie Varianz der Oberlängen, berücksichtigt. Assoziative oder medial bestimmte Gesamtanmutungen dienen der Bestimmung der Zierschriften. Optionale Parameter, technische Eigenschaften sowie Designer- und Vertriebsinformationen sind Meta-Daten, die vermutlich aus den Schriftdateien extrahiert wurden.

Struktur
Typosuche.de stellt für jede Hauptklasse (TS1 bis TS7) unterschiedliche Suchstrukturen zur Verfügung, Baumstrukturen und Listen wechseln sich ab. Nur über die Auswahl einer Klasse kann innerhalb derselben »tiefer« gesucht werden, Attribute einer anderen Klasse sind dann nicht verfügbar. Für sich betrachtet ist jede Klasse wenig komplex, außer in begrifflichen Überschneidungen besteht keine Verbindung zwischen den einzelnen Klassen. Berücksichtigt man die Parallelen zwischen TS1 und TS2, könnte man von einer paradigmatischen Struktur sprechen. Berücksichtigt man darüber hinaus die Möglichkeit, dass eine Schrift

in mehr als zwei Gruppen referenziert werden kann, wäre typosuche.de wie eine facettierte Klassifikation strukturiert. Technisch sind Facetten zwar angelegt, durch die Konzentration der Anwenderperspektive auf die Hauptgruppen treten sie funktional allerdings kaum hervor.

Kritik

Typosuche ist offen konzipiert und erweiterbar, die Anzahl der tatsächlich im System verwendeten Schriften bleibt mit 782[381] (Stand Juli 2017) allerdings eher niedrig. Es ist durch die Adressierung, die digitale Umsetzung und facettierte Struktur ein formal-logisch definiertes System – eines der wenigen dauerhaft zugänglichen Systeme, das sich an der DIN 16518 orientiert und einen Sprung ins digitale Zeitalter geschafft hat.

Die Hauptleistung des Systems liegt in der optionalen Zu- bzw. Abschaltung einzelner typografischer Kriterien innerhalb einer Hauptgruppe. Dieser Mechanismus kann als dynamische Klassifikation verstanden werden. Stürmer und Amarotico zeigen, dass für eine relativ geringe Anzahl von klassifizierten Schriften das Differenzierungspotenzial der DIN mit einigen wenigen Veränderungen bereits ausreichende Orientierung bietet.

5.2.8 Dalvi

Girish Dalvis *Conceptual Model for Devanagari Typefaces*[382] erscheint 2010. Sein Model ist eine Facettenklassifikation für Devanagari-Schriften. Die Arbeit ist hier aufgeführt, obwohl sie keine lateinischen Buchstaben klassifiziert, da sie das Potenzial der Kombination einer Facettenklassifikation mit einem digitalen System zeigt. Die genauen Attribute und Klassendefinitionen werden hier daher nicht detailliert aufgeführt, sie sind nur bedingt auf lateinische Buchstaben anwendbar.

Fokus

Dalvi klassifiziert digitale Devanagari-Schriften. Er entwickelt ein dreidimensionales Modell zur Beschreibung von Devanagari-Schriften, das er in einer Facetten-

381 Zählt man die in den Hauptklassen verfügbaren Schriften zusammen, werden sogar 832 verschiedene Schriftarten unterschieden. Es ist anzunehmen, dass die geringere Zahl von 782 aufgrund von Mehrfachnennungen einzelner Schriftarten zustande kommt.

382 Die am Indian Institute of Technology, Mumbay abgelegte PhD-Arbeit wurde von G. V. Sreekumar betreut.

klassifikation abbildet, er konzipiert eine Suchmaschine: »*The goal in developing the search software was to allow facet based searching of Devanagari typefaces*« (Dalvi 2010: 208). Dalvis Zielsetzung ist es, ein Tool zu schaffen, das alle drei Klassifikationsaspekte (vgl. Kapitel 3.1) vereint: »*theory rooted in practise can lead to informed practise*«, »*theory as an indicator of progress*«[383] und »*theory as a medium for dialogue*« (ebd.: 230f). Sein Ziel ist unter anderem, über eine Klassifikation und die darüber definierten Begriffe den Diskurs über Devanagari-Typografie zu ermöglichen.

Struktur und Attribute

Dalvi nutzt ein »*idealized abstract conceptual model*« (ebda.), das er in drei Dimensionen abbildet: *1. Formal/Visual Information*, 2. *Meta-Data* und 3. *Rigid Classes* (ebd.: 209). Eine Auswahl wurde in mehreren evaluierten Schritten manuell klassifiziert, die dazu entwickelten Klassifikations-, Evaluations- und Korrekturmethoden sind auch Teil seiner Forschung und nehmen neben den technischen Aspekten einen größeren Teil der Arbeit ein. Dimension 2 ist für alle digitalen Schriften gültig, in Dimension 3 werden die Schriften mit bereits etablierten Schriftklassen klassifiziert und verschiedene typografische Bildungsgrade der Nutzer abgebildet.[384] In Dimension 1 sind formale Merkmale abgebildet. Dalvi stützt sich dabei teilweise auf Attribute, die zur Klassifikation lateinischer Schriften verwendet werden, indem er diese an die spezifischen Ausformungen der Devanagari-Schriften anpasst und verändert,[385] andere sind nur auf dieses Aufschreibesystem anwendbar. Bemerkenswert ist zum einen die Nähe zwischen Schrift und Simulation eines Schreibwerkzeuges, welches sich formal deutlich in der Buchstabenform niederschlägt. Zum zweiten decken die von Dalvi abgebildeten Attribute alle typografischen Ebenen ab, mikrotypografische wie »*B-loop*«, mesotypografische wie »*terminals*« und makrotypografische wie »*proportions*« oder »*gray-value*« (ebd.: 215).

Kritik

Das *Conceptual Model for Devanagari Typefaces* zeigt, wie ein umfangreiches, alle typografischen Ebenen und digital verfügbaren Daten berücksichtigendes

383 Dalvi meint hier *progress* im Sinne der Verbesserung von und des Diskurses um typografische Qualität.

384 Dalvi unterscheidet Experten und Nicht-Experten in jeweils drei Stufen (Dalvi 2010: 210).

385 Auch die Terminologie ist an westliche Schriftklassifikationen angelehnt, Begriffe wie »contrast«, »gray value«, »construction« oder »(modulation-)axis« werden analog zur DIN, dem BS und PANOSE verwendet.

Suchsystem strukturiert sein kann. Das System bzw. die Arbeit hat zwei kleinere Schwächen. Zum einen ließe sich anmerken, dass die Differenzierungsmöglichkeiten des Systems ob der begrenzten Anzahl von Devanagari-Schriften[386] deutlich höher scheinen als ökonomisch notwendig, es ist ein eher akademisches System. Es löst ein Orientierungsproblem, das im aktuellen Angebot hier relevanter Schriftarten noch nicht existiert. Das Differenzierungspotenzial ist hoch, das Modell dadurch allerdings schlechter »merkbar«, unter dem didaktischen Aspekt ein deutliches Manko. Zum anderen sind die Klassifikationssysteme lateinischer Schriften in ihrer stark verkürzten Darstellung unterkomplex dargestellt und das breite Differenzierungspotenzial z. B. von Thibaudeau nicht erkannt.[387] Ungeachtet dessen sticht Dalvis Ansatz unter mehreren Gesichtspunkten hervor. Sein Suchsystem ist das einzige,[388] das im Kontext akademischer Design-Forschung entstanden ist und online dauerhaft unter im WWW[389] zur Verfügung steht. Es ist auch das einzige, das die grundlegenden Klassifikations-Paradigmen klar definiert: Klassifiziert werden OpenType-Schriften, die einen Devanagari-Zeichensatz enthalten, der didaktische Aspekt steht im Vordergrund, klassifiziert wird nach Attributen aller typografischen Ebenen und digital verfügbaren Meta-Informationen. Zudem es ist eines der wenigen, das alle systemrelevanten Klassifikationsattribute nachvollziehbar definiert sowie sie visuell und sprachlich erklärt.[390] So konzipiert Dalvi, vielleicht unabsichtlich, einen Prototypen für die Struktur eines Schriften-Suchsystems für digitale Schriften lateinischen Ursprungs am Beispiel einer Implementierung für ein Devanagari-Schriften-Suchsystem.

5.2.9 FontBook (App)

Die 2011 erstmals erschienene FontBook App für mobile Endgeräte ist eine digitale Neuauflage des gedruckten FontBooks (Siebert 1998). Die App »*dokumen-*

386 Auch hier ist ein Zensus schwierig. Bei google-fonts enthalten im Mai 2017 41 von 818 Schriftfamilien auch Devanagari-Buchstaben, eine Suche ohne Parameter (»zeige alles, was es gibt«) im Online-System von Dalvi liefert zum gleichen Zeitpunkt 39 Ergebnisse. Es wäre zu diskutieren, ob eine so geringe Anzahl von Schriften eine so differenzierte Klassifikation benötigt.

387 vgl. Dalvi 2010: 120 – 147.

388 Stand: April 2018.

389 Online unter http://dsquare.in/devft/en (bis 9/2017 erreichbar, Stand 11/2017 nicht)

390 Kurze Texte mit Abbildungen zu allen Eigenschaften befinden sich auf der Website, etwas ausführlicher in der PhD-Arbeit.

tiert und klassifiziert nicht nur das Schriftschaffen der vergangenen Jahrhunderte. Die FontBook-App präsentiert dieses Angebot auf 700.000 Schriftmustern, die sich – wie eine Kartensammlung – intuitiv auslegen, durchsuchen, auffächern, verschieben, rollieren und kombinieren lassen« (fontshop 06). Für Jürgen Siebert, einen der Herausgeber des FontBooks (Buch), ist sie direkte Nachfolgerin und Erweiterung des Buchs: »*Obwohl sie den Begriff »Book« im Namen trägt, hat die App nichts mit einem Buch gemein. Vielmehr löst sie einige der Probleme, die das seit zwanzig Jahren gewachsene FontBook zunehmend umständlicher in der Benutzung machten: Gewicht, Seitenbeschränkung (zuletzt 1760 Seiten), fehlender Index, Querverweise, Kapiteleinteilung, mangelnde Aktualität und manches mehr. Die serielle, alphabetische Anordnung von Informationen ist nur eine von vielen Möglichkeiten, ein Nachschlagewerk zu komponieren – gut geeignet für Experten, weniger für Quereinsteiger, die in der Schriftwelt immer mehr werden. Und so glauben wir, dass die FontBook-App mit vielfältigen Einstiegen und direct-link-Verweisen heute das praktischere Tool für die typografische Inspiration und das Vergleichen von Schriften ist«* (Siebert 2011).

Struktur

Die App stellt fünf Zugänge zu Schriften dar, über *Klasse, Jahr, Designer, Verwendung, Schriftname* und *Foundry*. *Schriftname, Foundry* und *Designer* sind dabei jeweils alphabetische Listen, *Jahr* eine chronologische Liste. Gemeint ist entweder das Erscheinungsjahr oder eine »stilistische Epoche«,[391] die Liste beginnt 1400 und endet 2015. *Verwendung* ist in die vier Unterkategorien *Alternatives, Use Case, Genre, Period* und *Super Families* geteilt. *Alternatives* sind dabei Listen von formal ähnlichen Schriften als Alternative zu populären wie *Avant Garde* oder *Times*. *Use Cases* verweist auf Benutzungskontexte wie Webfonts (die größte Kategorie), kleine Texte, Buch-, Zeitungs- oder Postergestaltung, Corporate Design, Mehrsprachigkeit, Apps, Symbole und Icons sowie verschiedene Aufschreibesysteme und Sprachen. *Genre* versammelt eine große Anzahl von Schlagworten, die auf besondere Eigenschaften[392] der Schriften hinweisen. *Period* stellt Schriften mit Bezügen zu visuellen Stilen oder Epochen wie *Victorian, Wild West, Bauhaus, Retro-Futuristic, 1980s* oder *Psychedelia* dar. Unter *Super Families* sind Schriftsippen versammelt, viele hier gelistete Familien verfügen

391 Gemeint ist ein Zeitraum, in den die Ursprünge einer Schrift zurückgeführt werden können.

392 Die Genres haben den Charakter von *Tags*, häufig online durch Anwenderpartizipation entstandenen Schlagwortkatalogen, der Ursprung ist hier nicht zu ermitteln.

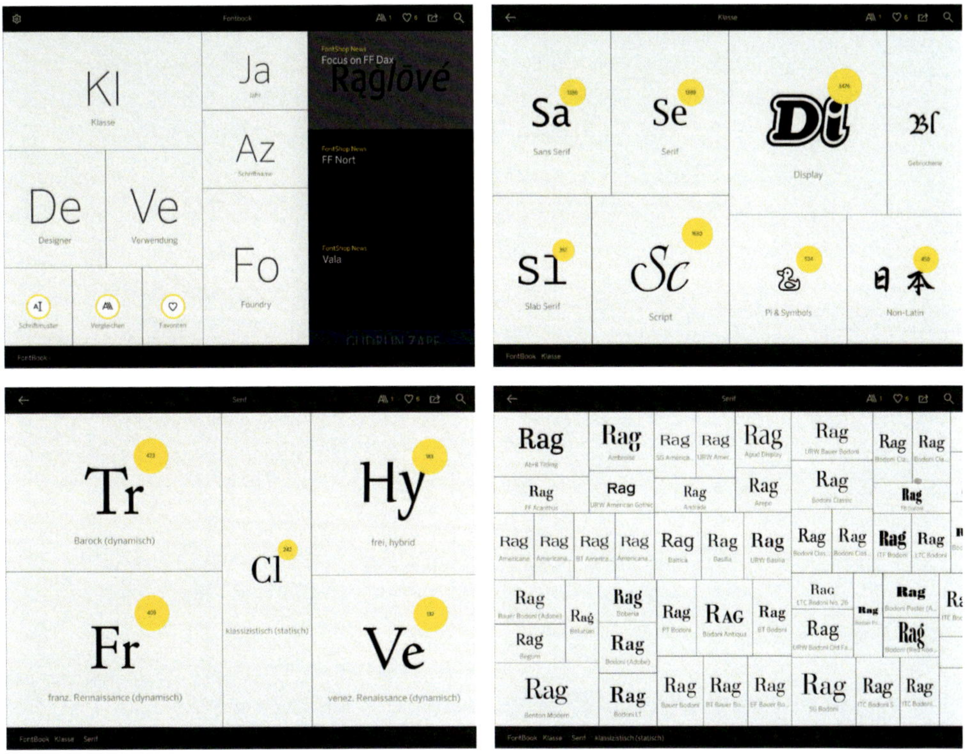

Abb. 30a bis d *In der App FontBook können Schriften über verschiedene Zugänge erreicht werden. Oben links der Startbildschirm, rechts die Auswahl der Schriftklassen, unten die Unterklassen von »Serif« und die alphabetische Liste der Schriften unter »klassizistisch«. Die Zahlen in den gelben Kreisen geben die Anzahl der in der jeweiligen Klasse versammelten Schriftfamilien an (Screenshots der App von 2017).*

über Schnitte mit Serifen und serifenlose Schnitte. Der Zugang über *Klasse* sortiert Schriften nach den bereits im FontBook (Buch) etablierten Klassen *Sans Serif, Serif, Display, Gebrochene, Slab Serif, Script, Pi & Symbols* und *Non-Latin*. *Sans Serif* ist dabei in die Kategorien *dynamisch, grotesk, geometrisch, frei hybrid* und *Anglo-Grotesk (statisch)* gegliedert. *Serif* zerfällt in *Barock (dynamisch), franz. Renaissance (dynamisch), klassizistisch (statisch), frei hybrid* und *venez. Renaissance (dynamisch)*. *Display* ist in *ohne Serifen, mit Serifen, frei hybrid, Schreibschrift* und *serifenbetont* untergliedert, *Gebrochene* in *frei hybrid, Fraktur, Rotunda, Textura* und *Schwabacher*. Die Klasse *Slab Serif* besteht aus den Unterklassen *dynamisch, Egyptienne (statisch), geometrisch, substyle.Clarendon (static)*[393] und *frei hybrid*. In *Script* werden *handschriftlich, Lettering, humanistisch, klassizistisch (statisch), linear* und *frei hybrid* unterschieden, während *Pi & Symbols* in die Unterklassen *Illustrationen, Figuren, Festliches, Kommunikation & Etikette, alphanumerische Zeichen, Rahmen und Ornamente* sowie *Verkehrswesen & Orientierung* unterteilt ist. Die Klasse *Non-Latin* versammelt in sich die Unterklassen *Chinesisch, Arabisch, Kyrillisch, Indisch, Japanisch* und *Thai*. Zusätzlich zu den Klassen und Hauptnavigationspunkten wird im FontBook rechts der Newsfeed von FontShop integriert.

Kritik

Das FontBook ist das aktuell umfangreichste digitale Schriftmusterbuch. Es demonstriert, von wenigen Schwächen abgesehen, die Möglichkeiten digitaler Schriftsortierungssysteme als Marketinginstrumente.

Inkonsistent ist die Sortierung nach *Jahr*. Hier wird entweder das »stilistische Erbe« datiert, z. B. bei den Renaissance-Antiquas Jenson Classico oder der Adobe Bembo der Zeitraum 1400 bis 1499, bei der Barock-Antiqua Gauthier Next FY aber beispielsweise mit 2014 das Erscheinungsjahr. Ebenso inkonsistent bleiben die *Use Cases*.[394] Hier werden kategorial völlig unterschiedliche Kontexte wie Gestaltungsdisziplinen (*Corporate Design, Branding*), Sprachabdeckung (*Hebräisch, Japanisch*), Medien (*App-, Zeitungs-, Postergestaltung*) oder *Orientierung und Navigation* unter einem Schlagwort versammelt. Die Use Cases sind zudem, wie häufig bei nutzergenerierten Inhalten, eher assoziativ zu verstehen und kaum als Abgrenzung, z. B. zwischen Klassen. Noch breiter ist die Verteilung der unter *Genres* versammelten Attribute. Sie reichen von Angaben zur Schriftgeometrie wie *Unicase*, stilistische Anlehnungen wie *Wide Engraved Serif, Stencil Slab Serif*, Zierformen wie *3D Shadow, Titling, Jewel & Deco*, Mediensimulationen *Distressed Typewriter, Distressed* und *Wood Type* bis hin zu medienübergreifenden Anwendungskontexten wie *Headline Grotesque*.

Eine wesentliche Stärke des FontBooks liegt in der dynamischen Darstellung der Haupt- und Unterklassen. Sie werden jeweils durch Zahlen ergänzt, aus denen die Anzahl der in der Klasse befindlichen Schriften abzulesen ist. Hier schafft

---

393 Der Teil *»substyle.«* der Klassenbezeichnung ist vermutlich ein Fehler. Es ist anzunehmen, dass hier *Clarendon* gemeint ist.

394 Als Beispiel seien hier die Webfonts aufgeführt, es werden mehr als 80 Hersteller von Webfonts in je einem Use Case (z. B. *»WebFont Cape Arcona«*) genannt, die jeweils mehrere Schriften anbieten, einzelne mehr als 30. Der Use Case »Webdesign«, weit unten in der Liste, beinhaltet ganze 16 Schriftfamilien verschiedener Hersteller.

das System eine zusätzliche Orientierung, aus der hervorgeht, wie die Mengenverhältnisse der Klassen im Vergleich zueinander sind. Eine weitere Stärke liegt in der konstanten Pflege des Systems: es prüft beim Start, ob neue Inhalte online verfügbar sind, und lädt sie gegebenenfalls nach.

Verantwortlich für die Klassifikation war Indra Kupferschmid, wodurch sich die Nähe zu den deutschen Ansätzen der frühen 2000er erklärt (vgl. 5.1.12). Was Stringenz der Klassifikation angeht, ist das FontBook als Instrument zur Vermarktung viel stärker auf »zugänglich machen« als auf »stringent sortieren« angelegt. Von wenigen offensichtlichen Fehlzuordnungen abgesehen ist die Zuordnung zu den Klassen, insb. den Konsensklassen, eher inklusiv und nicht eindeutig. Besonders in schwierig abzugrenzenden Klassen[395] werden schlecht eindeutig zuzuordnende Schriften häufig in beiden Klassen genannt. Für das FontBook gilt: Zugang ist wichtiger als ein-eindeutige Sortierung.

Das Fontbook ist aktuell (Juli 2017) *das Paradebeispiel eines digitalen Schriftenkatalogs*. Symptomatisch für seine Funktion als verkaufsunterstützende Maßnahme ist die enge Verwebung von der Klassifikation mit Meta-Informationen *(Foundry, Designer, Jahr)*, Quereinstiegen *(Verwendung)* und Marketing-Informationen. Gleichzeitig wird die Schwierigkeit der Sortierung nach Schlagworten überdeutlich: Die Kategorien der verschiedenen Attribute sind so unterschiedlich, dass alle Versuche, sie zu ordnen, misslingen. Als das umfangreichste digitale Orientierungssystem gibt das FontBook keine Navigationsstruktur vor, definiert nicht »den einen Weg zur Schrift«. Vielmehr betont es die verschiedenen Zugänge bei der Auswahl von Schriften: über Stile, Gestalterinnen, Sprachen, Anwendungskontexte oder spezifische typografische bzw. technische Eigenschaften. Der Forderung der de Jongs in Schriftwechsel: *Schaut auf das Schriftbild!* (de Jong 2008:7) kommt das FontBook in besonderem Maße nach. Es gelingt, Schriften in typischen typografischen Situationen zu zeigen – in großen Graden, als Beispiel-Satz und in kleinen Graden und längeren Zeilen[396] – und Schriften direkt miteinander zu vergleichen.

---

395 Beispiele schwierig abzugrenzender Klassen sind "Grotesk« von »Anglo-Grotesk« oder »Barock« von »franz. Rennaissance«. In beiden Klassenpaaren finden sich Schriften doppelt referenziert.

396 FontBook ist ein Marketing-Instrument und nutzt konsequent die Möglichkeiten mobiler Touch-Devices: Dynamisches Nachladen von Schriftmustern und deren Erzeugung in verschiedenen Größen, hohe Pixeldichte der Displays, Verknüpfung mit dem Online-Shop, Integration von sozialen Netzwerken usw.

5.2.10 Ho

Organizing the World of Fonts with AI [Artificial Ingelligence, jop] von Kevin Ho wird im April 2017 in einem Blogpost veröffentlicht und deutet in eine neue Richtung zur Sortierung typografischer Schriften. Sein kurzer Aufsatz und die beispielhafte Implementierung beweisen die theoretische Möglichkeit, Schriften voll-automatisiert zu sortieren. »*This quick dive into machine learning made me even more excited about the potential to create new, intelligent systems that can aid the design process. Assuming the data is available, mapping thousands of fonts is scalable with this approach*« (Ho, 2017). Ho verwendet künstliche Intelligenz, die er ca. 750 Schriftmuster des Wortes »*handgloves*« analysieren lässt und aus den Ergebnissen einen Ähnlichkeits-Vektor erzeugt. Dieser Vektor wird auf ein zweidimensionales Feld reduziert, sodass die Positionen über Nähe auf automatisiert erkannte Ähnlichkeit verweisen. Die Matrix zeigt deutliche Gruppenbildung um serifenlose Schriften, kursive Schriften und Outlines. Ergebnis des Experiments ist ein interaktives System, das per Klick auf einen Buchstaben (als Repräsentanten für eine Schrift) den Schriftnamen und den Text »*Lorem Ipsum*« in der jeweiligen Schrift zeigt.

Kritik

Organizing the World of Fonts with AI ist als Experiment zu sehen, das nachweist, dass automatisierte Analyse von Schriftmustern sinnvolle Ergebnisse liefern kann.[397] Auch wenn es in dem kurzen Text nicht am prophetischen Ton des Silicon Valley mangelt,[398] ist das Ergebnis noch weit entfernt von einer Klassifikation. Ho zeigt aber deutlich das Potenzial automatisierter Erkennung und Sortierung.

5.2.11 Schrifthersteller und -anbieter im WWW

Schon früh in der Geschichte der Typografie standen Hersteller und Vertreiber von Schriften vor der Aufgabe, ihr Angebot verständlich zu kategorisieren, bereits frühe Schriftenkataloge zeugen von diesem Problem (vgl. Kapitel 5.1.1). Im welt-

397 Das ist bei Einsätzen von künstlicher Intelligenz (A.I.) nicht zwingend der Fall: Mustererkennung ist ein häufiger Einsatz von A.I., der auch häufig zu Ergebnissen führt. Dass diese Ergebnisse »menschenverständlich« oder »menschenlesbar« sind, also wie in diesem Fall direkt visuell nachvollzogen werden können, ist dabei nicht garantiert.

398 Ho arbeitet für IDEO, eine im Silicon Valley ansässige Firma, die Innovationsforschung betreibt und maßgeblich an der Entwicklung der Design-Think-Methodik beteiligt war. Auch IDEO formuliert im stets optimistischen Sprachregister der kalifornischen IT-Industrie, man bezeichnet sich selbst als *»committed to creating positive impact«* (IDEO, 2017).

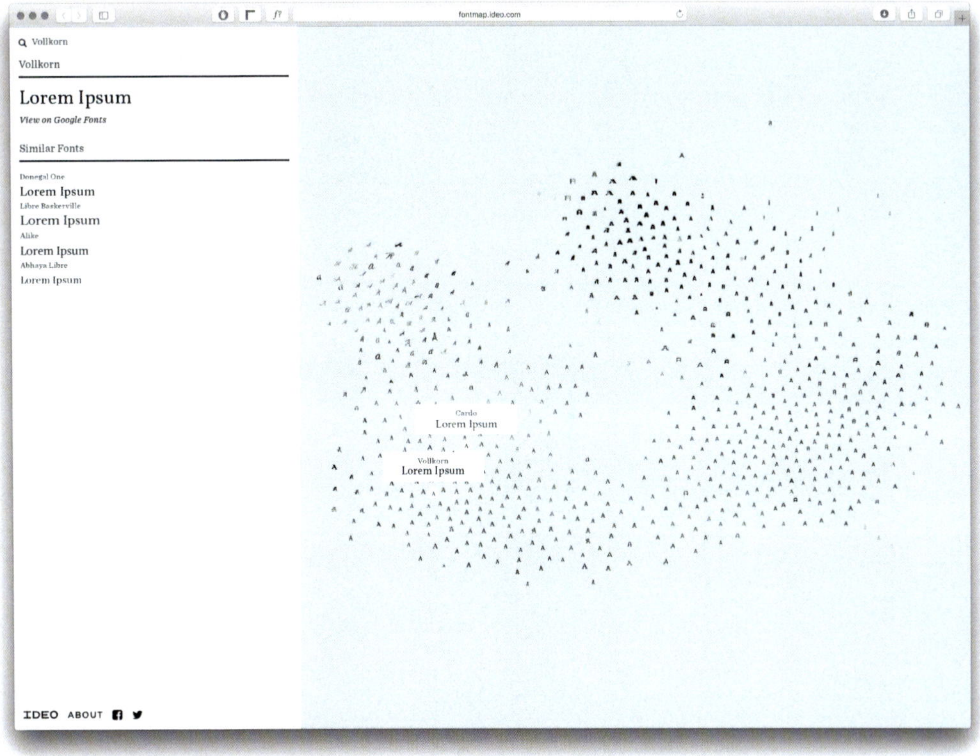

Abbildung 31 *Ho projiziert alle google fonts in einen zweidimensionalen Raum, in dem ähnliche Schriften nahe beieinander platziert werden. Im Beispiel sind die Antiquas »Vollkorn« und »Cardo« ausgewählt. Links werden Ähnliche zur zuletzt ausgewählten Schrift in einem Blindtext gezeigt (Screenshots von 2018).*

weiten Web kommen mehrere neue Anforderungen an die bestehenden Klassifikationen hinzu. Die Zielgruppen ändern sich: Der typografische Bildungsgrad der Anwender ist, im Vergleich zu »bleiernen Zeiten«, niedriger, Websites richten sich nicht ausschließlich an Spezialisten, Kunde ist jetzt »die Welt«. Auch Laien werden als Nutzer und damit potenzielle Kunden verstanden, die Präsentationen des Angebots verändern sich unter den neuen Anforderungen. Die Klassifikationen reagieren in ihrer Darstellung zuallererst auf gestaltungs-ökonomische Problemstellungen, auf den Mangel an Fläche und Orientierung.[399] Insbesondere Web-

399 Typografische Gestaltung findet häufig nach raum-ökonomischen Überlegungen statt, der Mangel ist ein zentrales Element in den Paradigmen typografischer Gestaltung: Mangel an Aufmerksamkeitsres-

sites, die viele verschiedene Schriften verfügbar machen, müssen diese auf der begrenzten Fläche einer Website visuell adäquat präsentieren.[400] Dazu ist eine Vorselektion notwendig, z. B. in Form von Kategorien oder Klassen. Die einzelnen Ansätze stellen Versuche dar, Kunden bzw. Anwendern einen oder verschiedene Zugänge zu einer Auswahl der jeweiligen verfügbaren Schriften anzubieten. Einige Anbieter verwenden dabei hierarchische Kategorien, andere deuten einzelne formale Attribute bzw. Attributkombinationen heraus, beziehen sich auf Klassen tradierter Klassifikationen oder verwenden assoziative Begriffe. Diese Kategorien werden schon aus rein funktionalen Gründen angeführt: Ob der teilweise immensen Anzahl an Schriften muss dem Anwender die Möglichkeit gegeben werden, über möglichst wenig Interaktion eine überschaubare Menge an Schriften präsentiert zu bekommen. Die von den verschiedenen Anbietern entwickelten Strategien sind höchst unterschiedlich. Sie sind eher nach Gesichtspunkten von Marketing und Benutzerführung konzipiert, und nicht im engeren Sinne als Klassifikation gedacht. Dennoch sollen sie als Ansätze zur Klassifikation betrachtet werden.[401] Im Folgenden werden einige Hersteller und Vertriebe kurz analysiert und die Kategorien der Unterscheidungsattribute betrachtet. Einen Überblick über digitale Ordnungssysteme liefert auch Friedrich (2016: 62ff).

---

sourcen, Mangel an Lese-Willigkeit, Mangel an Raum, Mangel an Orientierung usw. Die Fläche zur Darstellung von Information auf Websites ist knapp, diese Feststellung ist trivial, hat aber weitreichende Folgen. Die Fläche des Bildschirms ist begrenzt, die Informationsdichte, die eine Website relativ zu einer gedruckten Seite darstellen kann, war lange Zeit deutlich geringer. Im hochkompetitiven Umfeld des Webs sind alle Mitbewerber nur einen Klick weit entfernt. Schneller Zugang ist ein Wettbewerbsvorteil. Zudem ist das Verhalten von Anwendern auf Websites statistisch exakt erfassbar, sodass sich effiziente Klassifikations- bzw. Sortierungsmodelle ermitteln und permanent verbessern lassen. Der Zwang zur übersichtlichen, dynamischen Darstellung wirkt zurück in die Klassifikationsstrukturen. Der Autor bedauert, dem Konzept von Gestaltung als Reaktion auf »Mangel« hier nicht weiter nachgehen zu können.

400 Dass diese »Mangeldarstellung« weiterhin relevant ist, zeigen Googles Webfonts: Die Liste ist zwar über eine Klassifikation sortierbar, dennoch setzen anscheinend viele Schriftgestalterinnen auf eine Position weit vorn im Alphabet, Schriften mit A erscheinen als erste. Während die Namen der ersten 90 Schriften im Verzeichnis (Stand Juli 2017) alle mit A beginnen, haben die letzten 90 Schriften Namen, die von »Squada One« bis »Zilla Slab« reichen. Das ist keine zufällige Verteilung, sondern ein Verweis auf mangelnde Klassifikation: Es ist mehr als unwahrscheinlich, dass der Schriftname (z. B. mit A) auf höhere typografische Qualität verweist. Die Sortierungsposition scheint bei der Auswahl eine größere Rolle zu spielen als formale Kriterien.

401 Und das nicht nur, weil sich die Begrifflichkeiten z. T. stark mit denen traditioneller Schriftklassifikationen überschneiden. Genauso muss hier berücksichtigt werden, dass alle hier genannten digitalen Systeme über Mechanismen zur Adressierung jeder einzelnen Schrift verfügen. Sie sind damit, zumindest im weiteren Sinne, Schriftklassifikationen.

Fokus

Die Anbieter von Schriften im Internet klassifizieren ihre digitalen Schriften, die hauptsächlich in den Formaten TrueType, PostScript und OpenType vorliegen. Die Klassifikationen der einzelnen Websites umfassen das jeweilige Schriftangebot; Einschränkungen, beispielsweise nur auf Werkschriften, gibt es nicht. Die Systeme verwalten alle Arten von digitalen Schriften, in allen Variationen von Medienoptimierung, unterschiedlichen Aufschreibesystemen, Sprachabdeckungen, Stilen, Epochen, Symbolen, Ornamenten usw. Die Begriffe und Beschreibungssysteme sind dabei, im Unterschied zu »analogen« Klassifikationssystemen, nicht auf bestimmte Einsatzgebiete oder Stile beschränkt. Es besteht ein feiner, aber wichtiger Unterschied zu universellen Schriftklassifikationen: Diese sollen über genau definierte Eigenschaften Schriften klassifizieren. Eine Suche nach einer Schrift mit bestimmten Eigenschaften kann damit »ins Leere« führen, auf das Fehlen eines entsprechenden Schriftexemplars verweisen. Die Zielsetzung für Schrifthersteller ist jedoch eine andere: Das Interesse der Schrifthersteller und -anbieter liegt darin, einen möglichst vielfältigen und niedrigschwelligen *Zugang* zum Schriftangebot zu ermöglichen. Schriftklassen und -attribute sind Verweismöglichkeiten in die Bibliothek der einzelnen Anbieter hinein. Schriften sind Produkte, auf die es hinzuweisen gilt, eine zu starke Differenzierung ist aus Sicht der Anbieter und Hersteller nicht wünschenswert.[402] Die Klassifikationen von Schriftherstellern unterscheiden sich voneinander wie die Suchmasken des *Karlsruher Virtuellen Katalogs* (www.ubka.uni-karlsruhe.de) von *Amazon.com*. Suchanfragen haben beim einen oft ein frustrierendes »Nichts«, beim anderen ein frustrierendes »Irgendwas« als Ergebnis, wie den von amazon.com so ähnlich bekannten Satz: *»Die Suche nach »Schriftklassifikation« hat keine Treffer ergeben. Kunden, die vergeblich nach »Schriftklassifikation« suchten, haben »Internationale Klassifikation psychischer Störungen: ICD-10 Kapitel V« gekauft.«*

---

402 Ein zu streng differenzierendes Klassifikationsmodell könnte auch als geschäftsschädigend aufgefasst werden. Für die Hersteller steht nicht die Exaktheit des Verweises im Vordergrund, sondern das Verweispotenzial auf eine *überschaubare Menge* von Schriften. Die Auswahl soll nicht nach dem *Ausschluss*-Prinzip funktionieren, welches im ungünstigsten Fall keine Schrift zu bestimmten Kriterien findet. Den Anforderungen der Hersteller und Anbieter entsprechender ist die Auswahl nach einem *best-guess*-Prinzip, das in jedem Fall passende Schriften als Ergebnis liefern kann.

Attribute und Klassen

Die Attribute und Klassen, die von den verschiedenen Herstellern und Anbietern von Schriften zur Unterscheidung von Schriftarten verwendet werden, sind sehr vielfältig. In ihrer Gesamtheit spiegeln sie den gesamten Diskurs zur Schriftklassifikation wider. Die Klassenbezeichnungen bestehen häufig nur aus einem einzigen Begriff, weitergehende Definitionen existieren praktisch nicht. Manche dieser Bezeichnungen beziehen sich auf tradierte Klassenbezeichnungen, andere verwenden rein assoziative Begriffe. Beschreibungen oder Definitionen für die Klassen werden nicht aufgeführt. Auffällig ist die Präsenz des latenten Kanons aus dem 19. Jahrhundert, der auf fast allen Websites und Services zu finden ist. Da diese Arbeit im Verlauf mehrerer Jahre entstanden ist, liegen hier auch Analysestände verschiedener Websites aus den Jahren zwischen 2008 bis 2017 vor, die im Anschluss ebenfalls aufgeführt sind.

FontShops Klassen, 2017

2017 stellt FontShop sein Angebot über vorausgewählte Listen dar, z. B. Bestseller, aktuelle Angebote, Designer oder Anwendungsgebiete. Schriftklassen werden als »Kategorien« erst im Überblick angeboten, wo die Klassen *Sans, Serif, Slab, Script, Display* und *Symbols* zur Verfügung stehen. Weitere Selektionsmöglichkeiten bestehen über *Lizenzen, Formate* und *Sprachen*, zudem kann die Ergebnisliste sortiert werden, z. B. nach *Familiengröße, Beste Treffer* oder *Preis*. Im April 2017 bietet FontShop online 10.740 Schriftfamilien an.

Hoefler

Über *typography.com*, die Website des New Yorker Schriftherstellers Hoefler & Co., werden 44 teilweise sehr große Schriftfamilien angeboten. Zu diesen relativ wenigen Familien werden viele unterschiedliche Zugänge angeboten. In *Fonts* sind zunächst über *Use on the Web* und *Use in Apps* zwei Anwendungsgebiete und damit Lizenzoptionen unterschieden, danach wird jede Schriftfamilie einzeln aufgeführt. In *Collections* stellt Hoefler über *Styles* die Klassen *Serifs, Sans Serifs, Slab Serifs, Decorative, Outline + Cameo, Symbols + Technical* sowie *Ornaments* dar. Über *Sizes* werden *Display, Text* und *Agate + Micro* unterschieden, über *Proportions Condensed, Wide, Hairline* und *Ultra. Applications* differenziert *Broadcast, Cartography, Charts + Tables, Newsprint, Offline Fonts, ScreenSmart Webfonts* sowie *Signage*, in *Character Sets* werden die Aufschreibesysteme *Greek* und *Cyrillic* aufgeführt.

Linotype 2017

Linotype bietet auf der Website linotype.com verschiedene Zugänge zum umfangreichen Schriftenkatalog an. Im Rahmen von Schriftklassifikationen relevant sind dabei *Schriften nach Inspiration* und *Schriften nach Kategorie*, darüber hinaus werden Schriften über die Kategorien *Neuerscheinungen, Bestseller, Hersteller und Bibliotheken, Font-Bibliotheken, Compilation Value Packages, Platinum Collection* und *Online Publikationen* zugänglich gemacht. Als *Kategorien* nennt Linotype *Serifenlos, Schreibschriften, Serifen, Sonderzeichen, Text, Arabisch, Handschriften, Kalligraphie* sowie *Fraktur-Schriften*. Die *Kategorien* werden jeweils in wenigen Sätzen erläutert. Unter *Nutzung* werden *Feierliche Anlässe, Bücher, Corporate, Magazine, Zeitungen, Poster, Bildschirm* sowie *Cartoon* zusammengefasst, auch diese werden kurz definiert und Anwendungsfelder oder Anforderungen genannt. In *Themes* wird beschrieben, wie die dort aufgeführten Schriften »wirken«, eine Beschreibung ihrer Anmutung[403] oder Einsatzkontexte erfolgt nach den Kategorien *Business, Casual, Cool, Fun, Techno, Western, Ostern, Halloween, Weihnachten, Kondolenz, Urkunden, Geburtstag, Hochzeit, Keltisch, Mittelalter* und *Valentins-Tag*. Darüber hinaus können bei Linotype insgesamt 5922 Schriften (Stand 4/2017) über den Service von identifont identifiziert werden.

Fonts.com

Fonts.com ist eine zu Monotype gehörende Vertriebsplattform: »*The Fonts.com™ store from Monotype offers more than 150,000 desktop and Web font products for you to preview, purchase and download.*« Über die in diesem Kontext üblichen Zugänge (wie Bestseller, Neuveröffentlichungen, Webfonts, ...) kann aus insgesamt 20.916 Familien[404] ausgewählt werden. Die Website bietet eine Schriftensuche an. Zur Selektion stehen dabei über *Klassifizierung* die Klassen *Sans, Serifenschrift, Script, Display, Symbolschrift* und *Dicktengleich* zur Verfügung. Der *Preis* kann über einen Schieberegler von *free* bis €€€ gesteuert und nach Lizenzformen unterschieden werden. Fonts.com bietet darüber hinaus drei *Properties*, über welche die Selekt-

---

403 Linotype versucht hier, das Assoziationsfeld zu bestimmten Schriften zu ergründen. Die Beschreibungen sind kurz: *Business: Business-Fonts wirken seriös, sachlich und kühl. Sie sind für Geschäftsdrucksachen aller Art geeignet. ... Cool: Coole Fonts spiegeln den modernen Zeitgeist wider. Die Einsatzmöglichkeiten sind praktisch unbegrenzt – eben überall, wo ein kühler, sachlicher Touch vermittelt werden soll.* [linotype 06]

404 Stand April 2017.

ion über verschiedene typografische Eigenschaften möglich ist, *Weight, Width* und *x-Height* in jeweils drei Stufen, sowie die Unterscheidung von *Figures* in Versal- und Mediävalziffern über eine visuelle Darstellung. In der erweiterten Suche bietet fonts.com zudem die Klassen *Art Deco, Art Nouveau, Blackletter, Calligraphy, Casual Script, Celtic, Clarendon Serif, Comic, Condensed, Decorative, Display, Formal Script, Geometric Sans, Glyphic, Graffiti, Grotesque, Grunge, Handwriting, Humanistic Sans, Kids, Monospaced, Neoclassical, Old Style Serif, Scary, Script, Serif, Slab Serif, Square Sans, Stencil, Symbol, Technical, Transition* und *Woodcut.*

Fontsquirrel

Fontsquirrel.com ist eine kuratierte Aggregator-Website[405] für lizenzfrei verfügbare Webfonts. Die Auswahl der Schriften wird (im Gegensatz zu anderen Websites für lizenzfreie Schriften) redaktionell betreut und eine Verschlagwortung in Form von Tags vorgenommen, die zum Teil auf tradierte Schriftklassen verweisen. Als Hauptklassen unter *Classification* werden verwendet *Blackletter, Calligraphic, Comic, Dingbat, Display, Grunge, Handdrawn, Monospaced, Novelty, Pixel, Programming, Retro, Sans Serif, Script, Serif, Slab Serif, Stencil* und *Typewriter.* Dabei wird *Dingbats* in *Borders And Frames, Icons* und *Ornaments* unterteilt, *Sans Serif* in *Geometric, Grotesque, Humanist, Neo-Humanist,* die Klasse *Script* verfügt über eine Unterkategorie *Brushed Script, Serif* ist in *Flare, Modern, Slab* und *Transitional* unterteilt. Neben *Miscellaneous, Recommended for* und *Glyph Shape* und *Glyph Face,* in denen zwischen verschiedenen Größen und Varianten der Buchstabenform und -füllung (wie *3D, Angled, Distressed, Textured*) unterschieden wird, sind auch Differenzierungen verschiedener mesotypografischer Attribute wie *Weight, Terminals, Contrast* und *Width* aufgeführt. Bemerkenswert ist im Kontext der vielen assoziativen Tags noch die Nennung eines Schreibwerkzeugs in *Tool Created With.*

Google Fonts

Der Schriftenkatalog von lizenzfrei als Webfonts verwendbaren Schriften von Google ist mit 818 Schriftfamilien (Stand 4/2017) relativ umfangreich und wie eine Schriftsuchmaschine aufgebaut. Bemerkenswert sind weniger die Haupt-

405 Als Aggregatoren werden Websites oder Dienste bezeichnet, die, häufig automatisiert, bestimmte Informationen ansammeln und kategorisiert darstellen. Häufig besteht ihre Leistung ausschließlich im Auffinden und Darstellen von Inhalten, weniger in der Herstellung oder Bereitstellung.

kategorien *Serif, Sans Serif, Display, Handwriting* und *Monospace* und die Sprachabdeckung als vielmehr vier interaktiv verwendbare Schieberegler, die sich sofort auf die Auswahl der dargestellten Schriften auswirken. Geregelt werden kann *Number of Styles* (von 1 bis, je nach Vorauswahl, mehr als 18), *Thickness, Slant* und *Width* in jeweils 10 Stufen.

Adobe Typekit
Als Teil der Softwarelizenz *Creative Cloud* stellt Adobe Typekit Schriften verschiedener Hersteller in unterschiedlichen Lizenzierungsmodellen zur Verfügung (Stand 2/2018). Sie können »live« über die Adobe-Programme oder über die Website typekit.com durchsucht werden. Typekit ist eine Schriftensuche, in der Schriftarten nach *Klassifizierung, Empfehlung* und *Eigenschaften* ausgewählt werden können. In *Klassifizierung* werden die Klassen *Sans Serif, Serif, Egyptienne, Skript, Fraktur, Mono, Hand* und *Dekorativ* verwendet. *Empfehlung* beschreibt die Nutzung als Überschrift oder in Fließtexten. *Eigenschaften* bietet die Attribute *Stärke, Breite, x-Höhe* und *Kontrast*, für die jeweils eine Unterscheidung in drei Stufen möglich ist. Zudem können Versalschriften von anderen Schriften sowie Versalziffern von Mediävalziffern unterschieden und eine Auswahl zwischen verschiedenen unterstützten Sprachen vorgenommen werden.

Fontstand
Die Software Fontstand stellt (Stand August 2017) 1181 verschiedene Schriftfamilien in einer Desktop-Anwendung dar und bietet Filter-Funktionen zur Eingrenzung dieser Auswahl. Die Schriftliste wird über den Hersteller der Software redaktionell betreut, es werden nur ausgewählte kleinere Hersteller aufgenommen. Als *Categories* nutzt Fontstand die Klassen *Serif, Sans, Slab, Display* und *Script*. Dabei wird *Serif* in *Oldstyle, Modern* und *Geometric* unterteilt, *Sans* in *Humanist, Grotesque, Geometric* und *Rounded, Slab* in *Humanist, Egyptian und Geometric, Script* in *Formal, Informal* und *Handwritten, Display* in *Inline, Distressed, Stencil, Shaded/ Tooled* und *Blackletter* sowie *Symbol* als einzige Klasse ohne Unterklassen. Über *Proportions* können unterschiedliche Attribute in verschiedenen Abstufung zur Auswahl verwendet werden. *Width* wird in *Compressed, Condensed, Normal, Wide* und *Very Wide* sowie *Monospaced* unterteilt, die *x-height* in *Small, Medium* und *Large, Contrast* unterscheidet zwischen *High, Normal, Low* und *Monolinear*, während *Weight* die Gewichte *Hairline, Thin, Extralight, Light, Regular/Book, Medium, Semi-*

bold/Demi, Bold, Heavy/Extrabold und *Black/Ultra* differenziert. *Intended Use* unterscheidet *Small, Body Copy, Medium, Large* und *Optical Sizes.* Unter *Features* werden *Small Caps, Ligatures, Discretionary Ligatures, Alternative Characters* und *Swash Variants* unter *Advanced typography* zusammengefasst, verschiedene Ziffernformen in *Figures* in *Proportional, Tabular, Lining, Non-Lining* sowie *Ordinals, Fractions, Subscript, Superscript* und *Slashed Zero.* Die Sprachabdeckung ist das letzte aufgezählte Kriterium.

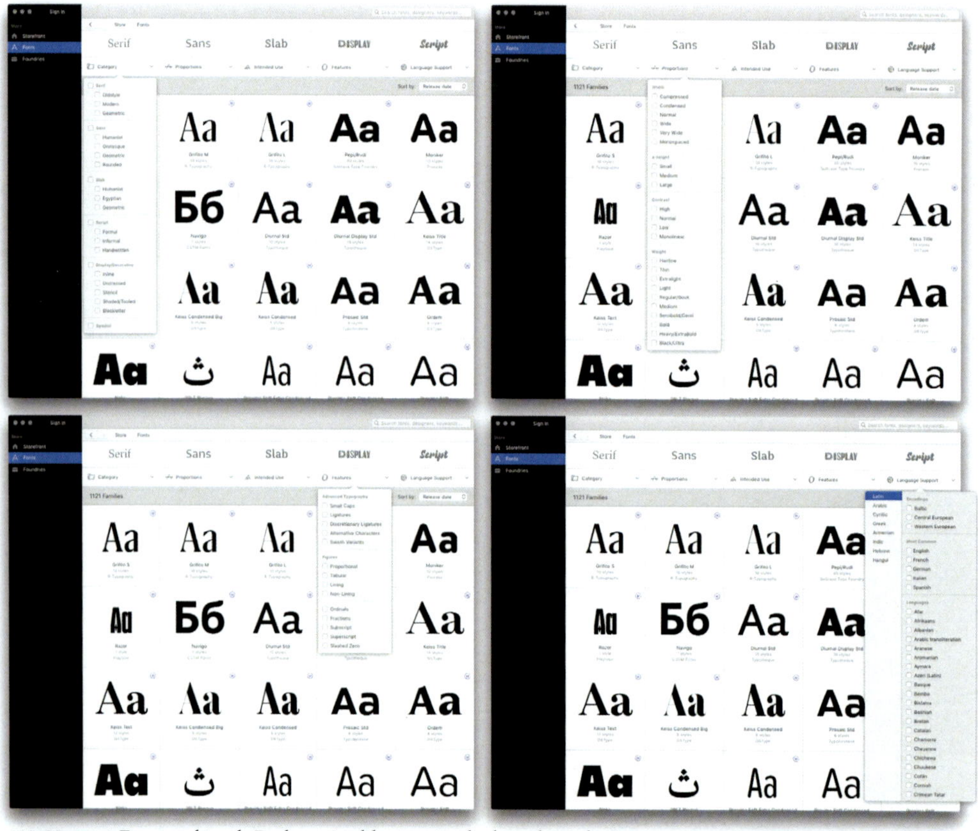

Abb. 32a bis d *Fontstand ist als Desktop-Applikation eine direkt in den Arbeitsprozess integrierte Anwendung. Dabei regelt die Klassifikation von Fontstand die Darstellung und Auswahl aus den über 1000 Schriften. Hier abgebildet die Selektion über a »Categories«, b »Proportions«, c »Features« und d »Language Support«. Die verfügbaren Attribute richten sich an typografisch Trainierte, für Anwender von Fontstand ist die Klassifikation die für guten Überblick notwendige Trittleiter (Screenshots von Mai 2017).*

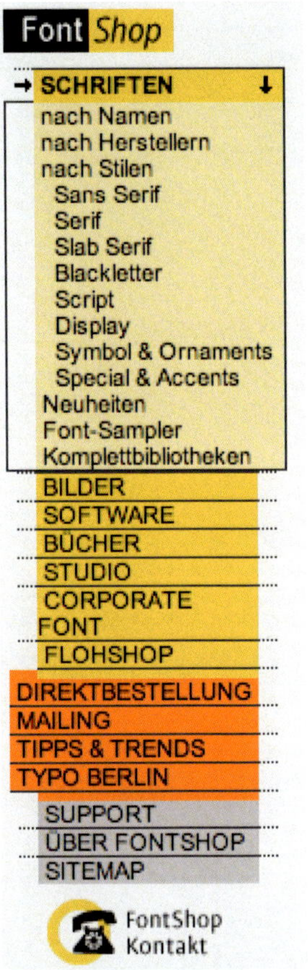

Abb. 33 *Die Website von Fontshop 2009 verwendet die Konsensklassen, hier bezeichnet als »Stil« (Ausschnitt Screenshot von 2009).*

FontShops Klassen, 2009

Fontshop.com[406] verwendet die Klassen *Sans, Serif, Slab, Script, Display, Blackletter, Symbol, Non-Latin* sowie an manchen Stellen der Website *Free*. Darüber hinaus wurden verschiedene Unterkategorien unter dem Begriff *FontCases*[407] formuliert. Sie verweisen auf unterschiedlichste Schriftmerkmale, welche von *Sans: Gothic/Grotesque* über Verweise auf Entstehungszeiten (*Medieval, 1920s, 1930s, …*) bis hin zu Empfehlungen *Book Text: Recommended Alternatives*, preisgekrönten Schriften *TDC2 2008 Award Winners*[408] oder Vorlieben der FontShop-Mitarbeiter reichen. Insgesamt werden 256 Begriffe genannt. Einige der Kategorien werden kurz erläutert, andere bleiben unkommentiert.[409]

Fontshop.de differenziert ähnliche Hauptklassen wie die Schwesterfirma: *Sans Serif, Serif, Slab Serif, Blackletter, Script, Display, Symbol & Ornaments*[410] sowie *Special & Accents*. Weitere Klassen werden dort nicht verwendet. Die mit FontShop International[411] assoziierte Schriftbibliothek fontfont.com

406 Die beiden Unternehmensteile FontShop Deutschland und FontShop International wurden hier über die URL differenziert, welche sich über die Top-Level-Domain unterscheidet, com bzw. de.

407 Unter FontCases befinden sich von den FontShop-Mitarbeitern »kuratierte« Kategorien wie *»genre, period, application, …«* Dieser Bereich sei *»still in development. We welcome your ideas as we continue to add new categories and FontCases.«* [fontshop 03]

408 *»The Type Directors Club* [TDC, jop] *is the leading international organization whose sole purpose is to support excellence in typography, both in print and on screen.«* (Type Directors Club, 2008) Er prämiert in einem jährlichen Wettbewerb Schriftengestaltungen in unterschiedlichen Genres und wird in der Fachwelt mit großem Interesse beobachtet.

409 Die Klasse *Collegiate Athletics* wird beschrieben mit *»These sans and slab typefaces emulate the letters that traditionally appear on college and vintage sports team logos, jerseys, and letterman jackets.«* [fontshop 04] Klassen ohne weitere Beschreibung erhalten einen Blindtext: *»To aid your search, our typography experts have hand-picked the following fonts from the many typefaces available in this category.«* [fontshop 05]

410 Die Klassen der Website entsprechen den Klassen der FontBooks, Buch und App (s. Kapitel 5.1.10 und 5.2.9).

411 Die beiden Firmen »Fontshop« und »Fontshop International« waren formal unabhängig, die »deutsche« Version betrieb den Webshop unter der .de-Domain, Fontshop International unter fontshop.com.

verwendet die Kategorien *typographic, amorph, ironic, historic, handwritten* und *pi + symbols*. Auf der Website fontshop.com befand sich darüber hinaus der *TypeNavigator* [fontshop 02]. Er bietet die Möglichkeit, in den FontShop-Schriftklassen nach Schriften zu suchen, die bestimmte Kriterien erfüllen. Als erstes muss eine Schriftklasse gewählt werden, der *TypeNavigator* bietet die Auswahl zwischen *Humanist, Modern, Slab Serif, Sans Serif, Handwritten, Blackletter, Geometric, Amorphous, Ironic* und *Stamp*. Nach der Auswahl einer Klasse werden visuelle »examples« dargestellt, erst jetzt ist die Spezifikation von Schriftattributen möglich.

Bei den Attributen kann in *serif* anhand visueller Beispiele zwischen sechs verschiedenen Serifenformen gewählt werden. *Width* beschreibt die Laufweite bzw. die Buchstabenbreite, sechs Optionen stehen zur Verfügung. Die Varianz der Buchstabenbreiten kann über *proportional* bzw. *monospaced* ausgewählt werden. Über das Attribut *Angle* können fünf Neigungswinkel von linksgeneigt und aufrecht bis hin zu drei verschiedenen Graden der Rechtsneigung spezifiziert werden. *Weight* unterscheidet sechs Strichstärkegrade, *Contrast* fünf Kontrastgrade.[412] Über *Axis* stehen drei Achsneigungen zur Auswahl, von senkrecht bis deutlich linksgeneigt. Das Attribut *Contour* unterscheidet fünf Grade der »Zerfledderung« der Schriftkontur. Dabei soll der erste Wert für eine scharfe, geometrisch genaue Umrissbeschreibung mit deutlichen Winkeln stehen, die folgenden beiden für ausgerundete bzw. unscharfe Winkel. Die letzten beiden Werte stehen für eine zunehmende Dekonstruktion der Außenlinie des Buchstabens, eine Zunahme des Rauschens im Vektorraum Letternform (s. Abb. 34). Für das unterste Attribut *Tools* kann Schreibwerkzeug ausgewählt werden. Es werden sechs Werkzeuge angeboten, die mit Piktogrammen dargestellt werden: Spitzfeder (mit Schwellzug), Tuschestift oder Reißfeder, Breitfeder, schmale Breitfeder, Pinsel und Stempel. Die zur Verfügung stehenden Attributwerte werden durch die im ersten Schritt gewählte Klasse festgelegt, nicht alle Kombinationen sind möglich. Die Klasse *Humanist* kann beispielsweise nicht mit dem Attribut »linksgeneigt« kombiniert werden, *Geometric* nicht mit Achsneigung.

Kleinere Hersteller

Es sind hier einige Beispiele für kleinere Schrifthersteller genannt, die teilweise auf Vermarktungsplattformen versammelt sind. Auf *fontbureau.com* werden tradi-

412 Die Differenzierung der fünf Abstufungen geht aus den Abbildungen nicht genau hervor (s. Abb. 34).

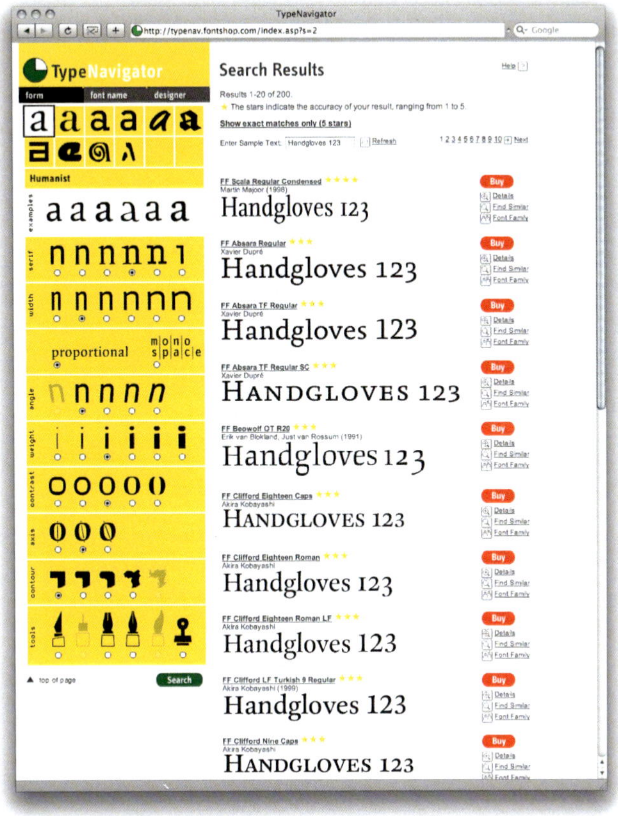

Abb. 34 *Mit Hilfe des TypeNavigators konnten aus der fontshop.com-Schriftenbibliothek Schriften nach bestimmten Attributen ausgewählt werden. Links der TypeNavigator vor der Auswahl einer Schriftklasse. Auf der linken Seite oben wurde hier die Klasse »Humanist« (weiß unterlegt) gewählt, darunter sind die dafür gültigen Attribute abgebildet (Screenshot von 2009).*

tionelle Klassen verwendet, die um den Eintrag *Wacky fonts*[413] erweitert wurden. Für Editorial Design sind eigene Klassen angelegt, wobei die Anwendungsgebiete Zeitung und Magazin unterschieden werden. *Emigre.com* differenziert das Angebot in die Klassen *Text Fonts Geometric, Text Fonts Traditional, Text Fonts (Other), Display Fonts Geometric, Display Fonts (Other)* und *Picture Fonts*. Ungewöhnlich stellt sich *p22.com* dar, hier werden die Klassen in vier Kategorien unterteilt: *Art style, Time period, Type style* und *Text only*. Den ersten drei Kategorien sind weitere untergeordnet. Dabei bezieht sich *Art style* auf kunsthistorische Stile, *Time Period* auf Zeiträume und *Type style* auf teilweise traditionelle, teilweise neue Schriftklassen. *Text only* ist nicht weiter untergliedert.

413 Gemeint sind ungewöhnliche Schriften, formstarke Auszeichnungsschriften.

Eine Nische besetzt *comicbookfonts.com*, ein Schrifthersteller ausschließlich für Schriften zur Herstellung von Comics. Entsprechend ungewöhnlich sind auch die auf der Website gebotenen Klassen. Diese sind *Category* und *Style* untergeordnet und beschreiben hauptsächlich Anwendungskontexte. *Category* umfasst dabei die Klassen *Clipart & Dingbats, Balloon Lettering, Custom Lettering, Sound Effects* und *Display Lettering*. Unter *Styles* fallen *Classic Comic & Cartoon; Horror, Gothic & Fantasy; Sci-Fi, High-Tech & Futuristic* sowie *Masters of Comic Book Art*. Die Klassen kommen aus dem Nutzungskontext der Schriften, Comics, und werden nur von diesem Hersteller verwendet.

Adobes Klassen (2013)

Die Firma Adobe bildet zur Strukturierung ihrer Schriftbibliothek insgesamt 28 kurz beschriebene Klassen: *Adobe Originals; Mathematical; Blackletter; Mono; Capitals; OpenType Pro; Computer Related; Opticals; Cyrillic; Ornaments; Decorative & Display; Phonetic; Didone (Modern); Sans Serif; Expert Collection; Script; Garalde Oldstyle; Slab Serif; Glyphic; Small Caps & Old Style Figures; Greek; Swash; Handtooled, Inline, Outline, Stencil; Symbol; Japanese; Transitional; Korean* und *Venetian Oldstyle* [adobe 01]. Die Klassen *Blackletter, Decorative & Display, Ornamental, Sans serif, Script, Serif, Slab Serif* [unterschiedl. Groß-Kleinschreibung i. O., jop] und *Transitional* werden in [adobe 02] etwas ausführlicher erläutert und mit Schriftmustern bebildert. Darüber wird auf der Website etwas versteckt der Zugang zur Adobe-Schriftbibliothek nach *Themen* angeboten. Die Themen werden mit wenigen Worten beschrieben[414] und sind eine Sammlung assoziativer Begriffe.[415]

Die vielen Klassen von ITC, 2009

Die International Typeface Corporation, ITC, unterscheidet insgesamt 95 »sprechende« Klassen,[416] sie werden über die Bezeichnung hinaus nicht definiert. ITC hat den Fragenkatalog von identifont.com in die Website integriert, anhand von Fragen können Schriftmuster der eigenen Bibliothek identifiziert werden. Die

414 Das Thema Dynamic/Active wird beispielsweise beschrieben mit »*Faces that jiggle, jump, roll and hop.*« [adobe 03].

415 Die Themen sind im Einzelnen: *Cartoon, Children, Classical, Computer, Contemporary, Decorative, Distressed, Dynamic, Elegant, Futuristic, Historical, Humorous, Industrial, Informal, Novelty, Old West, Primitive, Retro, Scary und Sexy.*

416 Eine Liste aller aufgeführten Klassen befindet sich im Anhang, 9.6.

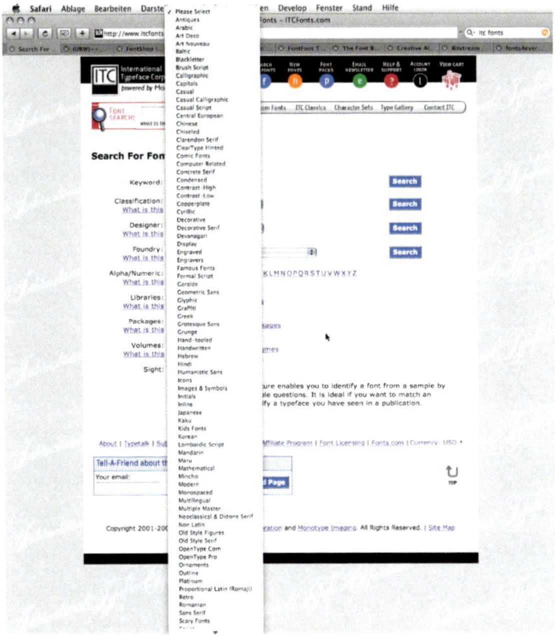

Abb. 35 *itcfonts.com nimmt die Klassifikation sehr ernst. Insgesamt werden 95 verschiedene Klassen angeboten. Es sind so viele, dass die gesamte Auswahl nicht auf einen hochauflösenden Bildschirm passt. Die komplette Liste ist in Anhang 9.6 aufgeführt. (Screenshot Ausschnitt Gesamtbildschirm von 2009)*

Website fonts.com verwendet dieselben Klassen wie ITC, beide gehören Monotype Imaging. Auf der Website www.faces.co.uk, die ebenfalls zu Monotype gehört, werden 27 Kategorien verwendet, die sich teilweise mit denen von ITC überschneiden.[417] Monotype [mono 01] bietet 2009 auf der eigenen Website Schriften nicht nach Klassen untergliedert an.

Linotypes Klassen 2008

Die Firma Linotype, bis dahin der größte deutsche Schrifthersteller, wurde 2006 von Monotype Imaging übernommen, die Website adaptiert die Monotype-Klassifikation jedoch nicht. Linotype.com definiert folgende Hauptklassen mit jeweils kurzen Erklärungen: *Textschriften, Schreibschriften, Handwriting/Grunge, Corporate Fonts, Zierschriften, Frakturschriften, Comic-Schriften, Westernschriften, Coole Schriften, Bildschirmschriften* sowie *Symbolschriften*. Darüber hinaus ist der Schriftbestand

417 Die von faces verwendeten Kategorien sind: *Baltic, PI Fonts, Bitmap, Sans Serif, Blackletter, Sans Serif - New, Central European, Script - Casual, Comic/ Cartoon, Script - Formal, Cyrillic, Semi Serif, Display, Serif, Distressed, Slab Serif, Eastern European, Stencil, Engravers, Turkish, Greek, Typewriter, Infant, Uncial, Monospaced, WGL* und *Multilingual* (faces, 2009).

über verschiedene Sätze von Kategorien zugänglich [lino 03]. Der Zugang nach *Inspiration* unterscheidet *Handwriting- und »Grunge«-Schriften, Serifenlose oder Grotesk-Schriften, Antiqua- oder Serifen-Schriften, Schreibschriften, Symbolschriften (Pi-Fonts)* sowie *»Coole Schriften«* [Anführungszeichen i. O.] Diese Kategorien sind in wenigen Sätzen erläutert,[418] häufig werden typische Beispielschriften genannt. Der Zugang nach Verwendung nennt die Kategorien *Corporate, Zeitungen, Magazine, Bücher, Poster, Bildschirm, Comic* sowie *Feierliche Anlässe.* Der Zugang *nach Kategorien* ist unterteilt in *Serifenlos, Serifen, Text, Schreibschriften, Handschriften, Kalligraphie, Fraktur-Schriften, Sonderzeichen* und *Arabisch.*

Der Zugang nach Suchbegriff liefert eine alphabetische Stichwortliste, die Worte wie *Magazin* und *kalligrafisch,* aber auch *Jahrhunderte, Jahrzehnte* genauso wie *Urlaub* oder *gewunden* enthält. Teil dieser Liste sind auch alle in den anderen Zugängen verwendeten Kategorien. Der Zugang nach Themen ist in die Kategorien *Business, Casual, Cool, Fun, Techno, Western, Halloween, Ostern, Weihnachten, Valentins-Tag, Kondolenz, Urkunden, Geburtstag, Hochzeit, Keltisch* und *Mittelalter* unterteilt.

In Linotypes *Form-Finder* [lino 02] können verschiedene typografische Attribute an interaktiven Elementen ausgewählt und auf bestimmte Werte justiert werden. Einstellbar sind *width* (Buchstabenbreite), *boldness* (Dicke, gemeint ist Strichstärke), *slant* (Neigungswinkel), *ascender* (Oberlängen), *descender* (Unterlängen) und *x-height* (x-Höhe). Die Versalhöhe (im Schriftbeispiel das große H) bleibt dabei konstant. Zusätzlich wird eine Schriftklasse über die Werte *Alle, Serifenlos, Antiqua, Skriptoral, Dekorativ* oder *Fraktur* ausgewählt werden sowie die *Zeichensätze* über die Werte *Alle, Westeuropäisch, Zentral Europäisch, Kyrillisch* und *Griechisch* (s. Abb. 38). Linotype stellt über den Dienst *FontIdentifier* die Funktionen von *identifont.com* (s. Kapitel 5.2.6) bereit. Hier besteht die Möglichkeit, die Schriften von Linotype nach den Kriterien und dem Fragemuster von identifont.com zu identifizieren. Weitere Zugänge sind *Sonderangebote* und *Font-Kollektionen*, die Schriften und Schriftsammlungen nach Marketing-Gesichtspunkten »geordnet« darstellen.

---

418 Linotype beschreibt die Inspirations-Klassen kurz. Diese Texte richten sich an typografische Laien, die Definition von *Antiqua oder Serifen-Schriften* beginnt beispielsweise mit der Erklärung des Begriffs »Serife«: *»Eine Serife ist ein kleiner Querstrich am Ende des Buchstabenbalkens. Zwei der beliebtesten Antiqua-Schriften sind Times Roman und Century Schoolbook. Serifen oder Endstriche können verschieden ausgebildet sein. So unterscheidet man u. a.: Geschwungene Serifen wie bei Times Roman, ausgeprägte, stark ausgebildete geometrische Serifen (Slab Serifs) wie bei Stymie oder feine Haarstriche wie bei Bodoni«* [lino 01].

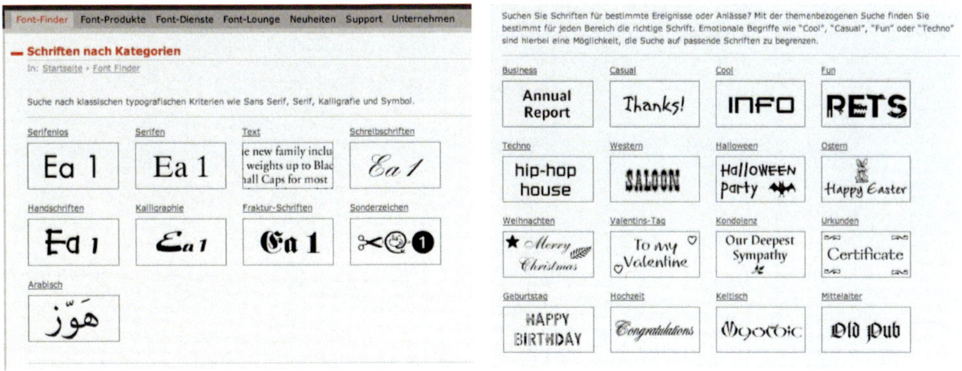

Abb. 36 a, b *Bei Linotpye.de können im Jahr 2009 Schriften nach bebilderten Kategorien (a) oder Anlässen (b) ausgewählt werden. (Ausschnitte Screenshots von 2009)*

Weitere Anbieter

Im WWW sind vermutlich hunderte Websites zu finden, von denen Schriften heruntergeladen werden können, viele davon kostenlos. Einige dieser Webseiten stellen zwar mehrere tausend Schriften zum Download bereit, nur wenige bieten aber einen vom Anwender kategorial bestimmbaren Zugang an. Häufiges Ordnungsprinzip ist eine alphabetische Sortierung nach Schriftname. Hinzu kommen Sortierungen nach Nutzereingaben wie *most popular* oder *highest rating* sowie nach Meta-Daten wie *newest*. Alle Websites, die Klassen zur Selektion anbieten, bilden eindimensionale Strukturen in Form von Klassenlisten. Beispiele für solche Websites sind *www.1001freefonts.com, www.acidfonts.com, www.1001fonts.com, www.fontreactor.com* oder *www.urbanfonts.com*. Eine Ausnahme bildet die französische Website *www.dafont.com*, deren 34.395 Schriften (Stand 3/2018) in 72 Klassen den Oberklassen *Fancy, Foreign look, Techno, Bitmap, Gothic, Basic, Script, Dingbats* und *Holiday* zugeordnet sind (s. Abb. 38).[419]

419 Hier dargestellt die englischen Begriffe. Die Website kann in französischer, englischer, deutscher, spanischer, italienischer und portugiesischer Sprache dargestellt werden. Die ursprünglichen französischen Begriffe wurden übersetzt. Schon in der Übersetzung wird eine Schwierigkeit nicht weiter definierter Gruppen deutlich: Die französische Kategorie »fantaisie« wird zur englischen »fancy«, was von der Wortlänge gut ins Benutzer-Interface passt, begrifflich aber alles andere als deckungsgleich ist.

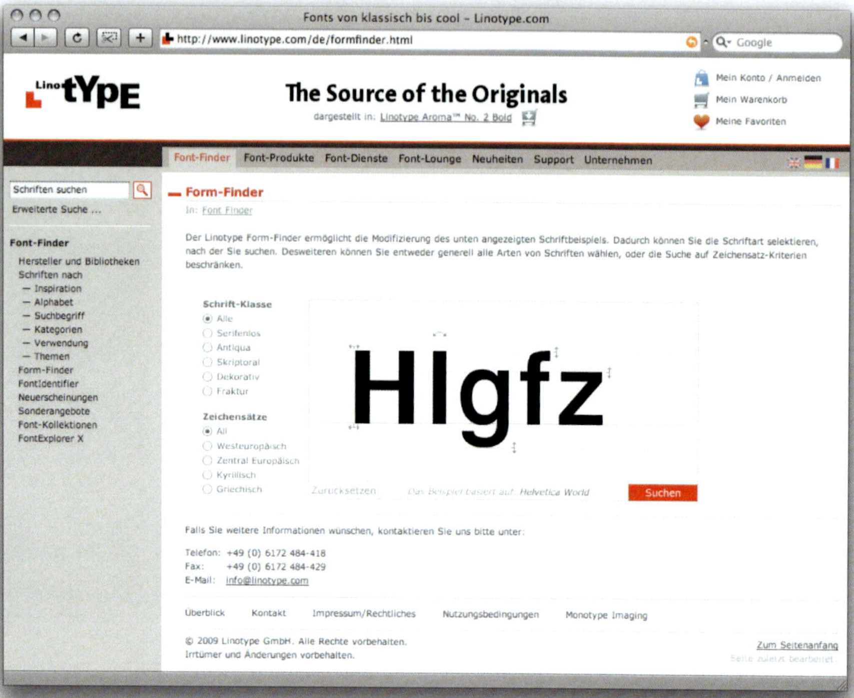

Abbildung 37 *Der Form-Finder von Linotype (Screenshot von 2009) durchsucht die Linotype-Schriftbibliothek nach bestimmten Kriterien, die stufenlos an einem Schrift-Sample eingestellt werden können.*

Attribute

Die Analyse des »big players« Monotype incl. Linotype und FontShop ergibt: Die Systeme im WWW unterscheiden hauptsächlich entlang der Konsens-Klassen. Allerdings gibt es kein im Diskurs etabliertes Attribut, das nicht auch auf irgendeiner Website zur Differenzierung herangezogen wird. Auch ungewöhnliche Klassen wie Alessandrinis *Exotypes* (A15) werden verwendet. Relativ junge und komplexere Konzepte wie das humanistische Formprinzip (z.B. bei Willberg W1.2/W2.1) haben sich stark etabliert, sie sind Teile eines neuen Klassifikationskanons. Insgesamt werden unterschiedlichste typografische Kategorien unterschieden, von Serifenform über mikro- und mesotypografische Messwerte, lokale und historische Bezüge, Anwendungskontexte, Reproduktionsspuren und -medien oder unterschiedliche Aufschreibesysteme. Die überwiegende Zahl der Klassen wird dennoch durch ein oder sehr wenige Wörter beschrieben, darüber hinaus exis-

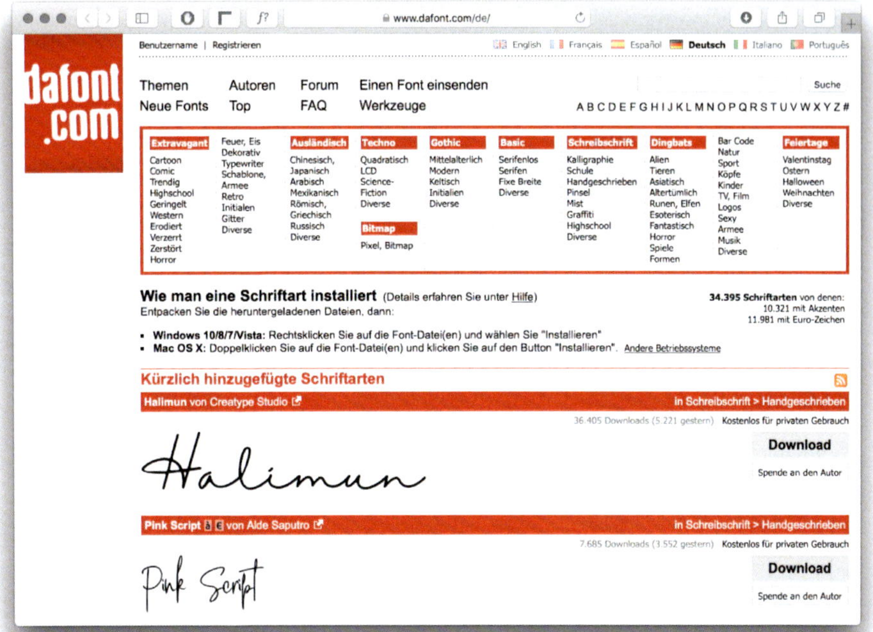

Abbildung 38 *Die Website dafont.com gliedert ihre über 34.000 Schriften in 75 Klassen, die neun Kategorien zugeordnet sind. Rein rechnerisch verbleiben trotz der vielen Klassen über 400 in jeder Klasse, große Klassen bestehen häufig aus über 1.000 Schriften (Screenshot von 2017).*

tieren praktisch keine Definitionen. Attributkombinationen werden nur über die Klassenbezeichnung impliziert, hauptsächlich durch den Bezug auf etablierte Begriffe.[420] Erweitert werden die »klassischen« typografischen Attribute um zusätzliche Informationen wie Schriftgestalter oder Erscheinungsdatum oder sogar, wie auf www.typosuche.de, um Klassifikation nach der DIN. Manche Systeme verarbeiten zusätzlich selbst erhobene Daten, wie Anzahl der Downloads, Popularität oder Bewertung von Anwendern. Weitere Kategorien bilden Zusatzinformationen wie *Type on movie Posters* [lino 04] oder Preise des Type Directors Club.

---

420 Diese Ein-Attribut-Klassen bilden ein Gemenge aus sehr simplen und überkomplexen Definitionen. Einerseits genügt die An- oder Abwesenheit von Serifen, die Zugehörigkeit zu den Klassen *Sans* oder *Serif* zu definieren. Andererseits kann über die einfache Klassenbezeichnung *Brush* oder den Bezug auf eine tradierte Klassenbezeichnung wie *Transitional* eine komplexe Formbeschreibung über nur ein Wort definiert werden.

Strukturen im WWW
Insbesondere die neueren Websites und Schriftauswahl- oder -darstellungsprogramme verfügen über komplexe Strukturen. Hier ist eine deutliche Tendenz zu erkennen: Nur über die Kombination von Merkmalen kann die große Anzahl der Schriften eingegrenzt werden, Polyhierarchien sind verbreitet. Die digitalen Systeme zur Darstellung von Schrift werden zu Suchmaschinen, sie reagieren dynamisch auf die Eingaben von Nutzern. Die neueren Ansätze der Schrifthersteller differenzieren die Vielfalt der Schriften stark.

5.2.12 Zusammenfassung Schrifthersteller

Die Strategien der Anbieter und Hersteller typografischer Schriften sind höchst unterschiedlich. Diese Anbieter, deren Orientierungssysteme zum Großteil über das WWW einsehbar sind, bedienen sich in der Summe praktisch aller tradierten Begriffe, Attribute und Kategorien, die aus dem »Klassifikationskanon« hervorgegangen sind. Einige rekurrieren sogar direkt auf bestehende Klassifikationen.
Von wenigen Ausnahmen wie typosuche.de oder FontShops Typenavigator abgesehen, werden sehr einfache Strukturen konzipiert. Vor dem Nutzenhintergrund[421] dieser Dienste zeigt sich, dass die Strategien der Anbieter nach anderen Prämissen arbeiten. Hier steht eine exakte Verortung innerhalb eines konsistenten Systems nicht im Vordergrund, viel wichtiger ist hier, die Schriften so zu erfassen, dass sie möglichst schnell »erreicht«, also dargestellt und möglicherweise verkauft werden können. Auch wenn »Wegoptimierung« in Klassifikationssystemen stets eine Rolle spielt, ist sie für Anbieter wesentlich wichtiger als in Systemen ohne Verkaufshintergrund. Strukturelle Innovationen zur Schriftklassifikation selbst wurden auf den Websites der Anbieter kaum geleistet. Einzigartig ist die Menge der dort erhobenen Daten, z. B. Wertungen und Assoziationen der Nutzer bzw. Kunden zu bestimmten Schriften. Die größten Leistungen werden nicht auf formal-logischer oder struktureller Ebene, sondern in der Präsentation der Klassifikationen, an den Benutzer-Schnittstellen erbracht. Nur in wenigen

421 Die Systeme der Schriftanbieter sind Werkzeuge des Marketings, sie funktionieren eher nach der Prämisse »*zeige eine passende Schrift, mindestens eine*« als, wie es eine Klassifikation im strengen Sinne leisten müsste, »*zeige ausschließlich die Schriften, die zur entsprechenden Attributkombination passen*«. Attribute müssen in diesem Kontext eher inkludierend als exkludierend verstanden werden. Die Funktion dieser Systeme liegt nicht direkt in der Sortierung und eindeutigen Verortung von Schriften innerhalb einer Ordnungsstruktur, sondern in der Präsentation von Produkten für den Verkauf.

anderen Ansätzen wird eine innovative visuelle Schnittstelle als Teil des Systems konzipiert. Viele Klassifikationen verbleiben prototypisch, sie bauen auf bereits etablierte Begriffe, deren visuelle Repräsentation offen bzw. auf rein textlicher Ebene verbleibt. Nur selten wird bei Klassifikationen im WWW erklärt, wie eigentlich genau klassifiziert wird. Zudem sind alle Klassifikationen der Anbieter ihrerseits Teile umfangreicher Websites. Diese unterliegen sowohl als Marketinginstrumente als auch oft einzige Repräsentation der Firmen selbst einem Innovationsdruck. Die vergleichsweise häufigen Neugestaltungen[422] haben zur Folge, dass die Benutzer-Schnittstellen sich auf dem Stand der jeweils aktuellen Ästhetik und Technik befinden. Sie unterliegen damit im Unterschied zu Buchpublikationen weniger einer visuellen oder technischen »Alterung«, sie werden allein aus technischer Notwendigkeit heraus mehr oder weniger regelmäßig gewartet. Auch wenn sich dieser Aspekt von Wartbarkeit und Änderbarkeit »durch die Hintertür« einschleicht, gehören die Klassifikationen der Schrifthersteller zu den wenigen Strukturen, welche diese Aspekte überhaupt berücksichtigen. Zudem sind diese Systeme, z. B. im Vergleich zu denen aus dem akademischen Kontext, relativ langlebig, werden erneuert, gepflegt und konstant verändert. Insgesamt zeigt sich jedoch, dass selbst große Firmen wie Monotype, die allein aufgrund der von ihnen verwalteten und im Internet angebotenen Schriften Interesse an konsistenter Klassifikation zeigen könnten, kaum eigene Beiträge zum Diskurs liefern. Der Klassifikationsdiskurs wird durch Systeme online geführt, begleitende Texte sind extrem selten. Im Gegensatz zu den Normungsbemühungen der Nachkriegszeit sind die Schrifthersteller im textgebundenen oder akademischen Diskurs zur Schriftklassifikation kaum präsent. Sie entwickeln eigene Nomenklaturen, die sich an den jeweiligen individuellen Bedürfnissen orientieren. Die Hersteller haben sich als Akteure aus dem Diskurs zurückgezogen[423] und sich

422 Die Redesign- und Update-Zyklen gut besuchter Websites sind relativ hoch und liegen typischerweise im Bereich von 6 bis 36 Monaten.

423 Dieser Standpunkt zeigt sich deutlich in der Rezeption der Reformbemühungen der DIN 16518 in den 1990er Jahren. Der in der Expertenkommission erarbeitete, vielleicht suboptimale Konsens wird von Seiten der Hersteller im Nachhinein stark kritisiert. Der Dissens innerhalb der Kommission hat, zusätzlich zur geringen Anerkennung für die Normungsbemühungen durch die Fachwelt, zur Vertagung des Normungsversuchs auf unbestimmte Zeit geführt. Der Anteil der Hersteller war auf die »Schlussbewertung« reduziert, selbst hatten sie bei der Erarbeitung keine aktive Rolle inne. Die fehlende Integration wichtiger Akteure ist bedauerlich, sie zeigt Fehler in der Zusammensetzung des Ausschusses und gleichzeitig auch das geringe wirtschaftliche Interesse, welches die Hersteller der Klassifikation

eigenen, »hausgemachten« Lösungen zugewendet. Eine universelle Schriftklassifikation brächte auch Risiken mit sich: Mit ihr wäre ein direkter quantitativer sowie ein zumindest teilweise qualitativer Vergleich der Schriftbibliotheken der einzelnen Anbieter möglich. So könnte eine bisher unerreichte Transparenz in Angebot und Marktlage hergestellt werden, die für marktkapitalisierte Unternehmen ein, wenn auch latentes, Bedrohungspotenzial birgt. Im Anbetracht der Konzentration der Lizenzinhaber auf dem Schriftmarkt ist vorstellbar, dass eine universelle Klassifikation für die großen Schriftenanbieter nicht wünschenswert und für die kleinen Schrifthäuser schlicht nicht notwendig ist. Es ist dennoch bedauerlich, dass die einzigen Akteure, welche gleichzeitig ein wirtschaftliches Interesse im Bereich Schriftklassifikation haben sowie über eine Marktmacht und damit Durchsetzungskraft verfügen, im aktuellen Diskurs kaum mehr als Nabelschau betreiben.

5.3 Allgemeine Positionen der typografischen Literatur

Jenseits der Veröffentlichungen von Klassifikationssystemen finden sich in der typografischen Literatur vereinzelt allgemeine Überlegungen zu Schriftklassifikation. Ein wesentlicher Teil des Diskurses wird »am Material« selbst geführt, in Form von Klassifikationskonzepten, Vorschlägen und Gegenvorschlägen. Die folgenden Beiträge stehen insofern hervor, als sie ausführlich in Textform argumentieren. Außergewöhnlich sind dabei die Beiträge Wehdes, Hoeflers und Haralambous': Sie reflektieren allgemein zum Thema Schriftklassifikation, ohne selbst einen Vorschlag zu formulieren. Wehde möchte das »unendliche Ausdruckskontinuum« Schriftform in den Blickpunkt der Sprachwissenschaften rücken, Haralambous stellt Ansätze vor, die aus seiner Perspektive für den Umgang mit digitalen Schriften wichtig sind, Hoefler denkt anhand des Klassifikationsvorschlags von Catherine Dixon über Problemstellungen in der Schriftklassifikation ganz allgemein nach. De Jong problematisiert knapp die Ungenauigkeit der DIN und

zugestehen. Anders ausgedrückt: Läge aus Sicht der Hersteller in der Konzeption einer universalen Schriftklassifikation ein Gewinnerzielungspotenzial, wäre ihr Engagement vermutlich deutlicher sichtbar. So ist es kaum verwunderlich, dass für Hersteller als wirtschaftlich handelnde Akteure die Bemühung um eine universale Klassifikation kaum von Interesse zu sein scheint.

die Schwierigkeiten mit Neu-Interpretationen historischer Schriften im Allgemeinen. Die allgemeinen Klassifikationsüberlegungen von Dixon, Friedrich und Schauer, welche inhaltlich wie umfänglich herausragende geschichtliche Aufarbeitungen und Reflexionen beinhalten, sind eingebettet in eigene Ordnungsvorschläge. Bloklands Ansatz ist keine Klassifikation per se, sondern eine Analyse der dominanten Gestaltungsmuster historischer Schriften.

5.3.1 Wehde

In »Typografische Kultur« (Wehde, 2000) setzt sich Wehde mit verschiedenen Aspekten von Typografie auseinander, unter anderem mit dem Versuch einer semiotischen Analyse. Sie widerspricht dabei dem Konzept, Buchstabenexemplare als ausschließlich einstufig lautkodierend zu betrachten, und nimmt in Anschluss an Eco[424] die Position ein, die Buchstabenform sei als kontinuierliches Ausdruckssystem auch auf visueller Ebene vielschichtig semiotisierbar und kulturell bereits stark semiotisiert. Die Typografie leiste eine »sukzessive Segmentierungsarbeit«,Buchstabenformen seien als »Ausdruckskontinuum« zu betrachten (vgl. Wehde, 2000, 78f). Am Problem der Differenzierung verschiedener potenziell semiotisierbarer Buchstabenelemente macht Wehde die Schwierigkeiten der Schriftklassifikationen fest: *»An der Schriftzeichengestalt unterscheidet typografische Selbstbeschreibung weitere gliedernde Merkmale, die allerdings nicht distinkt vorliegen und deren formale und funktionale Systematisierung und Klassifizierung entsprechend schwerfallen und uneindeutig bleiben …«*[425] (ebd.: 81) Das Ausdruckssystem »Buchstabenexemplar« ist in der formalen Analyse unendlich hoch aufgelöst, Elemente können unter verschiedenen Umständen relevant, und damit potenziell bedeutungstragend, sein oder eben nicht: *»Die analytisch relevant gemachten Gliederungseinheiten sind hochgradig kontingent, da graphisch visuelle Merkmale einer typografischen Gestalt nicht »an sich« bestimmbar sind, sondern nur in Relation zu ei-*

424 Wehde bezieht sich besonders Eco 1977 und 1987.

425 Wehde geht ausführlich auf verschiedene »Segmentierungsvorgänge« ein. Das »Ablösen« der Serifen, ihre Unterscheidung wird erst nach dem Auftreten serifenloser Schriften möglich, vorher wurden Serifen als notwendiges bzw. »unablösbares« Element der Buchstabenform betrachtet. Anhand der Konstruktionsschemata von Dürers Textur, der Romain du Roi und der geometrischen Schriften der 1920er Jahre weist Wehde eine kontinuierliche »Zerlegung« der Buchstabenform nach. Die typografische Theorie konventionalisiert einzelne Merkmale und etabliert Begriffe für deren Benennung. Wehde folgert, dass Schriftklassifikation grundsätzlich potenziell unpräzise ist und uneindeutig bleiben müsse, solange dieser Segmentierungsprozess stetig weiter vorangetrieben werde.

nem Relevanzsystem.« (ebd.: 81) Somit sei die Bestimmung der Gestaltmerkmale eines Buchstabens nie abgeschlossen und im kontinuierlichen Ausdruckssystem »Buchstabe« die Benennung distinkter Buchstabenelemente (eine endliche Menge) nie abgeschlossen (ebd.: 85). *»Symptomatischerweise gelingt es nicht, ein einheitliches, endliches Repertoire von Formmerkmalen zu definieren, das eine eindeutige Klassifizierung und metasprachliche Beschreibung des vielgestaltigen Druckschriftbestandes erlauben würde.«* (ebd.)

Wehde argumentiert damit zunächst auf einer abstrakten Ebene formal-logisch: es sei unmöglich, die unendliche Menge potenziell relevanter Buchstabenelemente in eine endliche Menge relevanter Formmerkmale zu überführen. Darüber hinaus verweist sie auf die Schwierigkeit durch unterschiedliche *»Relevanzsysteme«*.[426] Buchstabenmerkmale, die in einem bestimmten Relevanzsystem für relevant erklärt werden, sind in einem anderen möglicherweise irrelevant und umgekehrt. Sie argumentiert damit gegen die Möglichkeit einer universellen Schriftklassifikation. Für Wehde liegt die Schwierigkeit oder Unmöglichkeit der Formulierung distinkter, »relevanter« Buchstabenmerkmale in den potenziell unendlichen Formationsmöglichkeiten typografischer Schriften zum einen und in der Möglichkeit des beliebigen Perspektivwechsels des Betrachters (und damit eines Relevanzsystems) zum anderen.

Wehdes fast formal-logische Argumentation scheint stichhaltig, aber wenig pragmatisch. Damit wäre jegliche Klassifikation von Objekten mit unendlichem Varianzpotenzial ausgeschlossen.[427] Die Formulierung von Klassifikationen ist nicht unmöglich, sondern vielmehr ein Versuch, sich an ein möglicherweise unerreichbares Ziel anzunähern, eine universelle Klassifikation. Klassifikationen können weder alle denkbaren Relevanzsysteme inkorporieren, es ist unmöglich, eine endliche Menge an Attributen zu definieren, die gleichzeitig alle potenziellen Relevanzssysteme vollständig umfasst.

---

426 Unter Relevanzsystem versteht Wehde eine Menge von Eigenschaften, die in einem Kontext, hier einem Klassifikationssystem, für relevant erklärt werden. Durch die Auswahl wird gleichzeitig definiert, welche Eigenschaften nicht relevant sind, folglich vom System »ignoriert« und nicht erfasst werden.

427 Folgte man Wehdes Argumentation, müssten alle theoretisch denkbaren Varianzmöglichkeiten im Klassifikationssystem berücksichtigt sein. Dies würde zudem dem »Geist« oder Nutzen von Klassifikationen nicht entsprechen: Klassifikationen, auch Schriftklassifikationen, unterscheiden anhand bestimmter, definierter Merkmale, während sie andere ignorieren. Klassifikationen reduzieren die von ihnen erfassten Objekte immer auf bestimmte Eigenschaften, sie abstrahieren von überkomplexen Objekten. Darin genau liegt ihre wesentliche Leistung.

Aus pragmatischer Sicht ist hier ein Perspektivwechsel nötig. Schriftklassifikationen stehen zwar in Bezug zu einem oder mehreren Relevanzsystemen und können diese ganz oder in Teilen abbilden. Dabei darf nicht vergessen werden: *Schriftklassifikationen selbst sind Relevanzsysteme.* Schriftklassifikationen erklären durch die Definition der zur Differenzierung verwendeten Attribute distinkte Merkmale der Schriftform für relevant und damit gleichzeitig alle anderen für irrelevant. Diese Auswahl ist stets eine Reduktion auf bestimmte Unterscheidungskriterien, die verwendeten Kriterien werden als für die Klassifikation relevant angesehen und »behandelt«, alles andere ignoriert. Eine zentrale Unterscheidung aller Klassifikationen ist binär, Attribute werden als relevant definiert oder nicht. Dass die Definition der Attribute bereits eine Wertung darstellt, geht aus den Selbstbeschreibungen vieler Schriftklassifikationen hervor. Den Verfassern der internationalen Normen wie DIN oder British Standard, Vox wie Willberg ist diese Kontingenz bewusst.[428] Sie formulieren lediglich jeweils eine von vielen möglichen Perspektiven auf das Schriftschaffen. Klassifikationen abstrahieren immer von einer überkomplexen Umwelt, Komplexitätsreduktion ist jedem System, besonders einem Klassifikationssystem, inhärent. Klassifizieren ist *immer* mit Informationsverlust verbunden. Wehdes Hinweis auf die Komplexität der semiotischen und semantischen Analyse von Typografie und Schriftgestaltung ist für ihre Argumentation wichtig.[429] Daraus auf die Unmöglichkeit von Schriftklassifikation zu schließen, ist ein wenig pragmatischer Rückschluss. Für Klassifikation allgemein, auch Schriftklassifikation, ist die Berücksichtigung pragmatischer Fragen wesentlich, die »perfekte Ordnung« ein Idealzustand: *Machbarkeit ist wichtiger als Perfektion.*

Zumindest in Teilen gegen Wehdes Standpunkt sprechen parametrische Schrift-Erzeugungsprozesse wie Donald Knuths Metafont (vgl. Knuth 1999: S. 247ff und 379ff) und InfiniFont (vgl. Beausoleil 1993 und Kapitel 6.2.14). Diese *Schrift-erzeugenden* Systeme weisen in die Gegenrichtung von Wehdes Argumenten. Textschriften können durch Metafont oder InfiniFont mit einer geringen

---

428 Die Vorrede der DIN, des BS, Coles' Vorbemerkungen und Willbergs Hinweis, kein formal lückenloses System, sondern »Wegweiser« oder »Richtlinien« (vgl. z. B. Kapitel 5.1.6, 5.1.11 oder 5.1.14) zu formulieren, machen deutlich, dass den Autoren bewusst ist, mit der Auswahl der Unterscheidungsattribute bereits eine Tendenz, ein »bias« ins System zu bringen.

429 Wehdes Anspruch ist die Berücksichtigung von typografischen Formationen jenseits der puren Sprachnotation als (potenziell) bedeutungstragende und deutungsrelevante Strukturen in den Sprachwissenschaften.

Anzahl von Attributen beschrieben werden. Ihre analytisch relevant gemachten Gliederungseinheiten sind nicht kontingent, die Schriftbeschreibung wurde in eine *endliche* Menge von Attributen überführt. Tatsächlich ist die Menge der Attribute sogar sehr klein. Sie sind damit ohne Informationsverlust ein-eindeutig beschreibbar und klassifizierbar. Würde man Wehdes Argumentation ausschließlich als logische Folgerung lesen, wäre sie mit Metafont oder InfiniFont widerlegt und das Gegenteil bewiesen.

5.3.2 Hoefler

»If there is a Holy Grail of typography it is surely the Omnificent Typeface Classification System, which will organize and index the complete typographical output of mankind.« (Hoefler, 2001: 201) Er selbst teile den Eifer seiner Kolleginnen und Kollegen bei der Suche nach einem solchen System nicht, er halte jedoch die Entwicklung von Klassifikationen zwar für *»infinitely complex«*, damit wenig Erfolg versprechend, aber nicht für nutzlos. Hoefler merkt an, dass bisher kein System die Adressierung von Schriften vorgenommen habe: *»Attempts at typographic scholarship have long been impeded by the difficulties of describing typefaces, let alone organizing them«* (Hoefler: 201). Zunächst beschreibt Hoefler die Sortierungsbemühungen am *Central Lettering Record* in London, plädiert für ein anderes Verständnis von Druckschriftgeschichte (type history) und argumentiert für eine holistische Perspektive. In der Folge weist Hoefler auf verschiedene Schwierigkeiten der Sortierungsversuche des CLR hin, die genauso auf andere Schriftklassifikationen anwendbar sind. Als erstes Problem sieht er die Ambiguität der Begriffe, die Mehrdeutigkeit eines Bezeichners wie *roman* könne in verschiedenen Kontexten gedeutet werden. Er könne historisch, lokal, politisch oder national verstanden werden, zusätzlich zur tradierten typografischen Zuschreibung im Englischen. Diese Vermengung von Kategorien sei beispielsweise beim British Standard problematisch, wo *Slab Serif* (BS5) und *Lineale* (BS6) ausschließlich visuelle Merkmale seien, *Garaldes* (BS2) eine historische Bezeichnung und *script* eine, die auf die Gestaltungs-Intention verweise: *»typefaces, which imitate writing«* (ebd.:204). Diese Vermengung, die auch bei der DIN zu beobachten ist, verschlimmere sich noch, sobald geografische Bezeichnungen verwendet würden.[430] Historische Bezüge hält Hoefler für ebenso

430 An der Klassifikation von IBM, die Teil des TrueType-Standards ist, werden solche Inkonsistenzen deutlich: die Klasse »Modern Serifs« bezeichnet mit »modern« Serifenschriften im Sinne der klassi-

kritisch. Die Grenze zwischen *script* und *type* sei zwar technologisch eindeutig zu ziehen, auf formaler Ebene sei sie jedoch bereits zu Beginn der typografischen Geschichte eher ein Übergang als eine klare Linie.[431] Dies erschwere schon die Bestimmung, ab wann der Begriff »typografische Schrift« überhaupt anwendbar sei. Die zeitliche Unterscheidung scheitere spätestens im 20. Jahrhundert: *»By the twentieth century when the design of typefaces is commonly informed by literary and artistic influences, which are decidedly outside the realm of typography, it becomes impossible to classify typefaces by their historical position alone.«* (ebd.: 203) Auch die Bestimmung anhand historischer Epochen wird von Hoefler kritisiert, sie suggeriere eine abgeschlossene Stilbildung. Hoefler dagegen sieht in der Schriftform, ähnlich wie Wehde, ein Ausdruckskontinuum, welches stetig weiter ausdifferenziert wird, die Stilbildung sei nie abgeschlossen. Die Versuche zur Klassifikation des CLR[432] beurteilt er dennoch insgesamt positiv, der Ansatz biete einen holistischen Zugang zu dessen Sammlung. *»In spite of its openness and flexibility, perhaps this classification system* [Dixons, jop] *is raising the bar«* (ebd.: 209). Hoefler deutet allgemeine Probleme von Schriftklassifikationen heraus, und weist deutlich auf den Mangel hin, dass in bisherigen Ansätzen das Vorwissen der Anwender selten berücksichtigt wurde.[433] Seine zentrale Kritik zielt auf die Ambiguität der Begriffe zur Beschreibung der Schriftform,[434] die zur Klassifikation verwendet werden, und damit auf die laxe oder unterlassene Definition dieser Begriffe in den Klassifikationssystemen.

---

zistischen Antiquas (z. B. DIN4, BS3) und fasst in der Subklasse 1 mit der Bezeichnung »Italian« zwar Schriften des Italieners Bodoni zusammen, genauso aber die des Franzosen Didot und des Deutschen Walbaum. (Vgl. Haralambous: 418)

431 Gutenberg versucht nicht, typografische Schriften herzustellen, sondern die Herstellung von Manuskripten zu vereinfachen. Auch die italienischen Schriften der Renaissance orientieren sich an versch. historischen *Handschrift*formen, genauso wie die erste »echte« deutsche Druckschrift Schwabacher. Das Aufgreifen tradierter Formen, insbesondere kalligrafischer oder handschriftlicher Formen, ist ein Wesenszug der Schriftgestaltung, der eine eindeutige historische Zuordnung stilistischer Mittel bzw. Strichführungen nicht erst in der Postmoderne unmöglich macht.

432 Zum Zeitpunkt der Veröffentlichung seines Textes, 1997, war eine Vorabversion vorgestellt worden. Catherine Dixon war bereits an der Erarbeitung dieser Version wesentlich beteiligt.

433 Während frühere Klassifikationen sich an ein Fachpublikum richten, ist die Benutzerperspektive und das vorauszusetzende Vorwissen für digitale Systeme schwer festzulegen. Die Antizipation der Nutzerperspektive drängt sich in digitalen Systemen geradezu auf, es ist so nicht verwunderlich, dass Hoefler mit Mundies Hypertextstruktur einen der frühesten digitalen Ansätze lobt.

434 Diese Skepsis gegenüber der Sprache äußert er auch im Film »Helvetica«. Hoefler: *»Typography has this real poverty of terms to describe things. Beyond x-height and cap-height and weight and so on. I find when Tobias and I work on projects together we tend to use a lot of qualitative terms that are entirely*

5.3.3 Haralambous

In *Fonts & Encodings*, welches auf 1016 Seiten digitale Schrift beleuchtet, stellt Haralambous seine Perspektive auf die Schriftgeschichte sowie die Klassifikationen von Vox, Alessandrini, PANOSE und des TrueType-Standards (IBM) vor. Letztere geißelt er als formal wie inhaltlich mangelhaft,[435] für seine technische Perspektive als Teil des Schriftformats aber zumindest theoretisch relevant. Während Haralambous die Klassifikation Vox' kurz und wertungsfrei vorgestellt, wird Alessandrinis Codex 1980 deutlich mehr Raum eingeräumt. Wegen seiner innovativen Struktur und Begriffe, fast durchweg humorvolle Neologismen, glaubt Haralambous, der Codex *»...deserves to be studied just as much as Vox' classification«* (Haralambous: 411), obwohl er von Vox' Anhängern scharf kritisiert worden sei. Ebenso ausführlich erläutert Haralambous Bauermeisters PANOSE-1-System, insb. die mathematischen Grundlagen der metrischen Berechnungen werden *»with a little more mathematical rigor«* (Haralambous: 424) beschrieben. Die Bemühungen, mit PANOSE 2 ein universelles System nicht nur für das lateinische Alphabet, sondern für alle Aufschreibesysteme zu schaffen, beurteilt Haralambous sehr positiv. In *Fonts & Encodings* widmet er sich allerdings ausschließlich dem praktisch undokumentierten PANOSE-1-Standard. Haralambous stellt die von ihm ausgewählten Klassifikationen nebeneinander dar, nicht ohne bisweilen auf Unstimmigkeiten wie z.B. Vox' Eurozentrismus hinzuweisen. Haralambous' Absicht hinter seiner Diskussion von Klassifikationsansätzen ist didaktischer Natur. *Fonts & Encodings* richtet sich an Software-Entwickler, denen Haralambous grundlegende typografische Begriffe und die Geschichte der lateinischen Schrift nahebringen möchte. Insofern sind seine ausführlichen Analysen als deutliche Kritik am TrueType-Standard einerseits, andererseits als »Bildungsmaßnahme« für typophile Informatiker einzuordnen.

---

subjective. Working on the typeface for Esquire years ago, I remember us saying, my saying, ›No this has that Saturn 5 rocket early NASA quality. It needs to have that orange plastic Olivetti typewriter, Roman Holiday espresso feeling.‹ I know you got exactly what I was saying.« Frere-Jones: *»I did.«* Hoefler: *»But it's that there's really no way to describe the qualitative parts of a typeface without resorting to things that are fully outside it. And we're constantly saying,›You know, this has that, it feels kind of Erik Satie; it needs to be Debussy. Or this has a kind of belt and suspenders look. It needs to be, you know, much more elegant... hand lasted shoe.‹«* (Hoefler in Hustwit, 2007: 0:30:12).

435 Er erläutert die Klassen im Einzelnen, da sie Teil des TrueType-Standards sind, nicht ohne dabei deutlich zu werten: *»... here we have total chaos ... once again, not knowing how to interpret this subclass ... Whatever the case may be ...* [the distinction, jop] *hangs on a thread ... as if they had been printing in the 12th century already, and gothic type only used in Germany [...] somehow turned out to be named ›Old English‹.«* (Haralambous: 417f).

5.3.4 Schauer

In *Die Einteilung der Druckschriften* arbeitet Schauer zwei unterschiedliche Perspektiven auf Schriftsortierung heraus. Nachdem er zunächst die Entwicklung der Schriftklassifikation von ihren Anfängen nachzeichnet, teilt er die bis dahin erschienenen Ansätze in *formalistische* und *geschichtliche* Einteilungen (Schauer 1975: 17f)). Formalistisch bezeichnet hier eine Unterscheidung ausschließlich nach formalen Merkmalen, Schauer sieht solche Systeme in den Publikationen von Thibaudeau, Pellitteri, Arpe und Vox. Geschichtliche Einteilungen orientieren sich an der historischen Genese der Schriftform, DIN 16518 rechnet er dieser Kategorie zu. Die Ansätze Bastiens und Schautz'[436] bezeichnet Schauer als Systeme mit wechselndem Einteilungsprinzip. Er stellt die verschiedenen Ansätze gegenüber (ebd.: 52ff) und kritisiert sie. Dabei weist Schauer auf verschiedene theoretische und pragmatische Probleme hin, wie die Einrichtung von Sammelklassen (»*Verlegenheitsfach, Abfallkorb*«, Schauer 1971: 79) für Ausnahme-Schriften und die Schwierigkeit der historischen Bezeichnung, insb. seit der Moderne. Für Schauer müssen Schriftklassifikationen universell sein. »*Gewiss haben es die bekannten Systeme schwer mit ihrer Universalität. Aber die allumfassende Aufgabe ist nun einmal gestellt. Da gibt es gedanklich kein Zurück mehr, und man kann die Massen von Schriftgestaltungen aus neuerer und neuester Zeit nicht einfach dem Chaos überlassen*« (Schauer, 1975: 67). Er argumentiert entschieden für eine historische Perspektive der Schriftklassifikation, welche er bereits 1958 als Grundlage für die DIN einfordert: »*Die Schriftgeschichte ist eine Abteilung der Kunstgeschichte. Die Schriftformen sind Ausdruck geschichtlicher Ereignisse. Schrift hängt von Sprache ab, Sprache von geistes- und machtpolitischen Gegebenheiten, aus denen Bildung hervorgeht. Insbesondere ist die Anlehnung an die Kunstgeschichte etwas Natürliches, da die Schrift so eng mit den grafischen Künsten verbunden ist, daß man sie mit Recht geradezu eine der grafischen Künste nennen darf. Darum ist das Geschichtliche als Ordnungsprinzip der fruchtbarste Grundgedanke.*« (Schauer, 1958, zitiert n. Schauer 1975: 77f) Schauer weist auf die Schwierigkeiten der Konsensbildung in den Normenausschüssen hin (ebd.: 80) und bewertet die DIN 16518 als »*Erfolg ernster Ordnungsbemühungen*« und »*von erheblichem Nutzen für die Verständigung im graphischen Fach, für den Fachunterricht wie auch schließlich für Karteizwecke* « (ebd: 80). Damit verweist er als einer der wenigen Autoren, wenn nicht als einziger, deutlich auf die unterschiedlichen Anfor-

436 Der Klassifikationsentwurf Schautz' ist vorstellt in Mengel 1958.

derungen an Schriftklassifikationen, die sich aus verschiedenen Schriftklassifikationsaspekten ergeben (vgl. Kapitel 3.2). Er hält die historische Perspektive auch deswegen für überlegen, weil sie es ermögliche, *»außer den optischen und rationalen Gründen auch irrationale Motive wie Haltung und Stimmung* [zu] *berücksichtigen«* (Schauer, 1975. S. 101). Er möchte bewusst die Möglichkeit offener sprachlicher Definitionen verwenden, die auf kunsthistorische Begriffe rekurrieren und damit eine umfassendere, »reichere« Definition ermöglichen würden.

Schauer glaubt als Verleger, Typograf und Buchhistoriker an die Kraft der Sprache. Eine alternative Definition der Klassen, z.B. formal-logisch, oder eine zumindest im Ansatz formalisierte Notationsform kommen für ihn nicht in Betracht. Schauer fordert eine Reform der DIN, in welcher die gebrochenen Schriften nicht mehr einer einzelnen Oberklasse zugeordnet sind (DIN10), sondern konsequent und geschichtlich »richtig« den entsprechenden Klassen zugeordnet werden (ebd.: 112). Dies wirke zusätzlich der Überrepräsentation der gebrochenen Schriften entgegen, die zum Publikationszeitpunkt seines Textes bereits stark an Wichtigkeit verloren hatten (ebd.: 111). Darüber hinaus argumentiert er für eine Zusammenlegung von DIN1 und DIN2, die er für unnötig und schwer begründbar hält.[437] Sein Vorschlag zur Neuordnung der DIN 16518 bezieht sich auch auf den British Standard, dem *»die kräftige Einheit der Konzeption Vox' fehlt«* (ebd.: 112). Strukturell betrachtet sind die von ihm vorgeschlagenen Änderungen marginal, in den Klassensignaturen verfolgt er konsequent die historische Perspektive, in welcher er formale und assoziative Beschreibungen[438] vereint und darüber hinaus französische Entsprechungen vorschlägt. Schauers Ansatz ist holistisch, er berücksichtigt die Notwendigkeiten und Schwierigkeiten der sprachlichen Definition von Klassen, der Anwendungsebene und der Beschlussfassung in internationalen Gremien. Insgesamt plädiert er für eine sanfte Revision der DIN. Schauer denkt als Verleger und Geisteswissenschaftler prototypisch, in Richtung einer sprachlich, im Diskurs zu etablierenden Klassifikation. Die Möglichkeiten einer

437 Venezianische und Französische Renaissance-Antiquas lassen sich lt. DIN (ebenso BS, ATypI) praktisch nur an einem schräg gestellten Querstrich im e unterscheiden. Da weder die zeitliche noch die räumliche Zuordnung zweifelsfrei herzustellen ist und zudem einer der »Urvenezianer« Jenson zwar in Venedig tätig, aber französischer Herkunft war, plädiert Schauer für diese (kleine) Revolution.

438 Schauers Gruppe II, »Renaissance-Antiqua« (entspr. DIN1 und DIN2), vermengt beispielsweise historische, formale und assoziative Beschreibungen: *»Unter den Händen Jensons, Aldus' und Garamonds wurde die Renaissance-Antiqua der vollkommene Schriftausdruck des humanistischen Zeitalters.«* (Schauer, 1975: 113).

mathematischen Beschreibung oder metrisch zu erfassender Schriftmerkmale bleiben unberücksichtigt.

5.3.5 de Jong

Schriftwechsel (de Jong, 2008; s.a. Kapitel 5.1.13) stellt keinen eigenen Klassifikationsansatz vor, formuliert aber eine eigene Perspektive auf die DIN 16518. Neben dem Hinweis auf die Ungenauigkeiten und schlechte Differenzierung der Grotesk (ebd.: 70) identifizieren die de Jongs in »*Schriftrevivals, die in der 2. Hälfte des 19. Jahrhunderts aufkommen*« eine weitere Unschärfe von Klassifikationssystemen: »*Schriften früherer Epochen werden wiederentdeckt und erst für den Handsatz, später für den Maschinensatz, zugänglich gemacht. Das Druckbild der Revivals kommt dem historischen Vorbild dann häufig nicht besonders nahe. Und sogar wenn Originalstempel als Vorlage dienen, ist der Druckausfall durch die verbesserte Guss- und Drucktechnik sowie durch maschinengefertigte Papiere ganz anders. Werden historische Vorbilder aber im Gegenwartsstil interpretiert, so vermischen sich historische und zeitgenössische Formideen untrennbar miteinander.*« (ebda.) »Revivals« sind mit jeder neuen Schrift- bzw. Satztechnologie entstanden, die Frage nach Original und Zitat stellt sich jedes Mal neu oder gar nicht mehr. Eine historische Einordnung nach Stilepochen verliert dabei ihre Stichhaltigkeit, alte Technologien hinterlassen Spuren in der Schriftform der neueren Technologien. Das Neu-Interpretieren alter Formen ist Grundlage der Gestaltung typografischer Schriften per se, ein Gewinn an Auflösung und der Umgang damit ist Teil des Prozesses ihrer steten Ausdifferenzierung.

5.3.6 Archer

In seiner 2007 an der Auckland University of Technology eingereichten Master-Arbeit[439] *http://www.100types.com: Developing a Computer-Mediated Model for the Teaching of Type Design History* entwickelt Archer (s.a. Kapitel 5.2.4) ein Online-Tool zur digitalen Unterstützung der Lehre der Geschichte der Schriftgestaltung. Als Grundlage für sein System diskutiert er in Kürze viele Schriftklassifikationen.[440] Für Archer gibt es zwei gegenüberstehende Paradigmen, unter denen Schriftklassifikationen stattfindet: Klassifikation und (Schrift-)Identifikation. Gemeint ist die formale Assoziation bekannter Schriften mit anderen, ähnlichen

439 Betreut von John Eyles.

440 Darunter u. a. Warde, Vox, Alessandrini, Hostettler, Bringhurst, Dixon, BS und DIN, MyFonts, FontShop.

(Klassifikation) und die Identifikation unbekannter Schriftarten (vgl. ebd.: 3f sowie Abb. 39). Archer stellt die verschiedenen Ansätze in einem Schaubild zwischen den beiden Polen dar.

Darüber hinaus macht er einen wesentlichen Störfaktor aus, der etablierte Schriftklassifikationen schneller altern lässt, nämlich » *that ever-increasing numbers of type designers consciously ›aim for the gaps‹ in extant type categorisations to create new designs*« (ebd.: 5). Eine weitere Schwierigkeit sieht er in dem Trend der Schrifthersteller, immer umfangreichere Schriftenclans zu veröffentlichen, deren Schriftfamilien unterschiedlichen Klassen angehören, und einer Homogenisierung der Schriftgestaltung in »Megafamilies«: »*In addition to the boundary-blurring impetus of new designs, such as sans/serif ›hybrid‹ typeface families, designers and manufacturers since the 1970s have also concentrated on the creation of very large interchangeable type families. Increasingly this has led to a situation where some typeface designs for these ›megafamilies‹ are homogenised to the point of indistinction*« (ebd.: 6). Andererseits bemerkt er, dass für die Lehre ein holistischer Zugang notwendig sein könnte: »*commentators on the subject now agree that there are several ways to organise typefaces and that several independent methods may be necessary to either identify individual specimens or catalogue typeface collections*« (ebd.: 10). Genau hierauf zielt der von Archer entwickelte Ansatz ab: Er soll Studierenden[441] den multimodalen Zugang zu 100 ausgewählten Schriften ermöglichen, die Unterschiede und Parallelen verschiedener Schriftenfamilien, Gestaltungsrichtungen und -stile zeigen und Verbindungen zwischen verschiedenen formgebenden Faktoren ermöglichen. Archer vertritt die Auffassung, dass eine Klassifikation nicht unbedingt am didaktischen Aspekt orientiert sein sollte. Umgekehrt solle aber ein didaktisches System eine Klassifikation beinhalten, die unterschiedliche Perspektiven auf die Geschichte der Schriftform zulässt.

5.3.7 Dixon

Catherine Dixon publizierte neben ihrer Dissertation, dem *Description Framework for Typeforms* (s.a. Kapitel 5.2.3), in verschiedener Form allgemeine Artikel zu Schriftklassifikation.

---

441 Das Szenario seiner Online-Anwendung ist die akademische Lehre im Fach Typografie und das Selbststudium von Studierenden aus diesem Kontext.

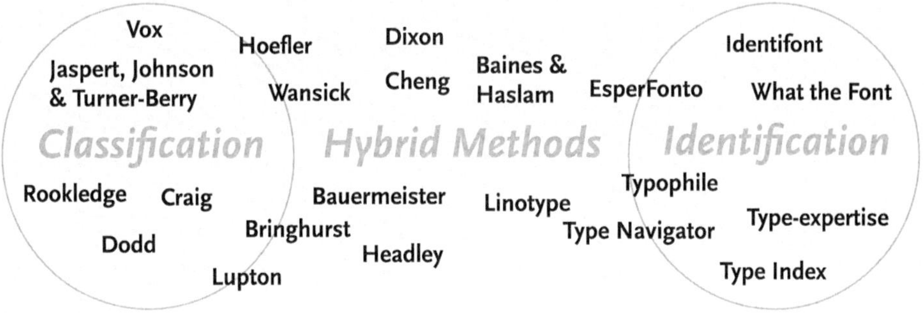

Abbildung 39 *Archer verortet didaktische Methoden, »typeface sourcebooks« und Klassifikationsansätze zwischen den Polen Identifikation und Klassifikation (ebda. 2007: 9).*

Description Framework for Typeforms

Die Perspektive Dixons im *Description Framework for Typeforms* ist singulär. Da die Arbeit im engen Zusammenhang mit Sortierungsbemühungen des *Central Lettering Record* (CLR) am *Central Saint Martins College of Art & Design* in London entstanden ist, werden unter »typeforms« nicht nur typografische Schriften, sondern alle Arten visueller Schriftzeichen subsumiert. Nicht zuletzt diesem weiten Blickwinkel ist es zu schulden, dass Dixon praktisch alle bis dahin veröffentlichten Klassifikationen als für ihre Zwecke untauglich beurteilt. Als *Rationale* ihrer Arbeit stellt sie die Definition eines Beschreibungsgerüsts für Schriften im weitesten Sinne heraus. Dabei legt sie großen Wert auf die visuelle Präsentation der Konzepte, Dixon macht *visual argument* zu einem wesentlichen Element ihrer Arbeit und damit zu einem grundlegenden Punkt zur Bewertung anderer Klassifikationssysteme. Diese fällt drastisch aus: »*None of the approaches of typeform description located within the review of the field were able to address the presumptions upon which this enquiry rested.*« (Dixon: 2·59) Sie zieht aus ihrer Analyse eine Reihe von Schlüssen und extrahiert Problemstellungen, welche im von ihr vorgeschlagenen (aber leider nie veröffentlichten) System berücksichtigt werden sollen. Zum ersten verortet sie die bisher veröffentlichten Ansätze in der Praxis, sie waren »*always [...] closely related to practice, the practise of type design and also the practice of those who utilize type*« (ebd.: 2·59), und verweist auf den didaktischen wie theoretischen Aspekt (vgl. Kapitel 3.2) von Schriftklassifikation. Die Unterschiedlichkeit der Ansätze führt sie hauptsächlich auf die verschiedenen Umfelder der Autorinnen zurück, sie sieht zeitliche, nationale wie sprachliche Hintergründe sich in den Klassifikationen widerspiegeln. Für Dixon verschiebt sich der Fokus der Ansätze über die Zeit von *»print based«* nach *»design based«*, wobei *»top-down«*-Ansätze dominieren, obwohl nach ihrer Meinung *»bottom-up«*-Klassifikationen flexibler seien und höheres Potenzial zur Beschreibung neuerer, *»eclectic type-design trends«* böten. Die Klassifikationen seien stets Produkte ihrer Zeit, als solche statisch konstruiert und zur Bewältigung bestimmter Aufgaben innerhalb bestimmter Wertesysteme geschaffen[442] (Vgl. ebd.: 2·59 - 2·63). Dixon macht die beiden gegenläufigen Faktoren Differenzierungsgrad und Verständlichkeit aus. Komplexe Systeme differenzieren stärker, einfachere Systeme weniger: *»Of the two approaches* [complexity vs. simplicity, jop], *simplicity has tended to dominate.«* (ebd.: 2·60) Das Streben nach einer universellen Schriftklassifikation hält sie für unrealistisch. Insgesamt formuliert Dixon als eine der ersten konsequent Anforderungen an Schriftklassifikationssysteme, insbesondere digital »unterstützte« Systeme. Ihre Anforderungen ähneln stark denen an andere komplexe und universelle Klassifikationen, z. B. in Bibliotheken. Ein zentraler Punkt besteht darin, auch neue Trends der Schriftgestaltung abbilden zu können, gefolgt von der eher im Unterton mitschwingenden Anforderung nach einfacher Veränderbarkeit des Systems (um so für zukünftige Trends gewappnet zu sein). *»Categorisation does not present a practical or long-term solution for describing* [typeforms, jop]« (ebd.: 4·169). *Categorisation* meint hier, ins Deutsche und die Terminologie dieser Arbeit übertragen, statische, monohierarchische Klassenstrukturen. Zudem misstraut Dixon der Universalität von sprachlicher Beschreibung, sie hält visuelle Darstellungen der Klassensignaturen bzw. Attribute zusätzlich zu sprachlichen Definitionen für zwingend notwendig (ebd.: 4·172). Eine Anforderung, mit der sie in der »Klassifikationslandschaft« allein steht, erklärt sich auch aus ihrem kombinierten sprachlich-visuellen Ansatz: *»Everything [...] – the organisation, utilisation and presentation of its* [description framework, jop] *information [...] should constantly reveal how it is working.«* (ebd.) Hier wird deutlich, dass Dixon als Gestalterin bei der Konzeption ihres *description framework* nicht nur die formal-logische Ebene, sondern auch die Perspektive des Anwenders und die visuelle Schnittstelle als wesentliche Elemente ihrer Arbeit

---

442 Ein System wird unter bestimmten Voraussetzungen für bestimmte Aufgaben geschaffen. Ebenso wichtig ist, für welche es *nicht* konzipiert ist. Dixon bemerkt zwar die in allen Ansätzen immanenten Auswirkungen der jeweils vordergründigen Klassifikationsaspekte, wie diese aber im Einzelnen aussehen, bleibt jedoch ebenso im Dunkeln, wie ihr Vorschlag für ein alternatives Vorgehen diffus bleibt.

betrachtet. Dieser Wunsch nach Systemopazität[443] wird symptomatisch erst in digitalen Systemen relevant und ist in der von ihr verlangten Universalität einzigartig.[444] Dixon denkt *»design-based«* und *»user-centred«*, insgesamt sind die Anforderungen und ihre Herangehensweise an das von ihr zu konzipierende System stark anwenderzentriert. Aufgrund der nicht zugänglichen Umsetzung, die weder in digitaler Form als benutzbares System noch zumindest als Systembeschreibung oder Dokumentation vorliegt, bleiben wesentliche Elemente ihrer Arbeit verborgen. Weder die innere Struktur ihres Systems, die tatsächliche Implementierung der von ihr so vehement geforderten Orientierung an der Benutzerperspektive, noch die Definition und Ordnung von Unterscheidungsattributen sind dem schriftlichen Teil ihrer Dissertation zu entnehmen.

Describing Typeforms: A Designer's Response (2008)
Rückblickend auf den *Description Framework for Typeforms* beschreibt Dixon, wie sich ihr Ansatz seit seiner Entwicklung verändert hat. Sie beginnt mit ihren zentralen Aspekten der Klassifikation:

> *The main aims and objectives of enquiry were to investigate this hypothesis and if found to be true, to explore a vocabulary of terms and phrases able to describe contemporary typeforms. Further, the research sought to establish a description framework capable of:*
> - *locating these recent developments within an historical overview of typeface design in an attempt to overcome the fracture prevalent in discourse.*

443 Dixon wendet sich mit ihrer Forderung, die »Oberfläche« solle nicht nur Funktionen darstellen, sondern diese auch »erklären«, gegen die üblichen Strategien zur Entwicklung grafischer Benutzeroberflächen. Die Elemente dort stellen zwar Funktionen visuell dar (z. B. einen Knopf mit der Aufschrift »Sortieren«), diese Darstellung zeigt aber nur, dass und welche Funktionen ausgelöst werden können, nicht aber, wie sie »von innen« funktionieren. Benutzeroberflächen zeigen, *dass* sie funktionieren, und *was* diese Funktion genau ist, aber nicht *wie* sie funktionieren. Dixon fordert ein System, das nicht »transparent« ist (es zeigt, was es kann, und verbirgt, wie es das tut), sondern »opak« (es zeigt, wie es etwas tut).

444 Obwohl alle digitalen Systeme, insb. alle webbasierten, eine gestaltete, visuelle Schnittstelle besitzen, sticht Dixon in dieser Hinsicht heraus. Sie konzipiert nicht nur eine Benutzeroberfläche (die wir nicht kennen, die aber als solche Komplexität reduzieren muss und Funktion »verpackt«), sondern fordert gleichzeitig, dass »das Innere« des Systems, eben das, was verborgen wird, nach außen gekehrt werden soll. Sie beabsichtigt so, »Verfälschung durch Unterschlagung« zu vermeiden; ihr System soll die Attribute, (Vor-)Selektionen und Reduktionen darstellen und nicht, wie andere, verbergen. Diese Forderung nach Systemopazität ist einzigartig und im Kontext der Gestaltung digitaler Anwendungen mehr als ungewöhnlich.

- *consistently describing the formal character of Western typefaces across an approximately 550 year production period. (In broad terms, the formal character of a typeface was understood as being how the punchcutter or designer intended it to be seen in use.)*
- *communicating type description information in a non-abstract way facilitating accessibility for users both familiar and unfamiliar with type (in keeping with the practice emphasis and pedagogical interests of the original CLR context and in recognition of the fact that the mathematical encoding of digital types is in itself a kind of formal description language.)* (Dixon[2]: 23)

Die Erkenntnis, dass digitale Schrift immer als stark formalisierte und normierte Beschreibung vorliegt, hält Dixon nicht davon ab, weiter nach Strategien zur Klassifikation zu suchen. Sie kontextualisiert Ergebnisse der Forschung im Rahmen der Entwicklung ihres *Description Frameworks* und fasst zusammen, wie es zukünftig weiterentwickelt werden könnte. Deutlich wird dabei, dass sich der Fokus ihrer Forschung im Lauf der Entwicklung des Frameworks als digitales Konstrukt, als Teilelement bzw. im Rahmen einer PhD-Arbeit, verschoben hat. Diese Verschiebungen sind im Framework noch nicht berücksichtigt, in *Describing Typeforms* fasst sie die Veränderungen am System, in Logik und Struktur, zusammen. »*The new description framework operates on the assumption that the formal character of every typeface can be described in terms of its specific configuration of these two components: sources and formal attributes*« (ebd.: 27). Dixon teilt dabei die Beschreibung in drei Dimensionen: *sources*, *formal attributes* und *patterns*. Unter *sources* versteht Dixon nach Kategorien geordnete *underlying design narratives*, eine kategorisierte Sammlung von »Quellen«, Inspirationen und historischen Form-Kontexten, die eine chronologisch-formale Entwicklungsgeschichte der Schrift bilden. Dixon argumentiert, dass der oft der Postmoderne zugeschriebene Gestaltungsansatz des Kombinierens von Stilelementen unterschiedlicher Zeiträume bereits im 19. Jahrhundert sichtbar wird: »*It was found that the lifting and mixing of formal elements from type design sources, so often attributed as an outcome of digital type design practices, was in fact neither transitory or new*« (vgl. ebd.: 25). Gleichzeitig laufe die Berücksichtigung der potenziellen Rekombination vieler Elemente entgegen einer statischen, begrenzten Anzahl von Klassen (*headings*). Dixon bemerkt die Notwendigkeit der »Öffnung« fester Klassendefinitionen: »*Identification of a greater fragmentation of formal ideas in the field was crucial in shifting emphasis away from a category-driven approach to typeform description towards the formulation of a more organic system comprising a series of description components from which descriptions could be created for types on an individual basis«* (ebd.: 25). Zur formalen Beschreibung werden in den Kategorien *construction, shape, modelling, terminals, proportion, weight, key characters* und *decoration* viele mikrotypografische Eigenschaften erfasst. Dixon merkt an, dass die stark differenzierende Beschreibung einzelner Buchstabenmerkmale den »macro view« verschleiern würde, wodurch die Einordnung in einer größeren Kontext erschwert würde. Sie führt daher mit *Patterns* eine weitere Dimension ein. Hier ordnet sie *sources* bestimmten *formal attributes* zu, welche sie Begriffen zuordnet. Genaue Definitionen oder ein Vokabular gehen aus dem Text bedauerlicherweise nicht hervor. Dixon legt großen Wert auf die Visualisierung und Schnittstelle ihres Systems. Die Klassifikation soll, als Lehr-Werkzeug, eine Übersicht über die chronologische Entwicklung der Schrift geben, es sei dann möglich *»to show type design practice more accurately as a series of parallel developments«* (ebd.: 31). Dixon plädiert weiterhin dafür, dass das System auch kommunizieren müsse, wie es arbeite: *»Everything about the new description framework – the organisation, utilisation and presentation of its information – enforces the intention that it should constantly reveal how it is working«* (ebd.: 31). Sie betont den Nutzen ihres Systems in theoretischer und didaktischer Hinsicht, im Schluss ihres Artikels argumentiert Dixon fast leidenschaftlich für die Notwendigkeit eines *Description Frameworks* für Lehre und Forschung.

Über beide Texte hinweg lässt sich Dixons Perspektive auf die von ihr vorgeschlagene Klassifikation folgendermaßen zusammenfassen: Ihr digitales System soll anschlussfähig zum bisherigen Klassifikationskanon sein, auf mikro-, meso- und makrotypografischer Ebene arbeiten, »unbiased« und neutral alle Schriftformen aufnehmen, zur Begriffsbildung dienen, in der Lehre einsetzbar sein und bezüglich seiner Funktionsweise »offen« sein, seine Differenzierungskriterien und -mechanismen kommunizieren.

5.3.8 Friedrich

Die *Ordnungssysteme in Schriftbeständen* (Friedrich, 2016; s.a. Kapitel 5.1.17) sind eine zeitgenössische Zusammenfassung verschiedener Schriftklassifikationen. Die Arbeit beinhaltet lediglich einen abstrakten Vergleich verschiedener Systeme, in seinem Ausblicks-Kapitel fasst er die Kritik an den bestehenden Ansätzen zusammen: *»Wie in der Entwicklung und Übersicht deutlich wurde, hat sich über die Zeit* *kein einheitliches System durchgesetzt. Auch die etablierten Schrifthersteller nutzen unterschiedliche Ordnungsprinzipien. Schriftanwender sortieren ihre Bibliotheken nach eigenen Kriterien, die manchmal auf gelehrten Klassifikationsmodellen beruhen oder sich auf pragmatische Parameter in der Anwendung beziehen. Die Vielfalt der Ordnungskriterien zeigt, dass eine einheitliche Systematisierung kaum möglich ist.«* (ebd.: 100) Die Auswahl der berücksichtigten Systeme ist umfangreich. Friedrich formuliert, basiert auf einer im Kontext seiner Arbeit umfangreichen Recherche, seine Anforderungen an ein digitales Klassifikationssystem aus Perspektive eines Design-Studierenden.

5.3.9 Blokland

On The Origin of Patterning in Movable Latin Type ist die PhD-Arbeit von Frank E. Blokland (2016). Sie enthält keine Klassifikation im engeren Sinne, liefert aber starke Argumente für die Durchsetzung metrisch erfassbarer vertikaler Rhythmen in gebrochenen wie auch Antiquaschriften bereits im 15. Jahrhundert. Er argumentiert, dass schon die Antiquaschriften der Frühdruckzeit einem vertikalen Rhythmus folgen, der nicht »*a matter of taste*« (Blokland 2016: 69) sei, sondern auf bereits für die Gutenberg-Textura entwickelten Proportionen beruhe, welche für die Antiqua angepasst wurden. Diese seien, entgegen vorheriger Annahmen durch z. B. Morison (1926), nicht Resultat des inspirierten Flusses der Schrift aus dem Handgelenk des Schriftkünstlers, sondern vielmehr *literally molded into prefixed standardized proportions* (Blokland 2016a). Diese *standardization and systematization resulted in a calculable horizontal structure, and a translation of this into fixed vertical dimensions* (ebda.) Bloklands Intention ist es, die Antiquaschriften der Frühdruckzeit eines Teils der künstlerischen Aufladung (z. B. durch Morison) zu entledigen und ihre Proportionen als Ergebnis rationaler, produktionsökonomisch bedingter Entscheidungen darzustellen. Die als archetypische Renaissance-Antiqua betrachtete Schrift Jensons basiere auf bereits für die Textura entwickelten Proportionen und sei die Basis für viele folgende Schriften, wie die von Griffo, Garamont, Granjon und van den Keere (vgl. Blokland 2016: 9f). Bloklands Überlegungen basieren auf einem *letter model*, das er als Grundlage für seine weiteren Berechnungen verwendet (ebd.: 20). Im Kontext von Schriftklassifikation relevant wird Bloklands Entdeckung, da sie für ihn als Schriftgestalter und Lehrenden[445] an der Koninklijke Academie van Beeldende Kunsten in den Haag (KABK) in direkter Rückkopplung zur Gestaltung von Schriften zu sehen ist: Wenn sich bestimmte Muster, z.B. in der Varianz der Dickten, in Schriften verschiedener Epochen nachweisen lassen, können diese bei der Gestaltung neuer Schriftarten aufgegriffen werden. Im Rahmen seiner Forschung wurden die Anwendungen *LS Candencer* und *Kernagic*[446] entwickelt, beide werden im Anhang der Arbeit detailliert vorgestellt (ebd.: 346ff). Es gelingt Blokland, seine *patterns* metrisch reproduzierbar nachzuweisen. Darauf könnte bei der Klassifikation von Schriften zurückgegriffen werden. Wenn Dicktenvarianz (bzw. unterschiedlich starke Dicktenvarianzen) zur Klassifikation relevant gemacht wird, wie z.B. bei Willbergs W2.1 und W2.2, liefert Blokland erstens die Argumente für diese Unterscheidung und zweitens die arithmetischen Grundlagen für die reliable Erfassung der Varianz. Außergewöhnlich ist Bloklands Perspektive auch aus einem anderen Grund: Klassifikationen betrachten die gefärbten Elemente der Schrift, auf Modulationsachsen, Bogenformen und Serifen, Blokland dagegen schaut hauptsächlich auf die Räume dazwischen. Blokland analysiert die Abfolge der vom Schwarz begrenzten Zwischenräume. Seine *patterns* sind eine Klassifikation der Weißräume.

---

445 Blokland ist Gründer der Dutch Type Library und gestaltete u.a. die dort erschienenen Schriften *DTL Documenta* und *DTL Haarlemer*. Er ist, zusammen mit URW++, mitverantwortlich für die *DTL FontTools*, Anwendungen zur Schriftgestaltung.

446 Beides sind Skripte, die in Schriftgestaltungsprogrammen wie FontLab oder Glyphs verwendet werden können, um z.B. die *sidebearings* (Weißräume links und rechts des Buchstabenkörpers) und das *Kerning* (Ausgleich des horizontalen Abstands bestimmter Buchstabenpaare) der Schriften auf Basis von Bloklands Berechnungen automatisiert zu steuern.

6 Äpfel, Zahnfüllungen, Kaufkraftquotienten

Im Überblick über die vielen Schriftklassifikationen fällt vor allem eines auf: Ein direkter Vergleich ist mehr als schwierig. Schriftklassifikationen sind Sammelstätten der unausgesprochenen Annahmen: Die Autorinnen wenden sich an Fachkräfte, die das technologische Umfeld und die zeitgenössischen Satztechnologien genau kennen, sodass es unnötig erscheinen mag, diese Rahmenbedingungen im Vorhinein genau zu beschreiben. Genau hier liegt eine Schwierigkeit bei der nachträglichen Bewertung der Systeme. Besonders die sich ändernden Satztechnologien, und dadurch das sich stetig wandelnde Konzept davon, was typografische Schrift überhaupt ist, beeinflussen die Unterscheidungskriterien stark. Die Digitalisierung wirkt sich nicht nur auf die Schriften, sondern auch auf die Systeme und ihre innere Logik aus, Zielgruppen und Zielsetzungen verändern sich, ohne dass die einzelnen Autoren dies genau benennen. Diese Unterschiede betreffen vor allem die abstrakteren Teile der Klassifikationen, die grundlegenden Prämissen, unter denen klassifiziert werden soll. Schriftklassifikationen entstehen als Sortierungsmaschinen, Marketing-Werkzeuge, Lehrplaninhalte und Übersichtskarten. Sie zu vergleichen muss genauso scheitern wie der Versuch, eine gemeinsame Kategorie für Äpfel, Zahnfüllungen und Kaufkraftquotienten zu finden.

Gleichzeitig gibt es in den Details deutliche Gemeinsamkeiten: Der latente Kanon des 19. Jahrhunderts zieht sich durch sehr viele Modelle, die Unterscheidungsattribute besonders auf mikrotypografischer Ebene sind zum großen Teil sehr homogen. Im Folgenden soll es zunächst um diese Gemeinsamkeiten im Kleinen und danach um die Unterschiede der Klassifikationssysteme im Großen gehen.

6.1 Minimalkonsens: Klassen und Attribute

Neben den Unterschiedlichkeiten, die im Folgenden ausführlicher analysiert werden sollen, gibt es grundlegende Übereinstimmung zwischen vielen Klassifikationen. Aus dem latenten Kanon des 19. Jahrhunderts werden Konsens-Klassen etabliert:

- *Serifenschriften*
- *Serifenbetonte Schriften*
- *Serifenlose Schriften*
- *Schreibschriften*
- *Gebrochene Schriften*
- *Auszeichnungsschriften*
- *Symbole und nicht-alphabetische Zeichen*
- *Nicht-lateinische Schriften*

Diese Klassen sind in sehr vielen Klassifikationen zu finden. Die Klasse für nicht-alphabetische Zeichen, »Symbole«, ist auch ein Hinweis darauf, was unter »Schrift« verstanden wird: ob typografische Schriften allgemein gemeint sind, Schrift *technisch* aufgefasst wird oder »nur« Alphabet-Schriften gemeint sind. Einige Systeme enthalten, häufig aus Konsistenzgründen, Ausnahme- bzw. Auffangklassen wie »Antiqua-Varianten«. Oft sind Hauptklassen in Unterklassen gegliedert, von Beginn an werden die Serifenschriften, später auch die Serifenlosen weiter ausdifferenziert. Dabei wird die historische Entwicklung der Schriftformen bis ins 19. Jahrhundert bei fast deckungsgleicher Definition abgebildet. Diese Konsens-Klassen entsprechen den Klassen der DIN 16518, DIN 1 bis DIN 8 und DIN 10 bzw. ihren Äquivalenten anderer Normen. Als zentrale Neuerung wird zu Beginn der 2000er Jahre das »Formprinzip« oder »Muster« verwendet, meist quer zu den bestehenden Klassen, als ergänzendes und von mehreren Klassen geteiltes Attribut. Die zentrale Unterscheidung hier ist »dynamisch« und »statisch«, gelegentlich noch von»geometrisch« ergänzt. Diese Konzepte sind im jüngeren Diskurs präsent, über ihre allgemeine Definition und visuelle Ausprägung herrscht weitgehend Klarheit. Konsens-Klassen und »Prinzipien« werden fast ausschließlich durch mikrotypografische Merkmale definiert. Auch wenn die Klassifikationen hier nicht durchweg übereinstimmen, besteht eine große Schnittmenge darin, welche formalen Eigenschaften zur Klassifikation herangezogen werden können. Der Schwerpunkt liegt auf der mikrotypografischen Ebene, es werden Serifenformen, -kehlung und -ansätze, Modulationsstärke und -winkel, Strichenden und -winkel sowie Merkmale einzelner Buchstaben analysiert, um Schriften einzelnen Klassen zuordnen zu können. Darüber hinaus verwenden vor allem digitale Systeme zunehmend auch Meta-Daten zu den Schriften, wie Gestalterin, Hersteller, Datenformate oder Lizenzmodelle. Die Strukturen der Klassifikationen entwickeln sich von narrativ zu Beginn des 20. Jahrhunderts über monohierarchisch zu polyhierarchischen oder Facettenstrukturen ab den 1980er Jahren. Auch wenn die Bedingungen der Klassifikation und die gebildeten Klassen teilweise stark differieren, gibt es deutliche Übereinstimmungen bei den großen Konsens-Klassen und den Kategorien der zu berücksichtigenden Attribute. Wenn auch die Fragen, *warum* und *was* klassifiziert wird, nicht einheitlich oder gar nicht beantwortet werden, ist das Instrumentarium der Unterscheidung, das *Wie* bzw. *Womit*, doch vergleichbar. Tabelle 4 (Seite 288) zeigt die Attribute, zu es einen Konsens gibt.

6.2 Maximaldissens: Bedingungen der Klassifikation

Über die wenigen Veröffentlichungen hinaus, die Schriftklassifikation allgemein behandeln und umfänglich als auch inhaltlich wichtige Diskursbeiträge liefern, sind vereinzelt Versatzstücke von Kritik auszumachen. Diese sind hier nicht im Einzelnen aufgeführt, zumal der Tenor ein Allgemeinplatz der Klassifikationskritik überhaupt ist: alte Klassifikationen werden einer neuen Situation nicht gerecht. Symptomatisch für dieses Altern ist, dass eine bedeutende Menge eigentlich zu erfassender Objekte nicht adäquat beschrieben und im System verortet werden kann. Dixon schreibt zum Stand der Diskussion Mitte der 1990er Jahre: »*There was growing recognition that the existing universal classifications were failing to address the significant shifts in type design practice but the ease of continuing with the familiar, if faulty, schemas often outweighed the upheaval change would necessitate*« (Dixon[2]: 2). Es treten »Problemschriften« auf, die entweder gar nicht in die Klassifikation zu integrieren sind, die Mengenrelationen einzelner Klassen unverhältnismäßig[447] verschieben oder das System ganz »sprengen«. Darüber

447 Die am häufigsten geäußerte Kritik ist Ausdruck des generellen Problems alternder Klassifikationen: Neue Objekte passen nicht mehr in alte Schubladen. Der Eintrag zur DIN 16518 auf wikipedia.de (hier

hinaus werden die Begriffe zur Beschreibung typografischer Kategorien und die Differenzierungsprobleme prototypischer Strukturen kritisiert.[448] Es tritt ein Konflikt zwischen unterschiedlichen Paradigmen der Klassifikation zu Tage, formal-logischer oder prototypischer Orientierung. Hier liegt auch eine Schwäche in der »Vorrede« der Systeme selbst. Wie eine Unterscheidung stattfinden kann, auf welche Weise Definitionen formuliert werden, ob prototypisch oder formal-logisch argumentiert wird,[449] wird in keinem System genannt. Die Auswirkungen der Digitalisierung sind zudem kaum zu überschätzen, das Umfeld und die Ausgangssituation für Schriftklassifikation haben sich in wenigen Jahren radikal verändert. Um die problematischen Fragestellungen im Zusammenhang mit Schriftklassifikationen und deren Struktur herauszuarbeiten, werden im Folgenden Prämissen formuliert, die bei Konzeption wie auch Bewertung von Schriftklassifikationssystemen eine Rolle spielen. Sie werden von den Systemen sehr unterschiedlich interpretiert. Genauso wie häufig die als relevant gesetzten Attribute und Definitionen der Hauptklassen kaum definiert werden, verhält es sich mit diesen basalen Grund-Annahmen der Schriftklassifikation: Sie bleiben implizit, meist unerwähnt und werden kaum definiert. Hier gibt es Parallelen zu Foucaults Suche nach dem nicht-formalen Wissen, dem Unausgesprochenen, mit dem die Klassifikationen agieren — die grundlegenden Paradigmen der Schriftklassifikation gehören ebenso zum Nicht-Formalen.

Diese Faktoren sind grundlegende Stellgrößen, Grundannahmen oder Bedingungen, welche in die Systeme einfließen. Selten thematisiert, wirken sie doch, gewollt oder ungewollt, auf Struktur und Logik der Systeme. Die Unterschiedlichkeit der veröffentlichten Ansätze könnte zunächst dafür sprechen, dass über

---

insb. interessant in ihrer Funktion als kollaborativ erarbeitete Enzyklopädie, die einen Konsens innerhalb der »community« der Verfasser darstellt) enthält einen Absatz »Kritik«, der symptomatisch beschreibt: Der DIN 16518 werde *»... vor allem vorgeworfen, dass sich die Schriftentwicklungen der letzten Jahre in das historisch eingeteilte Schema nicht gut einordnen lassen (90 % der Neuentwicklungen spielen sich in Gruppe VI ab) und die Gruppe XI »Fremde Schriften« nicht für die internationale Kommunikation taugt«* (wiki 04).

448 Kritik an prototypischen Klassen fasst Hudson zusammen: *»I have no objection to generalisation nor to labelling, but I do object to an inconsistent and overlapping set of labels being touted as a classification system. It isn't a system, it's just a set of names applied to variously defined categories. I can detect at least five different ways of defining categories in the ›classifications‹ that Jared (blkkkkk) posted.«* (Hudson 2010, Foreneintrag auf typophile.com) (typophile 01).

449 Dieselbe Differenz, in anderen Worten »verpackt«, liegt auch zwischen den Konzepten Taxonomie und Typologie.

Strategien zur Schriftklassifikation kein Konsens besteht, und ob der Vielzahl der Ansätze auch kaum auszumachen ist. Vor dem Hintergrund dieser Prämissen zeigt sich, dass diese Diskrepanz nicht primär in völlig unterschiedlichen Attributen zur Differenzierung von Schriftarten entsteht. Vielmehr konnte hier herausgearbeitet werden, dass die eigentliche Differenz in grundsätzlichen »Spielregeln«, in Klassifikationsaspekten, Begriffen, Definitionen und Zielsetzungen zu finden ist. Um die in Kapitel 3 gestellten »großen Fragen« zu verwenden: *Womit* klassifiziert werden soll, wird selten detailliert diskutiert. Das Instrumentarium, sprich Attribute und Begriffe zur Klassifikation, ist umfangreich, aber insgesamt zumindest einigermaßen vergleichbar. Dennoch bestehen Differenzen in grundlegenden Bereichen, z. B. im *Schriftbegriff*, der Frage danach, *was* klassifiziert werden soll. Ebenso uneinheitlich sind die Klassifikationsaspekte, die Zielsetzungen der verschiedenen Klassifikationen, also die Frage, *wozu* klassifiziert werden soll. Aus diesen differierenden Vorgaben heraus wurden sehr unterschiedliche Ansätze entwickelt. Im Folgenden soll es nun darum gehen, wo diese Unterschiede liegen und welche Kriterien bei der Beurteilung genauso wie der Ausdifferenzierung eines Schriftklassifikationssystems relevant sind. Diese Differenz zwischen den Systemen ist gleichzeitig eine Sammlung des Unausgesprochenen der Schriftklassifikationen, dessen, was die Autorinnen nicht nennen, das aber trotzdem in ihren Systemen wirkt. Insofern ist diese Arbeit auch eine Archäologie der Schriftklassifikationen.[450]

6.2.1 Schriftbegriff: Die Objekte

Ein wesentlicher Unterschied zwischen den Schriftklassifikationen besteht in der Definition der zur Klassifikation vorgesehenen Objekte. In den seltensten Fällen wird definiert, was unter »Schrift« genau zu verstehen ist und was als klassifizierbare Schrift[451] gelten soll. Häufig wird »Schrift« hier implizit technisch aufgefasst. Damit unterscheiden sich die Konzepte zu »typografischer Schrift« im zeitlichen und technologischen Kontext. Thibaudeau nennt mit *»Lettre d'Imprimerie«* konkret »Druckbuchstaben« und bezieht sich damit auf physische Bleitypen für

---

450 Im Sinne Foucaults »Ordnung der Dinge. Eine Archäologie der Humanwissenschaft« (Foucault 2001) geht es in dieser Arbeit auch um das Auffinden und Nennen des Unausgesprochenen, das implizit in den Schriftklassifikationen wirkt.

451 Wenn es um den Schriftbegriff geht, spielt auch die Sprache, in der formuliert wird, eine wesentliche Rolle (vgl. z. B. Fußnote 5).

Tabelle der Konsens-Attribute

Attribut	Beispiele zur Verwendung *(Konsensklassen kursiv dargestellt)*
Mikrotypografisch	
Strichenden	
keine Serifen	*Grotesk*
Serifenproportionen	*Serifenbetont*, wenn Hauptstrich und Serifen gleich stark
Serifenansätze	ausgerundet bei *Renaissance* und *Barock Antiqua*
Serifenspitzen	ausgerundet bei *Renaissance* und *Barock Antiqua*, rechtwinklig bei *klassizist. Antiqua*
Serifenwinkel	schräg bei *Renaissance*, meist schräg bei *Barock Antiqua*, waagrecht bei *klassizist. Antiqua*
Serifenkehlung	vorhanden bei frühen *Renaissance Antiqua*
Kopfserifen	spez. Formen z. B. bei A oder M
Einzelzeichen	
ein-/zweistöckiges a, g	Unterscheidung von aufrechten und kursiven Buchstabenformen
Querstrich des e	schräg bei *frühen Renaissance Antiqua*, sonst gerade
Schlaufe/Ohr g	unterscheidet *Renaissance*, *Barock* und *klassizistische Antiqua*
Auslauf des R	unterscheidet unterschiedliche Grotesk (z. B. Neogrotesk und Humanistisch)
Mesotypografisch	
Modulation	
Modulationsachse	geneigt bei *dyn. Schriften*, waagerecht bei *statischen*, auch *Ren. Barock und klassizist. Antiqua*
Modulationsstärke	unterscheidet *Renaissance*, *Barock* und *klassizistische Antiqua*, *Linear-Antiqua*
Geometrie	
Proportionen	selten berücksichtigt, wichtig z. B. für optische Größen
Alternativformen	z. B. Ziffernvarianten, Kapitälchen
Spezifische Zeichen	z. B. Kursivformen (langes f, rundes e, einst. statt doppel. a) bei dynamischen Schriften
Makrotypografisch	
Geometrie	
Dicktenvarianz	bisher selten berücksichtigt, unterscheidet bspw. *Renaissance* von *klassizistischen Antiqua*
Grauwert	bisher kaum berücksichtigt
Laufweite	bisher kaum berücksichtigt
Formprinzip	dynam., geometr., stat. Stil, unterscheidet z. B. *Renaissance* von *klassizistischen Antiqua*
Strichführung	z. B. *Schreibschriften*, *Gebrochene* werden jeweils einzelnen Klassen zugeordnet
Zeichenvorrat	Menge aller in einer Schrift verfügbaren Glyphen
Zeichenart	z. B. Symbole Buchstaben, unterscheidet *Symbolschriften*

Abkürzungen und Begriffe

Mikrotypografische Attribute bezeichnet alle formalen Schrifteigenschaften, die anhand *einzelner Buchstabenelemente* bestimmt werden können; betrachtet werden Buchstaben*teile*, nicht Buchstaben »als Ganzes«.

Strichenden bezeichnet Eigenschaften, die sich ausschließlich auf die Strichenden beziehen, die An- bzw. Abwesenheit, Proportion und Form von Serifen, nicht aber auf andere Buchstabenelemte (wie z. B. Punzen).

Atttribute von *Einzelzeichen* sind Eigenschaften, die nur anhand einzelner Zeichen festgestellt werden können, also sich nicht in verschiedenen Zeichen wiederholen.

Mesotypografische Attribute bezeichnet Eigenschaften, die *einzelne Zeichen* betreffen oder die in *verschiedenen Zeichen* auf die *gleiche Art und Weise* sichtbar sind.

Modulation bezeichnet Unterschiede in der Strichstärke, zwischen dünneren und stärkeren Strichen.

Geometrie bezeichnet alle messbaren Verhältnisse innerhalb einer Schrift, den metrischen Vergleich verschiedener Zeichen miteinander.

Proportionen umfasst die verschiedenen *Größenverhältnisse*, wie x-Höhe, Unter- und Oberlängen im Verhältnis zur Versal- oder Kegelhöhe.

Alternativformen bezeichnet alle Betrachtungen der Mengen von verfügbaren Zeichen im Adressraum der Schrift. Es geht einerseits um das Vorhandensein spezifischer Zeichenformen wie Kapitälchen oder Ziffern in verschiedenen Positionen (z. B. hoch- oder tiefgestellt). Besonderheit hier ist, dass die Zeichen jeweils *Alternativen* zu anderen Zeichen für verschiedene Kontexte sind, und damit *Doppelungen* von in der Schrift bereits vorhandenen Zeichen. Hier können auch Sonderformen wie Ligaturen erfasst werden.

Spezifische Zeichen und Formen beziechnet besondere Formen von Buchstaben, wie »echte Kursive«. Hier werden bestimmte Variationen *einzelner* Buchstaben betrachtet. Im Unterschied zu Alternativformen geht es hier *nicht* zwingend um *alternative* Formen.

Makroypografische Attribute bezeichnet Eigenschaften, die sich auf *mehrere*, ggf. sogar *alle Zeichen* einer Schrift, oder die Schrift in ihrer Gesamtheit beziehen.

Dicktenvarianz bezeichnet die Schwankungen der Buchstabenbreiten untereinander, bzw. deren Abwesenheit bei dicktengleichen Schriften.

Grauwert bezeichnet die Flächendeckung einer Schrift.

Laufweite bezeichnet den durchschnittlichen horizontalen Raumbedarf einer Schrift.

Formprinzip in Anlehnung an Bollwage, Kupferschmidt und Willberg die Konstruktionsprinzipien oder Stile, nach denen die Buchstaben gezeichnet wurden. Im Unterschied zur Strichführung, die wiederum auch Formprinzipien folgen kann, werden hier verschiedene geometrische Prinzipien wie Modulationsachse oder -stärke zusammengefasst.

Strichführung bezeichnet unterschiedliche Herstellungsprinzipien der Buchstaben in Anlehnung an den *manuellen Schreibvorgang*, wie zusammenhängende Buchstaben bei der Schreibschrift oder Brechung runder Formen bei gebrochenen Schriften. Strichführung ist hier aufgeführt, weil es klassenetablierendes Element internationaler Konsensklassen ist. Strichführung könnte über Attributkombinationen die Formprinzipien erweitern.

Zeichenvorrat bezeichnet die Menge aller in einer Schrift verfügbaren Zeichen. Hier können Eigenschaften wie Sprachabdeckung oder das Vorhandensein mathematischer Symbole betrachtet werden. Der Zeichenvorrat beschreibt die Menge der im Adressraum der Schrift verfügbaren Zeichen. *Alternativformen* und *Spezifische Zeichen* sind speziellere Betrachtungen des Zeichenvorrats.

Zeichenart umfasst die in der Schrift versammelten Zeichen allgemein, ob es sich um lateinische Buchstaben (oder andere Sprachen), oder z. B. spezielle Symbole handelt. *Zeichenart* betrachtet im Unterschied zu *Zeichenvorrat* stärker die Inhalte der Adressen.

Tabelle 4 *Konsens-Attribute bezeichnet hier alle Schriftattribute, die entwedet zur Definition der Konsens-Klassen verwendet werden oder in so vielen Ansätzen genannt werden, dass von einem breiteren Konsens ausgeangen werden kann. Sie sind hier in typografische Ebenen und Kontexte sortiert (s. rechts). Deutlich wird auch hier, dass die formalisierte Darstellung, z. B. wenn es um die Zuordnung zu einem Kontext über die typografischen Ebenen hinweg geht, ähnliche Probleme erzeugt wie Formalisierungen in den Schriftklassifikationen selbst.*

Hand- und Maschinensatz. Für Warde sind *»Type Faces, Old and New«*, gegossene Lettern für den Handsatz (aus Blei) sowie Matrizen für den Maschinensatz. Auch Tschichold benennt seinen Fokus klar mit »Buchdruckschriften«, integriert in sein System aber nur Schriften, die für größere Textmengen geeignet sind. Andere, z. B. solche aus dem frühen 19. Jahrhundert, bezeichnet er als *»eine Unmenge zwar zirkushaft amüsanter, doch längst unverwendbar gewordener Schriften«* (Tschichold 1951: 81), er formuliert für die Praxis seiner Zeit, nur »verwendbare« Schriften werden berücksichtigt. Die Beschränkung auf Druckschriften wird von zahlreichen Autorinnen weitgehend aufrechterhalten, auch wenn mit Erfindung des Fotosatzes und noch deutlicher mit der Digitalisierung die Bindung der Typen an bestimmte Druck- bzw. Reproduktionsverfahren aufgelöst wird. Die ab ca. 1985 streng standardisierten digitalen Schriftformate erleichtern diese Grenzziehung wesentlich. Die Produktion der Buchstabenexemplare ist nicht mehr ausschließlich auf den Druck gerichtet, womit die bis dahin enge Bindung typografischer Schriften ans grafische Gewerbe gelöst wird. Spätere Klassifikationen nehmen folgerichtig medienspezifische Ausformungen von Druckschriften als Klassifikationskriterium auf, wie z. B. Pixel- oder Bildschirmschriften. Der Großteil der Klassifikationen konzentriert sich auf *Schrifttypen*, Schrift-Vorlagen zur Erzeugung von Buchstabenexemplaren aus Buchstabentypen, klassifiziert werden einzelne Schnitte. Dixon fasst den Schriftbegriff viel weiter. Sie möchte, vor dem Hintergrund ihrer Arbeit am Central Lettering Record (CLR), nicht Druck- oder typografische Schriften, sondern *typeforms* klassifizieren. Dabei weitet sie ihren Schriftbegriff auf alle Arten von Schriften im öffentlichen Raum aus, wie Beschriftungen von Fahrzeugen oder Gebäuden, typografische wie handschriftliche. In ihrem Ansatz sind weder die Voraussetzung der Reproduzierbarkeit der Letterntypen noch die Fragestellung der Re-Reproduktion[452] Ausschlusskriterien: Ihre Klassifikation erfasst Buchstaben*formen*, die in unterschiedlichsten Medien und Materialien gespeichert, gedruckt oder anderweitig ausgeformt sind. Der CLR besteht aus einem großen Archiv von fotografischen wie gedruckten Schriftbeispielen, reproduzierten Exemplaren wie »originären« Buchstabentypen. Dixon zieht keine Grenzen zwischen Typus und

452 Gemeint ist hier der sichtbare wiederholte Prozess der Reproduktion, der auf ein Letternexemplar angewendet werden kann. Beispiel: Ein im Buchdruck reproduzierter Buchstabe könnte fotografiert, eingescannt und dann gefaxt werden. Wenn jeder dieser Reproduktionsprozesse seine spezifischen Spuren sichtbar im Letternumriss hinterlässt (Quetschränder im Buchdruck, Unschärfen in der Fotografie, pixelweises Rauschen im Fax), stellt sich die Frage nach Typus und Exemplar neu.

Exemplar, sie klassifiziert Letternexemplare *und* -typen. Dixon definiert *typeforms* ästhetisch-phänomenologisch, nicht technisch. Alle anderen Autoren ziehen, meist implizit, eine technologische Grenze. Schriften sind dann Schriften, wenn sie »reproduzierbar«, aber nicht »reproduziert« sind.[453]

Genauso unterschiedlich ist der Umgang mit stilistischen Verwandtschaften von Schriftarten untereinander. Die Klassensignaturen von Alessandrini weisen darauf hin, dass sein System Schriftfamilien, nicht nur einzelne Schriftschnitte differenziert. Verwandtschaftsverhältnisse werden in vielen Klassifikationssystemen nicht berücksichtigt. Es wird implizit vorausgesetzt, dass nur einzelne Schnitte klassifiziert oder aber »gute Vertreter« für Schriftfamilien ausgewählt werden, was ins Muster prototypischer Klassifikationen passt. So geht Willberg ausführlich auf Unterschiede zwischen verschiedenen Schnitten ein, ohne diese in seinem Modell weiter zu berücksichtigen. Bauermeister dagegen klassifiziert stets einzelne Schnitte, ohne wiederum eine Referenz auf ihre Verwandtschaft mit in sein System zu integrieren. In *PANOSE 1* könnte eine formale Verwandtschaft über ähnliche metrische Attribute festgestellt werden, die Verwandtschaftsverhältnisse selbst werden vom System nicht erfasst.

Auch die Perspektive darauf, was genau unter »einer Schriftfamilie« zu verstehen ist, unterscheiden sich. Während bspw. Dixon oder Willberg die Verwandtschaft als visuell erkennbares Merkmal konzipieren, werden Schriften von Herstellern wie FontShop oder Linotype nicht nur nach formaler Ähnlichkeit oder stilistischer Verwandtschaft, sondern auch im »Kaufzusammenhang« dargestellt. FontShop liefert beispielsweise bei der Suche nach einer statischen Grotesk Schriften der Helvetica als Ergebnis, stellt neben den verschiedenen Varianten (Helvetica, Neue Helvetica, Helvetica für verschiedene Sprachräume, Helvetica in unterschiedlichen Zusammenstellungen wie mit condensed-Schnitten oder abgerundeten Strichenden) aber gleichzeitig Schriften dar, die selbst nicht der Helvetica-Familie angehören, wie z. B. von FontShop ausgewählte stilistisch passende »Helvetica-Companions« und sogar »Helvetica-Alternatives«. Auch Linotype bietet die unterschiedlichen Kauf-Pakete, wie die »Helvetica-World-Schriftfamilie« mit weitreichender Abdeckung unterschiedlicher Aufschreibesysteme oder die »Helvetica Monospaced«, an. Relationen sind hier nicht als formale Verwandt-

453 Es sei hier nur als akademische Randnotiz angemerkt, dass eine digitale Type an sich nicht ästhetisch ist, sondern nur über die Produktion eines Exemplars überhaupt erfahrbar gemacht werden kann.

schaft gedacht, sondern aus Marketing-Perspektive. Ob ein System »Verwandtschaftsverhältnisse« berücksichtigt oder nicht, wirkt direkt auf die Auswahl der Unterscheidungsattribute. Sollen Unterschiede zwischen »Familienmitgliedern« festgestellt werden, müssen Attribute ausgewiesen werden, anhand derer sich unterschiedliche Schnitte einer Familie differenzieren lassen. Solche Attribute könnten Strichwinkel (für Kursive) oder Grauwert sein. Obwohl es sich dabei um Konzepte handelt, die in jeder Publikation zu Grundlagen der Typografie erläutert werden, schlagen sie sich nur sehr selten in Klassifikationssystemen nieder.

Der Großteil der hier diskutierten Klassifikationen beschränkt sich auf das lateinische Alphabet. In Einzelfällen sind »Sammelklassen« für fremde Aufschreibesysteme vorgesehen, andere Notationssysteme (wie Hebräisch, Kyrillisch oder Devanagari) werden selten weiter unterschieden.[454]

Die Differenzen der Objektdefinition sind weitreichend: Verschiedene Klassifikationen nehmen ausschließlich Drucktypen auf, manche beschränken sich auf zweidimensionale Schrift, andere klassifizieren ausdrücklich Buchstabenexemplare und damit zwei- wie dreidimensionale Buchstabenformen; es werden Einzelschnitte klassifiziert oder ganze Schriftfamilien, diese werden zusätzlich in Kaufzusammenhänge gebracht, hauptsächlich wird das lateinische Alphabet berücksichtigt, manchmal auch andere Aufschreibesysteme.

6.2.2 Publikationsmedium: Prototypen und formal-logische Modelle

Als ein wesentliches Element beeinflusst das Publikationsmedium ganz wesentlich Struktur und Differenzierungspotenzial der Schriftklassifikationen. Die mediale Umsetzung dieser Veröffentlichung ist aus verschiedenen Gründen wichtig. Einerseits ist es eine der grundlegenden Fragen im Kommunikationsdesign, welches Medium für die Übermittlung einer Nachricht angemessen, glaubhaft, ökonomisch und übermittlungstechnisch sinnvoll ist. Dieser Vorgehensweise liegt die Vorstellung zugrunde, dass eine Botschaft zunächst abstrakt, losgelöst von einem Medium besteht, um dann »medienoptimiert« übermittelt werden zu können. McLuhans Diktum »*The Medium is the Massage*« (McLuhan, 1967) setzt bei der Frage an, ob und inwieweit Publikationsmedien durch ihre eigengesetzlichen Funktions- und

454 Klassifikationen nicht-lateinischer Schriften wurden in dieser Arbeit nicht berücksichtigt. Exemplarisch zeigt Dalvi 2010 anhand seiner Facettenklassifikation von Devanagari-Schriften die Machbarkeit und Möglichkeiten der computergestützten Schriftklassifikation.

Rezeptionsweisen eine Nachricht oder Information beeinflussen oder nach seinem Buchtitel sogar mit der Nachricht identisch sind. Die Rückkopplung der Publikationsform in die Konzeption eines Klassifikationssystems wird hier thematisiert.

McLuhan

Liest man McLuhan radikal, sind für ihn Medium und Nachricht identisch. Der über das Medium vermittelte Inhalt bleibt sekundär, *»For the ›content‹ of a medium is like the juicy piece of meat carried by the burglar to distract the watchdog of the mind. The effect of the medium is made strong and intense just because it is given another medium as ›content‹«* (McLuhan 2010: 19). Inhalt diene der Ablenkung vom »effect« des Mediums, während der Inhalt des Mediums ein weiteres Medium sei. McLuhan verwendet »medium« praktisch synonym zu »Technologie«[455] und »message« zu »Wirkung«.[456] Das Medium, bei vollständiger Vernachlässigung des Inhalts, ist dann das »äußerste« Medium,[457] das Distributions-Medium oder der Kanal im Sinne von Shannon und Weaver.[458] McLuhan thematisiert nicht Formate wie »Nachrichten«, »Werbung«, »Talkshows« oder »Feuilleton«, sondern Verbreitungsmedien wie Buch, Fernsehen oder Radio. Sie sind als Medien wirkmächtig, *»for any medium has the power of imposing its own assumption on the unwary«* (McLuhan 1964: 16). Sein Medienbegriff beruht auf dem Konzept der Extensionalität: *All media are extensions of some human faculty–psychic or physical* (McLuhan 1967: 26). Folgt man McLuhans radikaler Trennung von Inhalt und Medium, lässt sich der Unterschied zwischen verschiedenen Ansätzen zur Schriftklassifikation auf ihre mediale Repräsentation reduzieren. Dann gäbe es, etwas vereinfacht, nur zwei Arten der Schriftklassifikation: *Bücher* und *elektrische Medien*.[459] Zu beider Extensionalität

455 In *Understanding Media* werden elektrisches Licht, die Eisenbahn, Automatisierung oder Schusswaffen als Medien diskutiert, aber auch Comics, die Telefonie oder Filme (vgl. McLuhan 1964).

456 In der Formulierung der Wirkung von Medien ist McLuhan wenig bescheiden: *»For the ›message‹ of any medium or technology is the change of scale or pace or pattern that it introduces into human affairs«* (McLuhan 1964: 8). Die *message* der Medien ist eine *massage*, ihre Wirkung ist universell.

457 Hier gedacht entlang McLuhans Analogie des Mediums im Medium. Wie Matrjoschka-Puppen sind Medien in andere Medien »verpackt«. Besonders in digitalen Medien ist dieser »Verpackungseffekt« stark, vgl. dazu auch Bolter und Grusin 1999.

458 vgl. Shannon und Weaver, 1963.

459 McLuhan spricht von *electrical information* (McLuhan 1697: 12) und *electric circuitry* (ebda.: 63) und meint hauptsächlich »elektrische Medien« wie Telefon, Rundfunk und Fernsehen. Seine Argumente und Vorhersagen sind auf *elektronische* Medien ebenso anwendbar.

schreibt McLuhan: »*... the book is an extension of the eye ... electric circuitry, an extension of the central nervous system*« (ebd.: 34ff). Der Leser eines Schriftklassifikationsbuches würde damit seinen eigenen Augen um die *Sicht* der Autorin der Schriftklassifikation erweitern, der Nutzer eines digitalen Systems seine *Empfindungen* um die der Autorin des Systems.[460] Die Darstellung oder Sortierung über multimodale Empfindungen hat die Schriftklassifikation bislang noch nicht erreicht, was ob der visuellen Natur der Schrift, nebenbei bemerkt nach McLuhan der Hauptgrund für die Dominanz des Visuellen in der Gutenberg-Galaxis, nicht verwundern kann. Eine Veränderung der Botschaft durch das Medium lässt sich dennoch beobachten. »*Media, by altering the environment, evoke in us unique ratios of sense perceptions. The extension of any one sense alters the way we think and act—the way we perceive the world. When these ratios change, men change*« (ebda.: 41). Auch wenn eine Sinnesverschiebung,[461] z. B. ins Orale, bei Schriftklassifikation zumindest bislang noch nie stattgefunden hat, wandelt sich in der Bewegung der Schriftklassifikationen vom Buch hin zu digitalen Systemen auch die »*men*«, die Zielgruppe: Schriftklassifikationen entwickeln sich von simplen mono-hierarchischen Abstammungstafeln zu komplexen Orientierungssystemen und Suchmaschinen, aus *Lesern* werden *Nutzer*. Der Unterschied liegt im Grad und Ort der Interaktion. Leser sollen hier nicht als passive Rezipienten verstanden werden. Ihnen ist der Grad und Ort der Interaktion mit Büchern weitgehend überlassen, als »Nutzung« eines Klassifikationssystems kann das Lesen und im besten Fall Verinnerlichen einer Klassifikation angesehen werden, aber auch das Sortieren der eigenen Schriftenbibliothek. Nutzer von digitalen Systemen sind in der Interaktion mit den Systemen stärker gesteuert und verortet.[462] Die Systeme selbst definieren, wie und in welcher Form interagiert werden kann, Interaktion ist notwendig, um das System nutzen zu können.

---

460 McLuhans Verständnis vom zentralen Nervensystem ist nicht das eines rein »durchleitenden« Systems. Es steht für ihn für die Möglichkeit der multisensorischen Wahrnehmung und des Austauschs in Echtzeit, als Kontrast zur visuellen Dominanz und der postalischen Kommunikation in der Gutenberg-Galaxis.

461 Die Sinnlichkeit und Prozesshaftigkeit des Lesens in einem Buch, die taktile, olfaktorische und operationale Ebene des Lesens im Sinne des Interagierens mit einem Buch, wird von McLuhan weitestgehend ausgeblendet. Für ihn ist die Betonung des visuellen Sinns zentral. Im direkten Vergleich zwischen digitalen und in Buchform publizierten Schriftklassifikationen sei hier angemerkt, dass die Tätigkeit des Navigierens und Interagierens mit dem System genauso im Buch stattfinden kann (vgl. z. B. Kapitel 5.1.8 und 5.1.9). Auch digitale Schriftklassifikationssysteme arbeiten weiterhin visuell.

462 In diesem Fall geht es um die Verortung der Nutzer und damit den Ort ihrer Interaktion: Sie sitzen im Allgemeinen vor Computerbildschirmen oder anderen digitalen Endgeräten.

Auch wenn, wie gezeigt werden konnte, diese Veränderungen nicht ausschließlich an den Schriftklassifikationssystemen liegen mögen, sondern in einem komplexen Geflecht zwischen Gesellschaft, Ästhetik und Technologie zu suchen sind, bleibt zu beobachten: Die größten Veränderungen in der Schriftklassifikation und damit auch im Denken über Schrift kristallisieren sich an den zentralen Punkten technologischer Innovation in der Typografie – und damit für McLuhan in sich ändernden Medien. Die *massage*, der Effekt auf die Gesellschaft oder Menschheit,[463] liegt in der Technologie begründet. Bemerkenswert ist in diesem Zusammenhang, dass sich der Effekt des sich wandelnden Verständnisses von typografischer Schrift noch deutlicher daran ablesen lässt, was McLuhan in seiner radikalen Lesart für irrelevant erklärt: Am *content* der Klassifikationssysteme, daran, wie Schriften betrachtet, unterschieden und sortiert werden.

Legt man McLuhan weniger radikal[464] aus und betrachtet nicht den Distributionskanal, sondern die Klassifikation als Medium, bleibt auch hier etwas hinter dem *content* versteckt: Bei einer Schriftklassifikation wäre der *content* die Sortierung, die Zuordnung von Schriften in Klassen. Die Sortierung verbirgt, wie sie eigentlich stattfindet, welche Struktur und Logik ihr zugrunde liegt und wie diese Struktur auf das Denken von Schriftform und -genese wirkt. Auf die verborgene Struktur wird zurückzukommen sein.

Bücher und digitale Medien

Bis Mitte der 1990er Jahre wird praktisch ausschließlich in gedruckter Form, als oder im Buch publiziert. Texte in Kombination mit Schriftmustern, zweidimensionalen grafischen und diagrammatischen Darstellungsformen dominieren. Seither gewinnt das WWW als Publikationsplattform an Wichtigkeit. Genauso deutlich schlägt sich die Zielrichtung der Klassifikationen nieder, nicht nur wie publiziert wird, sondern auch, wie praktisch mit dem Klassifikationssystem verfahren werden

463 Für McLuhan sind die *effects* der Medien allumfassend. Er scheut nicht, Medien die Kraft zuzuschreiben, ganze Weltbilder und damit die gesamte Menschheit verändern zu können.

464 Der Autor unterstellt McLuhan hier, dass seine These nicht ganz seinem persönlichen Weltbild entspricht, sondern eher seiner Freude an der Provokation und am Diskurs. Dem kann hier nicht weiter nachgegangen werden. Der Autor liest diese Einstellung zum einen daraus, das McLuhan wider seine eigene These eine Veränderung »der Welt« (einen *effect*) erzielen will, indem er ein »altes« Medium weiter stärkt: McLuhan entwickelt *content*, er schreibt Bücher, nicht neue Medien. Es geht auch um *content*, seine Gutenberg-Galaxis ist gespickt mit literarischen Zitaten von Schriftstellern wie Joyce oder Shakespeare.

soll. Viele Ansätze beinhalten keine Umsetzungsperspektive über die Vermittlung von Wissen zur Unterscheidung von Schriftformen hinaus. Sie wirken didaktisch, sie sollen »das Denken« über Schriftform beeinflussen, das sie über die Definition von Begriffen und Kategorien zu steuern versuchen. Diese Ansätze formulieren gedankliche Ordnungen, sie sind mentale Modelle zur Beschreibung der Schriftform. Sie argumentieren im Wesentlichen prototypisch, definieren Klassen und deren exemplarische Vertreter. Die verschiedenen nationalen und internationalen Normen sind durchweg prototypisch definiert. Die DIN 16518, BS 2961 und die Vox-ATypI-Klassifikation bezeichnen übereinstimmend historische Klassen, z. B. Renaissance-Antiqua, Barock-Antiqua (engl. transitional, frz. réale) und Klassizistische Antiqua (engl. modern), und nennen mit Garamond, Jenson und Bodoni übereinstimmend dieselben Schriftgestalter. Die Differenzierungsleistung liegt in der Betonung der Gemeinsamkeiten einzelner Vertreter. Formal-logische Modelle dagegen, insbesondere solche, die zur konkreten Sortierung verwendet werden, fokussieren die trennenden, nicht die gemeinsamen Attribute. Zur genauen Unterscheidung ist die exakte Grenzziehung notwendig. Nicht die Übereinstimmung, sondern die Unterschiede sind wichtig und treten hervor.

Hier treffen zwei gegenläufige Paradigmen aufeinander, die in direkter Verbindung zum Publikationsmedium stehen. Prototypische Argumentationen schaffen Orientierung anhand von »guten Beispielen«, typischen Vertretern einer Klasse. Sie definieren zwar mehr oder weniger gut, nach welchen Eigenschaften eine Schrift einer Klasse zugeordnet werden kann, argumentieren bei Zuordnung aber durch Ähnlichkeit zum Prototypen. Sie definieren Typologien. Die Leistung dieser Klassifikationen liegt darin, »gute Vertreter« für jede Klasse zu etablieren, die nicht unbedingt eindeutig bleiben. Die Autoren sind sich dieser Unschärfe bewusst: *»It must be emphasized that in any one group there will be few »pure« examples – many typefaces have characteristics that belong to other groups«* (McLean in Bezug auf Vox, 1980: 58). Die Definition zielt auf das Zentrum der Klasse, ihre typischsten, durchschnittlichsten, wahrscheinlichsten, besten Vertreter. Die Zugehörigkeit zu einer Klasse ist ein weiches Kriterium, es wird durch Nähe zum Prototypen dargestellt. In mentalen Modellen können Objekte diffus bleiben, besonders wenn sie »zwischen« zwei oder mehreren Prototypen verortet werden können.[465] Pro-

465 Als sprachliche Beispiele: Ein Stuhl ist ein guter Vertreter der Klasse »Möbelstück«, ein Kühlschrank weniger; ein Klavier ist ebenfalls ein Möbelstück, aber zusätzlich ein Musikinstrument. Die Schrift

totypen steuern den Blick auf die »guten Beispiele«, sie verbleiben auf einer abstrakten Ebene. Die Konkretion einer Klasse wird in prototypischen Modellen nur für »gute Beispiele« durchgeführt, die Klassengrenzen bleiben schwach konturiert. Einfach zu klassifizierende Objekte gehören zu einer Klasse, schwierige dagegen können zwischen zwei oder mehreren Klassen verortet sein. Klassenzugehörigkeit ist gleichbedeutend mit »Nähe zum Prototypen« und damit potenziell uneindeutig. Prototypische Modelle heben die Gemeinsamkeiten von Schriften hervor, Unterschiede bleiben unscharf.

Kognitionspsychologisch betrachtet können Schriftklassifikationen als Versuch aufgefasst werden, auktoriale Schemata, mentale Modelle zur Beschreibung der Schriftform, intersubjektiv zu etablieren. Dem Problem, dass diese Schemata hochgradig subjektiv und nicht an sich kommunizierbar sind, begegnen die Autoren durch den Rückgriff auf Prototypen. Diese benennen und zeigen, welche Schriftarten eine Klasse besonders gut repräsentieren, sie sind immer konkret und damit per se ästhetisch. Die Menge der Prototypen wäre damit die Konkretion des auktorialen Schemas, das nicht (ausschließlich) auf formal-logischen Begriffen basiert.

Adressen und Prototypen

Digitale Systeme dagegen können nicht abstrakt bleiben. Um »etwas« zu »kennen«, es sich »merken« zu können, muss es im System »existieren«, Speicher belegen. Dazu werden Objekten Adressen[466] zugeordnet. Mit dem »Merken« werden Objekte zwangsläufig geordnet: nach der Adresse. Digitale Systeme verarbeiten nicht »irgendeine Schrift«, alle aufgenommenen Objekte im System sind konkret: *Genau eine* Schrift, *genau ein* Schnitt, *genau eine* Datenstruktur gehört zu *genau einer Adresse.* Bei der Definition von Klassen geht es immer um den Vergleich konkreter Schriften, Klassenzugehörigkeit wird anhand wohl-definierter Grenzen festgestellt. Digitale Systeme etablieren Taxonomien. Es werden Grenzen definiert, eine Klasse von der anderen abgegrenzt anhand eines bestimmten Kriteriums, eines Grenzwertes. Klassenzugehörigkeit ist hier ist ein binäres Attribut, ein Objekt gehört zu

---

»Meta« ist eine Grotesk, aber auch eine humanistische Sans und vielleicht auch neo-humanistisch.

466 Dabei sind Adressen nicht ausschließlich die Eigenheit digitaler Klassifikationssysteme, sie sind ganz allgemein Verortungsmechanismen. Auch analoge Klassifikationssysteme, so sie Objekte ordnen, verfügen über Adressen. In einem Bibliothekssystem entspräche die Adresse der Signatur. »Verfahren« würde mit dem Objekt im Rahmen von Anweisungen, z. B. wie Signaturen herzustellen sind oder wie mit Medien bestimmter Signaturen verfahren wird, wie und wo sie einsortiert werden usw.

einer Klasse oder nicht. Die Zugehörigkeit ist prädikaten-logisch beschrieben: Ein Objekt gehört genau *dann und nur dann* zur Klasse, *wenn* die Zugehörigkeits-Bedingung erfüllt ist. Die Nähe zu einem Prototypen spielt dann keine Rolle, wichtiger ist die Position relativ zur Klassengrenze, zum Grenzwert, welcher über die Zugehörigkeit entscheidet. Formal-logische Modelle, und damit alle digitalen Systeme, die Schriften in der Klassifikation verorten, werden durch genaue Grenzziehung definiert. Der Fokus hier liegt auf dem trennenden Moment. Formal-logische Modelle richten den Blick auf die Grenze, die zwischen »schlechten« Vertretern zweier Klassen verläuft. Diese Modelle verorten immer konkrete Objekte bzw. werden konzipiert, wenn konkrete Objekte verortet werden müssen. Formal-logische Modelle betonen die *Unterschiede* zwischen Schriften.

Die Adressierung oder Verortung von Schriften ist in digitalen Systemen eine Notwendigkeit, als Forderung aber nicht neu: Strategien zur physischen Sortierung und Verortung von Schriften wurden zunächst bei den Bemühungen um die DIN 16518 mit berücksichtigt, im Verlauf ihrer Entwicklung aber nicht weiter verfolgt. Schauer nennt dies den *»Karteikastengedanken«* (Schauer, 1973: 69). Ursprünglich war die DIN 16518 nicht nur als mentales Modell konzipiert, sondern sollte auch Richtlinien zur Schaffung einer zentralen *»Schriftkartei«* beinhalten. Diese war für die an der Konzeption der Norm beteiligten Vertreter aus der DDR vor deren Hintergrund eines planwirtschaftlich orientierten Schriftmarkts von größerer Bedeutung als für die Vertreter aus der BRD. *»Für die Schriftkartei ist eine sinnvolle Gruppierung des Schriftbestandes unentbehrlich. Das ist der Kern und der Ursprung der genormten deutschen Klassifikation«* (ebda.). Im Etablierungsprozess der DIN 16518, der westdeutschen Perspektive, wurde konkrete Adressierung *»fast vergessen«* (ebda.) und nicht berücksichtigt. Keines der in Buchform publizierten Modelle berücksichtigt diese spezifischen Anforderungen an eine Klassifikation, die Sortierung ermöglichen soll. Adressierungsmechanismen werden, zwangsläufig, in digitalen Systemen vorgenommen. In Umkehrung desselben Arguments ließe sich hierzu behaupten: Wären im Rahmen von analogen Systemen bereits Adressierungsmechanismen berücksichtigt[467] worden, läge der wesentliche Unterschied zwischen digitalen und analogen Systemen nicht mehr in grundlegenden Klassifikationsparadigmen, sondern »nur noch« in der Sortierungsökonomie.

---

467 In der Norm der DDR, der TGL37 776, wurde der »Karteigedanke« zumindest rudimentär berücksichtigt, vgl. Schauer 1973: 70f.

Zu einem System, das zur Sortierung verwendet werden soll, gehören neben konsistenten Klassengrenzen auch Handlungsanweisungen zur Verortung und Adressierung. Auch wenn die noch relativ einfachen frühen Systeme ohne weitere Erklärung in einfache Strukturen wie Karteien überführbar wären, formuliert kein einziger dieser Ansätze aus, in welcher Form auf Handlungsebene verfahren werden könnte. Die Abwesenheit von Handlungsanweisungen ist ein deutliches Indiz dafür, dass praktisch alle »analog« publizierten Klassifikationen auf die Köpfe, nicht aber die Hände ihrer Rezipienten/Leserinnen wirken sollten.

Dagegen werden mit dem *Rookledge Typefinder* und *ÜberSicht* (vlg. Kapitel 5.1.9) alternative Adressierungskonzepte erprobt. Die Innovation liegt hier in der Buchgestaltung, welche die »Nutzung« der Bücher steuert. In den innovativen Verweissystemen, die das Lesen oder Navigieren im Buch zu verschiedenen Schriften mit selektiver Ähnlichkeit ermöglichen, liegt ein Imperativ. Während die Verortung im Buch statisch ist, werden der Verweis und die Verknüpfung von der Leserin vorgenommen. Die beiden Bücher verorten eine bestimmte Anzahl von Schriften sortiert nach definierten Ähnlichkeiten konkret an bestimmten Stellen im Buch. Die Verortung ist dabei wesentlich, größere Nähe bedeutet in *Übersicht* größere Ähnlichkeit. Beide Ansätze beinhalten operationale Elemente, indem sie über die Buchgestaltung, das Seitenlayout und ein Verweissystem konkrete Such- und Vergleichshandlungen ermöglichen. Ihre Ordnung erschließt sich über die »lineare« Buchstruktur,[468] viel deutlicher noch über die verschiedenen Referenzsysteme innerhalb der Bücher.

Erst in digitalen Umsetzungen werden operationale Elemente und Adressierungsfunktionen mit *ins System* integriert und damit eine Sortierung von Schriften ermöglicht. Warde und Alessandrini formulieren frühe, mehrdimensionale Modelle. Sie sind aufgrund der narrativen Definition nicht stringent formal-logisch umsetzbar, aber erste Ansätze, in denen multirelationale und mehrdimensionale Verknüpfungen zwischen einzelnen Schriftattributen gedacht werden. Mundies sehr frühes digitales Konzept beschreibt die »Orte« der Schriften über einen Entscheidungsbaum, er adressiert formalisiert, aber in Textform. Folgende Ansätze, wie bei Archer, Bauermeister oder einigen Schriftherstellern, strukturieren konsequent vieldimensional wie multirelational und integrieren Adressierungsfunktionen. An dieser Stelle ist die mediale Umsetzung ein wesentlicher Faktor, der in die

468 Hier gemeint im Sinne der linearen Reihenfolge, den Kapiteln und deren Nachbarschaften.

Konzeption der Systeme rückwirkt: Digitale Systeme, die auf konkrete Schriften verweisen sollen, *müssen* über Adressierungsfunktionen verfügen.[469] Diese Einführung von Adressen und Selektionsmechanismen ist somit nicht ausschließlich eine Ausdifferenzierung der Unterscheidungskriterien und Integration operationaler Elemente in die Schriftklassifikation. Sie ist zunächst ein *Zwang* der digitalen Umsetzung. *Die mediale Umsetzungsform bedingt hier Klassifikationsmechanismen und -strukturen.* Besonders deutlich wird im Hinblick auf digitale Systeme: Die Präsentationsform, z. B. in Tabellen (Willberg), als Narrativ (Thibaudeau) oder als Entscheidungsbaum (Tschichold), repräsentiert die logische Klassifikationsstruktur.[470] In narrativen Strukturen, häufig in Buchveröffentlichungen, bleiben die Definitionen, Begriffe und Attribute vergleichsweise offen. Der Computer als Umsetzungsumgebung bedingt Maschinenlesbarkeit und formal-logischen Aufbau.

Zusätzlich sind der technologische Hintergrund der grafischen Industrie wie auch die Arbeitswelt der Autoren für die Modellierung der Schriftklassifikationen wichtig. Die technische Umsetzungsperspektive sowohl der Systeme als auch der Schriften wirkt zurück in die Klassifikationsstruktur. Umgekehrt wird in Buch-Publikationen viel seltener auf das Handeln mit Schrift zur Sortierung verwiesen. Umgang mit Schrift wird als gestaltende Tätigkeit, nicht aber als »Ordnen« gedacht. Schriftklassifikationen sind gedachte Ordnungen, keine Ordnungen im Raum.[471] Sie zielen auf den Kopf, es geht um ein *Denken mit System*, nicht aber um ein *Handeln mit oder in dem System*.

---

469 Eine Adresse im Speicher ist das etablierende Moment eines im Rechner »gemerkten« Objekts. Ob etwas existiert oder nicht, lässt sich aus Programmperspektive leicht beantworten: Alles, was eine vom Programm aus zugreifbare Adresse hat, existiert. Was nicht adressierbar ist, ist nicht existent. »Merken« ist gleichbedeutend zu »mit einer Adresse versehen«, eine Adresse etabliert – als notwendige Voraussetzung – ein Datenobjekt, das innerhalb eines Programms »ver- und behandelbar« wird. Die Argumentation ist allerdings nicht umkehrbar: Dass etwas eine Adresse hat, bedeutet nicht, dass es existiert. Unter der Adresse kann, muss aber nichts gespeichert sein. Die Reservierung einer Adresse schafft nur die *Möglichkeit* zur Existenz eines Datenobjekts.

470 Bei vielen Veröffentlichungen in Buchform könnte man sogar umgekehrt argumentieren: Die Klassifikationsstruktur geht ausschließlich aus der visuellen Präsentationsform hervor. Lediglich die grafische Darstellung gibt Auskunft über die innere Struktur. Dies deutet Dixon als Stärke der Visualisierung (vgl. Dixon 2·60), verweist aber gleichzeitig auf mangelhafte Definition der Klassifikationslogik. Es ist ein Mangel einer Klassifikation, wenn ihre Struktur nur implizit definiert ist und ausschließlich über eine Visualisierung deutlich wird. Struktur und Verknüpfungslogik sind essentielle Elemente der Definition einer Schriftklassifikation.

471 Um den Adressierungsgedanken weiterzutreiben: »Raum« bezeichnet hier einen Adressraum, der physisch oder logisch sein kann; also auch einen »Ort« auf dem Massenspeicher eines Personal Computers.

Die mediale Umsetzungsform eines Schriftklassifikationssystems ist hinsichtlich der Analyse und Bewertung als Sortierungssystem eine zentrale Eigenschaft. Die medialen Spezifika der Publikationsform wirken bisher so stark auf die Klassifikationsstruktur, dass behauptet werden kann: *Für Schriftklassifikationen ist das Publikationsmedium ein wesentlicher Teil der Nachricht.*

Wider den Protokoll-Zwang

Schriftklassifikationen können fast dichotom in »prototypisch« und »formal-logisch«, in Typologien und Taxonomien unterteilt werden. Diese Unterteilung bildet nahezu deckungsgleich ab, ob der jeweilige Ansatz in Buchform oder einem digitalen Medium erschienen ist. Es muss an dieser Stelle bemerkt werden, dass die hier gezeichnete Verbindung »analog-prototypisch« gegenüber »digital-formal-logisch« keinesfalls zwingend ist. Die »Digitalität« eines Systems zwingt es nicht in das Protokoll der formalen Logik. Es scheinen allerdings so starke Kräfte in den jeweiligen Umsetzungen zu wirken, dass bisher kaum ein Ansatz aus diesem Muster ausgebrochen ist. Die Analogie zwischen Publikationsmedium und Klassifikations-Logik, die Modalität »wenn analog, dann prototypisch« und »wenn digital, dann formal-logisch« ist kein Zwang per se. Analoge Systeme können stark formalisiert sein, digitale prototypisch sortieren.

Ein Beispiel für stark formalisierte analoge Klassifikationssysteme sind Bibliotheksklassifikationen.[472] Auch wenn die zeitgenössischen Systeme nicht ohne Computerunterstützung denkbar sind, reichen ihre Ursprünge weit in vor-digitale Zeiten zurück. Bemerkenswert an diesen Systemen ist die Verschmelzung von Speicherungs-Artefakten wie Namens-, Synonym- und Verweislisten, Stichwortverzeichnissen oder Standorttabellen mit genauen Handlungsanweisungen zu ihrem Gebrauch.[473] Der Verknüpfung zwischen Digitalisierung und formalisierter Klassifikation kann hier nicht nachgegangen werden. Dennoch scheint die Behauptung plausibel, dass die Wurzeln der formalisierten Klassifikation genau dort liegen, wo viele Objekte intersubjektiv verständlich und nachvollziehbar erfasst, geordnet und verfügbar gemacht werden müssen. Formalisierte Klassifikation

472 Für eine Liste zeitgenössischer Bibliotheksklassifikationen vgl. z. B. [wiki 20].

473 Das Selbstverständnis und der Anspruch der bibliothekarischen Regeln, z. B. zur Erschließung von Inhalten lässt sich auch an der Tonalität der entsprechenden Dokumente ablesen: Die Regeln für den Schlagwortkatalog sind 480 Seiten und in insgesamt 801 Paragraphen lang und gesetzesgleich formuliert (vgl. Bellgardt 2009).

beginnt mit dem Aufstellen von Regeln und Anweisungen. Das Erscheinen von Computern als DAUs[474] im Bibliothekssystem verstärkt die Formalisierung zwar enorm, sie ist im System aber bereits vorher angelegt.

Umgekehrt ist anzumerken, dass prototypische Orientierung in digitalen Systemen nicht grundsätzlich ausgeschlossen ist. Auch wenn »im Computer« Informationen diskretisiert und quantisiert und damit stark formalisiert vorliegen, ist die Umsetzung einer prototypischen Orientierung in einem digitalen System denkbar.[475] Ein System, das prototypisch sortiert und klassifiziert, ist komplexer als die schlichte und naheliegende Methode, Werte zu messen und zu vergleichen, aber keinesfalls eine technische Unmöglichkeit. Als populäres und für Algorithmen relativ altes Beispiel sei hier der *k-Nearest-Neighbor-Algorithmus* genannt, der auf die 1970er Jahre zurückgeht[476] und bei der Sortierung und automatischen Klassifikation von Objekten in einem mehrdimensionalen Raum verwendet wird. *K-Nearest-Neighbor-Klassifikation* gilt als eine Standardmethode bei der Suche nach Ähnlichkeiten zwischen Daten-Objekten.[477] Die »Digitalität« bedingt, dass Informationen stark formalisiert vorliegen und es entsprechend einfacher ist, sie in einfachen formalisierten Abläufen zu verarbeiten. Diese Abläufe könnten auch, wenngleich in der Umsetzung komplexer, prototypische Beschreibungen beinhalten und eine prototypische Orientierung ermöglichen. Allerdings: *Bisher wurde keine prototypisch formulierte Schriftklassifikation digital umgesetzt.*

Der Unterschied zwischen prototypischer und formal-logischer Klassifikation zeigt sich sprichwörtlich symptomatisch im Publikationsmedium. Die Verbindung ist offensichtlich und verstellt ein Stück weit den Blick auf die Ursache dieser Differenz. Keine der prototypisch formulierten Publikationen zielt auf die tatsächliche Sortierung von Schriften ab, Adressierung findet nicht statt. Digitale Systeme müssen adressieren; was der Computer »weiß«, muss im Speicher verortet sein. Die Trennlinie zwischen formal-logischen und prototypisch formulierten

474 DAUs, die »dümmsten anzunehmenden User«, werden in der Software-Entwicklung als Worst-Case-Szenario verwendet: Auch ein DAU darf nicht in der Lage sein, ein Programm zum Absturz zu bringen (wiki 23). Hier ist die Umkehrung gemeint: Für Computer als dümmste anzunehmende Klassifikationsnutzer werden alle Abläufe stark formalisiert beschrieben.

475 Zu prototypischer Klassifikation bei maschinellem Lernen vgl. z. B. Graf et. al. 2008.

476 vgl. Knuth, 1973; Sayad, 2017.

477 Der Algorithmus wird z. B. zur computergestützten Bilderkennung oder beim Data-Mining verwendet (vgl. wiki 15).

Klassifikationen verläuft zwar hauptsächlich »zwischen den Medien«, zwischen Computer und Nicht-Computer. Die Ursache dafür liegt allerdings ganz wesentlich in der Adressierung, im Sortierungswillen der Klassifikationen. Diejenigen Buchpublikationen, die genau adressieren, sind nicht prototypisch formuliert. *Adressierungsfunktionen und Handlungsanweisungen bedingen eine formal-logische Klassifikation.* Wenn gerade gesagt wurde, dass auch digitale Systeme prototypisch unterscheiden könnten, gilt dies auch umgekehrt. Der *Typefinder* (vgl. Kapitel 5.1.8) und *ÜberSicht* (vgl. Kapitel 5.1.9) zeigen: Auch in Buchform publizierte Klassifikationen können formal-logisch definiert sein.

6.2.3 Strukturen: Der Ordnungs-Modus

Wie bereits mehrfach festgestellt, verschweigen die Schriftklassifikationen häufig vieles, was zur Klassifikation, Sortierung, zum Etablieren einer gedanklichen Ordnung eigentlich zentral ist: *was, warum* und *wie* sortiert werden soll. Wenig erstaunlich scheint dann, dass die logische Struktur der Ansätze weder in den Schriftklassifikationen selbst noch in allgemeinen Texten zur Klassifikation Erwähnung findet. Erstaunlicher ist allerdings, dass auch die akademischen Arbeiten zur Klassifikation die Strukturen der Systeme nicht betrachten. Auch die aus dem akademischen Kontext stammenden Texte von Schauer (1971, 1975), Wehde (2000), Dixon (2001, Dixon[1] und [2]), Archer (2007), oder Friedrich (2016) diskutieren zwar, teilweise bis ins kleinste Detail, die typografischen Unterscheidungskriterien, analysieren aber nie die logische Struktur hinter den Klassifikationen. Im Verlauf der Geschichte zeigt sich, parallel zur Differenzierung der Klassifikationen, auch eine Differenzierung der Strukturen. Frühe Ansätze wie Southward, De Vinne oder Thibaudeau, aber auch spätere wie Coles folgen dem von Foucault herausgearbeiteten Ordnungsmuster der Renaissance (vgl. Kapitel 3.3), entwickelt in einem Narrativ. Sie operieren in einem Gefüge von Ähnlichkeiten, identifizieren Klassen nach ihren Besonderheiten: Sie zeigen und etablieren Prototypen. Besonders bei den frühen Publikationen ist diese Differenzierung vollkommen ausreichend: Es gibt nicht sehr viele Schriften auseinanderzuhalten. Die erste Polyhierarchie stammt von Warde, die einflussreichen Tschichold und Vox entwickeln Monohierarchien mit Vererbungsmustern und damit den Strukturkonsens der internationalen Klassifikationsnormen. Ein früher polyhierarchischer Ansatz kommt von Alessandrini, Schriften werden jetzt nach größeren Mengen von gleichen und unterschiedlichen Attributen erfasst, nach Foucault der Klassifikationsmodus der Klassik. Bauermeister entwickelt die erste formal-logisch konzipierte Facettenklassifikation. Willberg, Bollwage und Kupferschmid verwenden konsequent Paradigmen als Ordnungsstruktur. Mundie implementiert die erste digitale Baumstruktur. Die ersten Ordnungssysteme mit einer Netzstruktur sind Perfect und Koch, bemerkenswerterweise beides Bücher, erst Archer entwickelt eine frei navigierbare Netzstruktur für eine Website. Betrachtet man die Entwicklung der Strukturen, fällt vor allem auf, dass diese nicht linear verläuft und vermeintlich naheliegende Spekulationen sich nicht bestätigen. Weit vor der Digitalisierung werden komplexe Strukturen entwickelt, Polyhierarchien und Netze sind älter als alle digitalen Ansätze. Digitale Klassifikationen wiederum sind nicht durchgehend komplex, polyhierarchisch und modal: Stürmer und Amarotico bilden die Monohierarchie der 50 Jahre alten DIN 16518 ab, auch Mundies früher Ansatz ist wenig komplex und monohierarchisch. So heterogen, wie sich die in Buchform publizierten Ansätze darstellen, zeigen sich auch die digitalen Systeme der Schrifthersteller. Sie verwenden die im Diskurs etablierten Unterscheidungskriterien und bilden mit Ausnahme des FontBooks (App) kaum komplexere Strukturen als schon aus der Buchform bekannt. Formal-logische Definitionen sind immer noch die Ausnahme, es überwiegt die Orientierung an Prototypen. In den Strukturen zeigen sich deutlich die der Klassifikation zugrunde liegenden Denkmuster. Bäume und Monohierarchien dominieren die frühen Publikationen und zeigen sich in deren Vererbungs-Mustern, sie suggerieren eine lineare Genese der Schriftform. Polyhierarchien und Paradigmen lösen sich von der Linearität und verweisen auf parallele Formmerkmale in unterschiedlichen Schriftklassen. Facetten und Netze sind vollständig von der Linearität losgelöst, sie betonen die Parallelitäten der Postmoderne, die Kombinierbarkeit vieler Formmerkmale ohne Bezugnahme oder Rücksicht auf eine (eventuelle) historische Genese. Die neueren Entwicklungen, die des FontBooks (App), der Prototyp von Ho und die aktuellen Entwicklungen im Bereich Variable Fonts zeigen, dass die Differenzierung der Schriftform weitergeht und die Versuche, sie zu ordnen, stärker technisiert und damit komplexer werden.

Der Überblick zeigt vor allem, dass eine größere Zahl von Schriften eher in robusten, komplexen Strukturen unterschieden werden kann. Gleichzeitig lässt sich schließen, dass die eindeutige Verortung in vielen Ansätzen der Vergangenheit nicht die Hauptmotivation darstellt: Prototypische Orientierung ist nach wie vor häufig. Die Struktur ist ein wichtiger Baustein für Analyse und Bewertung von Schriftklassifikationen, allerdings nicht der einzige.

6.2.4 Schrift-Bilder: Schriftbeschreibung und Bildbeschriftung

Typografische Schrift ist zweistufig konnotiert: Buchstaben referenzieren Laute, die Kodierung von Sprache in Buchstaben ist in beide Richtungen[478] stark konventionalisiert. Schriften bestimmen das Bild des Textes (vgl. Kapitel 1), sie sind gleichzeitig potenziell sinnstiftend über ihre Form. Wehde argumentiert: »*Gerade Typografie wird in der Regel unbewusst, ohne reflexive Aufmerksamkeit wahrgenommen und kann dennoch signifikant in dem Sinne wirken, dass kulturelle Inhaltseinheiten (Bedeutungen) vermittelt werden.*« (Wehde, 2000: 61) Nach Wehde kommuniziert Typografie immer zweistufig. Typografie notiert einerseits Sprache, die in Buchstaben kodiert ist. Zusätzlich werden über Buchstabenform, Farbe, Flächensyntax usw. Informationen vermittelt, die nicht primär sprachlicher Natur sind, unter Umständen sogar nicht ohne weiteres versprachlicht werden können. »*Bedeutungskonstitution durch Typografie erfolgt teils nach festen Regeln konnotativer Codierung und teils als freie Interpretantenbildung im Übergangsfeld zu individueller Assoziation und Sinnbildung*« (ebd.: 90). Typografie konstituiert Wirkung *und* Bedeutung (ebd.: 59). Typografisches Gestalten arbeitet genau in diesem Zwischenraum zwischen klar konnotiertem Sprachinhalt und offener, zusätzlicher Konnotation. Es ist daher kaum verwunderlich, dass bei der Beschreibung der Schriftform der Text oft zu kurz kommt, wenn sich die Texte an Gestalterinnen wenden: an Personen, deren beruflicher Blick aus dem permanenten Perspektivwechsel auf die Schrift besteht, dem Wechsel zwischen Bild und Text. Viele Autoren handeln nach der Maxime *Warum einen Text überhaupt schreiben, wenn doch das gezeigte Schriftbild selbst beschreibt, worum es geht, und gleichzeitig auch noch Text ist?*

Das Spannungsverhältnis zwischen Schrift-Bild und Schrift-Beschreibung zeigt sich auch in zwei dichotomen Positionen zur Definition der Klassen in Schriftklassifikationen. Schauer glaubt an die Genauigkeit der Sprache: »*Nicht*

---

478 Hier wird aus pragmatischer Perspektive formuliert. Der Autor ist sich bewusst, dass die Codierungskonventionen von Schrift in Sprache nicht im logischen Sinne ein-eindeutig sind. Für die Typografie bleibt festzuhalten, dass diese stark konventionalisierten Kodierungsvorschriften fast gesetzesgleich gelten *unt aine Abvaichunk ßovort di Kodyrunksforshrift foor den Teckstinhalt herfortreten lesst.* Ein Bruch der Rechtschreibkonventionen hat großes Potenzial zur *»diabolischen Umkehrung«* (Krämer 2008: 131f) einer Botschaft, mit oder ohne Typografie.

die Bilderscheinung, nur die Sprache ist es, die genau unterscheidet« (Schauer, 1975: 44). Dixon dagegen hält das *»visual classificatory argument«* (Dixon 2001: 2·12) für eine notwendige Voraussetzung für die genaue Differenzierung von Schriften (ebda.). Der Überblick über viele Systeme zeigt Stärken und Schwächen beider Richtungen. Viele Klassifikationen definieren Klassen ausschließlich über Abbildungen von Schriften. Am häufigsten werden dabei die prototypischen Klassenvertreter gezeigt. Ihre Stärke liegt in der Evidenz der ausgewählten »guten Beispiele«. Das Schrift-Bild »argumentiert« über seine Erscheinung, das alle denkbaren Klassifikationseigenschaften in letzter Konkretion zeigt. Die Bild-Definition liefert gleichzeitig ein Potenzial der Mehrdeutigkeit: Es zeigt ganz konkret eine Ausprägung eines Prototypen, häufig ohne dabei genau zu benennen, welche der gezeigten Eigenschaften das Gezeigte als gutes Beispiel qualifizieren. Beispiel für nachlässig beschriebene Prototypen sind die gebrochenen Schriften bei Tschichold: Die Klassen T2.1 bis T2.4 sind über prototypische Schriften definiert, zu jeder ist eine Abbildung angefügt. Die textliche Definition der Klassen ist inkonsistent, ohne Abbildungen nicht zu verstehen. Tschichold verlässt sich auf die Schrift-Bilder. Dem gegenüber stehen die seltener vorkommenden rein sprachlichen Beschreibungen, wie beispielsweise bei Mundie, oder die Klassendefinitionen entlang des latenten Kanons, wie im FontBook oder bei Childers et al. Dabei wird vorausgesetzt, dass die jeweiligen Eigenschaften unmissverständlich beschrieben werden können, die Definition verbleibt prototypisch.

Dabei sind die Abbildungen von Schrift-Beispielen auch Argumente im Sinne einer Zeugenschaft, Zeigehandlungen auf Externes. Zum ersten sind die Schrift-Bilder Zeugen einer geglückten Exemplar-Produktion aus einem Typus, sie sind Beweise funktionierender Typen. Zum zweiten verweisen die Schrift-Bilder auf viele Kontexte, die sich außerhalb, aber »in der Nähe« der Typografie befinden. Häufig werden Verweise auf die Kalligrafie, Formbeispiele für Strich-Ansätze, Modulationsachsen oder Serifenkehlungen, die Geometrie oder die Kunst- bzw. Architekturgeschichte gemacht. Zum Dritten sind die Abbildungen, und viele der Klassifikationspublikationen selbst, typografische Arbeiten und damit Beweis der typografischen Qualifikation der Autorinnen selbst. Sie beweisen ihre Fähigkeit, überhaupt gestalterisch »zeigen« und verständlich machen zu können, dass »Gedachtes« auch bildlich und damit nicht-sprachlich weitergegeben werden kann. Gestalterisch ist der Verzicht auf Text eine größere Herausforderung, Redundanz von Information, z. B. auf bildlicher und textlicher Ebene, eher unerwünscht. Die Schriftklassifikationen sind damit häufig auch Arbeiten, die »gestaltet« und »getextet« sind, die Portfolios *und* Publikationslisten füllen. Viele Publikationen zur Schriftklassifikation sind damit auch als Selbstvergewisserungen der Autoren als Teile der »typografischen Gesellschaft« zu verstehen.[479]

Typischerweise nutzen die Definitionen genauer differenzierender Schriftklassifikationen Kombinationen von Schrift-Bildern und Bildunterschriften: Viele Autorinnen und Autoren, wie Warde, Willberg oder Alessandrini, verwenden zur Erläuterung ihrer Klassifikationen die Kombination aus Bild und beschreibendem Text. Genauer definierte Schriftklassifikationen arbeiten mit informationeller Redundanz. Während PANOSE in der ursprünglichen Fassung von *PANOSE. A Manual of Comparative Typography* (Bauermeister 1988) über viele Beispiel-Klassifikationen verständlich gemacht und bebildert wird, verläuft der Interpretationsspielraum nach der Lektüre von Haralambous' (2007) PANOSE-Kapitel mit genauen Abbildungen, Diagrammen, textlichen Erläuterungen und mathematischen Formeln gegen null. Die im nächsten Absatz »Trennschärfe« aufgezeigten Schwierigkeiten bei der Klassifikation liegen häufig auch in der Verwendung (bzw. Nicht-Verwendung) von Text-Bild-Kombinationen.

6.2.5 Trennschärfe: Harte und weiche Grenzen

Wie gezeigt wurde, wird die Trennschärfe zwischen verschiedenen Klassen wesentlich von der medialen Umsetzung des Systems beeinflusst. Zunächst allerdings findet die Klassendefinition auf begrifflicher Ebene statt. Alle Klassifikationen benennen Attribute, nach denen sie Schriften unterscheiden. Besonders didaktische Modelle definieren auf diese Art *Begriffe*, die diskurssteuernd wirken. Die Zielrichtung von Klassifikationen liegt unter didaktischem Aspekt in der Definition dieser Begriffe, ihr Sinn in deren Etablierung. Die Argumentation verläuft dabei prototypisch, gedacht werden »gute Vertreter« der konzipierten Klassen, der Fokus liegt auf den Gemeinsamkeiten der Schriften einer Klasse. Klassen sind gedacht als »Sammlungen von Gemeinsamkeiten«. In formal-logischen Konzepten, wie z.B. solchen, die in digitalen Systemen umgesetzt werden, werden scharfe Grenzen definiert. Auch solche Klassen sind »Sammlungen von Gemeinsamkeiten«, wichtiger aber ist, dass die *Identität ihrer Mitglieder* definiert wird durch *Nicht-Identität* mit

479 Auch Arbeiten, die einen Vermarktungs-Aspekt haben, wie Warde 1935 oder Aicher 1988, können als Zeigehandlungen (auf Produkte) und Selbstvergewisserungen interpretiert werden.

allen anderen Klassen. Mentale Modelle argumentieren *integrierend*, formal-logische Modelle *exkludierend*. Der Unterschied liegt in der Trennschärfe. Während mentale Modelle weiche Übergänge zwischen einzelnen Prototypen ermöglichen bzw. Übergänge unberücksichtigt und offen lassen, müssen formal-logische Modelle diese Grenzen trennscharf formulieren. Zwei Beispiele machen diesen Unterschied deutlich. Alessandrini definiert zu drei seiner Hauptklassen (zu A2, A4 und A7) Erweiterungsklassen mit dem Zusatz *»à congés«* (ausgerundet), die Klassen A3, A5 und A8. Wann genau eine Ausrundung vorliegt, ist nicht bestimmt, die Grenze ist fließend. Eine klare, numerisch exakt bestimmbare Grenze zieht Bauermeister bei der Feststellung von Achsneigungen in PANOSE 1.2.6.[480] Bauermeister legt metrische Grenzen für die Achsneigung fest, so betrachtet er die Achse des O als horizontal, wenn ihr Neigungswinkel α in einem bestimmten Wertebereich liegt, mathematisch ausgedrückt: $172° \leq \alpha < 98°$. Auch Alessandrini erfasst Achsneigungen und unterscheidet sie in drei Stufen, diese sind jedoch nicht numerisch definiert. Für Schriftklassifikationen ist die Trennschärfe der Klassen ein bedeutender Kristallisationspunkt für Kritik. Beide Extreme werden dabei kritisiert. Der PANOSE-1-Standard, der exakte metrische Werte als Klassifikationsattribute verwendet, ist mathematisch definiert. Hier unterscheiden Zahlen über Klassenzugehörigkeit. Obwohl die Grenzwerte zu eindeutigen und nachvollziehbaren Klassifikationsergebnissen führen, spielt der PANOSE-Standard in der Typografie keine Rolle.[481] Der Mangel an Trennschärfe, der praktisch alle mentalen Modelle auszeichnet, ist systembedingt. Auch in den international etablierten Normen ist der Übergang von Renaissance in Klassizismus (DIN2 bis DIN4) oder venezianischer in französische Renaissance (DIN1 bis DIN2) nur anhand von Kombinationen unterschiedlicher Attribute überhaupt zu erfassen und nicht klar abgegrenzt.

Prototypisch formulierte Modelle stellen Klassenzugehörigkeit über Ähnlichkeit mit einem prototypischen Klassenvertreter, einem »guten Beispiel«, fest. Ob

---

480 vgl. Haralambous 2007: 431.

481 Grund dafür könnte zum einen seine schlechte Dokumentation sein (Vgl. Haralambous, 424). Zudem funktioniert PANOSE nach dem Black-Box-Prinzip, Sortierungsergebnisse sind für den Anwender kaum nachvollziehbar. Insb. in Situationen, in denen nur sehr wenige Schriften klassifiziert werden, werden die Schwächen dieser rein metrischen Klassifikation deutlich. Außerdem lässt der Standard offen, wer die Klassifikation vornehmen sollte, und überlässt es damit den Autoren von Schriften, den Schriftgestalterinnen. In der fehlenden Motivation derselben ist ein weiterer Grund für die seltene Verwendung von PANOSE zu vermuten. Darüber hinaus ist der Standard durch seine frühe Integration in Windows 3.1 nicht ganz zu Recht als unzuverlässig verschrien, was seine Popularität nicht förderte.

eine Schrift einer Klasse zugehört, ist kein genau definierter Zustand, sondern Ergebnis eines Abwägungsprozesses. Trennschärfe ist dabei wünschenswert, aber nicht garantiert. Die Übergänge zwischen Klassen sind weich. Eine schwer zu klassifizierende Schrift könnte gleichzeitig mehreren Prototypen nah sein, also zu mehreren Klassen gehören. Formal-logisch konzipierte Systeme dagegen bilden Klassenzugehörigkeit als binären Zustand ab. Eine Schrift ist genau einer Klasse zugehörig und damit gleichzeitig keiner anderen. Die trennenden Momente zwischen den Klassen, die Schwellwerte der Attribute, sind dabei die praktisch relevanten Definitionen der Systeme, diese Grenzen und Übergänge sind hart.

6.2.6 Mengen, Relationen und Dichtigkeit

Die Anzahl der Klassen bzw. der verwendeten Attributkombinationen wirkt auf die Granularität eines Schriftklassifikationssystems. Die Klassensignaturen sowie die Anzahl (und ggf. Auswahl) der vom System zu klassifizierenden Schriften bestimmen den Differenzierungsgrad. Wichtig bei der Beurteilung der Systeme sind quantitative Größen. Das Augenmerk liegt dabei weniger auf der Gesamtzahl der erfassten Schriften als auf deren relativer Verteilung. Eine angemessene Verteilung der Objekte in die verschiedenen Klassen ist dabei wesentlich, im Optimalfall (bezüglich der Orientierung) sollte diese Verteilung auf die verschiedenen Klassen die absolute Verteilung im »Schriftenmarkt« (oder aller klassifizierten Schriften) widerspiegeln und dabei zu einer überschaubaren Menge an Schriften pro Klasse führen. Dabei tritt ein substanzieller Unterschied zwischen mentalen Modellen und formal-logischen Systemen zutage, er betrifft den Umgang mit der »Dichtigkeit« der Systeme. Dichtigkeit bezeichnet das Aufnahmevermögen eines Systems für solche Schriften, die in nur wenige oder gar keine der systemeigenen Attribute oder Attributkombinationen passen, aber in der Objektdefinition enthalten sind (sozusagen Exotenschriften). Für sie werden »Auffangklassen« formuliert, welche Objekte fassen, die bestimmte Attribute genau *nicht* besitzen. Die Klassen DIN7, W2.4 oder die Werte null und eins bei P2 sind Beispiele für »Auffangklassen«. Mentale Modelle benötigen solche Sammelbecken für sonstige Schriften nicht zwingend, trotzdem sind sie in vielen Schriftklassifikationen enthalten. In formal-logischen Modellen ist ihre Anwesenheit entscheidend für die Konsistenz des Systems, nur so können nicht- oder schwer klassifizierbare Schriften überhaupt im System erfasst werden. Bei einer Implementierung in ein digitales System ist diese

Konsistenz technisch zwingend und nachprüfbar.[482] Ein wesentlicher Kritikpunkt, z. B. für die DIN 16518,[483] ist das starke Anwachsen der Schriften innerhalb der Ausnahmeklassen, die Mengenrelationen der Objektverteilung werden als unverhältnismäßig empfunden. Bei der Beurteilung der relativen Verteilung spielen zudem die Homogenität (oder Nichthomogenität) der Objekte innerhalb einer Klasse, bestimmt durch die Definition einer Klasse, eine Rolle.

6.2.7 Begriffe

Den Bezeichnungen von Klassen, den Beschreibungen und Attributen kommt bei der Definition und dem Vergleich verschiedener Systeme eine zentrale Rolle zu. Diese Feststellung ist ebenso trivial wie weitreichend. Die Definition von Begriffen zur Beschreibung von Schriftformen ist eine der wichtigsten Leistungen von Schriftklassifikationssystemen. Sie bestimmen und etablieren typografische Begriffe, die Grundlage des Diskurses. In mentalen Modellen, und damit in einem Großteil der in Buchform publizierten Systeme, sind Begriffe das alleinige zur Beschreibung verwendete Mittel, häufig einzelne oder nur wenige Wörter. Manche Modelle verwenden zusätzliche ergänzende Texte, nicht selten jedoch beschränkt sich die Definition von Attributen und Klassenbezeichnungen auf nur ein Wort. Sowohl mentale als auch formal-logische Modelle bauen auf diese »Macht des Wortes«. Diese Macht besteht aus der zunächst offenen Bedeutungszuweisung, einzelne Worte ermöglichen eine intuitiv erfassbare Beschreibung komplexer Zusammenhänge. Die Offenheit der Bedeutungskategorien, deren Problematik z. B. Hoefler beschreibt (vgl. Kapitel 5.3.2), kann uneindeutig und missverständlich sein. Andererseits ermöglicht sie eine einfache, normalsprachlich verständliche und sehr ökonomische Definition und Notation eines Klassifikationssystems. So kann ein Klassifikationssystem durch die Definition einiger weniger Begriffe bereits grundlegend umrissen werden. Kritik kristallisiert sich häufig bei der Bedeutungszuweisung der einzelnen Begriffe. Attribute wie »dynamisch«, »statisch«,

482 Ein System ist genau dann konsistent, wenn alle darin klassifizierten Objekte einen »Ort«, eine Adresse zugewiesen bekommen können. Nur wenn ein solcher »Ort« für jede Schrift beschrieben werden kann (aus einer Kombination beschreibender Attribute), ist sie ins System integrierbar und auch wieder auffindbar. Auffangklassen werden benötigt, um Schriften, die im System schwer oder gar nicht klassifizierbar sind, verorten zu können.

483 Das massive Anwachsen der »Ausnahmeklassen« bemängelt bereits Alessandrini (1979: 36), auch die DIN wird unter diesem Aspekt kritisiert (vgl. [wiki 04])

»modern«, »klassisch«, »klassizistisch«, »roman«, »normal« oder »transitional« sind im Diskurs stark präsent, bleiben aber diffus und sind oft mehrdeutig. Die »Füllung« der zunächst abstrakten Begriffe kann über unterschiedliche Kategorien stattfinden. Welche bzw. ob im Einzelnen überhaupt eine spezielle Bedeutungskategorie gemeint ist, wird selten definiert. Dennoch haben Schriftklassifikationen eine stabilisierende Wirkung auf typografische Begriffe. Die Einführung der internationalen Normen hat beispielsweise die Bezeichner *modern, reales* und *klassizistisch* im englischen, französischen und deutschen Sprachraum eingeführt und praktisch gleichbedeutend belegt.

6.2.8 Zielgruppe

Die Mehrheit der Schriftklassifikationssysteme wendet sich an ein typografisch vorgebildetes Publikum, an die »Fachwelt«. Nur wenige Autoren, z. B. Mundie und Liljeberg, adressieren typografische Laien. Die adressierte Zielgruppe wirkt sich auf das voraussetzbare Vorwissen der Anwender wie auch ihre funktionalen Ansprüche aus. Während für Laien von einem größeren Erklärungsbedarf für die verwendeten Begriffe und Unterscheidungsmechanismen ausgegangen werden kann, ist für Experten die Anzahl, Auswahl und Relevanz der Unterscheidungskriterien sowie deren Differenzierungspotenzial zentral. Wer sich wie Vox an ein Fachpublikum wendet, kann von fundierten Vorkenntnissen und Sicherheit im Umgang mit typografischen Fachbegriffen ausgehen, Typografinnen verstehen Vox' humorvolle Beschreibungen. Eine Klassifikation, die sich an Laien wendet, muss entweder ein allgemeinsprachlich verständliches Vokabular verwenden oder Begriffe einführen und definieren. Mit der Digitalisierung der Typografie stellt sich zudem die Zielgruppen-Frage völlig neu.

6.2.9 Komplexität und Merkbarkeit

Es wurde deutlich, dass komplexere, damit stärker differenzierende und leistungsfähigere Klassifikationssysteme nur unter bestimmten Voraussetzungen entstehen. Die wichtigste Prämisse sind Menge und Unterschiedlichkeit der zu klassifizierenden Schriften. Ansätze wie typosuche.de, Mundie oder Archer sind strukturell innovativ, bleiben aber aufgrund der nur geringen Anzahl klassifizierter Schriften auf einem relativ niedrigen Differenzierungsniveau,[484] auch wenn das eigentliche Differenzierungspotenzial höher ist. Auch »analoge« Ansätze wie Tschichold oder Warde könnten genauer differenziert werden, ob aber eine detailliertere Unterscheidung für den engen Fokus und die dadurch in sich sehr homogene Menge an Schriften sinnvoll ist, bleibt offen. Neben quantitativen Faktoren spielen die kulturhistorische Relevanz einzelner Schriftfamilien und der dadurch begründete Wille zur Trennschärfe definierter Klassen eine wesentliche Rolle. Während beispielsweise im deutschsprachigen Raum die gebrochenen Schriften, die hier in einer Schreib- und Verwendungstradition bis ins 20. Jahrhundert stehen, historisch und formal unterschieden wurden (die DIN 16518 teilt sie beispielsweise in vier Klassen), werden sie in internationalen Normen in einer einzigen Klasse zusammengefasst. Der Wille der Autoren zur Einreihung in den »typografischen Kanon« hat einen vergleichbaren Effekt. So genügt es Willberg, die »Konsensklassen«, welche beispielsweise die DIN klar umreißt, nur sehr kurz zu behandeln und sich den »schwierigeren Fällen«, seinem neuen »Formprinzip«, umso ausführlicher zu widmen. Alessandrini dagegen lehnt alle tradierten Begriffe ab und definiert entsprechend jede seiner Klassen neu. Die geringe Komplexität vieler Ansätze liegt nicht in der »Definitionsfaulheit« der Autoren begründet, vielmehr formuliert der Großteil mentale Modelle und konzentriert sich auf den didaktischen Klassifikationsaspekt. Ihre Klassifikationen sollen »im Kopf« bleiben, merkbar sein, im Konflikt zwischen Differenzierungskraft und Pragmatik gewinnt die letztere. Universelle Ansätze werden mit einer steigenden Zahl zu klassifizierender Schriften hochkomplex. Universalität und Merkbarkeit stehen einander diametral gegenüber, in den bisher publizierten Ansätzen siegt stets die Pragmatik. Der Großteil der in Buchform veröffentlichten Klassifikationssysteme umfasst nur wenige Seiten, sie sind wenig komplex, aber »merkbar«. Systeme, die komplexer konzipiert sind und damit ein höheres Differenzierungspotenzial aufweisen, zielen dagegen nicht auf Merkbarkeit ab. Symptomatisch entstehen komplexere Ansätze erst zu dem Zeitpunkt, als Logik und Struktur nicht mehr in textlich-grafischer Form notiert werden, sondern in digitalen Sys-

484 Was nicht als primärer Mangel einer Klassifikation anzusehen ist, sondern eher als Klassifikations-Naturgesetz digitaler Klassifikationssysteme: Differenziert wird nur, was das System kennt. Kennt es wenig, differenziert es wenig.

temen implementiert und damit vergessen werden können[485] oder erst gar nicht gelernt werden müssen. Die Leistungsfähigkeit dieser Systeme liegt darin, dass sie logische Strukturen, Selektionen und Funktionen automatisieren und damit vor der Anwenderin verbergen. Sie ermöglichen ihr dadurch einen abstrakteren Zugang, sie damit zwar einem nicht-transparent arbeitenden System aussetzt, ihr aber durch die abstraktere Darstellung mehr freie »Aufmerksamkeitsressourcen« verschafft.[486] Ein höheres Differenzierungspotenzial wird dann möglich, wenn ein System komplex konzipiert ist, diese Komplexität muss dem Anwender aber nicht zwingend dargestellt werden. Der wesentliche Teil dieser stärker differenzierenden Ansätze ist für die Umsetzung in digitalen Systemen konzipiert. Die Überbrückung des Gegensatzes von Merkbarkeit und Universalität wird durch digitale Umsetzungen vereinfacht. Die Schwierigkeit liegt hier in der Gestaltung des Interfaces. Während die Klassifikationslogik »im Hintergrund« möglichst leistungsfähig und damit komplex sein soll, darf das Interface diese Komplexität nur bedingt kommunizieren.

6.2.10 Top-down vs. bottom-up

Dixon beschreibt den Großteil der Schriftklassifikationen als *top-down classificatory approach* (Vgl. Dixon, 2·63). Gemeint sind *deduktive* Ansätze, die abstrakte Begriffe als Bezeichner für Klassen etablieren. Solche Ansätze sind »von der Gemeinsamkeit oder Gesamtheit her« gedacht, sie betrachten jeweils eine Menge von Attributen, deren Kombination als klassenetablierendes Merkmal definiert und unter einem Begriff subsumiert wird. Dixons *top-down approach* ähnelt dem

485 Dies gilt für digitale Systeme per se, sie verlagern Logik in Struktur, Prozesse werden automatisiert, das »Klassifikationsgeschehen« spielt sich zum Großteil im »backend« ab, jenseits der Benutzerschnittstelle und unsichtbar für den Anwender.

486 Bei der Entwicklung von Websites, grafischen Benutzerschnittstellen u. ä. wird häufig von einem Anwender ausgegangen, der dem zu benutzenden System negativ gegenübersteht. Dieser prototypische Anwender ist sehr schnell frustiert, faul (insb. lesefaul), verfügt über gar keine oder nur geringe systemrelevante Vorbildung und eine geringe Gedächtnisleistung. Durch diese Perspektive auf den Anwender soll gewährleistet werden, dass Schnittstellen so gestaltet werden, dass sie intuitiv und ohne Einarbeitungszeit verwendbar sind. Das Konzept der »knappen Aufmerksamkeitsressourcen« ist dabei wesentlich. Es soll bei der Gestaltung dazu anhalten, die dargestellte Information weitestgehend zu reduzieren und nach Relevanz zu sortieren. Dieses »Verstecken« und »Hervorheben« von Funktion, Logik und Information ist ein wesentliches Element visueller Schnittstellen, das sich auch auf digitale Klassifikationen auswirkt. Durch Reduktion und Konzentration auf das Wesentliche soll die Leistungsfähigkeit des Systems für die jeweilige Anwenderin optimiert werden.

der Typologie, einer synthetisch-analytische Klassifikation. Die so formulierten Ansätze argumentieren häufig prototypisch, sie rekurrieren auf die etablierten Begriffe und normieren den Diskurs. Beispiele sind Warde, DIN, BS, Willberg oder CSS. Im Gegensatz dazu stehen *bottom-up*-Modelle, Taxonomien, wie Mundie, Alessandrini, identifont oder als frühester Vertreter Bauermeisters PANOSE. Hier wird Schrift *induktiv*, vom Detail her gedacht. Diese Modelle betrachten Schriften aus Perspektive »kleiner«, mikrotypografischer Merkmale, es wird anhand spezifischer Ausprägungen einzelner Buchstaben oder Buchstabenelemente unterschieden. Diese Modelle bilden praktisch ausschließlich Polyhierarchien, was in der Vielzahl der zu unterscheidenden Merkmale verschiedenster Kategorien begründet liegt. Sie sind häufiger als digitale Systeme umgesetzt, auch weil sie durch die größere Menge zu unterscheidender Attribute komplexer strukturiert sind.[487] Dixons Unterscheidung ist zwar verständlich, am konkreten System aber schwer nachvollziehbar. Sie macht anhand ihrer Beobachtung eine *blindness* einzelner Systeme für bestimmte Attribute aus. So gelingt es der DIN, Tschichold oder Warde, Schriften in der Gesamtheit ihrer Merkmale zu betrachten. Hier werden Attribute formuliert, die für einen Schriftschnitt als Ganzes, teilweise sogar für gesamte Familien Gültigkeit haben. Dies geschieht durch teils wilde Mischungen unterschiedlicher Kategorien, dennoch gelingt es, »Durchschnitte« zu betrachten und prototypisch Klassen zu bilden. Die top-down-Perspektive erfasst dabei häufig keine mikrotypografischen Merkmale oder Variationen auf Buchstabenebene. Im Gegensatz dazu beschränken sich viele bottom-up-Modelle auf Merkmale einzelner Buchstaben. Sie richten den Fokus auf teilweise kleinste Variationen in der Buchstabenform, häufig wird von Merkmalen einzelner Lettern auf die gesamte Schrift »rückgeschlossen«. Solche Ansätze sind oft als digitale Systeme implementiert. Problematisch wird die Unterscheidung an den »Unschärfegrenzen« der jeweiligen Perspektive. In der Makro-Vision können gestalterische Details verlorengehen, während in der Mikro-Vision die Extrapolation von Einzelbuchstaben auf die gesamte Schrift fehlschlagen kann. Oder, typografischer ausgedrückt: die top-down-Perspektive betrachtet das Schriftbild, die bottom-up-Perspektive die Buchstabenelemente.

---

487 Oder aber, weil die Vielzahl an Attributen und die damit exponentiell steigenden Verknüpfungsmöglichkeiten ökonomisch nur in einem digitalen System verwaltet werden können.

Bemerkenswert ist, dass ein typografisch zentraler Aspekt kaum erfasst wird und dem Nutzer überlassen bleibt: die Auswirkung mikro- wie makrotypografischer Eigenschaften auf das Satzbild im Ganzen. *Makrotypografisch hoch-relevante Faktoren* wie Grauwert, Laufweite oder dominante Winkel bleiben bisher *weitgehend unberücksichtigt.* So scheinen im Überblick über alle Systeme makrotypografische Eigenschaften der vielversprechendste für zukünftige Klassifikationsbemühungen.

6.2.11 Änderbare Systemarchitektur

Viele Schriftklassifikationen sind nicht als Zwischenergebnisse, sondern als finale Versionen gedacht. Die frühen Schriftklassifikationssysteme werden als Buch publiziert, die Publikation ist damit auch eine Festschreibung. Die Kritik an Schriftklassifikationssystemen ist im Allgemeinen ein Symptom dieses Phänomens: Neu erschienene Schriften können von alten Systemen nicht klassifiziert werden. Publizieren bedeutet Fixieren, Änderungen müssten neu publiziert werden. Bemerkenswert ist, dass Veränderungen von Klassifikationssystemen durch Neuauflage nach den Normungsbemühungen der 1950er und 60er Jahre die absolute Ausnahme sind. Seither veralten die Systeme medienunterstützt. Digitale Systeme sind verhältnismäßig einfach zu verändern.[488] Sie werden, schon während der Implementierung, stärker als protokollarisch arbeitende Instanzen gedacht. Die Klassifikationen der Schrifthersteller zeigen diese stetige Veränderung und Anpassung. Ausschlaggebend ist dabei allerdings nicht das »digitale Medium« allein. Die Änderbarkeit wird wesentlich erleichtert oder erst ermöglicht, wenn sie bereits im Klassifikationskonzept mitgedacht ist. Die Systemstruktur muss Änderungen ermöglichen, ohne jeweils die Gesamtkonzeption in Frage zu stellen. Digitale Systeme tragen den Gedanken von stetigen Optimierungsprozessen, von Versionierung und Updates stärker in sich.

Als Beispiel sei ein Veränderungsprozess hier an Tschichold gezeigt. Die humanistischen Grotesk-Schriften können deswegen nicht aufgenommen werden, weil die Attributkombination »moduliert« und »schraffenlos« nicht vorgesehen ist. In seinem binären Baum sind alle Attribute atomar, eine Mehrfachnennung nicht vorgesehen. In diesem Fall wäre eine Änderung nicht unmöglich, hätte aber

488 Es muss angemerkt werden, dass Veränderung sowohl den Willen als auch die Kapazitäten zur Veränderung voraussetzt. Pflege und Updates von digitalen Systemen sind nicht umsonst zu haben. Einige wenige in Buchform publizierte Systeme wurden in späteren Ausgaben angepasst, allerdings die große Minderheit. Bei digitalen Systemen ist lediglich die Hemmschwelle niedriger.

die grundsätzliche Veränderung der Systemstruktur zur Folge: Aus Tschicholds Monohierarchie würde eine Polyhierarchie.[489] Es bleibt zu bemerken: In manchen Systemstrukturen sind Veränderungen schwierig umzusetzen, in anderen einfacher. Besonders in Systemen mit vielen Interrelationen können einfach wirkende Änderungen der logischen Struktur weitreichende und schwer abschätzbare Folgen haben. So würde beispielsweise eine Veränderung im vorderen Bereich von Mundies »Fragenbaum« alle Folgefragen betreffen (vgl. Kapitel 5.2.2) Zudem sind Interrelationen in vielen Systemen kaum oder gar nicht beschrieben. Beispielsweise werden die Antiquaschriften in der DIN implizit mit einem Vererbungsmodell versehen, ohne dass dieses sich im Text niederschlägt. Insgesamt ist festzustellen, dass die Veränderbarkeit logischer Strukturen sich mit ihrer Komplexität verringert. Kaum eines der komplexeren Systeme wurde auf Änderbarkeit hin konzipiert.

6.2.12 Normen und Standards

Einige der Klassifikationsansätze sind in Form von Normen publiziert. Über die Normungsinstanzen haben sie teilweise enorme Reichweite und Wirkung. Wesentlich ist hier, dass die Normen zu einem bestimmten Zeitpunkt, oder in einer bestimmten Version, in Strukturen verankert werden, die jenseits der Kontrolle der Autoren liegen. So ist die DIN 16518 bis heute Teil der Rahmenlehrpläne für die Berufsausbildung im grafischen Gewerbe, z. B. für Lehrberufe wie *Mediengestalter für Digital- und Printmedien* (vor 1998 *Schriftsetzer*). Die Norm gehört damit zum prüfungsrelevanten Fachwissen und wird im Kontext von Berufsschul- und Kammerprüfungen weiter tradiert. Die Richtlinien des World Wide Web Consortiums (W3C) sind zwar eine sehr einfache, aber vermutlich die wirkmächtigste Schriftklassifikation überhaupt. Ihre Definitionen gelten für alle Browser, die den Standard CSS 2.0 und höher korrekt interpretieren können. Auch die Klassifikation von IBM ist, trotz ihrer eklatanten inhaltlichen Schwächen, nach wie vor Teil der Spezifikation von TrueType-Schriften, damit als Teil von Schriftdaten auf praktisch jedem Personal Computer installiert und dort zumindest theoretisch einsetzbar. Das PANOSE-System war und ist zumindest teilweise noch als Stan-

489 Das Attribut »mit gleichstarken Strichen« müsste zunächst binär definiert und um seine Negation »mit wechselnden Strichen« ergänzt werden. Diese Merkmale müssten dann nicht nahe der Wurzel der Baumstruktur, sondern als auf mehrere Klassen anwendbare Eigenschaften integriert werden. Tschicholds Baumstruktur würde damit polyhierarchisch, mindestens paradigmatisch.

dard in Betriebssystemen, Programmen und Schriftformaten enthalten. Die Integration in andere Kontexte wie technische Spezifikationen oder Lehrpläne verleiht den Klassifikationen Performanz, führt aber gleichzeitig zu ihrem Erstarren.

6.2.13 Anschlussfähigkeit und Kanonisierung

Aus der Analyse geht auch hervor, dass sich über Jahrzehnte ein Schriftklassifikations-Kanon mit einigen Konsens-Klassen herausgebildet hat. Er wurzelt im latenten Kanon der Schriftmusterbücher des 19. Jahrhunderts, die Klassen *Schriften mit Serifen, Serifenbetonte Schriften, Schriften ohne Serifen, Schreibschriften, Gebrochene Schriften* und *Symbole* sind weit verbreitet. Auch wenn die Bezeichnungen in verschiedenen Sprachen sehr unterschiedlich ausfallen, sind die Definitionen dieser Klassen weitgehend identisch, insbesondere was ihre mikrotypografischen Eigenschaften angeht. Anschlussfähigkeit zu tradierten Definitionen ist ein wichtiges Merkmal, besonders für prototypisch formulierte Klassifikationen. Autoren, die sich wie z. B. Alessandrini zu stark gegen den Kanon wenden, werden seltener referenziert.

6.2.14 Schriftklassifikation und Schrifterzeugung

Es gibt eine starke Brücke zwischen der automatischen *Erzeugung* von Schriften und deren formalisierter *Klassifikation*, wie bei z. B. Knuth,[490] Bauermeister (vgl. Kapitel 5.2.1), Blokland (vgl. Kapitel 5.3.9) oder dem Dienst www.prototypo.io[491] deutlich wird. Die aktuelle Diskussion um die zum Zeitpunkt der Fertigstellung dieser Arbeit gerade neu eingeführten *Variable Fonts*[492] zeigt, dass die parametrische Schrifterzeugung eine neue Dynamik entwickeln könnte. Die *Beschreibung* der Schriftform anhand logischer und metrischer Attribute durch Schriftklassi-

490 Gemeint ist hier die Metafont-Beschreibungssprache zur dynamischen Erzeugung von Schriften für die Satzsoftware TeX, die bereits Ende der 1970er Jahre erstmals erschien (vgl. Knuth 1986, eine Liste der Schriften bei Jørgensen, 2017).

491 Der 2014 gestartete Dienst erlaubt die Erzeugung von Schriften nach mikrotypografischen Parametern: *»Prototypo is a user-friendly parameter-based font generator being built by a team of fiery font and code lovers.«* (protoypo 01).

492 Das Schriftformat soll die dynamische, parametergesteuerte Erzeugung von Schriften zur Laufzeit ermöglichen. Der Wikipedia-Eintrag, ungewöhnlich für »Computerthemen«, ist im Juni 2017 noch sehr kurz: *»On 16 September 2016, Adobe, Google, Apple and Microsoft announced a new update, 1.8, to the OpenType specification, allowing variable fonts. Similar to the multiple master concept, this will allow custom styles to be generated from a single font file programatically.«* (wiki 18).

fikationen ist in der Schrifterzeugung die Grundlage entlang genau der identifizierten Parameter. Sie stehen im Widerspruch zu Archer, der betont, dass Schriftgestaltungen häufig »in die Lücken« existierender Klassifikationen gestalten würden, »*to create new designs*« (Archer 2007: 5). Die Formen dieser Schriften werden definiert aus Parameter-Kombinationen; wenn es überhaupt *gaps* gibt, dann aus bisher noch nicht gewählten Kombinationen. Die Buchstaben dieser Schriften sind nicht als feste, vordefinierte Formen definiert. Sie werden innerhalb eines definierten Bereiches von Parametern beschrieben und dann direkt bei Abruf bzw. Darstellung, dem Moment der Ästhetisierung, *erzeugt*. Die Schriftform, die Daten, sind dann als Fixum zu verstehen, als eine Menge vordefinierter und abrufbarer Symbole, die über Buchstaben adressiert werden. Variable Fonts sind nun insofern kontingent, als sie alle kombinatorisch möglichen Permutationen des entsprechenden Buchstabens innerhalb des definierten Wertebereichs repräsentieren. Schriftklassifikation und Schrifterzeugung sind hier in einer Rückkopplungsschleife: In Schriftklassifikationen relevant gemachte Attribute werden zu Parametern der Schrifterzeugung. Umgekehrt sind die erzeugten Schriften über ihre »Erzeugungslogik«[493] und die Werte ihrer Parameter eindeutig zu klassifizieren. Bemerkenswert ist hier, dass einerseits lange tradierte Attribute der Klassifikation wie Strichstärkenmodulation oder Serifenansätze[494] verwendet werden, andererseits bisher kaum verwendete wie Laufweite oder aber neue wie z.B. die der dynamischen Anpassung der optischen Größe (vgl. Abb. 40).

Mit Variable Fonts verändert sich einmal mehr das Verständnis dessen, was typografische Schrift ist. »Statische« digitale Schriften, im TrueType- oder Type1-Format, arbeiten wie Zeichen-Datenbanken. Sie stellen eine Referenz zwischen einem Zeichen und einem Glyphen her,[495] sie liefern eine fixierte Zeichenform auf Abruf. In Variable Fonts ist das Zeichen dagegen insofern wandelbar, als

---

493 In LaTeX oder Variable Fonts beispielsweise die Kombination aus Schrift-Render-Engine und der entsprechenden Schriftdatei.

494 Eine Spielplatz-Website www.axis-praxis.org ist im Juni 2017 noch im Beta-Stadium. Sie zeigt die Variationsmöglichkeiten von Variable Fonts und experimentelle Ansätze, funktioniert allerdings nur nach der Installation von verschiedenen Beta-Versionen und »potentially harmful«-Software-Paketen (Stand 1/2018).

495 Genauer besteht die Referenz zwischen einem Zeichen *oder* einer Zeichenfolge und einem Glyphen. In OpenType-Schriften können Zeichenfolgen definiert werden, die dann anstelle der Einzelzeichen durch einen anderen Glyphen ersetzt werden. Dies wird in einigen Schriften z.B. für Ligaturen verwendet, die Folge f, f und i (volia: ﬃ)wird durch ein neues Zeichen ersetzt, in dem die Punkte des i nicht in den Anstrich des f ragen. Die Referenz zwischen Zeichen(folge) und Glyph ist umkehrbar.

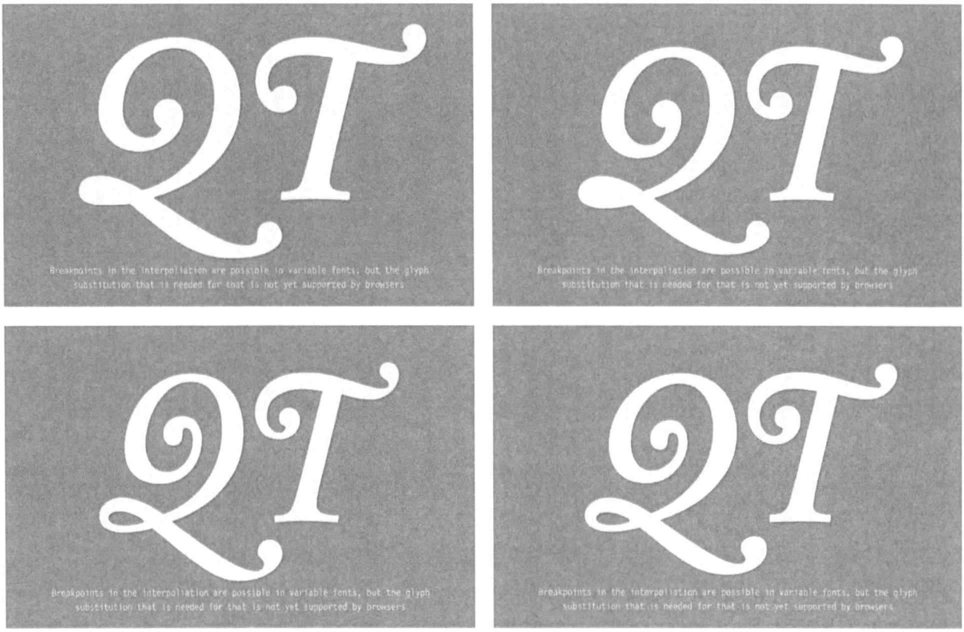

Abbildung 40 *Die Schrift »FF Clifford Variable Font« liegt in verschiedenen optischen Größen vor. Die oberen Abbildungen zeigt robuste und eher einfache Formen, die für eine kleine Darstellung gedacht sind, a für die kleinste Lesegröße, d für die größte. Die Zeichen sind für eine Darstellung in hohen Graden detaillierter durchgezeichnet, besonders gut sichtbar an den Schlaufenformen. Zwischen b und c liegt ein »breakpoint«. Ab einer bestimmten Größe »springt« die Darstellung, hier z. B. von einer Schlaufe ohne zu einer mit Binnenraum (alle Screenshots Ausschnitte aus fontshop [07] von 2017).*

einzelne Punkte auf der Buchstabenform je nach Aufruf-Parameter unterschiedliche Positionen einnehmen können. Die Zeichenform ist, innerhalb definierter Grenzen, fluide. Ein Glyph ist nicht mehr eine in digitales Blei gegossene Zeichnung, sondern eine Sammlung von möglichen Zeichnungen. Variable Fonts sind nicht mehr Sammlungen von einzeln auflösungs- und größenunabhängigen Vektor-Bildern, die über Buchstaben adressiert sind und in den meisten Fällen auch Buchstaben zeigen. Sie beschreiben nicht mehr nur die im Verhältnis zueinander fixen Positionen von Punkten, aus deren Verbindung sich Buchstabenbilder ergeben. Wie »herkömmliche« Schriften definieren sie Positionen zu verbindender Punkte, gleichzeitig aber auch die Vektoren, auf denen sich diese Punkte bewegen *könnten*. Buchstaben sind jetzt Typen zur Exemplar-Produktion, deren Exemplare sich je nach Modus der Erzeugung, nach dem Festlegen ihrer Parameter, unterscheiden können. Tradierte Unterscheidungen von *regular* oder *italic* könnten nun auch in einer Datei, unter verschiedenen Parameter-Settings abgelegt sein. Variable Fonts sind *Möglichkeits-Matrizen* von Schriftformen.

Die Frage nach der Klassifikation stellt sich damit wiederum neu. Der Objektbegriff der Klassifikation, die Unterscheidung zwischen Exemplaren oder Typen, Schnitten oder Familien ist um eine weitere Dimension erweitert. Es macht nun einen Unterschied, ob ein System Typen oder Exemplare nach bestimmten Parameter-Konstellationen klassifiziert oder ob es die mögliche Schwankungsbreite einer Schrift (z. B. nach Standard-Werten) berücksichtigt. Wie oder ob ein Klassifikationssystem auf bisher festgelegte Schriftgeometrie (z. B. Unter- und Oberlängen) oder Detailreichtum (z. B. optische Größen) eingeht, beeinflusst die Systemarchitektur ganz wesentlich. Mit dieser Dynamisierung der Schriftform wird auch eine bisher nicht gekannte Dynamisierung der Klassifikationen notwendig. Zumindest mit Blick auf die lebendige Technologie-Geschichte der Typografie der letzten 100 Jahre können die Autorinnen von Schriftklassifikationen dieser Entwicklung mit einer gewissen Gelassenheit entgegensehen. Wenn diese Arbeit eines zeigt, so ist es, dass dem regen und mitunter turbulenten Wandel der Satztechnologien die Schriftklassifikationen mit einer großen Beharrenskraft gegenüberstehen.

6.3 Problematisierung

Für sanftere typografische Gemüter mag der Überblick über die vorangegangene Sammlung an fundamentalen Unterschieden ein verheerendes Bild bestätigen: Es herrscht ein Klassifikationschaos. Zwar liegen dazu, wie klassifiziert werden kann oder soll, viele Vorschläge vor. Allerdings sind sie anhand sich fundamental unterscheidender Paradigmen kaum vergleichbar und scheinen noch weniger miteinander vereinbar. Die Zusammenfassung hinterlässt anstelle eines einfachen Überblicks ein zersplittertes Feld von Klassifikationen mit wenigen Anknüpfungsmöglichkeiten zueinander. In Teilen entspricht dieser Eindruck dem des Autors. Wie Schriften klassifiziert werden sollen oder auch nur könnten, scheint im Großen und Ganzen wenig kommensensorabel. Dies liegt auch im Schweigen der Systeme: Selten sind die grundlegenden Paradigmen, unter denen klassifiziert werden soll, definiert oder werden auch nur genannt. Sie sind *Black-Boxes*, geschlossene Systeme, die zwar produktiv sind, die Klassifikationsergebnisse liefern, aber über ihr Inneres, das Warum, Wie und Wozu, kaum Auskunft geben. Schriftklassifikationen definieren sich stark darüber, was sie verschweigen.[496]

Dieses »Verschwiegene« wiederum wird im Kontext der Veröffentlichung der Systeme definiert durch die zeitgenössischen Satztechnologien, die absehbaren technischen und gestalterischen Entwicklungen. Es ist anzunehmen, dass diese Lücken zumindest in Teilen nicht absichtlich freigelassen, sondern als Gemeinplätze und typografisches Allgemeinwissen vorausgesetzt werden. Die Schwierigkeit, das Verschwiegene zu fassen, liegt in seiner Dynamik. Es verändert sich im Verlauf der Jahrzehnte drastisch – mit dem Wandel der Satz- und Drucktechnologien, der Berufsfelder, der Entwicklung der Medien, der Digitalisierung. Diesen verschwiegenen Wandeln nachzuspüren ist Teil dieser Arbeit; es sei hier nochmals kurz zusammengefasst und pointiert analoge und digitale Klassifikationen gegenübergestellt.

Für die frühen »analogen«, meist in Buchform publizierten Ansätze ist typografische Schrift physisch gegeben, zunächst »aus Blei«, später auch auf anderen Trägern. Sie argumentieren häufig prototypisch, es werden »gute Beispiele« für bestimmte Klassen genannt, nicht selten verbleibt die Definition der Klassen auf der Ebene von Abbildungen. Viele Klassifikationen sind wenig komplex, sie sind »merkbar«, aber differenzieren nur schwach. Adressierung und Mechanismen zum Verorten von Schriften, um die Suche und ein Wieder-Auffinden zu ermöglichen, werden nicht entwickelt. Sie verbleiben häufig auf einer abstrakten Ebene von Klassen, nicht einzelnen Schriften oder gar Schnitten, sie etablieren und tradieren Begriffe im Klassifikationskanon. Die »analogen« Schriftklassifikationen bestimmen den Modus des Denkens über die Schriftform entlang der kleinteiligen Beschreibung der Schriftform. Kaum eine der Klassifikationen enthält Strategien zum Verorten oder Verschlagworten von Schriften, sie etablieren einen gedanklichen Raum der Schriftbeschreibung und verbleiben genau so, mental, abstrakt. Es geht dabei indirekt um das Handeln mit Schrift, nie um das Hantieren. Mit der Digitalisierung verändert sich typografische Schrift, *was* klassifiziert wird, das Publikum, *für wen* klassifiziert wird, *wie* klassifiziert wird und der *Bezugsrahmen*, in dem klassifiziert wird. Die Schriften selbst verändern sich, ganz wesentlich, was ihre Anzahl, aber auch, was ihre typografische Qualität angeht. Autoren können andere Zielgruppen erreichen,

496 Insofern ist diese Arbeit auch eine medienarchäologische im Sinne von Foucaults Suche nach dem »Ungesagten«.

die Publikationsformen ändern sich. Wie in Kapitel 5 gezeigt werden konnte, ist der Wandel hin zu formalisierten Klassendefinitionen stark durch die Adressierung einzelner Schriften bedingt und nicht ursächlich in der digitalen Publikationsform zu suchen. Digitale Publikationen nehmen Adressierung allerdings technisch motiviert vor, daher tritt mit digitalen Systemen diese Unterscheidung deutlich hervor. Formalisierung der Unterscheidung sowie der digitale Publikations- oder »Speicherungs«-Modus wirkt auch auf die Definition der Klassen. Die Digitalisierung markiert auch für die »Innereien« der Klassifikationen einen umfassenden Umbruch. Parallel zur Virtualisierung der Schriften, aller Produktionsmittel der Typografie und der sie umgebenden grafischen Industrie werden neue, digitale Publikations-, Vertriebs- und Lizenzierungsformen für Schriften etabliert. Auch Schriftklassifikationen werden als digitale Systeme zu Interfaces, zu einem Schriftenkatalog.[497] Dabei bleiben die Adressaten relativ konstant, allein ihre Anzahl verändert sich. In »analogen« wie »digitalen« Klassifikationen wenden sich Spezialisten an Spezialisten. Sie adressieren zum größten Teil ein typografisches Fachpublikum. Der Unterschied liegt darin, dass die Anzahl der »digitalen Spezialisten« viel größer ist. Die »digitalen« Klassifikationen, meist im WWW publiziert, sind eher »Suchwerkzeuge« als »Überblickskarten«. Auch sie argumentieren visuell, nur selten aber prototypisch, und sind viel stärker als interaktive Suchmaschinen zu verstehen. Digitale Klassifikationen adressieren, also »speicherverorten« Schriften praktisch immer, die Digitalisierung wirkt wie ein Zwang zur Akkuratesse. Dies trägt auch dazu bei, dass digitale Systeme stärker differenzieren und auf einzelne Schriftfamilien wie auch -schnitte verweisen können. Häufig sind sie in Marketing-Kontexten zu finden.

6.4 Zwölf Fragen zur Schriftklassifikation

Wenn Schriftklassifikation auf nicht-formalem Wissen, Ungesagtem basiert, das nicht absichtlich verschwiegen, sondern als bekannt vorausgesetzt wird, wäre es der erste Schritt einer neuen Klassifikation, das Nicht-Formale zu benennen. Ungesagtes lässt sich am Besten in Gesagtes verwandeln, indem man es befragt. Wenn

497 Gemeint sind hier digitale Systeme, die als dynamische, meist interaktive im WWW, als Desktop-Anwendung, App o.ä. bereitgestellt werden.

die grundlegenden Paradigmen der Schriftklassifikationen häufig ungenannt bleiben, schiene es angebracht, Fragen nach ihnen vorzuschlagen. Dazu werden die in Kapitel 3 genannten W-Fragen nochmals aufgegriffen, als die wesentlichen Fragen, welche die Grundlage eines Schriftklassifikationssystems bilden sollten.

I. Was soll klassifiziert werden?
Was ist das atomare Element der Klassifikation, wonach wird gesucht? Berücksichtigt die Klassifikation analoge oder digitale Schriften oder beides? Unterscheidet die Klassifikation Buchstaben-Typen oder -Exemplare? Werden Schriftschnitte, -familien oder auch -clans klassifiziert? Werden alle typografischen Schriften, alle Technologien oder nur ein Teil berücksichtigt? Werden die sich abzeichnenden dynamischen Schriften[498] *berücksichtigt?*

II. Wie sollen Klassen definiert werden?
Soll prototypisch, über »gute Beispiele«, argumentiert werden? Geht es darum, über Ähnlichkeit zu einzelnen Ikonen einen Überblick zu schaffen, über Nähe in einem Raum der Ähnlichkeiten? Sind Klassen Mengen von Schriften, die sich um einen Prototyp scharen? Sind sie Ähnlichkeitssammlungen, ist Klassenzugehörigkeit ein Verortungsversuch, eine Position auf einer Ähnlichkeitsmatrix, der für Grenzfälle nicht eindeutig ausfallen kann? Sind Klassen klar definierte Mengen von Eigenschaften, deren Grenzziehung formal-logisch stattfinden kann? Ist Klassenzugehörigkeit klar veri- oder falsifizierbar, ist sie ein binäres Attribut? Deckt die Klassifikation alle Schriften ab oder hat sie Mut zur Lücke?

III. Welche Struktur liegt der Klassifikation zugrunde?
Wie sollen die Klassen untereinander verknüpft sein? Gibt es Verbindungen zwischen Klassen, sind Konzepte wie Vererbung von Eigenschaften oder Hierarchien vorgesehen?

IV. Wie werden die Unterscheidungsattribute definiert?
Welche Eigenschaften werden zur Unterscheidung verwendet? Sind die Attribute formalisiert erfassbar? Wie werden sie beschrieben, als Text, Bild oder beides?

498 Gemeint sind hier parametrisch erzeugte, dynamische Schriftarten wie von prototypo.io oder *Variable Fonts*, vgl. Kapitel 6.2.14.

V. Soll die Klassifikation Schriften adressieren?
Geht es bei der Klassifikation auch um eine eindeutige Verortung der Schriften? Ist die Klassifikation auch ein Sortierungssystem? Ist sie auch ein System zur Suche von Schriften? Ist sie ein System zur Identifikation von Schriften?

VI. Wie soll die Klassifikation publiziert werden?
Wird die Klassifikation als Buch veröffentlicht, ist sie ein digitales System oder beides?

VII. Wer ist Adressat der Klassifikation?
Was ist die Zielgruppe, die angesprochen werden soll? Wie viel typografisches Vorwissen kann vorausgesetzt werden?

VIII. Wozu soll klassifiziert werden?
Welche Klassifikationsaspekte sind für die Klassifikation wichtig, steht einer davon im Vordergrund? Geht es um theoretisch-begriffliche Differenzierung, ist der Einsatz in der Lehre wichtig, geht es um die typografische Praxis?

IX. Welche Anschlüsse werden ermöglicht?
Werden tradierte Begriffe aus älteren Ansätzen aufgegriffen und weiterverwendet oder neue etabliert? Ist Anschlussfähigkeit an den Klassifikationsdiskurs wichtig?

X. Welche typografischen Ebenen werden zur Bildung von Unterscheidungskriterien herangezogen?
Sollen mikro-, meso- oder makrotypografische Merkmale verwendet werden? Geht es um einen mikroskopischen Blick auf die Serifen oder einen makroskopischen auf das Schriftbild?

XI. Wird die Klassifikation in andere Kontexte eingebunden?
Wird sie beispielsweise in Lehrpläne, Normen oder technische Spezifikationen integriert?

XII. Wird die Klassifikation jemals fertig?
Muss die Klassifikation veränderbar sein, ist sie eine Version von vielen, liegt sie in einer Endfassung vor? Ist die Anzahl der zu berücksichtigenden Schriften festgelegt oder noch offen? Ist es Teil des Klassifikationskonzepts, dass die Klassifikation provisorisch ist und Änderungen in der Zukunft vorgesehen sind?

Die Unterschiedlichkeit der Antworten der analysierten Systeme auf diese Fragen verdeutlicht, warum der direkte Vergleich schwierig ist. Die Analyse zeigt zudem, dass die unterschiedlichen Kontexte in starker Korrelation zueinander stehen, dass eine Antwort an einer Stelle gleichzeitig eine Teilantwort an einer anderen beinhaltet. Publikationsformen, prototypische Orientierung, trennscharfe Klassendefinitionen, Adressierung oder Anschlussfähigkeit lassen sich getrennt voneinander betrachten, in Konzeption und Umsetzung eines Systems aber bedingen sie einander gegenseitig. Die Fragen liefern eine Basis für grundsätzliche Überlegungen für zukünftige Schriftklassifikationssysteme. Sie sind ein Werkzeug, über die sich die oben angemahnten unterschiedlichen Paradigmen, das Unausgesprochene, bestimmen lassen.

7 **Wunschkonzert**

Die Problematisierung zeigt, welches die zentralen Paradigmen für die Schriftklassifikation sind und wie stark sie in Abhängigkeit zueinander stehen. An dieser Stelle soll zur pragmatischen Perspektive der Typografie zurückgekehrt werden: Nicht akademische Denkbarkeit, sondern praktische Machbarkeit stehen im Vordergrund, auf Problematisierung und Differenz folgen Umsetzung und Kompromiss. Es geht darum, vor dem Hintergrund der letzten 100 Jahre Geschichte der Schriftklassifikation zu formulieren, wie die genannten Fragen heute und hier beantwortet werden könnten. Die Antworten münden am Ende notgedrungen in ein »Wunschkonzert«: Ein Vorschlag allein macht noch keine Klassifikation, schafft noch keine Ordnung, besonders dann, wenn er wie in diesem Fall über eine Buchpublikation hinausgehen soll. Es ist ein Konzept, das in der Umsetzung mehr benötigt als die Anstrengungen einer wissenschaftlichen Qualifikationsarbeit. Die »typografische Welt«, über die hier nachgedacht wird, ist die der späten 2010er Jahre. Es ist der Zeitpunkt, zu dem die Technologie durch viele technische Standards[499] anspruchsvolle Typografie in den visuellen Medien so einfach[500] wie noch nie macht. Gleichzeitig ist diese typografische Welt so unübersichtlich wie noch nie: Zwar ist sie weltweit vernetzt, damit aber unüberschaubar. Die Blaupause für das Wunschkonzert sei jetzt unter 7.1 in wenigen Sätzen skizziert.

---

499 Als Beispiele für Standards und deren Auswirkungen seien hier beispielhaft genannt *Unicode*, als eine Technologie, die alle Aufschreibesysteme der Welt in einem einzigen Adressraum vereint; *OpenType*, das als plattformunabhängiges digitales Schriftformat Unicode unterstützt und die bis dahin üblichen Formate kapselt; *Webfonts*, über die viele digital verfügbare Schriften im Browser darstellbar werden, oder *Variable Fonts*, die feine typografische Anpassungen an die Darstellungs-Plattform noch zur Laufzeit, noch im Moment der Darstellung, zulassen.

500 Einfach hat hier eine doppelte Bedeutung: Typografie ist, aufgrund der technischen Standards, hochgradig automatisiert, damit breit verfügbar und preisgünstig.

7.1 Das perfekte Schriftklassifikationssystem

Vorgeschlagen wird ein universelles, digitales Klassifikationssystem für digitale typografische Schriften. Es soll Schriften anhand mikro-, meso- und makrotypografischer Eigenschaften sowie aller verfügbaren Meta-Daten in einer Facettenstruktur differenzieren. Als universelles System ist es neutral, sowohl gegenüber den zu klassifizierenden Schriften als auch gegenüber den Nutzern/innen. Es soll über die Vielfalt der möglichst automatisiert erfassten Merkmale verschiedene Zugänge zu den Schriften bieten und die Etablierung mentaler Modelle zur Schriftform ermöglichen. Über die Erfassung vieler im Diskurs etablierten Unterscheidungsattribute wäre es anschlussfähig zu bereits etablierten Schriftklassifikationen. Das System ist insofern als universell zu verstehen, als möglichst umfangreiche Abdeckung der Schriftenlandschaft, das Zugänglich-Machen, nicht Verkauf oder Lizenzierung, im Vordergrund steht. Es ist formuliert nach der Überzeugung, die Francis Thibaudeau bereits 1921 formuliert: dass die informierte, rationale Auswahl von Schriften wesentlich zur Verbesserung der typografischen Qualität beiträgt.

7.2 Gesetze der Schriftklassifikation

In Anlehnung an Ranganathans *Fünf Gesetze der Bibliothek* (vgl. Ranganathan 1931) sollen hier die *Fünf Gesetze der Schriftklassifikation* formuliert werden, die das Selbstverständnis, den Nutzungshintergrund und die Klassifikationsaspekte des Systems definieren. *An dieser Stelle wird der Lesbarkeit wegen auf den Wechsel femininer und maskuliner Formen verzichtet.*

I. Schriften sind zum Gebrauch gemacht
Typografische Schriften sind das zentrale Element der Klassifikation. Ein Klassifikationssystem dient dem Zugang und Gebrauch von Schriften. Es ist der Sammlung, der konsistenten Verortung und dem Zugänglich-Machen verpflichtet. Der Nutzen des Systems wird konstituiert durch den Nutzen, den ein Anwender aus dem System zieht.

II. JEDEM ANWENDER SEINE SCHRIFT
Die Schriftklassifikation vermittelt zwischen Anwendern auf der einen und Schriften auf der anderen Seite. Dabei soll der Zugang für jeden Anwender möglich sein. Dazu gehört die Anpassung an unterschiedliche Vorkenntnisse der Nutzer genauso wie die Darstellung aller Dienste und Möglichkeiten der Klassifikation nach außen. Wichtig ist die Reihenfolge (vgl. III), im Zentrum stehen hier die Zugangsmöglichkeiten der Anwender zu allen verfügbaren Schriften.

III. JEDER SCHRIFT IHRE ANWENDUNG UND IHREN ANWENDER
Dieses Prinzip ist eine Umkehrung von II. unter geänderten Vorzeichen. Hier wird gefordert, dass jede Schrift verfügbar und damit »vermittelbar« sein soll. Im Zentrum steht das Zugänglichmachen jeder einzelnen Schrift.[501] Dies beinhaltet insbesondere die Pflicht, jedes Exemplar in die Klassifikation aufzunehmen.

IV. SPARE ZEIT, ZUERST DIE DES ANWENDERS
Hier wird die Möglichkeit zur ökonomischen Anwendung des Klassifikationsapparates gefordert. Dabei wird gleichzeitig priorisiert und der Anwender als primärer Orientierungspunkt genannt, vor die Akteure »im und am Inneren« des Systems gestellt.

V. EINE SCHRIFTKLASSIFIKATION IST EIN LEBENDER ORGANISMUS
Dieser Satz betont die Wichtigkeit der Anpassungsfähigkeit und Veränderung der Klassifikation selbst. Vor dem Hintergrund eines wachsenden Schriftmarktes und immer weiter ausdifferenzierter Schriftform könnte eine Klassifikation höchstens zum Zeitpunkt ihrer Konzeption »lückenfrei« sein. Die Forderung zielt auf den inneren Aufbau, eine Klassifikation muss flexibel handhabbar und vor allem gut an neue Anforderungen anzupassen sein.

Diese Grundsätze sollen als Positionsbestimmung gelesen werden, aus der heraus eine Schriftklassifikation formuliert wird. Sie sind im Original für Biblio-

501 Im Gegensatz zu II. wird in III. nicht der Zugang zur Gesamtheit der Schriften, sondern der Zugang zu jeder einzelnen gefordert. In dieser Forderung ist deutlich der Aufruf zur Veränderung der Klassifikation inbegriffen, sobald einzelne nicht klassifizierbare Schriften auftauchen.

theken[502] formuliert worden und haben damit auch eine soziale Funktion, wie die Gleichbehandlung aller Nutzer[503] und Objekte. Sie müssen im Kontext der Schriftklassifikation der aktuellen, speziell der digitalen Situation angepasst werden. Diese Grundsätze bilden ein Gerüst, auf dessen Basis alle weiteren Anforderungen aufbauen. Den Gesetzen zugrunde liegt ein demokratisches und neutrales Verständnis von Bibliotheken als Dienstleistern[504] für die Allgemeinheit und von Klassifikationen als pragmatischen Ordnungs-Werkzeugen. Im Zentrum von Ranganathans Überlegungen stehen die Nutzer der Bibliotheken, an deren Bedürfnissen sich die Bibliothek als Institution zu orientieren habe. Seine Gesetze fordern unbedingte Offenheit und Neutralität der Akteure gegenüber den Nutzern als auch gegenüber den Objekten. Diese Perspektive soll für eine universelle Klassifikation typografischer Schriften übernommen werden.

Auf die genauen Voraussetzungen und für die heutige Situation angemessenen Klassifikationsprämissen wird in Kapitel 7.3 genau eingegangen. Eine allgemeine Feststellung lautet: *Es gibt zu viele Schriftarten, als dass sie »von Hand« klassifiziert werden könnten.* Ein Ergebnis dieser Arbeit ist die Formulierung von Voraussetzungen, gemäß denen ein digitales System konzipiert werden könnte. Grundlage liefert eine Analyse und Bewertung der vielen publizierten Klassifikationssysteme. Hier wird die Blaupause formuliert, vor deren Hintergrund die vorgestellten Konzepte analysiert und für die aktuelle Situation bewertet werden sollen.

---

502 Zudem werden Aspekte betont, die für den Umgang mit verschleißanfälligen Büchern bzw. materiellen Objekten von weitreichender Bedeutung sind. Ranganathan betont die Hauptleistung der Bibliothek als einen Ort, der allen Lesern Information zugänglich machen soll, und stellt diese Interessen vor die sammelnden, bewahrenden und konservierenden Tätigkeiten einer Bibliothek. Für die Klassifikation digitaler Objekte sind einige dieser Aspekte weniger wichtig.

503 Ranganathan veröffentlicht seine fünf Gesetze für Bibliotheken Indiens in den 1930er Jahren. Vor diesem Hintergrund kann seine offene und liberale Haltung kaum zu gering geschätzt werden.

504 Dienstleister ist hier nicht im ökonomischen, sondern im wissenschaftlichen Sinn gemeint: Der Dienst der Bibliothek liegt im Zugänglichmachen von Wissen.

7.3 Prämissen einer digitalen Klassifikation

Schriftklassifikation mit digitalen Werkzeugen
In Anbetracht der Anzahl der verfügbaren Schriften und der Vielzahl und Diversität der Eigenschaften, anhand derer Schrift unterschieden werden kann, wird deutlich, dass ein digital gestütztes Klassifikationssystem dort Differenzierung schaffen könnte, wo mentale Modelle unterkomplex und unscharf bleiben. Gleichzeitig müssen kanonisierte Prototypen erkennbar bleiben, um zu anderen, bereits gelernten und wirkmächtigen Modellen anschlussfähig zu sein. Vergleichbar wäre ein solches System mit einer Bibliotheksklassifikation oder einer Mediendatenbank. Digitale Werkzeuge sollen dabei Grundlagen für qualitative Bewertungen und Sortierung liefern, Funktionen wie z. B. das »Vermessen« von Schriften bereitstellen. Die momentan neuen Variable Fonts sind zudem ein starkes Argument dafür, dass sich Klassifikationen zukünftig stärker digitaler Hilfsmittel bedienen.

Denk- und Rechenmodelle
Schriftklassifikationen sind Werkzeuge zur Orientierung und Instrumente der typografischen Bildung. Der didaktische Aspekt ist für Schriftklassifikationen zentral (vgl. Kapitel 3.2.2). Sie müssen erlauben, die Vielfalt der Schriften abzubilden und in eine gedankliche Ordnung zu bringen. Eine solche gedankliche Ordnung bei den Nutzern zu etablieren ist eines der Ziele des Systems. Diese Ordnung muss in einem digitalen System abbildbar, die Attribute müssen eindeutig, valide und reproduzierbar sein. Klassenzugehörigkeit ist ein veri- oder falsifizierbarer Zustand. Den Unschärfen einer rein sprachlichen oder einer rein bildlichen Beschreibung kann durch Kombination beider begegnet werden. Ein digitales System basiert auf wohldefinierten Merkmalen.

top-down und bottom-up
Als Hauptperspektiven auf Schriftklassifikation unterscheiden sich *top-down*- und *bottom-up*-Modelle. Die synthetisch-analytische Perspektive (top-down) schließt vom Allgemeinen auf das Besondere, die taxonomische Perspektive (bottom-up) vom Besonderen auf das Allgemeine. Ziel eines digitalen Modells ist es, beide Sichtweisen abzubilden, Attribute beider Welten erfassen und im besten Fall verbinden zu können.

Meso- und Makrotypografie
Der Großteil der Klassifikationssysteme ist bisher »vom Buchstaben aus gedacht«, mikrotypografische Merkmale dominieren den Diskurs. Makrotypografische Merkmale, wie Laufweite, Grauwert oder Meta-Daten wie Verwandtschaften innerhalb von Schriftfamilien werden bisher selten berücksichtigt. Alle Informationen, die digital erfassbar sind, sollten ins System integriert werden. In der digitalen Erfassung derselben liegen die bisher kaum genutzte Chancen, Schriftklassifikationen mit schriftspezifischen Daten anzureichern.

Automatisierung
Weder die rein prototypische Orientierung noch die Klassifikation durch die Schriftgestalter oder Hersteller haben sich bewährt. Mit Hilfe einer automatisierten Erkennung könnte eine größere Anzahl von Schriften erfasst werden. Im Rahmen der automatisierten Erkennung würden metrische Werte, taxonomische Elemente ins System mit einfließen.

Prototypen
Prototypisch angelegte Klassifikationen ermöglichen Orientierung anhand populärer Beispiele, differenzieren aber nur schwach. Über den direkten Vergleich metrischer Werte zwischen Schriften soll eine prototypische Orientierung ermöglicht werden, ohne dabei die Differenzierungskraft zu verlieren, die ob der schieren Menge verfügbarer Schriften dringend notwendig ist. Das System soll eine Sortierung nach Ähnlichkeit möglich machen.

Klassenlose Schrift
Die Kristallisationspunkte für Kritik an analytisch-synthetischen Klassifikationssystemen sind die Grenzen der Klassen, ihre Definitionen. Die Übergänge von »barock« zu »klassizistisch«, die Unterschiede zwischen »normal«, »fett«, »halbfett« oder »bold« verbleiben immer unscharf. Eine reliable metrische Erfassung macht die Grenzziehung nicht notwendig, sie erlaubt im Gegenteil, diese Übergänge von der Nutzerin im konkreten typografischen Kontext selbst bestimmen zu lassen; Klassensignaturen blieben dann dynamisch und provisorisch, dennoch aber konkret und reliabel. Schrift wäre dann zwar klassifizierbar, aber nicht per se zugeordnet, nicht präklassifiziert, vielmehr ergeben sich die Klassen zum Zeitpunkt einer Suche aus den Eingaben der Nutzenden. Die Eigenschaften ty-

pografischer Schrift sollten dem flüssigen Zustand der digitalen Beschreibungsattribute entsprechen und »weich«, Ähnlichkeiten zeigend, kontextualisiert und dynamisch sein. Schriften wären dann vergleichbar, aber nicht gleich, der Verzicht auf Präklassifikation macht Schrift klassenlos.

Lebendiges System
Schriftklassifikationen sind Ordnungen des Symbolischen, sie sortieren Kulturgüter und können daher per se nicht abgeschlossen sein. Die Ansätze der Vergangenheit haben ihre Langlebigkeit erwiesen. Eine Schriftklassifikation muss als dynamisches System konzipiert sein, um auf zukünftige Veränderungen der gestalterischen wie auch technischen Rahmenbedingungen reagieren zu können.

Schriftklassifikationen digitaler Schriften könnten durch ein digital unterstütztes System stattfinden und die standardisierten Schriftformate als Vorteil nutzen. Das System könnte eine Vielzahl von Unterscheidungskriterien verlässlich erfassen und die Basis für dynamische, stärker differenzierende Klassen schaffen. Anstelle einer fixen Präkombination der Unterscheidungsattribute könnte die Postkombination, die umfassende, vieldimensionale Abbildung mikro-, meso- und makrotypografischer Eigenschaften, bereits ausreichendes Differenzierungspotenzial für eine Adressierung bieten. Ein solches System, das prototypische Orientierung bei gleichzeitig verlässlicher metrischer Erfassung und eindeutiger Differenzierung herstellt, ist denkbar, wünschenswert, technisch möglich und scheint der nächste logische Schritt in der Entwicklung der Schriftklassifikationssysteme. Bis April 2018 sind allerdings weder im akademischen Umfeld, bei den Interessenverbänden noch bei den Unternehmen Bestrebungen auszumachen, ein solches System zu etablieren; es bleibt ein Wunschkonzert.

8 Das Ende der Schrift-Klassen

Die Analyse zeigt überdeutlich, wie passend Hoeflers Bild von der universellen Schriftklassifikation als heiliger Gral (Hoefler, 2001: 201) ist. Die universelle Klassifikation als hehres Ideal, das anzustreben, aber nicht erreichbar ist, die vollständige Abbildung des Schriftschaffens in einer transparenten Ordnung ist mehr Traum als Wirklichkeit. Schriftklassifikationen sind typografisches *Näherungswissen*. Dabei liegen in Grad und Qualität der Annäherung die größten Unterschiede. Die größte, bisher im Diskurs nicht identifizierte oder formulierte Differenz liegt in der scheinbaren Unvereinbarkeit von prototypischer und formal-logischer Definition von Schriftklassen. Auf der einen Seite stehen gute Beispiele für Konsens-Klassen, die als typische Klassen-Vertreter bereits seit über hundert Jahren tradiert werden. Kritik an diesen Systemen ist eine Kritik an prototypischer Definition per se: Während die Klassenikonen klar umrissen sind, verbleiben die Grenzen unscharf, Übergänge unbeachtet, die Zwischenräume undefiniert. Formal-logische Definitionen bieten genau hier Klarheit, können Klassenzugehörigkeit binär und unmissverständlich feststellen, können Schriften ein-eindeutig in einem System verorten und wieder-auffindbar machen. Dagegen fehlt ihr die klare Orientierung an den typischen Vertretern, die harten Übergänge zwischen den Klassen folgen eher einem Gestus buchhalterischer Korrektheit als der sinnstiftenden, ordnenden Hand. Dennoch spielt die Digitalisierung der Formalisierung zu. Dabei ist umso bemerkenswerter, dass ihr erstes Auftreten, zumindest was Schriftklassifikationen angeht, nicht »im Computer« geschieht: Die ersten formal-logisch definierten Klassifikationen sind Bücher, Formalisierung ist nicht »digital motiviert«, sondern vielmehr durch Adressierung bedingt. Das Pendel zwischen prototypischer Orientierung und formal-logischer Klassendefinition schwingt tatsächlich in einer Kreisbewegung, die zwischen den beiden Paradigmen immer den Komplex der Adressierung streift: Schriften werden mental, logisch oder gar physisch verortet. Die Adressierung wirkt auf die Klassendefinitionen so sehr wie kein anderes Element im komplexen Netzwerk der Schriftklassifikationen. Fasst man Adressierung nicht, wie bisher in dieser Arbeit geschehen, auf die Verortung von Objekten reduziert, sondern umfassend auf, dann sind Schriftklassifikationen als Medien *»als Bedingungen von Adressierung zu begreifen und daraufhin zu beobachten, welche Formen von Adressen sie ermöglichen«* (Dotzler et al. 2001: 10) und zu analysieren, wie die Klassifikationen selbst zu adressieren sind (ebda.). Letzteres ist bis hierhin geschehen. Der Blick soll nun auf die beiden Paradigmen der Klassifikations-Definition als Momente der Adressierung, als Modus des Verweises, auf Adressant und Adressat gerichtet werden. Hier sollen die beiden Paradigmen der Klassendefinition als Positionen der Adressierung, mit ihren ex- und impliziten Wertungen gedeutet werden.

Protyposche Perspektive

Die Stärken der prototypischen Definition liegen in der Betonung des Besonderen der einzelnen Schriften. Sie deutet, adressiert, arbeitet spezifische Merkmale heraus, macht einzelne Attribute relevant, die als Spezifikum, als gutes Beispiel für eine ganze Klasse stehen. Prototypen etablieren Typologien. Prototypen sind konkret, was zur Folge hat, dass über die Adressierung einer konkreten Schrift auch konkrete Entstehungskontexte adressiert werden: *Personen, Orte, Zeiten*. Diese können auch in die Klassendefinition oder -benennung selbst mit einbezogen werden. An der DIN 16518 lässt sich beispielhaft die Stärke der prototypischen Definition verdeutlichen. Die deutschsprachige Bezeichnung der international etablierten Konsens-Klasse DIN2 lautet *Französische Renaissance-Antiqua*, als Prototyp wird eine *Garamond* gezeigt. Person Claude Garamond, Ort Frankreich, Zeit Renaissance: die Definition ist perfekt. Die Klassendefinition der DIN2 ist durch Spezifika bestimmt, angereichert mit vagen, vergleichenden Formbeschreibungen.[505] Prototypen arbeiten durch unauffällige Mit-Benennung, sie funktionieren assoziativ. Sie werden häufig verwendet, um die historische Genese der Schriftformen zu kommunizieren. Mit Hilfe von Prototypen lassen sich Schriften über Ähnlichkeit bestimmen, über die Nähe zu einem guten Beispiel. Prototypen adressieren inklusiv, über Nähe, über Mit-Aktivierung von Ähnlichem. Sie definieren die Bergspitzen im Gebirge der Klassifikationsstruktur, sie definieren Po-

505 Im Fall der DIN2 leicht verstärkte Modulation im Vergleich zu DIN1 und waagerechter Querstrich des e.

Abb. 41 *Visualisierung prototypischer Definition*

sitionen in Relation zu anderen, lassen aber die Täler dazwischen frei. Die Klarheit der Definition der Gipfel bedingt gleichzeitig ihre Schwäche. Wie weit eine Schrift vom Gipfel des guten Beispiels entfernt sein darf, um adressiert werden zu können, bleibt offen. Die Täler, das Dazwischen, bilden einen leeren, unbeschriebenen Raum, es wird nicht adressiert. Prototypen sind Ikonen, sie werden etabliert durch ein Narrativ und ein gutes Beispiel, und stehen sicher in entfernter Nachbarschaft. Die Narrative der prototypisch definierten Schriftklassifikationen sind Erzählungen entlang guter Beispiele, es sind Heldengeschichten. Die narrativ entwickelten Klassifikationen von Thibaudeau, Morison oder Tschichold sind solche von Heldengeschichten: Wichtige Figuren der Typografie ihrer Zeit (fast ausschließlich Männer) erzählen die Geschichte älterer wichtiger Figuren der Typografie (fast ausschließlich verstorbene Männer). Die Geschichte der Entwicklung der Schriftform wird, provokant ausgedrückt, anhand einer Reihe toter Typografen und ihrer (meist ebenfalls toten) Nachahmer nachgezeichnet: Gutenberg, Garamond, Jenson, Rogers, Jannon, Caslon, Baskerville, Bell, Bodoni, Didot, Walbaum, Fox, Thorne, Caslon IV., Weiß, Koch, Morison, Goudy, Gill, Renner, Miedinger, Meier, Carter, Spiekermann, Brody, Carson, ... Die Entwicklung der Typografie ist dann eine Geschichte zentraler Figuren, bei der jede für einen Stil, eine gestalterische Position steht. Die Geste des Prototyps ist der Verweis auf das Markante, Ausgezeichnete, Herausragende, eine Huldigung der Meisterschaft Ausgewählter und Eingeweihter. Der Blick der prototypischen Definition richtet sich in die Vergangenheit, sie erklärt das Hier und Jetzt durch das, was war. Er ist historisch und historisierend, seine Position erhaben. Die prototypische Geste ist selbstsicher, der gelehrte Verweis auf Besonderes der Vergangenheit. Der Adressant, der Gestikuleur der prototypischen Geste, ist ein all-wissender Erzähler der Geschichte der Typografie. Er agiert damit aus einer überlegener Position, aus dem Überblick, der Distanz, der gesicherten Information heraus. Das Verhältnis von Adressant und Adressat ist gekennzeichnet durch eine Asymmetrie der Information, eine Lehrerinnen-Schüler-Position. Das Werkzeug des prototypischen Adressanten ist der Zeigestock. Seine Tugend ist die Großzügigkeit, seine Untugend die Anmaßung. Er verweist deutlich auf die Klassenbesten und ignoriert dabei Grenzgänger, Außenseiter, Avantgardisten, Ausreißer und Revolutionäre. Im Narrativ des Prototyps wird eine Linearität erzeugt, symptomatischerweise treten Schwierigkeiten dann auf, wenn die Unterscheidungen zwischen den Schriften komplexer werden, die Anzahl der Gutes-Beispiel-Nachbarn zu groß, ihr Abstand zu gering. Die großzügig einteilende Geste wird dann anmaßend, wenn die Differenzierung aus der Distanz zu unscharf, die Vielfalt von der souveränen Position aus undurchdringlich wird. Prototypische Definition funktioniert top-down und ist dadurch immer hierarchisch. Prototypen adressieren breit, aber vage, ihre Stärke liegt in der Definition durch Spezifika, ihre Schwäche in der Abgrenzung: Mit größerem Abstand vom Prototyp und zunehmender Nähe zu einem anderen wird die Klassifikation immer schwieriger. Prototypen adressieren die Mitten der Klassen und ignorieren die Klassengrenzen.

Formal-logische Perspektive

Die formal-logische Definition operiert völlig anders, ihr Raum ist keine Landschaft aus erhabenen Ikonen und unklaren Zwischenräumen, er ist ein Adress-Raum. Sie adressiert nicht Personen, Zeiten oder Orte, sondern formale Eigenschaften — im Fokus steht die Geometrie. Formal-logisch definierte Schriftklassifikationen machen Attribute relevant, bilden sie transitiv in Klassenhierarchien ab und definieren Klassen als »Ausbrüche«, besondere Ausprägungen abstrakter Oberklassen. Die Klassendefinition durch Besonderheit, die relevant gemachte Menge an Attributen ist immer eingebettet in eine größere, von verschiedenen Klassen geteilte Menge von Attributen. Klassenrelationen sind nicht über Ähnlichkeit bestimmt, sondern über die Qualität der Verhältnisse von Attributen, wie Vererbung, Transitivität oder Ausschluss. Geteilte, vererbte Attribute sind dabei, im Unterschied zur prototypischen Definition, nicht irrelevant, sondern schlicht identisch; sie sind nicht unwichtig, sondern unverändert. Als Beispiel ist die Klasse Tf1.3 des Rookledge Typefinders definiert durch ihren Unterschied, die vertikale Modulationsachse und vertikale Serifen,[506] gleichzeitig aber auch durch die Merkmale, die sie mit ihren Nachbarklassen teilt, wie Modulation, Anwesenheit von Serifen oder waagerechten Strich im e. Die formal-logische Definition setzt die umfassende Erfassung vieler Merkmale voraus und etabliert über eine Teilmenge dieser Merkmale eine Grenze. Klassenzugehörigkeit ist insofern exklusiv, da sie gleichzeitig einen Ausschluss aus anderen Klassen bedeutet. Überhaupt geht die Definition klarer Grenzen einher mit Exklusion: Dadurch, dass Grenzen definiert werden, werden Schriften Klassen zugeordnet

---

506 Gemeint ist hier der Winkel von der oberen Vertikalen von Dachserifen. Er ist in dieser Klasse fast waagerecht, liegt zwischen ca. 5° und 0° zur Horizontalen.

und damit andere Klassenzugehörigkeiten ausgeschlossen, Klassenzugehörigkeit ist binär. Sie ist dabei weniger eine Frage der relativen Nähe als eine der absoluten Distanz: der Distanz zu einer Klassengrenze. Die formal-logische Definition operiert ausschließlich mit dieser Distanz, es gibt keine »unentschlossenen« Positionen auf einer Grenze, zwischen den Klassen. Die Klassen haben Adressen, sie sind Orte, in denen Objekte sich befinden können, denen sie zugeordnet werden. Die Grenzen dagegen sind Un-Orte, Linien ohne Ausdehnung; auf bzw. in ihnen kann sich nichts »befinden«. Klassenzugehörigkeit wird geometrisch gemessen und logisch bestimmt. Formal-logische Klassen sind bestimmt durch exakt definierte Gemeinsamkeiten. Sie werden bestimmt aus dem Detail, der Geometrie heraus, sie sind nicht a-historisch, aber nicht per se vergangenheitsbezogen. Die Geschichte der Typografie ist dann eine Geschichte der formalen Veränderung — Zu- und Abnahme von Strichstärkenmodulation, rechtsläufige Bewegung der Modulationsachsen aus der Neigung hin zur Vertikalen, Verschwinden von Serifenkehlungen, Angleichung der Dicktenvarianzen —, die formal-logischen Definitionen erzählen von Dynamiken und deren Grenzwerten. Die Formvariationen können auf Personen oder Orte, Schreibwerkzeuge oder Druckverfahren projiziert werden, im Zentrum der Klassifikation aber steht immer die Form und nichts anderes. Das bedeutet nicht, dass nicht Orte oder Personen z. B. in den Klassenbezeichnungen referenziert werden, der zentrale Unterschied liegt in der Richtung des Verweises: Die Form, die Geometrie, verweist auf einen anderen Kontext, nicht umgekehrt.[507] Die Geste der formal-logischen Definition ist der Verweis auf das Maß, die Geometrie der Buchstaben, auf den Verlauf der Kurven, sie ist ein vermessendes Sortieren. Ihr Blick richtet sich auf die Form, auf das Verhältnis von Figur und Grund. Sie ist gegenwärtig, erklärt das Hier-und-Jetzt aus der Form im Hier-und-Jetzt heraus. Der Adressant argumentiert nicht aus der Position des abgehobenen Überblicks, sondern eingetaucht, aus der Mitte der Vielfalt heraus, entlang der Details, den Serifenkehlungen, Bogenansätzen und Dicktenvarianzen. Die formal-logische Definition ist prozesshaft, das Verhältnis zwischen Adressanten und Adressaten gleicht dem von Dienstleistern und Klienten. Das Werkzeug der formal-logischen Definition ist das Lineal, seine Tugend

507 Im Rookledge Typefinder wird beispielsweise in der Erläuterung der Klasse Tf1.2 Bezug auf die Renaissance genommen. Die Klassendefinition aber geschieht über Modulations- und Dachserifen-Winkel: Formmerkmal verweist auf Zeit, nicht anders herum.

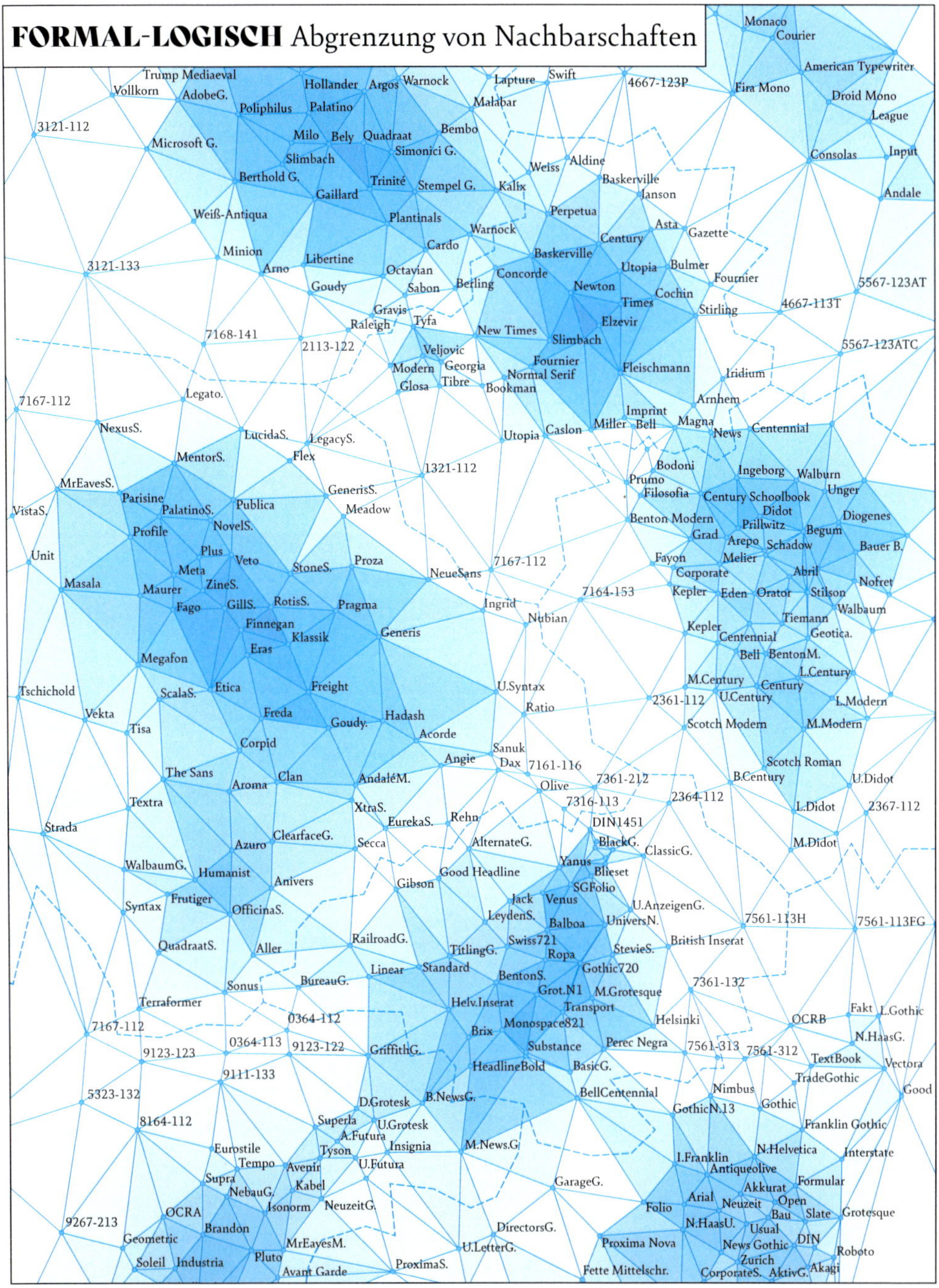

Abb. 42 *Visualisierung formal-logischer Definition*

die Detailtreue, seine Untugend die Regelhörigkeit. Das Narrativ der formal-logischen Definition ist ein Komplex von parallelen Veränderungen der Form. Die Geste der Unterscheidung wirkt dann anmaßend, wenn sie kleinteilig wirkt, sie sich in Vermessung und Formalisierung verliert, wenn der Rückschluss auf das große Ganze misslingt, der Grenzwert den Überblick verdeckt. Formal-logische Definitionen adressieren genau und kleinteilig, ihre Stärke liegt in der exakten Abgrenzung, ihre Schwäche im Erkennen des Typischen: Klare Grenzwerte und definierte Korrelationen machen die Klassifikation ein-eindeutig, klären die Grenzfälle, aber wissen wenig von typischen oder besonderen Vertretern.

Akzeptanz

In der Überspitzung sind beide Paradigmen unerträglich. Niemand möchte die Welt der Schriften jovial vom scheinbar all-wissenden Geschichtskenner erklärt bekommen, der aus der Vergangenheit heraus die Gegenwart zu deuten versucht, aber ob ihrer Komplexität den Überblick verliert. Genauso wenig Spaß macht die Perspektive des immer formal korrekt argumentierenden Vermessers, der mit buchhalterischer Genauigkeit zwar alles über die Formmerkmale der Schriften zu wissen scheint, in Detailverliebtheit aber die Vorschriftsmäßigkeit nicht verlassen und keine Orientierung bieten kann. So scheint für eine universelle Klassifikation — eine, die es schafft, die große Masse typografischer Schriften nachvollziehbar zu differenzieren und Orientierung zu schaffen — die Vereinigung der beiden Paradigmen eine neue Perspektive zu bieten. Gute Beispiele der großen Gestaltungsrichtungen, reliabel erfasst als Kombination aus intersubjektiv verständlich gemachten Formeigenschaften, die möglicherweise sogar automatisiert erfasst werden können, könnten eine Klassifikations-Antwort auf die Welt der digitalen Schriften sein. Eine diesem kombinierten Ansatz folgende Klassifikation wäre vermutlich der Traum aller zukünftigen Schriftklassenforscher. Im Rückblick auf die Geschichte scheint es fast beruhigend, dass das Ideal der universellen Klassifikation weit entfernt scheint, auch wenn Kombinationen einzelner Ansätze erfolgversprechend sind. Bislang sind alle Versuche einer universellen Schriftklassifikation gescheitert, allerdings sind sie im Scheitern sehr unterschiedlich erfolgreich.

Schriftklassifikationen entstehen aus dem Eindruck des Mangels heraus, aus der Orientierungslosigkeit in der Vielfalt der Schriftformen, aus dem Hervortreten der Defizite bisheriger Schriftklassifikationen. Es mag an diesem in vielen Texten vorherrschenden Gefühl liegen, dass über das Empfinden und Betonen des Defizitären, des Scheiterns in verschieden starker Nuancierung, die Erfolge der Klassifikationen, des allgemeinen typografischen Diskurses selten erkannt oder auch nur genannt werden. Der Rückblick über hundert Jahre Schriftklassifikation, das Betrachten der vielen Ansätze im Verlauf *als* Diskurs, die Analyse der verschiedenen Strukturen, Paradigmen und Aspekte zeigt, was genau dieser Diskurs andauernd scheiternder Schriftklassifikationen dennoch zu leisten vermag. Der Dissens der Schriftklassifikationen, ob ausgesprochen oder nicht, ist allen Defiziten zum Trotz produktiv und wirkmächtig. Das im breiten Feld der Typografie zugegebenermaßen spitze Interessengebiet hat sich zu einem andauernden, reichen und theoretisch wie praktisch nützlichen Austausch entwickelt. Im typografischen Diskurs werden Begriffe zur Beschreibung und Unterscheidung der Schriftform etabliert, Unterscheidungsattribute entwickelt, Konsens-Klassen gebildet, diese national und international als Normen konstituiert, die in vielen Sprachen parallel und gleichbedeutend gültig waren und noch immer sind, es wurde auf technische und ästhetische Entwicklungen reagiert und strukturell wie begrifflich weiter ausdifferenziert, es wurden Schriften-Ordnungen geschaffen, Orientierung geboten und Schriftklassifikationen in der typografischen Lehre eingesetzt. Auch wenn die Ansätze, wie alle alternden Klassifikationen, zu schwach differenzieren, reagiert jeder einzelne auf eine andere, individuelle Fragestellung, auf geänderte technische, ästhetische, mediale oder diskursive Voraussetzungen. Dies ist die Umkehrung der obigen Aussage des dauerhaften Scheiterns: Die Versuche einer universellen Schriftklassifikation sind alle unterschiedlich erfolgreich. Für die Begriffsbildung, die Beschreibung der Schriftform, die Lehre von ihrer Entwicklung, der Unterscheidung und Sortierung typografischer Schriften schaut es anders aus — für die Typografie als Ganzes war und ist der Diskurs zur Schriftklassifikation immer produktiv.

Praktisch zu sein ist die vornehmste Aufgabe der Theorie.

8.1 Nützlichkeit

Zuletzt sollen die Schriftklassifikationen vor eine weitere Kontrastfolie, die der Nützlichkeit, gestellt werden. Was dabei »nützlich« ist, soll daher im Folgenden kurz für verschiedene Kontexte hinterfragt werden, nach Motivationen bei der Konzeption der Systeme, nach Wirkkraft und Kommunikationspotenzialen der Systeme, ihrer Moderationswirkung für Lehrende und Lernende, ihre sprach- und denksteuernden Wirkungen, die, wenn fruchtbar gemacht, sich in einem spezifischen »Nutzen« niederschlagen können. Der offensichtlichste Nutzen allerdings ist völlig unspezifisch. Das Moment des »Ordnung-Schaffens« scheint für alle Klassifikationen grundlegend und jenseits sprachlicher Begriffsschärfung vermutlich *die* zentrale Motivation überhaupt zu sein. Klassifikationen sind ordnende Bewegungen, Erschließungshandlungen und Sinnstiftungsversuche, Strategien zum Umgang mit Kontingenz. Fasst man »Ordnung« zunächst physikalisch auf, beschreibt sie insofern einen hochenergetischen Zustand, als jede Form der Struktur als Gegenbewegung der Entropie verstanden werden kann: Ordnungen widersetzen sich der Bewegung des Auseinander-Strebens auf ein niedriges Energie-Niveau, etablieren eine Struktur im unstrukturierten Raum und stabilisieren diese Struktur. Ordnungen für sich betrachtet sind stabile Zustände, gleichzeitig stabilisieren sie die sie umgebenden Systeme, Ordnungen sind auch widerständig. Die physikalische Perspektive ist gut übertragbar auf das Ordnen von Schriften, das Beschreiben und Vergleichen von Kulturgütern: Schriftklassifikationen sind »höherenergetische« Zustände, für ihre Entwicklung und Etablierung ist Arbeit notwendig. Wenn diese Arbeit erbracht ist, die Schriftklassifikationen ordnende Strukturen etabliert haben und »bekannt« sind, kanonisiert wurden und normative Wirkung entwickelt haben, dann wird der ordnende Nutzen von Schriftklassifikationen offensichtlich. Bereits die zur Konzeption eines Klassifikationssystems notwendigen auktorialen Schemata sind Ordnungen. Dass dieser Moment des Ordnung-Schaffens, die Geste des Zusammenkehrens und Häuflein-Bildens allein eine starke Eigenmotivation birgt, zeigt schon allein die Geschichte der Schriftklassifikationen: Ein wesentlicher Teil der publizierten und hier diskutierten Ansätze entsteht aus »Selbstzweck«, als Teil eines Diskurses und ohne wirtschaftliches Interesse.[508] Schriftklassifikationen sind zuallererst Erschließungshandlungen. Sie sind Versuche, intersubjektiv teilbare Ordnungen in der Vielfalt typografischer Schriften zu schaffen. »Ordnung schaffen« allein scheint häufig Zweck und Nutzen genug. Aus dieser Perspektive sind Schriftklassifikationen bei gelungener Intersubjektivierung besonders nützlich, wenn es also gelingt, ein subjektives, auktoriales Ordnungsschema erfolgreich zu »teilen« und in möglichst vielen Köpfen zu etablieren. Einmal etabliert, widerstehen Ordnungsschemata der Veränderung.

Was für die Typografie als Gestaltungsdisziplin »nützlich« bedeutet, kann auch strikt pragmatisch aufgefasst werden. Schriftklassifikationen sind als Kombinationen von Schriftbildern und Schriftbeschreibungen wie der Text selbst immer von einer Doppelnatur, sie bestehen aus Texten und Bildern, die von der Schriftform handeln. Wenn, wie in Nohrs *Nützliche Bilder*, Bilder dann nützlich sind, wenn sie Wissen operationalisieren und als Bildwissen integraler Bestandteil von Weltwissen sind (vgl. Nohr 2014: 12f), dann trifft dies auf Schriftklassifikationen mindestens durch ihren »Bildanteil« als Teil des typografischen Weltwissens zu. Die Operationalisierung ergibt sich dabei durch die Prozesshaftigkeit der Typografie selbst: Sie ist keine »Lehre von ...« oder »Theorie des ...«, *Typografie ist ein Handwerk*,[509] eine Tätigkeit. In der Typografie werden aus Lettern Exemplare hergestellt, Exemplare ästhetisieren Texte, Texte werden in einem Schriftbild in Medien eingebunden, die Ergebnisse von Typografie sind Produkte. Die Perspektive der Typografie ist insofern immer pragmatisch, als sie per se produktiv ist. Wo Typografie »geschieht«, wird »produziert«. Daher stellt sich für die Typografie und für Schriftklassifikationen die Nützlichkeits-Frage immer auch aus

508 Es ist nicht die Absicht des Autors, hier hehre akademische Perspektiven den schnöden Gewinnerzielungs-Absichten gegenüberzustellen. Genau wie Publikationen – und, nebenbei bemerkt, auch Schriftarten – häufig nicht aus wirtschaftlichen Motiven heraus entstehen, sind die Motivationen hinter den Schriftklassifikationen vielschichtig. Sicher ist allerdings, dass wirtschaftliche Motive nicht die Hauptrolle spielen. Das Typographeum »versorgt« seine Akteure nicht nur im wirtschaftlichen Sinn.

509 Auch wenn der Begriff »Handwerk« im Kontext digitaler (Gestaltungs-)Medien antiquiert scheint, beschreibt er doch die Tätigkeit des Setzens immer noch gut: Sie findet mit der Hand an Maus und Tastatur statt, Typografie bezeichnet eine Menge von Praktiken zur »Medialisierung« von Text durch Schrift. In der Berufsausbildung des Autors war ein häufig verwendeter Ausdruck für den manuellen Eingriff in ansonsten automatisierte Satz- und Druckprozesse, etwas sei zu tun »mit der Hand am Arm«, was für digitale Prozesse gelegentlich ergänzt wurde durch ein »... und der Hand an der Maus«.

pragmatischer Perspektive. Die Schriftklassifikationen können über den typografischen Kontext vor dem Hintergrund der Produktivität, der Einsetzbarkeit im gestalterischen Alltag beurteilt werden. Zudem ist die Typografie als Handwerk mit Jahrhunderte alter Tradition ein Berufsbild, eine Tätigkeit, die in dualer oder akademischer Ausbildung *erlernt* werden kann.[510] Schriftklassifikationen als erlerntes typografisches Wissen werden dann wirksam, wenn der Schritt von der Theorie zurück in die Operationalisierung, ins typografische Handeln, gelingt. Die im Kontext der Berufsausbildung und der akademischen Lehre im Fach Typografie entstandenen Publikationen sind Beiträge zur typografischen Theoriebildung, die wie alle typografischen Arbeiten eine Doppelfunktion erfüllen. Die Autorinnen und Autoren sind sehr häufig Urheber und Urheberinnen der Texte und gleichzeitig als Typografen und Typografinnen Gestaltende ihrer eigenen Publikationen. Der Begriff des »Autoren-Designs« beschreibt diese »gedoppelte« Autorenschaft. Die Publikationen verorten die Autorinnen und Autoren damit im Feld der typografisch, handwerklich Tätigen einerseits und der Schreibenden, Text- und Theoriebildenden andererseits. Es ist daher kaum verwunderlich, dass der fachliche Diskurs an den Schnittstellen geführt wird, an den ausfransenden Rändern zwischen Praxis und Theorie, in Nutzerforen, Typografie-Lehrbüchern, akademischen Qualifikationsschriften und Dokumentationen zur Standardisierung.[511] Ein Nutzen von Schriftklassifikationen liegt bei den Autoren, das Typographeum sorgt, durch die verschiedenartige Prämierung von Autorschaft, auch für die Autoren von Literatur über Typografie.

Wenn Schriftklassifikationen, wie in Kapitel 3 argumentiert wird, nach drei Aspekten gegliedert werden können, ließe sich die erste Suche zu ihrer Leistung nach diesen Aspekten unterteilen. Nach dem *theoretischen Aspekt* »nutzen« Schriftklassifikationen den typografisch Tätigen als mentale Modelle der Genese und Differenzierung der Schriftform. Sie erfüllen eine begriffsbildende und -stabilisierende Funktion, indem sie Attribute der Schriftform heraus deuten, benen-

510 Hier geht es weniger um die formalisierten Ausbildungswege als um »das Erlernen« an sich. Typografie als Handwerk ist eine Tätigkeit, die stärker »eingeübt« als »angelesen« wird. Niemand würde einem Dichter die Lektüre einer deutschen Grammatik empfehlen, um inspirierende Zeilen zu dichten, ein Typografie-Buch gelesen zu haben ist für die Gestaltungs-Praxis hilfreich, aber nicht ausreichend.

511 So erklärt sich auch die Breite der in Kapitel 4 und 5 diskutierten Textsorten und Publikationsformen: Schriftenkataloge der Hersteller, frühe Theoriebildung mit Warde oder Tschichold, die DIN, der BS oder Vox als Normungs-Publikationen, Willberg, Kupferschmid oder Coles als Typographie-Lehrbücher, PANOSE oder CSS als digitale Standards, Wehde, Schauer oder Blokland als Beiträge aus dem akademischen Kontext.

nen und weiter tradieren. Klassifikationen machen Unterscheidungsattribute relevant, sie sind Relevanzsysteme der Schriften-Ordnungen und liefern damit die Grundlage für die Diskussion von und über typografische Schriften. Ihr Nutzen liegt im Liefern der Bausteine, aus denen sich eine *Sprache über Schrift* erst bildet, sie haben eine sprachdefinierende und -normierende Wirkung. Schriftklassifikationen legen damit eine Grundlage für das Sprechen über Schrift, das hauptsächlich in drei Zusammenhängen stattfindet: in Kundengesprächen, in der (Berufs- oder Hoch-)Schule und im »Expertengespräch«, dem typografischen Diskurs. Schriftklassifikationen sind insofern sprach-regulierend, da sie den Austausch *über* Schriften mit steuern.

Auch nach dem *didaktischen Aspekt* geht es um die Regulation von Sprache, allerdings »spezialisiert« auf konkrete Unterrichts-Situationen wie z. B. in Berufs- und Hochschule. Wenn es nach dem theoretischen Aspekt um den Dialog mit unterschiedlichen Akteuren und bei der Begriffsbildung hauptsächlich um den Dialog unter Experten geht, welche dann (sobald sie erfolgreich stattgefunden hat) auch in andere Bereiche strahlt, ist der didaktische Aspekt eine Umkehrung dieser Situation. In Lehrsituationen werden zunächst Klassifikationen und ihre Begriffe von »Experten« an »Laien« weitergegeben mit der Intention, letztere ebenfalls zu Experten zu machen. Schriftklassifikationen sind damit ein mögliches didaktisches Werkzeug, um z. B. die Geschichte der Schriftform oder ihre Differenzierung in unterschiedliche gestalterische Richtungen zu lehren. Ihre Funktion ist ebenfalls kommunikativer Natur, hier aber stark zweckgerichtet: Das *Transferwissen*, das mit der Verinnerlichung von Schriftklassifikationen einhergeht, gehört zu dem Wissen, welches *typografisches Expertentum* ausmacht.[512] Schriftklassifikationen enthalten in konzentrierter Form kanonisiertes typografisches Wissen. Schriftklassifikationen sind insofern Werkzeuge des typografischen Wissens und nach didaktischem Aspekt Werkzeuge der Wissens-Weitergabe, als sie die Kommunikation komplexer typografischer Konzepte ermöglichen. Ihr Nutzen liegt darin, dass sie als didaktische Medien, nützliche Bilder, das Informationsgefälle zwischen typografischen Experten und Laien zu nivellieren suchen.

---

512 Wichtig ist hier, dass nicht die Klassifikationen selbst die »Weihe zum Expertentum« darstellen, sondern das Wissen um die zugrunde liegenden Kontexte, die historischen, technischen und gestalterischen Strömungen und Entwicklungen. Zum »typografischen Expertentum« gehört nicht zwingend das Wissen um die DIN 16518 oder den BS 2961, wohl aber das Verständnis von Begriffen wie »Antiqua des Übergangs«, »humanistische Grotesk« oder »Slab-Serif«.

Nicht ohne Grund sind Schriftklassifikationen in ihrer formalisierenden Perspektive Teil der Berufsausbildung und dafür in zweierlei Hinsicht geeignet. Sie bilden einerseits einen breiten Konsens zur »Ordnung« der Schriften ab und sind zum zweiten, insbesondere wenn sie Klassenzugehörigkeit als binären Zustand definieren, sehr einfach zu bewertende Prüfungsinhalte.

Im *pragmatischen Aspekt*, der die Perspektive von Nutzerinnen typografischer Schrift beleuchtet, liegt der Nutzen in den Möglichkeiten von Schriftklassifikationen zur mentalen und physischen Adressierung typografischer Schriften. Sie zielen dabei auf zwei Handlungs-Sphären. Die mentale Adressierung bedeutet hier die Bezeichnung und Benennung von Schriften, ihre Identifikation anhand etablierter typografischer Konzepte und Begriffe. Das Etablieren derselben gehört zu den im didaktischen Aspekt diskutierten Funktionen von Schriftklassifikationen. In der Umkehrung werden diese Konzepte bei der Anwendung, der Auswahl, dem Identifizieren, Einsortieren und Wiederfinden von Schriften sowie der Kommunikation mit Dritten verwendet und weiter tradiert. Die letzte Sphäre betrifft besonders das z. B. in der DIN 16518 genannte »Kundengespräch« (vgl. DIN 16518: 1), die Situation, in der sich typografisch Gestaltende mit Kunden über eine konkrete Schriftwahl austauschen und diese Auswahl intersubjektivieren. Schriftklassifikationen definieren hier Begriffe und Kategorien, anhand derer Argumente für oder wider den Einsatz einer Schrift formuliert werden können. Dies ähnelt insofern dem didaktischen Aspekt, als es Kunden, zumindest für die Schriften ihrer Projekte, zu Experten machen soll.

Das Identifizieren und Sortieren betrifft erstens das Benennen und Auswählen von Schriften im Gestaltungsprozess. So schlicht die Feststellung sein mag, so zentral ist der Moment: Typografie beginnt mit Festlegung, mit der Auswahl *einer Schrift für einen Text*, in Kapitel 1 wird dieser Moment als Urszene der modernen Typografie bezeichnet. Diese Auswahl ist als Abwägungsprozess zu sehen, in dem vielfältige, inhaltliche, technische und ästhetische Faktoren zu berücksichtigen sind. Wichtig dabei ist, typografische Gestaltung nicht als Ergebnis, sondern als Weg zu betrachten. Auch wenn Typografie immer in einzelnen Schrift-Adressierungen endet – jedem Textelement, jeder Inhaltsebene, jedem Buchstaben wird genau eine Schrift zugeordnet –, so ist der Weg dorthin, zumindest nach Erfahrung des Autors, einer der vielfältigen Zuordnungen, ein Komplex aus Vergleichen, Abwägungen, Versuchen, Experimenten, Aus- und Irrwegen, Variationen und Lösungen. Gestaltung, auch typografische Gestaltung, ist ein Prozess des Umgangs mit Kontingenz, der Auswahl genau einer Möglichkeit aus unüberschaubar vielen, die Schriftwahl ist dabei eine der zentralen Variablen der Typografie. Schriftklassifikationen und das aus ihnen gewonnene Transferwissen können als Werkzeuge betrachtet werden, die Gestaltende auf dem Weg von den prekären Zwischen-Zuständen des Entwurfs hin zu fundierten Gestaltungs-Ergebnissen begleiten und die auf diese Weise typografische Entscheidungen mit-moderieren.

Die zweite Adressierung, welche durch Schriftklassifikationen, insbesondere in der digitalen Typografie, mit-moderiert wird, ist die der Verortung der Typen,[513] der »konkreten« Schriften. Unabhängig davon, welcher Natur Typen sind, müssen sie adressiert, also verortet und »gemerkt« werden, um wieder verwendbar zu sein, es geht um den Aspekt der »Lagerung«. Ordner- und Dateistrukturen auf Computern von Typografen sind häufig stille Zeugen der Fragwürdigkeit der Verortung: Schriften müssen auf irgendeine Art gespeichert werden und werden häufig nach kategorial völlig unterschiedlichen Kriterien wie Schriftnamen, nach Kunden bzw. Projekten (für die bzw. in denen sie verwendet werden), Herstellern, Dateiformaten, Lizenzenarten oder nach Zeitpunkt des Eintreffens[514] geordnet. Schriftklassifikationen bzw. *etablierte Schriftklassen* sind dabei, in all ihrer Widersprüchlichkeit, häufig die *einzige Orientierung überhaupt*, nach der Schriftarten nach formalen Kriterien intersubjektiv verständlich sortiert und gespeichert werden können. Dies lässt sich besonders gut an den Ordnungsmechanismen der umfangreichen digitalen Schriftbeständen ablesen. Kaum ein Anbieter digitaler Schriften, kaum eine Schriftenbibliothek ist sortiert ohne Rückgriff auf die internationalen Konsens-Klassen oder den latenten Kanon des 19. Jahrhunderts. Besonders für digitale Bestände sind Schriftklassifikationen Instanzen zwischen Navigationshilfen und einziger Zugriffs-Möglichkeit. Viele zeitgenössische Schriftbibliotheken sind so umfangreich, dass sie ohne Sortier- und Filterfunktionen nicht zu überblicken sind. Klassifikationen liefern die typografischen Begriffe und Konzepte, nach denen Schriften (z. B. in den Abonnement-Systemen

513 Hier sind die Typen, die physischen Schriftarten, Bleibuchstaben oder Gießmatrizen, Type1- oder OpenType-Dateien gemeint, die an irgendeiner Stelle, einem Ort im Gestaltungs- und Produktionsprozess verortet werden müssen.

514 Auf der Festplatte des Autors, der in physischen Objekten wenig intersubjektiv verständliche Ordnung herzustellen vermag, sind die Schriftdateien in Verzeichnisse geordnet, die grob Konsens-Klassen abbilden, aber auch Kunden und Projekte, (Fremd-)Sprachen, Schriftformate, Lizenzarten und Lizenznehmer abdecken. Der Schriftenbestand in den Werkstätten der Hochschule der Bildenden Künste Braunschweig ist nach der DIN 16518 und der Linotype-Klassifikation sortiert, der der Hochschule Rhein-Waal gar nicht.

von Monotype, FontShop oder Adobe) durchstöbert, gefiltert und gefunden werden können. In digitalen Schriftklassifikationen verschmelzen die Aspekte der Sortierung mit denen des Marketings.

Allen Aspekten gemein ist, dass das Nützlichkeitsversprechen der Schriftklassifikationen, ihre »Sortierungskraft«, auch über Referenzen auf andere, nicht primär typografische Disziplinen plausibilisiert wird. Wenn Schriftklassifikationen Ordnungssysteme der Schrift*form* sind, wären die genuinen Argumente zur Differenzierung *formaler* Natur, Beschreibungen von Linien, Richtungen, Flächen, Schwärzung und Zwischenräumen. Die formalisierte Beschreibung von Schriftformen, Kurven auf einer Fläche, ist die Geometrie. Geometrische Argumente, Definitionen und Messwerte werden dann Teil der Klassifikationen, wenn diese selbst formal-logisch definiert werden. Bemerkenswerterweise nutzen fast alle Klassifikationen Formbeschreibungen, verbleiben häufig vage und werden lediglich durch Prototypen konkret. Dafür werden die Formbeschreibungen selbst häufig in andere Bezüge gesetzt. Praktisch alle Klassifikationen argumentieren zumindest in Teilen historisch, Referenzen auf kunsthistorische Epochen sind weit verbreitet und prominent, häufig sogar als Klassenbezeichnungen. Die Benennung der Epochen in verschiedenen Sprach- und Kulturräumen unterscheidet sich leicht,[515] die dahinter stehenden Konzepte bleiben aber weitestgehend identisch. In enger Verbindung mit zeitlichen Bezügen stehen Nennungen von Personen der typografischen »Zeitgeschichte«, oft sind die referenzierten Konzepte praktisch identisch. Ein weiterer, besonders im deutschen Sprachraum häufiger referenzierter Kontext ist die Kalligrafie einschließlich der Referenz auf Schreibwerkzeuge und konkrete technische Kontexte der Exemplar-Erzeugung, im weitesten Sinne Schreib- oder (Ab-)Druck-Prozesse und -materialien sowie technische Schreibvorrichtungen. Er ist vielleicht deswegen so populär, weil die Verbindungen zwischen Schreibwerkzeug, Materialien und Strichführungen jedem, der schreiben kann, plausibel zu machen sind. Als Beiträge, die einerseits das historisch »Gewachsene« und die lange Tradition der Typografie betonen und andererseits ihr »Hineinragen« ins Zeitgenössische verdeutlichen, sind

515 Der größte Unterschied in der Referenz existiert zwischen deutschen und englischen Bezeichnungen. Während in der DIN 16518 als wichtigste Epochen *Renaissance* (DIN 1 und 2), *Barock* (DIN 3) und *Klassizismus* (DIN 4) in den Klassenbezeichnungen genannt sind, werden in den Klassenbeschreibungen der *Geraldes* und *Didones* der Klassifikationen der ATypI, Vox und BS Namen aus den betreffenden Epochen genannt und *Transitional* als Entsprechung zum deutschen Barock verwendet.

Schriftklassifikationen Bestätigungen der eigenen Relevanz und damit auch ein Beitrag zur Selbstvergewisserung der Typografie und ihrer »Verbundenheit« mit der Welt, innerhalb und jenseits der drei Aspekte.

Die drei Aspekte befinden sich in einer Rückkopplungs-Schleife: Begriffsbestimmung nach theoretischem Aspekt, deren Lehre und Verbreitung in der typografischen Fachwelt nach didaktischem Aspekt und ihre praktische Anwendung im gestalterischen Alltag lassen sich kaum voneinander losgelöst denken, sie bedingen und beeinflussen einander gegenseitig. Wenn Schriftklassifikationen die Adressierungsmodalitäten von typografischer Schrift regeln, so treffen ihre verschiedenen Aspekte in der Navigation durch die Schriftbestände der großen Anbieter aufeinander: Viele lange tradierte und auch über die typografische Lehre international etablierte Begriffe regulieren nicht nur den Zugang zu typografischen Schriften, sondern machen die Navigation, das Identifizieren und Auffinden der Schriften erst möglich. Zumindest für die umfangreichen Bibliotheken der großen zeitgenössischen Anbieter gilt, dass diese ohne Kenntnisse grundlegender typografischer Begriffe wie »Sans-Serif«, »humanistisch« oder »mono-spaced« nicht mehr zu nutzen sind. »Nutzungskompetenzen« für die digitalen Schrift-Auswahl-Werkzeuge sind typografische Konzepte, die im bereits über hundert Jahre alten Klassifikationsdiskurs entwickelt, verfeinert und ausdifferenziert wurden. Die so etablierten Begriffe formen einen Teil typografischer Kultur, einen Teil des zur Teilnahme an der »typografischen Welt« notwendigen Weltwissens.

Ein wesentliches Nutzenversprechen von Schriftklassifikationen wird bereits zu Beginn des 20. Jahrhunderts, im ersten umfangreichen Ansatz von Thibaudeau, formuliert, die Analyse der Buchstaben ermögliche ihren »rationellen« Gebrauch (vgl. Thibaudeau 1921: 1): Ordnung und Übersicht steigern Qualität und Produktivität. Werden Schriften als Werkzeuge der Text-Ästhetisierung betrachtet, liefern Schriftklassifikationen die Übersicht, den Vergleich, die Argumente, warum eine Schrift in einem konkreten Fall ein passendes Werkzeug sein kann. In der digitalen Typografie werden Schriftklassifikationen verwendet, um überhaupt einen Zugang zu der Vielzahl typografischer Schriften zu ermöglichen. Ihr Nutzen liegt in der dynamischen Such- und Selektionsmöglichkeit. Besonders für die umfangreichen digitalen Schriftbestände der führenden Abonnement-Anbieter sind Schriften weiterhin Werkzeuge, die Klassifikationen aber nun die Werkzeugkästen, über welche die Schriften überhaupt erst identifiziert und verwendet werden können. So werden die Schriftklassifikationen wieder von den Instanzen formuliert und eingesetzt, auf die auch der latente Kanon zurückgeht und welche die Normungsbemühungen der Nachkriegszeit vorangetrieben haben: Die Schriftenhersteller, nach der Normungsphase weitgehend verstummt, treten wieder präsent als Akteure auf. Der von ihnen erhoffte Nutzen liegt in der Produktivitätssteigerung im Sinne eines Absatzversprechens. Nun, da die Schriftklassifikationen als vor-selektierende Torwächter zwischen Nutzerinnen und Anbietern stehen, sind sie Voraussetzung für den wirtschaftlichen Erfolg der Unternehmen.

Einige der wirkmächtigsten Schriftklassifikationen entstehen im Rahmen von Normungsprozessen, die Systeme sind in Standards und »Normblätter« eingebettet. Sie sind das Resultat komplexer Abstimmungs- und Genehmigungsverfahren, die von autorisierten und auf breiter Basis anerkannten Instanzen veröffentlicht werden. Beispiele sind die Normen des British Standard (BS), des (ehemals »westdeutschen«) Deutschen Instituts für Normung (DIN) oder die Technischen Güte- und Lieferbedingungen (TGL) der Deutschen Demokratischen Republik sowie in digitale Standards integrierte Klassifikationen, wie Cascading Style Sheets (CSS), TrueType[516] oder das PANOSE-System. Über diese Normen werden die Systeme in andere Kontexte wie Lehrpläne, weitere Normen,[517] Standards zur Qualitäts-Bewertung, Schriftformate, Betriebssysteme oder Browser-Software eingebettet, was ihnen eine weitere Nutzendimension verschafft. Schriftklassifikationen sind Elemente von teilweise sehr wirkmächtigen Strukturen, als Lehrplaninhalte prüfungsrelevantes Wissen für Generationen von Auszubildenden, über Beschriftungs-Vorschriften an jedem bundesdeutschen Straßenschild[518] sichtbar, als Schrift-Selektionsmechanismen für die Darstellung von HTML in praktisch jedem zeitgenössischen Browser verwendet. Allerdings ist der Rückschluss von Verbreitung auf pragmatischen Nutzen kein Automatismus, »verbreitet« bedeutet nicht unbedingt »nützlich« im Sinne von »wirksam« oder gar »sinnvoll«. Die

516 Der digitale Schriftstandard TrueType »enthält« genau genommen zwei Klassifikationen; einerseits eine eigens von IBM entwickelte, zudem enthalten TrueType-Schriften Informationen zur PANOSE-Klassifikation (vgl. Kapitel 4).

517 Beispielsweise wird die DIN 16518 in verschiedenen anderen Normen referenziert. So wird beispielsweise in den DIN-Normen 1338, 1450, 1451-1 und 19045-3, in denen es um Lesbarkeit, Beschriftung und Beschilderung geht, auf die DIN 16518 Bezug genommen.

518 Die DIN-Normschrift ist eine standardisierte serifenlose Schrift, wie sie z.B. auf Autobahn- oder Hinweisschildern verwendet wird, sie ist in verschiedenen Varianten auch als digitale Schrift kommerziell wie auch frei verfügbar. Jedes Ausfahrt-Schild zeugt von Gültigkeit und Wirksamkeit der verkehrsbeschilderungsrelevanten DIN-Normen.

bloße Existenz eines Standards bedeutet nicht, dass er tatsächlich angewendet wird.[519] Nutzen entsteht in der Anwendung, die Standardisierung selbst ist lediglich eine »Anwendungsdrohung«. Viele etablierte Standards »nutzen« allerdings schon ohne konkrete Anwendung: Die bloße Existenz einer Norm hat in vielen Fällen bereits eine normative Wirkung.

Über den Moment des »Ordnung-Schaffens« hinaus können über Schriftklassifikationen Lücken und Zwischenräume in der Welt typografischer Schriften identifiziert werden, sie zeigen die weniger belebten Regionen der Landkarte der Schriften. Die stete Ausdifferenzierung der Schriftform kann auch als Füllen von Leerstellen in den Klassifikationen verstanden werden oder, wie Archer es ausdrückt, als gestalterisches »Zielen auf Lücken«.[520] Die Nähe von Schriftklassifikationen und Schriftgestaltung zeigt sich in den »historischen« und zeitgenössischen Entwicklungen zur automatisierten Erzeugung digitaler Schriften[521] oder der dynamischen, parametrisierten Anpassung von Schriften an einen Darstellungskontext[522] mit *Variable Fonts*: Diejenigen Attribute, nach denen Schriften *klassifiziert* werden, und die, nach denen sie *generiert* werden, sind zumindest nahe verwandt, häufig sogar *identisch*. Klassifikationseigenschaften und Schrifterzeugungsparameter wie Modulationsachse, Modulationsstärke, Laufweite, optische Größe oder Serifenansätze gleichen einander. Wenn eine Eigenschaft (geo)metrisch zu erfassen, zu formalisieren ist, dann kann sie als Parameter zur Schrifterzeugung verwendet werden. Schriftklassifikation und Schrifterzeugung begegnen sich im Moment der Formalisierung. Umgekehrt ausgedrückt: Formalisierung kann und wird in beiden Sphären genutzt, zur Beschreibung wie auch zur Erzeugung. Wiederum umgekehrt sind parametrisch erzeugte Schriften nach den bei ihrer Erzeugung verwendeten Parametern eindeutig zu klassifizieren.

Zuletzt soll auch nach dem Nutzen akademischer Arbeiten zur Schriftklassifikation gefragt werden. Dieser ist, wie bei Normen, zunächst im Wissenschaftssystem selbst zu finden, wissenschaftliche Arbeiten, zumal wissenschaftliche Qualifikationsarbeiten, nützen im wissenschaftlichen Umfeld. Hier soll allerdings der

519 Am Beispiel von CSS wurde gezeigt, dass Standards Einfluss auf die Schriftwahl im Rendering-Prozess eines Webbrowsers haben können. Ob dieser Einfluss aber tatsächlich ausgeübt wird, hängt stark vom Kontext ab und ist insbesondere bei den diskutierten technischen Standards kaum festzustellen.

520 Archer 2007: 5.

521 vgl. z. B. Knuth 1999.

522 vgl. z. B. Vinh 2017.

fachliche Nutzen relevant sein. Die besondere Perspektive der wissenschaftlichen Arbeiten zur Schriftklassifikation ist, dass sie auf eine Lücke abzielen, welche die Klassifikationen der Schriftenhersteller, als (Lehr-)Bücher publizierte Ansätze[523] und Ansätze aus privatem Interesse oder Eigeninitiative hinterlassen. Ausschließlich die Publikationen aus dem wissenschaftlichen Kontext schaffen es, viele Schriftklassifikationen aus einer neutralen Perspektive zu beleuchten, umfangreiche Quellenarbeit zu betreiben, damit viele Systeme zu analysieren, nach den Beweggründen und Hintergrundsituationen zu fragen, die Autorinnen und Autoren und ihre Ansätze in ein Verhältnis zu setzen, die Geschichte und Entwicklungen der Satztechnologien zu berücksichtigen, kurz: Schriftklassifikationen umfangreich und nach wissenschaftlichen Standards zu befragen. Die in der Einleitung gestellte Kernfrage *Wer klassifiziert welche Schriften wann warum auf welche Art und Weise in welchem Medium mit welchem Effekt?* wird sinngemäß nur von Arbeiten aus dem akademischen Umfeld[524] beantwortet. Die Diskursanalyse scheint ein Privileg der akademischen Perspektive. Der Nutzen vieler wissenschaftlicher Texte liegt dabei weniger in den teilweise mit-entwickelten Klassifikationssystemen selbst als vielmehr in der Perspektive des Überblicks und der Zusammenschau. Wenn Schriftklassifikationen einen Überblick über das Schriftschaffen bieten, dann liefern die wenigen akademischen Arbeiten zur Schriftklassifikation einen Überblick über die Überblickssysteme. Viele der Klassifikationen aus dem nicht-wissenschaftlichen Bereich »gelten« für eine bestimmte Auswahl typografischer Schriften, behandeln eine exakt bestimmbare Menge von Schriftarten; sie sind *absolut* und *konkret*. Solche Klassifikationen, wie. z.B. die der Hersteller, argumentieren aus dem *Jetzt,* sie ordnen als Vermarktungsinstrumente die konkreten und zeitgenössischen Schriftarten.[525] Die Stärke der Forschung, der Schriftklassifikationen aus dem akademischen Bereich liegt darin, über die Kontingenz der gegenwärtigen Situation der Typografie hinaus auch in die Geschichte und die

---

523 Buchpublikationen sind wie im Bereich der Wissenschaft auch in der Typografie nicht ausschließlich als wirtschaftliche Projekte zu betrachten, wenige Publikationen sind im wirtschaftlichen Sinn für die Autoren »rentabel«. Die Motivation vieler Autoren liegt nicht ausschließlich im wirtschaftlichen Erfolg ihrer Bücher, sondern in den Nebeneffekten von erfolgreichen Publikationen, in Bekanntheit und Öffentlichkeit für die eigene Position und Person in der Fachwelt. Prämierung von Autorschaft ist eine zentrale Nutzenperspektive des Typographeums.

524 Und selbst dort häufig nur teilweise.

525 Und stellen diese Schriftarten innerhalb der konkreten zeitgenössischen technischen, sozialen und ökonomischen Rahmenbedingungen dar.

Zukunft hinein zu denken. Sie ignorieren dabei ein Stück weit die vorgefundenen typografischen Verhältnisse, abstrahieren allerdings dafür vom Gegebenen. Diese *abstrakteren* Schriftklassifikationen verhandeln typografisches Annäherungswissen bzw. sind selbst Näherungen, Ordnungs-Suchen. Als Studien der Systeme zeigen sie im Vergleich, wie sich mit dem *Sortieren von* auch das *Denken über* typografische Schriften verändert und entwickelt, sie sind auch Studien über die Genese des typografischen Diskurses. Wenn die Schriftklassifikationen selbst einen qualitäts- und damit produktivitätssteigernden Nutzen haben, wirken die Studien über sie in verschiedene Richtungen. Sie wirken als Diskurselemente auf die Konzeption neuer und die Veränderungen bestehender Systeme. Sie unterscheiden sich von den *konkreten* Systemen durch ihre Perspektive, sie argumentieren nicht vornehmlich vor dem Hintergrund der (nur durch Konkretion möglichen) *exakten Adressierung* und Vermarktung, sondern der *Orientierung* und *Identifikation* – zwei ähnliche, aber keinesfalls deckungsgleiche Blickwinkel. Die akademischen Publikationen erscheinen zudem praktisch immer im Umfeld der Lehre im Fach Typografie, sodass eine Wirkung auf die Lehre hier nicht nachgewiesen, aber zumindest plausibel vermutet werden kann. Die Eigenheit, vielleicht auch ein Privileg der Theoriebildung, der akademischen Arbeiten, liegt in den Fragestellungen: Alle in diesem Rahmen entwickelten Schriftklassifikationen weisen in Richtung einer universellen Klassifikation, die Arbeiten sind mehr Grals-Suchen als konkrete Problemlösungen. Während die *konkreten Klassifikationssysteme* versuchen, eine definierte Menge an Schriften zu ordnen, zu präsentieren, zugänglich zu machen und ggfs. zu verkaufen, versuchen die *abstrakten Klassifikationen*, die gesamte Welt der typografischen Schriften zu ordnen. So bedienen die akademischen Publikationen auch ein Stück weit die Wünsche und Phantasmen der Wissenschaften, bieten als Ordnung-schaffende Bewegungen Erkenntnis und Sinnstiftung. Abstrakte Klassifikationen streben nach Universalität, sie sind Annäherungsversuche an den Gral der universellen Schriftklassifikation.

8.2 Zukunft der Schriftklassifikation

Was zu guter Letzt dem Nachdenken über historische und neue Schriftklassifikationen folgt, ist die Frage nach der Rolle, die den Systemen in der Zukunft zukommen wird, in welche Richtungen ihre Weiterentwicklung weisen könnte. So ist zunächst festzustellen, dass die umfassendste Veränderung der Systeme aus dem Prozess der Digitalisierung kommt, in dessen Rahmen zunächst »die Typografie« und im Zuge dessen auch alle Systeme in ihrem Kontext transformiert wurden. Während die »analoge« Typografie noch mit weniger komplex strukturierten, prototypisch formulierten Modellen erfassbar war, sind es in der digitalen Typografie nicht nur die Schriften, sondern auch die sie zugänglich machenden Ordnungssysteme, die als digitale Agenten Teil des typografischen Wertschöpfungssystems geworden sind. Ob digitale Systeme auch zur Schriftklassifikation verwendet werden, steht heute, 2017, nicht mehr in Frage. In der Rolle der Schriftklassifikationen für die zukünftige Typografie findet ein Umbruch statt. In der Lehre sind Schriftklassifikationen bisher hauptsächlich standardisierte Prüfungsinhalte. Darüber hinaus könnten sie in der zunehmend »digitalisierten Lehre«[526] vermehrt Einsatz finden. Aktuell bleibt ihr Potenzial in diesem Bereich wenig genutzt. Schriftklassifikationen können helfen, Reflexion, Diskussion und Analyse von typografischen Arbeiten zu versachlichen und Orientierung zu bieten, z. B. hinsichtlich möglicher gestalterischer Alternativen. In der jungen Disziplin der Designforschung (und deren noch jüngerem Zweig, der sich mit Kommunikationsdesign und Typografie befasst) könnten Schriftklassifikationen als Begriffe liefernde und tradierende Instanzen zukünftig eine größere Rolle spielen. Eine zentrale Funktion aber, die der Stiftung von Orientierung für ein breites Publikum, ist gerade dabei, vollständig von digitalen Schriftklassifikationssystemen eingenommen zu werden. Es ist zu erwarten, dass im Bereich der Schriftlizenzierung, wie in vielen anderen Bereichen digitaler Informationsgüter,[527] Abonnement-Modelle zunehmend an Relevanz gewinnen werden und langfristig den Lizenz-Kauf vollständig ablösen könnten. Die Situation der Schrift-Nutzer ist zunächst, oder wieder einmal, die der Orientierungslosigkeit: Der gesamte Schriften-Bestand eines Anbieters steht zur Verfügung, unabhängig davon, ob es sich um »professionelle Anwender« handelt, etwa Nutzer eines Abonnements von

526 Gemeint ist der Einzug standardisierter, digitaler Inhalte in die duale und akademische Lehre, wie interaktive Lern-Anwendungen oder Serious Games.

527 Gemeint ist hier der Trend zu Streaming-Diensten im Bereich digitaler Audio- und Videoinhalte, die über Abonnement-Zahlungen, »Flatrates«, abgegolten werden. Der Erfolg von Diensten wie Spotify, SoundCloud, Napster, Netflix, iTunes, Amazon Prime, VideoLoad, Maxdome, Google Play oder Sony Streaming zeugt von der Popularität dieses Lizenz-Modells.

Monotype oder Adobe, oder aber um »typografische Laien«, die eine der gratis verfügbaren Google-Fonts auf ihrer Website verwenden wollen. Jedem typografisch Gestaltenden stehen immer umfangreichere Schriften-Bibliotheken zur Verfügung, bestehend schon heute aus vielen hunderten Schriftfamilien. Dieser Moment, Ur-Szene der modernen Typografie, ist der Eintrittspunkt der Schriftklassifikationen als operationale Elemente der Typografie. Waren die »alten«, als Bücher publizierten, prototypisch formulierten Schriftklassifikationen noch Landkarten oder Wegweiser durch die Schriftenlandschaft und somit »lediglich« optionale Orientierungshelfer, sind die digitalen Systeme obligatorische Suchmaschinen. Vorgeschaltet vor die umfangreichen Schriftenbibliotheken, sind sie nicht nur Filtersysteme, nicht mehr eventuell einzusetzende Helfer beim Schriftzugang, sondern Vorbedingung, ohne die der Zugang auf die Schriften zumindest schwierig, wenn nicht gar unmöglich ist. Ein kurzer Seitenblick auf das Angebot von Fontstand[528] zeigt das Dilemma: Die gesamte Schriftenbibliothek, dargestellt auf der Website *fontstand.com* oder in der Desktop-Software *Fontstand,* breitet sich über 52 Bildschirmseiten[529] aus. Dabei werden von den Schriften nur der Name, die Buchstaben A und a sowie der Hersteller gezeigt. Die Selektion, jenseits des ersten Überblicks nach alphabetischer Sortierung nach Schriftname, noch nicht aber der qualitative Vergleich, findet über vordefinierte Kategorien statt, Schriftklassen. Schriftklassifikationen werden zu den umfangreichen Schriftenbibliotheken vorgeschalteten *Gatekeepern.* Sie selektieren, moderieren, sie ermöglichen oder verhindern den Zugang von typografisch Gestaltenden zu typografischen Schriften. Im Bereich dynamischer Schriften, den ‹Variable Fonts›, kommt den Schriftklassifikationen nun eine aktive Rolle zu. Sie entwickeln sich von Objekten des der Schriftgestaltung nachgeschalteten, Ergebnisse reflektierenden Diskurses zu Lieferanten der Parameter zur Schriftgestaltung. Klassifikationen sind nicht mehr die Vergangenheit *widerspiegelnde* Theorie-Gebilde, sondern liefern als Akteure *schriftformende* Argumente. Bereits in den frühen Ansätzen der formalisierten Schriftklassifikation bestand eine Nähe zwischen formalisierter, reflektierender Beschreibung und formalisierter Erzeugung von Schriften. Mit der

528 Fontstand wurde hier als Beispiel für einen von den großen Anbietern unabhängigen Vertrieb ausgewählt, ein »kuratierter« Schriftenanbieter. Im August 2017 sind über Fontstand 1177 Schriftfamilien von 46 Herstellern verfügbar (vgl. Fontstand 2017)

529 Für Pixelzähler: Ein Bildschirm mit einer Auflösung von 1600 × 1200 Pixeln.

Entwicklung von Variable Fonts wird diese Verzahnung einen Schritt weiter getrieben. Damit ist die Technologie der nächste Schritt zur weiteren Ausdifferenzierung der Schriftform; das mehr an Technik führt zu einem mehr an Schriftformen, und damit gesteigerter Notwendigkeit zur Orientierung, Überblick, Klassifikation.

Für eine pragmatische Einschätzung der zukünftigen Rollen der Schriftklassifikation seien hier zwei Extrempositionen skizziert, zwischen denen Schriftklassifikationen zu verorten wären, eine technik-pessimistische und eine technik-optimistische. Beide seien hier als kontrastierende Positionen nur holzschnittartig nachgezeichnet.

Die *technik-pessimistische* Position ist die einer Dystopie, sie ist dominiert von Ängsten um den Kontrollverlust. Sie befürchtet eine mit zunehmender Technisierung einhergehende Formalisierung, deren Dominanz zu Bevormundung und Verlust freier Entscheidungsmöglichkeiten führt. Die pessimistische Perspektive befürchtet so den Verlust von Einfluss, Entmündigung, die Übergabe von Macht an technische Strukturen: in diesem Fall automatisierte und formalisierte Schriftklassifikationen. Im Jargon der Technik-Dystopien der 1980er Jahre ausgedrückt wird der wichtige Moment der Schriftwahl zukünftig den Automaten überlassen. Formalisierte Schriftklassifikationen, automatisierte Typografie-Programme sind es, die sowohl den Zugang zu den bereits gestalteten typografischen Schriften als auch die Erzeugung der zu gestaltenden oder sogar automatisiert erzeugten neuen Schriften regulieren. In dieser dystopischen Vision ist Typografie eine weitestgehend automatisierte Tätigkeit, der Gestaltungsprozess ein technisch moderiertes Verfahren zur Erzeugung von Schrift enthaltenden Produkten, Norm-konforme Roboter-Typografie. Das Handwerk der Typografie beschränkt sich auf das korrekte Verwenden von Software, die Typografie als Denkhandwerk wird durch Automatisierung und Formalisierung überflüssig gemacht. Aus dieser Perspektive betrachtet sind die zeitgenössischen digitalen Schriftklassifikationen insofern erste Ausprägungen entmündigender Gatekeeper, als sie den Zugang zu typografischen Schriften ermöglichen und regulieren und ohne sie auch die Vielfalt eines einzigen Anbieters, sei es Monotype, Adobe, Typekit oder Google, kaum erschließbar ist.

Die Gegenposition ist eine *technik-optimistische*, in der an die Stelle der Ängste der pessimistischen Position neue Hoffnungen gesetzt werden. Grundlegend ist hier der Gedanke der Emanzipation *durch* Technik, eine Denkfigur, die sich auch in den Grundgedanken des Bauhauses und den Heilsversprechen des Silicon Valley wiederfindet. Der Technologie kommt hier die Rolle der Ermächtigung zu, die ermöglicht und vereinfacht, was ohne sie schwierig oder gar undenkbar ist. An die Stelle des Freiheitsverlusts tritt hier ein Gewinn an Freiheit, Technik ermöglicht die Befreiung von monotonen Standard-Aufgaben und setzt Ressourcen für andere, z. B. kreative, Aufgaben frei. Technik und Formalisierung können helfen zu vereinfachen, alltägliche Prozesse simpler, damit ökonomischer und rentabler zu gestalten. Technologie ist insofern ein Macht-Instrument, als sie ermächtigt, Zugang ermöglicht und neue Freiheiten durch die Möglichkeit der Konzentration auf das Wesentliche erst schafft. Im Fall der Typografie hilft Technologie zur Produktivitätssteigerung typografischer Entscheidungen mit dem Ziel, typografische Produkte »besser«, sprich einfacher zu gestalten, besser verständlich und anschaulicher zu machen.

Die Schriftwahl ist eine dieser Standard-Aufgaben. Es mag so erscheinen, dass die Technik, analog wie digital, mehr und mehr Einzug hält in die typografische Gestaltung und sie immer stärker steuert und limitiert. Typografie ist seit jeher ein technisches Geschäft. Dies geht, nicht erst seit, aber besonders mit der Digitalisierung, einher mit einer bemerkenswerten Verbreiterung des Tätigkeitsfeldes der Typografie. Sie hielt und hält fast selbstverständlich Einzug in viele vormals nicht-typografische Felder der Gestaltung und visuellen Kultur. Außer in Büchern und anderen Druckprodukten findet Typografie im Bewegtbild statt, in Film und Fernsehen, auf Desktop-Computern und Laptops, im Web und auf Apps, Games und Konsolen, Smartphones und Interfaces; technische Schrift ist überall. Diese Erweiterung, im Wesentlichen »erkauft« durch die Formalisierung der Schriftformen, bringt auch eine Formalisierung aller anderen typografischen Gestaltungs-Ebenen mit sich. War die Formalisierung der Beschreibung eines fixierten Umrisses der Buchstaben ein Schritt, ist die Dynamisierung dieser Umrisse, siehe Variable Fonts, der nächste. Der formalisierten Seitenbeschreibungssprache PostScript folgt die Hypertext Markup Language (HTML) zur formalisierten Strukturierung von (zunächst hauptsächlich textlichen) Inhalten und Loslösung von der festen »Seite«, begleitet von Cascading Style Sheets (CSS) als formalisierte Beschreibung der Darstellung, dem »Styling« von HTML. Die Digitalisierung der Typografie ist eine Kaskade der Formalisierungen. Die Formalisierung der Schriftklassifikationen erscheint aus dieser Perspektive folgerichtig, in Anbetracht des stetig anwachsenden Schriftenangebots vielleicht sogar notwendig. Schriftklassifikationen sind formalisiertes typografisches Weltwissen, die den

Zugang zu Schriften ermöglichen, die typografische Entscheidungen moderieren und, wenn zielgerichtet eingesetzt, zu höherer typografischer Qualität führen können. Durch die positive, Silicon-Valley-Bauhaus-gefärbte Brille betrachtet sind Schriftklassifikationen Werkzeuge der Ermächtigung. Sie ermöglichen es auch typografisch untrainierten Anwendern, komplexe typografische Fragestellungen zunächst zu formulieren und dann, mit Hilfe der oder Moderation durch die Systeme, Entscheidungen zu fällen. Sie ermöglichen den Eintritt in die Welt der Typografie, indem sie genau das zeigen und den Blick dafür schärfen, was ohne sie unbemerkt bliebe: Kurven und Kontraste, Serifen und Stämme, Dickten und Tropfenserifen, Schlaufen und Strichstärken, Punzen und Punkte, Schwarz- und Weißräume. So ist es meine Hoffnung, dass Schriftklassifikationen der Zukunft Systeme der typografischen Bildung und Ermächtigung sind: formalisierte Zauberkästen, die auch fachfremden Nutzern die Wunder der Typografie zugänglich, verständlich und nutzbar machen.

Schriftklassifikationen retten nicht die Welt der Typografie, noch führen sie zu ihrem Untergang. Momentan scheint es eher so, als würden sie ihr weiteres Überleben moderieren. Wer die Welt der Schriften bereisen möchte, kann dies gut auch ohne Klassifikation tun. Wer aber mit Schriftklassifikation reist, bekommt zumindest einen Reiseführer.

9 Anhang

9.1 Typografie dieser Publikation

Wenn Typografie mit dem typografischen Moment, der Schriftwahl beginnt, lag dieser für die vorliegende Publikation weit am Ende der etwas längeren Genese der Arbeit und wiederholte sich vielfach. Kann man ein Buch über Schriftklassifikation schreiben und gestalten, ohne verschiedene Schriftklassen zu verwenden? Die Antwort hier lautet ganz klar: jein. In dieser Publikation werden alltägliche Darstellungssituationen von Schrift, besonders im Kontext von Klassifikationen, vermieden. Schrift wird, solange sie nicht im oder als Bild gezeigt wird, ausschließlich in Lesegrößen dargestellt.

Es werden nur zwei Größen verwendet, eine Minuskelhöhe von 1,6 mm für den Haupttext und 1,35 mm für Fußnoten, Bildunterschriften usw., was Kegelhöhen von ca. 10 und 8 Punkt enspricht, der Rest ist Raumaufteilung. Die Hauptschrift *Bely* von Roxane Gataud widersetzt sich der einfachen Klassifikation. Sie hat gewinkelte, häufig dreieckige Serifen und Anstriche, eine deutliche und fast waagerechte Modulation, verfügt über eine *markante Kursive*, die viel stärker als die aufrechte humanistische Proportionen aufweist, und eine mutige **Display-Variante.** Diese lehnt sich praktisch gar nicht an die Hauptschrift an, kommt mit über OpenType-Features änderbarer Modulationsachse (entweder sehr schräg oder aufrecht, allerdings nur in den Versalien) und zeigt einmal mehr, dass Schriftfamiliennamen genau wie menschliche Familiennamen eigentlich wenig über ihre Mitglieder aussagen. Die begleitende Serifenlose, *CA Normal* von Stefan Claudius, ist zwischen Neo- und »normal«-Grotesk angesiedelt, englaufend und durch ihren Weißraumausgleich unauffällig. Eine Ausnahme bildet das Digitalisierungs-Kapitel, es ist in der *Spectral* gesetzt, der ersten parametrisch erzeugten Schrift der google fonts aus dem Jahr 2017. Genau wie die Digitalisierung schleicht sich die Spectral ein, ohne direkt aufzufallen. Sie bleibt, vielleicht abgesehen von einer leichten Irritation, die sich nur aus dem Vergleich zum gewohnten Umfeld ergibt, unbemerkt. Die *CA Normal* wird hier durch die metrisch (Laufweite und Grauwert) praktisch identische, aber humanistische Grotesk *Fira Extra Condensed* ersetzt, ebenfalls eine der google fonts, die sich auch deswegen unauffällig einfügt, da sie dieselben OpenType-Features unterstützt.

9.2 ABBILDUNGSVERZEICHNIS

Alle Reproduktionen von Miarja Piliponitė, Paula Wessel, Oktay Sönmez und Jörg Petri. Abbildungen 8a, b mit freundlicher Genehmigung des Klingspor Museum Offenbach, Abbildungen 6, 7a und b, 9 und 10 mit freundlicher Genehmigung des Gutenberg-Museum Mainz. Bei Reproduktionen ohne ausdrückliche Quellenangabe stammen die jeweiligen Originale aus dem Besitz des Autors.

9.3 TABELLENVERZEICHNIS

9.4 Tabelle der Schriftklassifikationen

Bei aller Kritik und im Wissen um die Problematik starker Formalisierung sind im Folgenden die in dieser Arbeit angesprochenen Klassifikationsansätze als Liste aufgeführt. Wichtig war hierbei, dass es sich um »tatsächliche« und im engeren Sinne diskursrelevante Klassifikationen handelt. Aufgenommen wurden daher nur Ansätze, die selbst eine Klassifikation ausdefinieren, beinhalten, eine vorhandene erweitern oder anders interpretieren. Der Autor ist sich des Widerspruchs bewusst, dass eine solche, noch dazu paradigmatische, Auflistung weder die Ansätze in ihrer Fülle sinnvoll wiedergeben kann, noch taugt die reduzierte, tabellarische Darstellung für einen tatsächlichen Vergleich, obwohl die Darstellungsform genau dieses suggeriert: einfache, formalisierte Übersicht in sequenzieller Form.

Abkürzungen und Begriffe

Struktur Logische Struktur der Klassifikationen

Narr. Narrativ, Klassifikationen, die hauptsächlich über eine Erzählung vermittelt werden.

monoh. Monohierarchien, häufig auch Baumstrukturen, in denen die Schriftentwicklung eher genealogisch gedacht wird.

polyh. Polyhierarchien, häufig Klassifikationen, in denen einzelne Schriften zu mehreren Klassen gehören können bzw. mehrere Denominatoren haben.

parad. paradigmatische Klassifikationsstruktur, in den meisten Fällen als Tabelle abgebildet.

facett. Facetten-Klassifikationsstruktur

Netz Als Netze strukturierte Klassifikationen; häufig solche, deren Beginn und Ende nicht vordefiniert ist und die eine Navigation durch das System vorsehen.

Definition Art der Klassendefinitionen

protot. prototypische Klassendefinitionen anhand guter Beispiele

form. formalisierte Klassendefinitionen, formal-logische Definition der Klassenzugehörigkeiten, z. B. über metrische Werte oder durch ein-eindeutige Adressierung aufgrund von vorab definierter Auswahl klassifizierter Schriften.

Medium Publikationsmedium der Klassifikation

Buch Publikation als gedruckte Publikation, in den meisten Fällen in einem oder als Buch.

Norm bezeichnet Klassifikationen, die als Normen gelten, sie sind häufig gleichlautend in sehr vielen Formen publiziert.

Website Klassifikationssystem, das auf oder als Website angeboten wird.

App Klassifikationssystem als App, z. B. für iOS, Android.

Deskt. Klassifikation als Desktop Anwendung verfügbar.

Die im Kapitel 5 dieser Arbeit analysierten Ansätze sind **dunkel und halbfett markiert.**

Jahr	Titel	Autor	Struktur	Definition	Medium
1921	**La lettre d'imprimerie**	**Thibaudeau**	**Narr.**	**protot.**	**Buch**
1922	Printing Types, Their History, Forms and Use	Updike	Narr.	protot.	Buch
1926	On type designs past and present	Morison	Narr.	protot.	Buch
1934	Type designs: their history and development	Johnson	Narr.	protot.	Buch
1935	**Type Faces, Old and New**	**Warde**	**polyh.**	**form.**	**Buch**
1940	Zur Ordnung und Benennung der Schriften	Renner	Narr.	protot.	Buch
1940	Drukletters	Groenendaal	Narr.	protot.	Buch
1941	**Geschichte der Schrift in Bildern**	**Tschichold**	**monoh.**	**protot.**	**Buch**
1943	On nomenclature of type design	Tarr	monoh.	protot.	Buch
1947	Types for books and advertising	Ettenberg	monoh.	protot.	Buch
1949	Becoming familiar with type	Corregan	monoh.	protot.	Buch
1949	Type	Hostettler	monoh.	protot.	Buch
1951	**Neue Klassifizierung der Buchdruckschriften**	**Tschichold**	**monoh.**	**protot.**	**Buch**
1953	Encyclopiedia of typefaces	Johnson, Berry	Narr.	protot.	Buch
1953	Encyclopedia of Typefaces	Berry, Johnson	Narr.	protot.	Buch
1953	Type: Principles and Application	Balding, Mansell	monoh.	protot.	Buch
1953	The Typographical Centre	Bastien	monoh.	protot.	Buch
1954	**Classification de Lure**	**Vox**	**monoh.**	**protot.**	**Buch**
1955	Unsere Druckschriften neu geordnet	Eckelmann	monoh.	protot.	Buch
1955	De la classification des caractères d'imprimerie	Tarr	monoh.	protot.	Buch
1958	Physionomie De La Lettre	Munsch	monoh.	protot.	Buch
1959	Ist das Klassifikation?	Arpe	monoh.	protot.	Buch
1959	Schrift muss passen	Nettelhorst	monoh.	protot.	Buch
1960	**ATypI**	**-**	**monoh.**	**protot.**	**Norm**
1961	Introduction to the History of Printing Types	Dowding	monoh.	protot.	Buch
1963	On The Classification of Typographical Variations	Morison	monoh.	protot.	Buch
1964	**DIN 16518**	**-**	**monoh.**	**protot.**	**Norm**
1967	**BS 2961**	**-**	**monoh.**	**protot.**	**Norm**
1968	An Atlas of Type Forms	Sutton, Bartram	monoh.	protot.	Buch
1970	Broken Scripts and the Classification of Typefaces	Noordzij	polyh.	form.	Buch
1971	Printing Types: An Introduction	Lawson	monoh.	protot.	Buch
1971	Designing with Type	Craig	monoh.	protot.	Buch
1975	**Die Einteilung der Druckschriften**	**Schauer**	**monoh.**	**protot.**	**Buch**
1979	**Codex 1980**	**Alessandrini**	**polyh.**	**protot.**	**Buch**
1980	The Thames and Hudson Manual of Typography	McLean	monoh	protot.	Buch

Tabelle 5 *Tabelle der Schrifklassifikationen*

Jahr	Titel	Autor	Struktur	Definition	Medium
1983	**Rookledge Typefinder**	**Perfect**	**Netz**	**form.**	**Buch**
1988	**PANOSE**	**Bauermeister**	**Netz**	**form.**	**Buch**
1986	The Art of Typography	Solomon	monoh.	protot.	Buch
1990	Anatomy of a Typeface	Lawson	monoh.	protot.	Buch
1991	De Streek: Theorie van het schrift	Noordzij	polyh.	form.	Buch
1991	Nouvelle Classification Typographique	Scangraphic	polyh.	form.	Buch
1991	**Übersicht**	**Kern, Koch**	**Netz**	**form.**	**Buch**
1992	20th Century Type	Blackwell	monoh.	protot.	Buch
1992	The Elements of Typographic Style	Bringhurst	Narr.	protot.	Buch
1995	Crashkurs Typo und Layout	Khazaeli	monoh.	protot.	Buch
1995	alphabet	Haley	monoh.	protot.	Buch
1995	**A field guide to the faces**	**Mundie**	**monoh.**	**form.**	**Website**
1996	Classification 10	Parker	polyh.	protot.	Buch
1998	**Cascading Style Sheets**	**W3C**	**polyh.**	**form.**	**Norm**
1998	**FontBook (Buch)**	**Siebert**	**monoh.**	**form.**	**Buch**
2000+	**Schrifthersteller im www***	**-**	**polyh.**	**form.**	**Website**
2001	**Typografie kompakt**	**Bollwage**	**parad.**	**protot.**	**Buch**
2001	**Buchstaben kommen selten allein**	**Kupferschmid**	**parad.**	**protot.**	**Buch**
2001	**Wegweiser Schrift**	**Willberg**	**parad.**	**protot.**	**Buch**
2001	**A Description Framework for Typeforms**	**Dixon**	**polyh.**	**?**	**Buch, ?**
2001	Matrix Beinert	Beinert	polyh.	protot.	Website
2003	**identifont.com**	**-**	**polyh.**	**form.**	**Website**
2005	**typosuche.de**	**Stürmer, Amartico**	**monoh.**	**form.**	**Website**
2006	Typeface Catalog	Linotype	monoh.	protot.	Buch
2006	Type Rules	Strizver	monoh.	protot.	Buch
2007	Typeforms	Bartram	monoh.	protot.	Buch
2007	**www.100types.com**	**Archer**	**Netz**	**form.**	**Website**
2009	**Adobe Typekit**	**-**	**polyh.**	**form.**	**Deskt.**
2010	**Conceptual Model for Devanagari Typefaces**	**Dalvi**	**polyh.**	**form.**	**Website**
2011	**FontBook (App)**	**Siebert**	**polyh.**	**form.**	**App**
2013	**The Geometry of Type**	**Coles**	**monoh.**	**protot.**	**Buch**
2017	**Organizing the World of Fonts with AI**	**Ho**	**polyh.**	**form.**	**Website**
2017	**Fontstand**	**-**	**polyh.**	**form.**	**Deskt.**

* Da praktisch alle Schrifthersteller seit spätestens den 2010er Jahren im WWW mit polyhierarchischen und formalisierten Klassifikationen vertreten sind, wurden sie hier nicht einzeln aufgeschlüsselt.

9.5 Tabelle der auf 100types.com verwendeten Schriften

1. Gutenberg's B-42 type
2. Nicolas Jenson's roman
3. Francesco Griffo's italic
4. C. Garamond's roman
5. Firmin Didot's roman
6. Akzidenz Grotesk
7. Gebetbuch type
8. Cheltenham family
9. Helvetica
10. Aldus Manutius' roman
11. W. Caslon IV's sans serif
12. William Caslon's roman
13. P.-S. Fournier's italic
14. Futura
15. Times Roman
16. Chicago
17. Bell
18. L. A. da Vicenza's italic
19. Univers
20. Romain du Roi
21. J. M. Fleischmann's roman
22. Clarendon
23. ATF Garamond
24. G. Bodoni's roman
25. Century Old Style
26. Nicolas Kis' roman
27. Minion multiple master
28. Unger Fraktur
29. John Baskerville's roman
30. Lucida
31. Ionic
32. Golden Type
33. R. Thorne's fat face roman
34. W. Hoppyl's textura
35. V. Figgins' antique roman
36. Johnston's Railway Sans
37. Optima
38. Bauer Bodoni
39. Adobe Garamond
40. Breitkopf Fraktur
41. Bell Gothic
42. Courier
43. Trajan
44. Mistral
45. Doves Type
46. Scotch Roman
47. Syntax
48. Snell Roundhand
49. Memphis
50. Robert Granjon's civilité
51. Fette Fraktur
52. Ehrhard Ratdolt's rotunda
53. Romanée
54. ITC Stone family
55. Trinité
56. ITC Garamond
57. Avant-Garde Gothic
58. Oakland
59. Deutschschrift
60. Hammer Uncial
61. Beowolf
62. Meta
63. OCR-A
64. Sabon
65. ITC Novarese
66. Zapf Chancery
67. Rotis
68. Base Nine, Base Twelve
69. Peter Jessenschrift
70. Excelsior Script
71. Bitstream Charter
72. Peignot
73. Erbar
74. Cancellaresca Bastarda
75. Joanna
76. Dead History
77. Behrensschrift
78. Eckmannschrift
79. Poetica
80. Marconi
81. PMN Caecilia
82. Stadia/Insignia
83. Imprint
84. Souvenir
85. Thesis
86. Apollo
87. Penumbra
88. Melior
89. Neuland
90. ITC Flora
91. Element
92. Walker
93. Remedy
94. Template Gothic
95. Digi-Grotesk Series S
96. Compacta
97. Antique Olive
98. Bodoni 26
99. Evans and Epps Alphabet
100. WTC Our Bodonit

Tabelle 6 *Tabelle der auf 100types.com verwendeten Schriften*

9.6 Liste der Klassen auf ITC-Fonts.com, 2009

Antiques, Arabic, Art Deco, Art Nouveau, Baltic, Blackletter, Brush Script, Calligraphic, Capitals, Casual, Casual Calligraphic, Casual Script, Central European, Chinese, Chiseled, Clarendon Serif, ClearType Hinted, Comic Fonts, Computer Related, Concrete Serif, Condensed, Contrast-High, Contrast-Low, Copperplate, Cyrillic, Decorative, Decorative Serif, Devanagari, Display, Engraved, Engravers, Famous Fonts, Formal Script, Garalde, Geometric Sans, Glyphic, Graffiti, Greek, Grotesque Sans, Grunge, Hand-tooled, Handwritten, Hebrew, Hindi, Humanistic Sans, Icons, Images & Symbols, Initials, Inline, Japanese, Kaku, Kids Fonts, Korean, Lombardic Script, Mandarin, Maru, Mathematical, Mincho, Modern, Monospaced, Multilingual, Multiple Master, Neoclassical, Didone Serif, Non Latin, Old Style Figures, Old Style Serif, OpenType Com, OpenType Pro, Ornaments, Outline, Platinum, Proportional Latin (Romaji), Retro, Romanian, Sans Serif, Scary Fonts, Script, Simplified Chinese, Slab Serif, Small Caps, Square Sans, Stencil, Swash, Symbol, Technical Fonts, Techno, Thai, Traditional Chinese, Transitional, Turkish, Venetian, Western Fonts, WGL, Wide, Woodcut

9.7 LITERATURVERZEICHNIS

9.7.1 Schriftenkataloge

Die folgende Liste enthält die Schriftenkataloge für Bleisatz-Schriften von Mitte des 18. bis zum Beginn des 20. Jahrhunderts, die zur Recherche für diese Arbeit verwendet wurden. Sie stammen zum allergrößten Teil aus der Gutenberg-Bibliothek Mainz und dem Klingspor Museum Offenbach. Die bibliografischen Angaben wurden dabei, wo vorhanden, von den Bibliotheken übernommen bzw., soweit möglich, ergänzt. Einige Angaben, insbesondere die Datierung, sind in einigen Fällen geschätzt, eine komplette bibliografische Erfassung ist in Einzelfällen nicht möglich.

Schriftenkataloge sind in vielerlei Hinsicht schwer bibliografisch zu erfassen, sie sind *graue Literatur:* Schriftenkataloge werden jenseits des etablierten Publikationsbetriebs produziert, erscheinen nicht bei Verlagen, werden selten verkauft, und wenn, dann jenseits der üblichen Kanäle des Buchmarktes, sie werden häufig kostenlos zur Verfügung gestellt, nicht öffentlich vertrieben oder auf andere Weise auf dem Buchmarkt verfügbar gemacht. Sie werden von den Schriftenherstellern selbst gedruckt und gebunden, manche individuell für besondere Kunden oder Anlässe produziert, teilweise sogar als Unikate, immer wieder neu kompiliert und ergänzt. Die starken Zentralisierungsbewegungen im Zuge der Industrialisierung führten zur Verschmelzung vieler Schriftgießereien zu großen Konzernen, bestehende Schriften wurden durch neu erworbene Schriften, Kataloge durch »mit-gekaufte« Musterarchive ergänzt. Viele Kataloge sind nicht datiert, selten verfügen sie über ein Impressum. Betrachtet man einige dieser teilweise sehr umfangreichen Broschuren, von denen manche einen Konvolut-Charakter haben, wird deutlich, dass sie nur schwerlich als »feste Publikationen« zu betrachten sind. Insbesondere die sehr dicken Schriftenkataloge des ausgehenden 19. und beginnenden 20. Jahrhunderts scheinen vielmehr aus einer großen Sammlung von Einzelblättern bei Bedarf gebundene Bücher zu sein, die nach individuellen Anforderungen und vor dem Hintergrund gerade verfügbarer Musterblätter zusammengestellt wurden. Es folgt eine Liste aller hier verwendeten Kataloge, sortiert nach dem (teilweise geschätzten) Erscheinungsdatum. Die Ergänzungen in kursiv sind die nicht weiter systematisierten Notizen des Autors, kurze Beschreibungen und Stichworte.

Épreuves des Caracteres du fond des **Sanlecques,** Paris, 1757
ca. 40 Tafeln mit 1 bis 4 Schriftproben, Antiqua, Griechisch, Hebräisch, Noten

Proef van Letteren Lettergietery van **J. Enschedé**, 1768
keine erkennbare Struktur oder Inhaltsverzeichnis, Besonderheit: Preisliste sortiert!

Specimen Charactervm Latinorvm, **J. Trattner,** Wien, 1769
108 Seiten, kein Inhaltsverzeichnis, Antiqua Initialen, Antiqua groß nach klein, später Brotschriften, Gebrochene, Fremde Schriften, Noten, Röslein und Zierrath

Épreuves des caratères de la fonderie de **Joseph Gillé**, Paris, 1773
Antiqua normal und kursiv von klein bis groß, Schreibschrift, Notensatz, Symbole, Antiqua in Plakatgrößen, Vignettes et Fleuron

Proeve van Lettern Lettergieterye **J. van de Groot,** 1781
Antiqua, sortiert groß nach klein (Opgeflagen Capitalen), Preisliste sortiert!

Specimen of Printing Types by **William Caslon,** 1785/86
Poster, grobe Gruppenbildung

Saggio De Carrateri e Fregi della typografia, Di **G. Marenigh,** Livorno, 1813
kein Inhaltsverzeichnis, Schreibschriften, Antiqua, Linien, ca. 40 Schriften

Proeve van Letteren Haarlemsche Lettergietery van **Joh. Enschedé en Zonen,** Haarlem, 1825
ca. 100 Blatt

Fonderie de Firmin **Didot Père et Fils,** 1er cahier, Caractères Romaines et Italiques, 1828
Lat. Buchstaben und Kursiv werden als verschiedene Klassen aufgeführt

Specimen de Caratères de la fonderie **Lion et Laboulaye Frères,** Paris, 1828
kein Inhaltsverzeichnis, Antiqua klein nach groß, Griechisch klein nach groß

Letterproef. **G. W. van der Wiel,** Arnheim. Ohne Jahr
keine klare Struktur

Proeve van Letteren der **Haarlemsche Lettergietery,** 1825, 1830 und 1836
drei ähnliche Kataloge hintereinander, Sortierung groß nach klein, Dubbelde Kapitalen en Enfers, Zierschriften, Linien, Vignetten

Fr. Dresler und **Rost-Fingerlin,** 1832
kein Inhaltsverzeichnis, beginnt (untypisch?) mit Antiqua klein, dann Gebrochene, dann Fremde (wenige), dann Schmuckelemente

Proben der Schriftgiesserey und Schriftschneiderey von **Eduard Hänel** in Magdeburg, Blatt 1 bis 165, Vollständig bis April 1837
Schriftproben auf nummerierten Blättern, die nach Gruppen sortiert und nicht der Nummerierung folgend gebunden sind, Inhaltsverzeichnis: Gewöhnliche Fractur-Schriften, Fette Fractur-Schriften, Schwabacher-Schriften, Antiqua und Cursiv-Schriften, Antiqua Titel-Versalien, Engl. Antiqua- und Cursiv-Schriften, Schmale Antiqua Schriften, Ganz fette Engl. Antiqua- und Cursiv-Schriften, Pariser Gotisch, Neugotisch, Canzlei in Zügen, Griechisch, Französische Schreibschriften, Verzierte Antiqua-Versalien, Grosse musirte Egyptienne, Zeitungs-Vignetten, Bruchziffern, Hände-, Nummern- und Wurzelzeichen, Arithmetische Zeichen, Mathematische Zeichen, Astronomische etc. Zeichen, Klammern, Englische Linien, Blumenlinien, Cheques, Loco Sigilli, Tabellenlinien, Tarots, Einfassungen

Auszug aus den Schrift-Proben der Schrift-Schneiderei, Schrift-, Stereotypen und Metallbuchstaben-Giesserei von **Fr. Dresler und Rost-Fingerlin,** Frankfurt am Main, August 1837
kein Inhaltsverzeichnis

Specimen des Caractères de la fonderie dirigée par **Pennequin Frères,** Bruxelles, 1839
Antiqua transitional/klassizist. von klein nach groß, auf versch. Kegeln (z.B. 6· Schriften auf 8· Kegel), normal und kursiv, mager und fett, Linien, Schmuckelemente und Vignetten, 96 nicht nummerierte Blätter

Proben aus der **J. B. Meltzler**'schen Schrift- und Stereotypen-Giesserei in Stuttgart, Januar 1840

Gieß-Preise und Lieferbedingungen, kein Inhaltsverzeichnis, ca. 60 Muster, gebrochene Schriften in Brotgrößen und Überschriften-Größen, wenige Antiqua in Brotgrößen, Schreibschriften, Zierschriften, Linien, Titel-Linien, Vignetten

Proeve van Letteren der **Haarlemsche Lettergietery**, 1841

ca. 310 nicht paginierte Blätter, sortiert groß nach klein, Zierschriften, Plakatschriften, Linien und Schmuckelemente, Plakatschriften

Fonderie Générale, Caractères français et étrangers, Èpreuves de Caractères, 1842

Einleitung (Avis), Inhaltsverzeichnis: Première Partie - Caractères Romains et Italiques., Brotschriften, wenige Überschriften- und Titelschriften, 4 bis 48 Punkt, Deuxième Partie - Caractères de Fantaisie., Titelschriften, Zierschriften, Troisième Partie - Caractères Étrangers. (mit gebr. Schrift als »allemands«), Gebrochene (Allemands), poln. Antiqua, Kyrillisch (Russes), Moldaves, Cophtes, Grecs, Hébreux, Syriaques, Arméniens, Arabes, Quatrième Partie - Ornements Typographiques, Cinquième Partie - Caractères d'Affiches (Plakatschriften)

Proben aus der Schriftschneiderei, Schrift- & Stereotypengiesserei und mechanischen Werkstätte von **J. M. Huck & Comp.** in Offenbach a. M., um 1858

ca. 45 Seiten, beginnt mit gebr. Schriften versch. Größen, Antiqua versch. Größen, Gothisch versch. Größen, Egyptienne versch. Größen, Zierschriften versch. Größen, Linien, Plakatschriften, Vignetten, Einfassungen und Polytypen

Laboulaye 1850

analog Laboulaye 1859

Vervolg der Letterproef van **Joh. Enschedé en Zonen** te Haarlem, 1850

ca. 260 Seiten, davon ca. 70 Brotschriften, ca. 20 für Titelschriften (mehrere pro Seite), ca. 25 Plakatschriften, Rest Linien und Vignetten, Antiqua, mittel nach klein

Vervolgproeven der Nieuwe Letteren van Stefanus Mostert & Zonen, 1852

Sortierung eher klein nach groß, Brot vor Zier, sonst keine erkennbare Ordnung, Sortierung auch von groß nach klein, alle Schriften gemischt (mit Notensatz, Griechisch mittendrin), dann wieder Plakat, Linien, Vignetten, dann wieder größere Schriften, Zierschriften, Textschriften bis »brevier«, Zierschriften, Linien, Vignetten

Joh. Enschedé en Zonen. Letterregisters te Haarlem, 1859
einzelne Hefte, ungebunden, ohne erkennbare Ordnung (Marketing-Zusammenhang?), Tweede Sort, Einfassungen und Ornamente (Titeltrekken)

Épreuves de Caratères **Adolphe René & Cie.,** 1858
analog Laboulaye 1859

Épreuves de **Caractères Ch. Laboulaye & Cie.,** successeurs de Didot, Mole, Lion, Tarbé, Crosnier, Èverat, Laboulaye Frères, Biesta, nach 1859
309 nicht nummerierte Blätter, insg. 4 Teile, 1. Teil: Classiques, Poétiques, Compactes, Demi-Compactes, Serrés, Demi-Gras, Anglais, sur tous les corps; 2. Teil: Caratères de Fantaisie, Initiales, Bas de Casse, Fantaisies variés sur tous les corps, Anglaises, Rondes, Gothiques: Ornées, Perlées, de Fantaisie, Allemandes, de la Renaissance; Rest Vignetten?

Specimen de Caracteres typographiques de **Joh. Enschedé et Fils,** Imprimeurs à Haarlem, ca. 1867
Sortierung groß nach klein, Antiqua groß nach klein, Gebrochene, Schreibschriften andere (dt. Schreibschrift, gotisch, ...)

Schriftgiesserei **Julius Klinkhardt,** Leipzig und Wien, Gesamt-Probe, Octav-Ausgabe, 1883
Inhaltsverzeichnis: I. Abteilung Preis-Courant (Preise pro Kilo, Minimum, ...); II. Abteilung: Utensilien (Regale, Kästen, Schiffe, Winkelhaken, Bürsten, Kastentrenner, ...); III. Fraktur-Schriften, Brotschriften (Fraktur und Schwabacher), Titelschriften (Schmale, halbfette Fraktur, Gotisch, Kanzlei, Midoline); IV. Antiqua-Schriften: Brot-Schriften (Antiqua, Cursiv, Mediaeval), Titel-Schriften (Schmale, halbfette Antiqua, Elzevier, Titel-Versalien, Egyptienne, Clarendon, Italienne, Grotesk, Skelett, Mediaeval, Renaissance), Zier-Schriften, Zweifarben-Schriften; V. Cursiv-, Rund- und Schreibschriften: Cursiv-Titel und -Zier-Schriften, Rundschriften, Anglaise, Schreibschrift, Korrespondenz-Schrift, Kurrent-Schrift; VI. Musiknoten-Typen; VII. Diverse: Griechisch, Bruchziffern und Klammern, mathematische, astronomische und

Tierkreis-Zeichen, ...; VIII. Initialen und Monogramme; IX. Ecken und Einfassungen, Ornamente; X. Linien mit Schriftzeug; XI. Messing-Elemente; XII. Polytypen; XIII. Zier-Leisten und Schluss-Stücke; XIV. Vignetten; XV. Holz-Schriften und Plakat-Hände

Proeve van Drukletteren uit de Lettergieterij **van de Passe & Menne,** Amsterdam, 1883

von klein nach groß, normal und kursiv, Barock- bis klassizist. Antiqua, fettere, Zierschriften, Gebrochene, Plakatschriften, Vignetten, Linien, unterschiedliche Papierqualitäten und -formate

Schriftgiesserei **Genzsch & Heyse,** Hamburg, nach 1883

ohne Inhaltsverzeichnis, keine Einleitung, Muster an Muster, Sortierung eher von klein nach groß, gebrochene Schriften, Antiqua, Egyptienne, eher Mengensatzschriften Fraktur, dann Antiqua, dann alle anderen, von klein nach groß, dann Schmuckelemente (Linien, Einfassungen, Vignetten), dann Plakatschriften

Rudhard'sche Schriftgiesserei Offenbach, ca. 1890

Preisliste: Brotschriften, Auszeichnungsschriften, Griechisch, Linien; Buch- und Zeitungsschriften; Titel-, Rund- und Schreibschriften, Initialen, Zierlinien, Zeichen

Muster-Collection Schriftgiesserei **Ludwig & Mayer,** 1893

kein Inhaltsverzeichnis, gebundene Ausgabe mit über 500 Seiten, Buchblock ca. 70 mm stark; Identifikation der Schriften über (inkonsistente) Klassenbezeichnung, Schrift-Nummer und Blatt-Nummer, die nicht fortlaufend gebunden sind, sondern (eher) Klassenbezeichnungen folgen, teilweise unterschiedliche Formate der Musterblätter

Schriftgiesserei **Genzsch GmbH,** München, o. J. (nach 1893)

alphabetisches Inhaltsverzeichnis, Paginierung, 502 Seiten, Gebrochene von klein nach groß (knapp 90 Seiten), ab hier eingeklebte, nicht paginierte Kapiteltrenner für 1. Antiqua (von klein nach groß, incl. Serifenbetonten und Grotesk, ca. 170 Seiten), 2. Zierschriften, Schreibschriften und Cursiv (nach Familien, sonst keine Ordnung, knapp 100 Seiten), 3. Ziffern und Zeichen, 4. Initialen und Ornamente (ca. 150 Seiten)

Willhelm Woellmers Schriftgiesserei Berlin, vor 1896
Inhaltsverzeichnis mit alphabet. Register, Preislisten; Utensilien und Apparate; Fraktur-Schriften, Schwabacher, Gothisch, Canzlei etc.; Reine Antiqua- und Mediaeval-Schriften; Titel- und Accidenz-Schriften; Cursiv-, Circular-, Rund- und Schreibschriften; Initialen, Polytpyen, Hände, Klammern, Zeichen, Untergrundtypen, Ziffern, etc.; Messinglinien und -erzeugnisse; Einfassungen und Ornamente; Vignetten, Zierleisten, Schlussstücke

Schriftgiesserei **Julius Klinkhardt,** Leipzig, o. J.
kein Inhaltsverzeichnis, kein Index, lediglich gebundene Muster, Schriftidentifikation über Name und Schriftgröße; in grober Struktur zuerst gebrochene Schriften, dann Antiqua, dann alles andere; Schriftnamen prototypisch Antiqua, Griechisch, Notensatz, halbfette Antiqua, Egyptienne, Italienne, Etienne, Schmale Renaissance, Fette Cursiv, Medieval-Noten, Linien, Einfassungen, Plakatschriften

Deberny et Companie. Le Livret Typographique. Specimen de Caractères, 1899
kein Inhaltsverzeichnis, Première Partie: Caractères de texte ordinaires, dit de labeur et de journaux; caractères anciens, dit elzévireiens; Deuxième Partie: Caractères de fantaisie, ayant bas de casse et de capitales pour la composition des ouvrages de ville: catalogues, prix courants, billets de part, cartes de visite, cartes de commerce, menus, prospectus, fractures, etc.; Troisième Partie: Lettres fantaisie, n'ayant que des capitales; initiales anciennes et ornèes, pour la composition des ouvrages de ville: catalogues, prix courants, billets de part, cartes de commerce, cartes de visite, menues, fractures, prospectus, etc.; Quartrième Partie: Blancs, interlignes, garnitures, lames, fillets, accolades, réglures, pointillés, coins, fonds, jeux divers, crochet, tapisserie, cadrats cintrés, passe-partout en cuivre, clichés médailles, armes, initiales entrelacées, sujets mortuaires, etc;.Cinquième Partie: Caractères du corps 60 et au delà, filets ornés, coins et lames de cadres, pour affiches

Emil Julius Genzsch, 1856 – 1906
Publikation zum 50. Berufsjubiläum, Schriftmusterbuch und »Textbuch« in einem

Schriftproben Schriftgiesserei **Flinsch,** Frankfurt am Main, St. Petersburg, ca. 1900

eingebunden: Preisliste gültig ab 1.1.1900; Schriftmuster in verschiedenen Formaten unterschiedlicher Papierqualität, teilweise gefaltet (Muster zum Ausklappen); Buchblock ca. 90 mm hoch, geschätzte 1800 Seiten (davon häufig nur die rechte bedruckt); ca. 12 mm dick gebr. Schriften; ca. 16 mm Antiqua, Egyptienne und (wenig) Grotesk in eher Buchgrößen; ca. 10 mm Zierschriften; ca. 2 mm nicht-Lateinische Alphabete, Notensatz und einfache Linien; ca. 50 mm (Rest) Schmuckelemente: Einfassungen, Linien, Vignetten, Muster, Symbole, Plakatschriften

Compionario dei Caratteri **Tipografia vaticana,** 1904

244 Schrifttafeln; Inhaltsverzeichnis, grobe Einteilung: Brotschriften (per opere); Titelschriften (per titoli); Linien, Embleme, Vignetten

AfSuM Actiengesellschaft für Schriftgießerei und Maschinenbau Offenbach am Main, 1911

alphabetisches Inhaltsverzeichnis, keine Ordnungselemente (Marginalien, Kolumnentitel, Sortierung im Inhaltsverzeichnis); Kapitel ohne Kennzeichnung im Inhaltsverzeichnis, mit Deckblättern; S. 1-96: Gebrochene Schriften: Fraktur, Schwabacher, Kanzlei, Gotisch und Fraktur-Zierschriften; S. 97 - 346: Antiqua: Antiqua-Buch-, Titel- und Zierschriften; S. 98 - 167: Renaissance-Antiqua, Barock-, klassizist. Antiqua Brot- und Zierschriften; S. 168 - 194 Serifenlose, S. 195 - 212 Serifenbetonte Schriften; S. 213 - 239 Renaissance-Schriften, Brot- und Titelschriften, S. 240 - 346 Titelschriften, Grotesk, Gebrochene Serifenarme Grotesk, Jugendstil, Zweifarbenschriften, Hand- und Schreibschriften, Schwünge; S. 347 - 358, Initialen, Monogramme, S. 359 - 363: Russische Schriften; S. 364 - 496 Einfassungen; ab S. 497 Diverses Schmuckmaterial

Bauersche Schriftgiesserei Frankfurt, nach 1912

Inhaltsverzeichnis alphabetisch, Fraktur, Antiqua, Karten-Schriften, Initialen, Kursiv-Schriften

Hauptprobe der Schriftgiesserei und Messinglinienfabrik **Stempel AG,** Frankfurt am Main, ca. 1926

1198 Seiten, Inhaltsverzeichnis mit eigener Gruppeneinteilung I bis XVII

9.7.2 Literatur

A

Agamben, Giorgio: *Was ist ein Dispositiv;* diaphanes Verlag; Berlin; 2008

Aicher, Otl: *Typographie;* Ernst Verlag; Berlin; 1988

Alessandrini, Jean: *Une nouvelle classification typographique: le Codex 1980;* Communication et langages 43: S. 35 – 56; Paris; 1979

Typomanie, Éditions la Noria; Paris; 1977

Alex, Heidrun [Red.], **Heiner-Freiling,** Magda [Red.]: *DDC-Sachgruppen der Deutschen Nationalbibliografie;* Die Deutsche Bibliothek; Leipzig, Frankfurt am Main, Berlin; 2004

Andree, Hans: *normal regular book roman. Ein Beitrag zur Schrift- und Typografiegeschichte;* Wallstein; Göttingen; 2013

Archer, Ben: *http://www.100types.com: Developing a Computer-Mediated Model for the Teaching of Type Design History;* Faculty of Design & Creative Technologies, Auckland University of Technology; Auckland; 2007

Archer [1]: *http://www.100types.com/* (Stand 2/2009)

Arpe, Heinrich: *Schriftbild und Schriftklassifizierung;* Der Polygraph 7; Frankfurt a. M.; 1953

Ist das Klassifikation? in: *Form und Technik 1;* S. 33 – 37; Stuttgart; 1959

ATypI Klassifikation https://en.wikipedia.org/wiki/Vox-ATypI_classification (Stand 4/2017)

Aull, Manfred; **Bühler,** Hubert; **Huth,** Willi; **Westlinning,** Werner: *Grundstufe der Druckindustrie;* Verlag Schule und Beruf; Itzehoe; 1992

B

Baines, Phil; **Dixon,** Catherine: *Signs. Lettering in the environment;* Laurence King Publishing, London; 2003

Baines, Phil; **Haslam,** Andrew: *Type & Typography;* Watson-Guptill Publications; New York; 2002a

Lust auf Schrift; [dt. Übers. von Baines, 2002a];Hermann Schmidt; Mainz; 2002b

Balding & Mansell [HG]: *Type: principles and application. The house style of Balding & Mansell, printers, etc.;* Wisbech; 1953

Bartram, Alan; **Sutton,** James: *An Atlas of Typeforms;* Lund Humphries; London; 1968

Bartram, Alan: *Typeforms. A history;* Oak Knoll Press; New Castle; 2007

Bastien, Alfred [HG]: *The 1953 classification of type design.* Bastien Bros.; West Drayton, Middlesex; 1958

Encyclopedia typographica; Bastien Bros.; West Drayton, Middlesex; 1953

Bauer, Friedrich: *Die Normung der Buchdrucklettern. Schrifthöhe, Schriftkegel und Schriftlinie in der geschichtlichen Entwicklung;* Verlag des Deutschen Buchgewerbevereins; Leipzig; 1929

Bauer, Friedrich; **Reichardt,** Hans: *Chronik der Schriftgießereien in Deutschland und den deutschsprachigen Nachbarländern. Bearbeitet von Friedrich Bauer, Offenbach am Main 1928. Mit Ergänzungen und Nachträgen von Hans Reichardt. Frankfurt am Main; 2011;* Online, http://www.klingspor-museum.de/KlingsporKuenstler/ChronikSchriftgiessereien/ChronikderSchriftgiesserei.pdf

Bauermeister, Benjamin: *PANOSE. A Manual of Comparative Typography;* Van Nostrand Reinhold Company; New York; 1988

Beausoleil, Raymond G., **McQueen III,** CLYDE D.: *Infinifont: a parametric font generation system;* ElseWare Corporation; Seattle; 1993

Online: http://cajun.cs.nott.ac.uk/compsci/epo/papers/volume6/issue3/beausol.pdf (Stand 6/2011)

in: Electronic Publishing, Vol. 6(3), 117–132 (September 1993), Online: http://cajun.cs.nott.ac.uk/compsci/epo/ (Stand 1/2009)

Beinert, Wolfgang: *Tschichold, Jan [Tzschichhold, Johannes] Typograph, Deutschland und Schweiz 1902–1974;* http://www.typolexikon.de/t/tschichold-jan.html (Stand 8/2008)

Schriftklassifikation DIN 16518; http://www.typolexikon.de/d/din16518-schriftklassifikation.html (Stand 6/2017)

Bellgardt, Sigrid; **Kunz,** Martin; **Scheven,** Esther (Red.): *Regeln für den Schlagwortkatalog.* Deutsche Nationalbibliothek; Leipzig; 2009

Bellgardt, Sigrid: *Praxisregeln. Zu den Regeln für den Schlagwortkatalog (RSWK) und der Schlagwortdatei (SWD),* 3. Aufl.; Deutsche Bücherei, Deutsche Bibliothek, Deutsches Musikarchiv; Leipzig, Frankfurt a.M., Berlin; 2000

Bergner, Walter: *Grundlagen der Typografie;* Fachbuchverlag Leipzig; 1990

Berner, Conrad: *Specimen Charactervm Sev Typorvm Latinorvm Probatissimorvm, Incondite Quidem, Sed Secundvm Svas Tamen Differentias Propositvm, Tam Ipsis Librorvm Autoribvs, Quam Typograhis Et Typographis Apprime Vtile Et Accommodatvm;* Frankfurt; 1592

Berry, W. Turner; **Johnson,** A. F.: *The encyclopedia of typefaces;* London: Blandford; 1953

Bertin, Jacques: *Voulez-vous jouer avec mon A;* in: *Communication et langages;* 1. Trimester 1965; S. 71 - 75 (nach Ponot 1989: 51)

Blackwell, Lewis: *20th Century Type;* Laurence King Publishing; London; 2002

Bliss, Henry Evelyn: *A bibliographic classification. Vols. 1 – 4.;* H. W. Wilson; New York; 1950 – 1953

Blokland, Frank Eduard: *On The Origin of Patterning in Movable Latin Type. Renaissance Standardisation, Systematisation, and Unitisation of Textura and Roman Type;* 2016; https://openaccess.leidenuniv.nl/handle/1887/43556 (Stand 5/2017)

2016a: *On the Origin of Patterning in Movable Latin Type (Website);* http://lettermodel.org/ (Stand 4/2017)

Bollwage, Max: *Typografie kompakt;* Springer Verlag; Heidelberg; 2001

Bolter, Jay David; **Grusin,** Richard: *Remediation;* MIT Press; London; 1999

Boole, George: *The Mathematical Analysis of Logic;* Cambridge; 1847 http://www.archive.org/stream/mathematicalanal00booluoft#page/n7/mode/2up (Stand 6/2017)

Brennen, Scott; **Kreiss,** Daniel: *Digitalization and Digitization;* Culture Digitally; 2014 http://culturedigitally.org/2014/09/digitalization-and-digitization (Stand 5/2016)

Brilliant, Morgan S.; **Pastor,** Jon; **Smith,** Frank 2009: *Equivalent Font Names* http://www.gwg.nga.mil/ntb/fontnames.html (Stand 4/2017)

Bringhurst, Robert: *The elements of typographic style;* Hartley & Marks; Point Roberts, WA; 1992 (Erstauflage)

The elements of typographic style; Hartley & Marks; Point Roberts, WA; 2005 (4. Aufl., Version 3.1)

British Standards Institution: *Typeface nomenclature and classification BS2961:1967,* Brit. Standards House; London; 1967

Brynjolfsson, E.; **McAfee,** A.: *The Second Machine Age: Work, progress, and prosperity in a time of brilliant technologies;* W. W. Norton & Company; New York; 2014

C

Cahalan, Anthony: *Type, Trends and Fashion,* Mark Batty Publisher; New York; 2007

Carter, Harry: *A view of early typography up to about 1600;* London; Hyphen Press; 2002.

Chappell, Warren, **Bringhurst,** Robert: *A short history of the printed word;* Hartley & Marks Publishers; Vancouver; 1999

Childers, Taylor; **Griscti,** Jessica; **Leben,** Liberty: *25 Systems for Classifying Typography: A Study in Naming Frequency; in Parsons Journal for Information Mapping;* Vol. V, Issue 1, Parsons Institute for Information Mapping; New York; 2013

Clough, James: *Thoughts on type and the digital revolution;* in: *Bibliologia,* Nr. 2, **Serra,** Fabrizio [HG]; Pisa/Rom, 2007.
Volltext online: http://typeculture.com/wp-content/uploads/2016/02/tc_article_48.pdf (Stand 11/2017)

Coles, Stephen: *The Geometry of Type. The Anatomy of 100 Essential Typefaces;* Thames & Hudson; London; 2013

comicbookfonts.com *Comicraft Fonts* http://www.comicbookfonts.com (Stand 2/2009)

Corrigan, Andrew: *Becoming familiar with type;* in *The British Printer,* vol. LXI 366, Mai/Juni; Maclean Hunter; London; 1949

Coueignoux, Philippe: *Approche structurelle de la lettre.* In: *Langue française Année 1983;* Volume 59; Numéro 1; S. 45 – 67

Craig, James; **Meyer,** Susan: *Designing with Type. A Basic Course in Typography;* Watson-Guptill Publications; New York; 1971

Croft, Jeff; **Lloyd,** Ian; **Rubin,** Dan: *Pro CSS Techniques: Real-world CSS Techniques for Real World CSS Professionals!;* Apress; Berkeley; 2006

Crossland, David: *The Free Font Movement;* 2008: https://www.academia.edu/23052342/The_Free_Font_Movement (Stand 7/2016)

D

Dalvi, Girish: *Conceptual Model for Devanagari Typefaces;* Industrial Design Centre; Indian Institute of Technology Bombay; 2010

Devanagari Search Tool http://dsquare.in/devft/en 2014 (Stand 5/2017)

de Jong, Stephanie und Ralf: *Schriftwechsel. Schriften sehen, verstehen, wählen und vermitteln;* Hermann Schmidt; Mainz; 2008

De Vinne, Theodore Low: *The Practice of Typography. A Treatise on The Processes of Typemaking, the Point System, the Names, the Sizes, Styles and Prices of Plain Printing Types;* The Century; New York; 1902

Deleuze, Gilles: *Postskriptum über die Kontrollgesellschaften;* in;*Unterhandlungen 1972–1990;* Edition Suhrkamp; Berlin; 1993

Denton, William: *How to Make a Faceted Classification and Put It On the Web;* Nov. 2003; http://www.miskatonic.org/library/facet-web-howto.html (Stand 12/2007)

Deutscher Normenausschuss, DIN (Deutsches Institut für Normung) [HG]: *Klassifikation der Schriften. DIN 16518;* Beuth Verlag; Berlin; 1967; in;*DIN-Taschenbuch 367. Normen für die Druck- und Medienindustrie;* Ausgabe März 2005; Beuth Verlag; Berlin; 2005

DIMDI Deutsches Institut für medizinische Dokumentation und Information: *ICD-10 Internationale Klassifikation für Krankheiten;* http://www.dimdi.de/static/de/klassi/diagnosen/icd10/index.htm (Stand 3/2009)

Dixon, Catherine: *A description framework for typeforms; an applied study;* Central Saint Martins College; London; 2001

Dixon[1]**,** Catherine: *Staff profiles;* http://www.csm.arts.ac.uk/csm-profiles_23351_373334363343435.htm (Stand 12/2008, Stand 11/2017 offline)

Dixon[2]**,** Catherine: *Describing typeforms: a designer's response;* University of Arts London; Research Database; 2008; http://ualresearchonline.arts.ac.uk/5726/1/Dixon_2_-_Describing_Typeforms_%28article%29.pdf (Stand 6/2016)

Dotzler, Bernhard; **Schüttpelz,** Erhard; **Stanitzek,** Georg: *Die Adresse des Mediums.* In: *Die Adresse des Mediums.* Andriopoulos, Stefan Schabacher; Gabriele; Schumacher, Eckhard; DuMont; Köln; 2001

Dowding, Geoffrey: *An Introduction to the History of Printing Types;* British Library and Oak Knoll Press; London; 1961

Doyle, John R: *Evaluating the IBM and HP/PANOSE font classification systems;* in: *Online Information Review;* Volume 29, Nummer 5, 2005 , S. 468 – 482; Emerald Group Publishing Limited; Bingley; 2005

Dreyfus, John; **Johnson,** A. F.; **Carter,** Harry; **Carter,** Mathew; **Hoeflake,** Netty; **Parker,** Mike: *Type Specimen Facsimiles: Reproductions of Fifteen Type Specimen Sheets Issued Between the Sixteenth and Eighteenth Centuries;* Bowes & Bowes and Putnam; London; 1963

E

Eckelmann, Helmut: *Unsere Druckschriften neu geordnet;* in: *Form und Technik;* S. 451 – 453; Stuttgart; 1955

Eco, Umberto: *Zeichen. Einführung in einen Begriff und seine Geschichte;* Frankfurt; 1977

Semiotik. Entwurf einer Theorie der Zeichen; München; 1987

Ettenberg, Eugene: *Type for books and advertising;* Van Nostrand; New York; 1947

F

Faces: *Fonts by Category - Faces* http://www.faces.co.uk/fonts/fonts_by_category.cfm (Stand 2/2009)

Fertel, Martin Dominique: *La science pratique de l'imprimerie;* Saint Omer; 1723

Fink-Eitel, Hinrich: *Foucault zur Einführung;* Junius Verlag; Hamburg; 1992

Flusser, Vilém: *Kommunikatologie;* Fischer Verlag; Frankfurt am Main; 1998

fontbureau [01]: *Neue Haas Grotesk;* http://www.fontbureau.com/NHG/ (Stand 7/2016)

fontbureau [02]: *Neue Haas Grotesk - Features;* http://www.fontbureau.com/NHG/features/ (Stand 7/2016)

fonts.com[01]: *Fonts.com;* http://www.fonts.com/DE/default.htm (Stand 11/2008)

FontShop [fontshop 01]: *Der Online Fontkatalog;* Online: http://www.fontshop.de/sukr.php3?ch=fontc.php3%3Fns%3D1%26sns%3D0
(Stand 11/2008)

[fontshop 02]: *TypeNavigator* http://typenav.fontshop.com/ (Stand 2/2009)

[fontshop 03] *AllFontCases* http://www.fontshop.com/fontcases/
(Stand 2/2009)

[fontshop 04] http://www.fontshop.com/fontcase/genres/collegiate_athletics/ (Stand 2/2009)

[fontshop 05] http://www.fontshop.com/fontcase/subclasses/script_casual/
(Stand 2/2009)

[fontshop 06] https://www.fontshop.com/content/das-ist-fontshop/ (Stand 4/2017)

[fontshop 07] *FF Clifford Variable Font* https://www.fontshop.com/variable-fonts/#/ (Stand 8/2017)

Forssmann, Friedrich; **Willberg,** Hans Peter: *Erste Hilfe Typografie;* Hermann Schmitt Verlag; Mainz; 1999

Foucault, Michel: *Die Ordnung der Dinge;* Suhrkamp Verlag; Frankfurt am Main; 2001 [1971]

Lectures on the will to know. Lectures at the Collège de France, 1970–1971 and Oedipal knowledge; Defert, Daniel [Hg.]; New York; Palgrave Macmillan; 2013

Fournier le jeune: *Manuel typographique...* tome II, Fournier [HG], Barbou [HG]; Paris, 1766; online: http://jacques-andre.fr/faqtypo/BiViTy/Fournier-Manuel.html (Stand 8/2017)

Frère-Jones, Tobias: *FONTBOOK. Book Review.* http://ilovetypography.com/2008/01/24/fontbook-type-encyclopedia-review/ 24.1.2008 (Stand 8/2017)

Friedrich, Hartmut: *Ordnungssysteme in Schriftbeständen. Von Klassifikationskämpfen und pragmatischen Parametern;* https://incom.org/projekt/7346 Juli 2016 (Stand 3/2017)

G

Galloway, Alexander R.: *Protocol. How Control Exists after Decentralization;* MIT Press; Cambridge, Mass.; 2004

Gebhardi, Manuel von: *Variable der Schrift; http://manuel.vongebhardi.de/variables_of_type/* (Stand 8/2017)

AAVT. All Aspects and Variables of Type; in: Gebhardi 2015: *Portfolio 2015,* S. 10f; https://issuu.com/87manu/docs/m_portfolio_2015_en (Stand 4/2017)

Giesecke, Michael: *Der Buchdruck in der frühen Neuzeit: eine historische Fallstudie über die Durchsetzung neuer Informations- und Kommunikationstechnologien;* Frankfurt am Main; Suhrkamp; 1991

Gottschlich, Maximilian: *Massenkommunikationsforschung. Theorieentwicklung und Problemperspektiven;* Wien; Braumüller, 1987

Graf, Arnulf; **Bousquet,** Olivier; **Rätsch,** Gunnar; **Schölkopf,** Bernhard: *Prototype Classification: Insights from Machine Learning;* Max Planck Institute for Biological Cybernetics, Tübingen; 2008 http://is.tuebingen.mpg.de/fileadmin/user_upload/files/publications/NeuralComp-Graf_[0].pdf (Stand 5/2017)

Groenendaal, M. H. Jr.: *Drukletters;* De technische Boekhandel; Amsterdam; 1940

Gruendler, Shelley: *Beatrice Warde,* St. Bride Foundation [Hg.], Veröffentlichung zur Tagung *Twentieth Century Graphic Communication: Technology, Society and Culture, First annual Friends of St Bride conference, 24 & 25 September 2002,* http://stbride.org/public/friends/conference/twentiethcenturygraphiccommunication/BeatriceWarde.html (Stand 9/2006, offline 12/2018)

H

Haley, Allan: *Alphabet. The History, Evolution and Design of the Letters we use Today;* Thames & Hudson; London; 1995

Schriftdesign – Menschen, Typen und Stile; mitp-Verlag; Bonn; 2002

Haralambous, Yannis: *Fonts and Encodings,* O'Reilly Media Inc.; Sebastopol, CA; 2007

Harary, Frank: *Graphentheorie,* Oldenbourg Verlag; München; 1974

Hartmann, Silvia: *Fraktur oder Antiqua: der Schriftstreit von 1881 bis 1941;* Lang; Frankfurt a. M. [u.a.]; 1998

Haßelmeier, Britta: *Die Dewey Decimal Classification: Eine Einführung im Zusammenhang mit dem Projekt »DDC Deutsch«;* http://www.ib.hu-berlin.de/texte/hausarbeiten/hasselmeier/DDCHasselmeierHausarbeit.pdf (Stand 3/2009); HU Berlin; 2004

Heckmann, Reinhold: *Systematik der Stadtbibliothek Duisburg;* ekz.bibliotheksservice; Reutlingen; 2001

Heilmann, Till A.: *Textverarbeitung. Eine Mediengeschichte des Computers als Schreibmaschine;* transcript; Bielefeld; 2012

Ho, Kevin: *Organizing the World of Fonts with AI;* IDEO; https://medium.com/ideo-stories/organizing-the-world-of-fonts-with-ai-7d9e49ff2b25 (Stand 4/2017)

Hoefler, Jonathan: *On classifying type;* in: Heller et al., 2001

Hostettler, Rudolf: *Type;* Hostettler, Kopley & Strehler; St. Gallen, London; 1949

Hustwit, Gary: *Helvetica;* Großbritannien; 2007

I

IDEO: *About IDEO;* https://www.ideo.com/eu/about (Stand 4/2017)
Identifont [01]: *Identifont.com: the typographic ID archives;* 9/2003; http://www.planet-typography.com/news/typo/identifont.html (Stand 11/2008)
Identifont [02]: *About identifont;* 2017; http://www.identifont.com/about.html; Stand 11/2008
Illich, Ivan: *Im Weinberg des Textes;* Luchterhand; Frankfurt am Main; 1991
ISO, International Standards Organisation; **IEC,** International Electronical Commission: *ISO/IEC 9126-1*; ISO; Genf; 2001
ITC International Typeface Corporation: *Search for Fonts - ITCFonts.com;* http://www.itcfonts.com/ (Stand 2/2009)

J

Jacno, Marcel: *Anatomie de la lettre;* Compagnie française d'éditions; 1978
Jenkins, Henry: *Convergence culture. where old and new media collide;* New York University Press; New York; 2006
Johnson-Laird, Philip: *Der Computer im Kopf;* Deutscher Taschenbuch Verlag; München; 1996
Jørgensen, Palle: *The LATEX Font Calagogue;* http://www.tug.dk/FontCatalogue (Stand 6/2017)

K

Kern, Michael; **Koch,** Sighard: *ÜberSicht. Schrift vergleichen, Schrift auswählen, Schrift erkennen, Schrift finden;* Herrmann Schmidt Verlag; Mainz; 1991
Khazaeli, Cyrus Dominik: *Crashkurs Typo und Layout. vom Zeilenfall zum Screendesign;* Rowohlt; Reinbek bei Hamburg; 1995
Kinross, Robin: *Modern typography. An essay in critical history;* Hyphen Press; London; 2004
Kittler, Friedrich: *Vorwort.* In: *Draculas Vermächtnis. Technische Schriften;* Leipzig; 1993, S. 8

Kittler, Friedrich: *Die Natur der Substanz.* 1989; in: *Kursbuch Medienkultur,* Pias, Claus; Vogl, Joseph; Engell, Lorenz; Fahle, Oliver, Neitzel, Britta [alle HG.]; Deutsche Verlags-Anstalt; Stuttgart; 2004

Klemke, Werner [HG]: *Leben und Werk des Typographen Jan Tschichold;* Verlag der Kunst; Dresden; 1988

Knuth, Donald: *Digital Typography;* CSLI Publications; Standard; 1999
Metafont: the Program; Addison-Wesley; 1986
The Art of Computer Programming. Vol 3, Sorting and Searching; Addison-Wesley; 1973

Kupferschmid, Indra: *Buchstaben kommen selten allein;* Universitätsverlag Weimar; 2001

Kwasnik, Barbara: *The role of classification in knowledge representation and discovery;* in: *Library Trends 48,* S. 22 - 47; Urbana, Ill., University of Illinois Library School; 1999

L

Lahres, Bernhard; **Rayman,** Gregor: *Praxisbuch Objektorientierung;* Galileo Computing; Bonn; 2006; http://www.galileocomputing.de/openbook/oo/ (Stand 8/2008)

Lakoff, George: *Women, Fire, and Dangerous Things. What Categories Reveal about the Mind;* Chicago University Press; Chicago; 1987

Lasswell, Harold D.: *The structure and function of communication in society;* in: Gottschlich, 1987, S. 17 – 26

Laurentis, Michael S. *de: PANOSE-2.0 white paper. Hewlett-Packard document EWC-92-0015h;* 1993; http://www.w3.org/Fonts/Panose/pan2.html (Stand 1/2009)

Lawson, Alexander: *Printing types. An introduction;* Beacon Press; Boston; 1971
Anatomy of a Typeface; David R. Godine Publisher; Jaffrey; 1990

Lieberman, J. Ben: *Types of Typefaces;* Sterling Publishing Co.; New York; 1968

Liebig, Martin: *Browser-Typografie. Untersuchungen zur Lesbarkeit von Schrift;* Technische Universität Dortmund; 2007; http://dspace.hrz.uni-dortmund.de:8080/handle/2003/24419 (Stand 11/2008, offline Stand 11/2017)

Liljeberg, Christian: *Typography and fonts;* http://www.retroglobe.com/typography/identification_guide/; 2001 (Stand 2/2009, offline Stand 11/2017)

Linde, Frank: *Ökonomische Besonderheiten von Informationsgütern;* Köln; 2010; http://www.fbi.fh-koeln.de/institut/personen/linde/publikationen/Beitrag%20Linde%20WM%20D3.pdf (Stand 4/2016) (offline, Stand 11/2017) https://link.springer.com/chapter/10.1007%2F978-3-8349-6509-7_14 (Stand 11/2017)

Linotype GmbH: *Typeface Catalog;* Mergenthaler Edition; Bad Homburg; 2006

Linotype GmbH: *Fonts von klassisch bis cool - Linotype.com;* http://www.linotype.com (Stand 2/2009)

[lino 01] *Linotype Font Finder - Fonts by Inspiration* http://www.linotype.com/de/2203/schriftennachinspiration.html (Stand 2/2009)

[lino 02] *Form-Finder* http://www.linotype.com/de/formfinder.html (Stand 2/2009)

[lino 03] *Linotype - Font-Finder* http://www.linotype.com/de/5/fontfinder.html (Stand 2/2009)

[lino 04] *Movie Fonts - Linotype Font Lounge* http://www.linotype.com/en/2255/moviefonts.html (Stand 2/2009)

[lino 05] http://www.linotype.com/de/794-12594/munich.html (Stand 2/2009)

[lino 06] https://www.linotype.com/de/catalog/categories.html (Stand 4/2017)

Luidl, Philipp: *J. T., Johannes Tzschichhold, Iwan Tschichold, Jan Tschichold, Eine Jahresgabe der Typographischen Gesellschaft München;* Typografische Gesellschaft München; München; 1976.

Lupton, Ellen: *Thinking with Type. A Critical Guide for Designers, Writers, Editors, & Students;* Princeton Press; New York; 2010

M

Manaranche, Augustin: *Jean Alessandrini;* in: *Index Grafik,* 11. November 2014 http://indexgrafik.fr/jean-alessandrini/ (Stand 9/2017)

Mareis, Claudia: *The Epistemology of the Unspoken: On the Concept of Tacit Knowledge;* in: *Contemporary Design Research;* The MIT PressJournals; 2012; http://www.mitpressjournals.org/doi/pdfplus/10.1162/DESI_a_00143 (Stand 6/2017)

McKean, Erin [HG]: *New Oxford American Dictionary,* digital ausgeliefert als Teil des Betriebssystems Mac OS X 10.5 von Apple Inc., Cupertino, USA. (Stand 11/2008)
Buchausgabe z. B.: **McKean**, Erin [HG]: *The new Oxford American Dictionary, 2nd ed.;* Oxford Univ. Press; Oxford [u.a.]; 2005

McLean, Ruari: *The Thames & Hudson Manual of Typography;* Thames & Hudson, London; 1980

McLuhan, Marshall; **Fiore,** Quentin; **Agel,** Jerome: *The Medium is the Massage. An inventory of the effects;* Ginkgo Press; Berkeley; 1967

McLuhan, Marshall: *The Gutenberg Galaxy: the making of typographic man;* London, Routledge & Kegan Paul; 1967
Understanding Media; Routledge; New York; 2010

Mengel, Willi: *Druckschriften der Gegenwart;* Otto Blersch Verlag; Stuttgart; 2006
Zur Klassifikation der Druckschriften; in: *Typografie Nr. 4;* Leipzig; 1958

Monotype Imaging Inc: *PANOSE Guide;* http://www.panose.com/productsservices/pan2.aspx; 1991 (Stand 1/2009)
[mono 01] *Monotype: The font resource for the creative professional* http://www.monotypefonts.com/ (Stand 2/2009)

Moore, Gornon: *Cramming more components onto integrated circuits.* In: *Electronics.* Bd. 38, Nr. 8, 1965

Morison, Stanley: *On type designs, past and present;* Fleuron; London; 1926
On The Classification Of Typographical Variations, in: Dreyfus et al., 1963

Mosley, James: *New approaches to the classification of typefaces;* in: *British Printer, BP;* MacLean Hunter; London; Nr. 3; März 1960

Mosley, James: *Type bodies compared;* http://typefoundry.blogspot.de/2008/04/type-bodies-compared.html; April 2008 (Stand August 2016)

Moxon, Joseph: *Mechanick Exercises or the Doctrine of Handy-Works;* London; 1683. Online unter https://play.google.com/books/reader?id=jkRFAAAAYAAJ&printsec=frontcover&output=reader&hl=de&pg=GBS.PA195 3. Auflage von 1703 online verfügbar: https://babel.hathitrust.org/cgi/pt?id=mdp.39015028306002;view=image;page=root;size=100;seq=7 (beides Stand 8/2017)

Mundie, David A.: *A Field Guide to the Faces;* 1995; online freundlicherweise zur Verfügung gestellt von: **Liljeberg,** Christian: w (Stand 3/2009)

Munsch, Réne H.: *Physionomie de la lettre;* Eyrolles; Paris; 1958

myfonts[01]: *Find, try, buy and download fonts online: MyFont;* Online: http://www.myfonts.com/ (Stand 11/2008)

myfonts[02]: ** « MyFonts.com;* Online: http://www.myfonts.com/search/*/fonts/ (Stand 4/2017)

N

National Information Standards Organization (NISO): *Guidelines for the construction, format, and management of monolingual controlled vocabularies*, National Information Standards Organization; Bethesda, Md; 2006; http://www.niso.org/standards/resources/Z39-19-2005.pdf (Stand 5/2008) (offline Stand 11/2017) auch: http://www.niso.org/kst/reports/standards/kfile_download?id%3Austring%3Aiso-8859-1=Z39-19-2005.pdf&pt=RkGKiXzW643YeUaYUqZ1BFwDhIG4-24RJbcZBWg8uE4vWdpZsJDs4RjLz0t90_d5_ymGsj_IKVaGZww13HuDlYn5U74YdfA-3TffjxYQ25QrtR8PONuJLqx-vo-l0NIr5 (Stand 11/2017)

Nettelhorst, Leopold: *Schrift muss passen. Schriftwahl und Schriftausdruck in der Werbung;* Wirtschaft und Werbung Verlagsgesellschaft; Essen; 1959

Nohr, Rolf: *Nützliche Bilder. Bild, Diskurs, Evidenz;* Lit; Berlin; 2014

Noordzij, Gerrit: *Broken scripts and the classification of typefaces;* in: *Journal of typographic research;* vol 4, no 3; S. 213–240; 1970
Das Kind und die Schrift; Typografische Gesellschaft; München; 1985
The stroke; Hyphen Press; London; 1991
Letterletter; Hartley & Marks; Vancouver; 2000

Novarese, Aldo: *Il carattere;* Progresso grafico; Turin; 1957

P

Pankow, David: *Giambattista Bodoni. Manuale tipografico;* Octavo Books; Palo Alto, Calif.; 1998

Pellitteri, Giuseppe: *Versi l'unificazione della tipologia;* in: *Graphicus 6;* S. 9 – 12; Turin; 1959

Petri, Jörg; **Schütte,** Nina: *Digilog;* Edition Kopfnote, Duisburg; 2012

Perfect, Christopher; **Rookledge,** Gordon: *Rookledge's International Type-Finder: The Essential Handbook of Typeface Recognition and Selection;* Sarema Press; London; 1983

Rookledge's International Type-Finder: The Essential Handbook of Typeface Recognition and Selection; Mount Kisco, N.Y.; 1990

Pohlen, Joep: *Letterfontäne. Über Buchstaben;* Taschen; Köln; 2011.

Ponot, René: *Classification typographique;* in; *Communication et langages;* Nr. 81; 3. Trimester 1989; Éditions Retz; Paris; 1989; S. 41 – 54

La classification des caractères I – IV; in; *La Revue graphique;* 1963 Nr. 2, 5, 6, 7

Prototypo: *Create your own fonts with a few clicks; https://www.prototypo.io* (Stand 4/2017)

[protoypo 01] *About us* https://www.prototypo.io/about.html (Stand 7/2017)

R

Ranganathan, Shiyali Ramamrita: *Colon Classification (6th Edition),* Ess Ess Publications, Reference Press; Neu-Delhi; 2006

Colon Classification (6th Edition), Sarada Ranganathan Endownment for Library Science; Neu-Delhi; 1990

The Five Laws of Library Science. Edward Goldston; London; 1931

Reichardt, Hans: *Internationales Verzeichnis der Bleisatz-Schriften;* Frankfurt/M.; 2011 http://www.klingspor-museum.de/Intl_Bleisatz_Index.html (Stand 4/2017)

Renner, Paul: *Zur Ordnung und Benennung der Schriften;* in;*Die Kunst der Typografie;* S. 275 – 292; Frenzel & Engelbrecher; Berlin; 1940

Rosch, Eleanor: *Cognitive reference points;* Cognitive Psychology 7, S. 532 – 547; 1975

Prototype Classification and Logical Classification: The Two Systems; in **Scholnick,** E.K. (HG), *New Trends in Conceptual Representation: Challenges to Piaget's Theory?;* S. 73 – 86; Lawrence Erlbaum Associates; Hillsdale; 1983

Principles of Categorization; in **Rosch,** Eleanor [HG], **Lloyd,** B.B. [HG]: *Cognition and Categorization;* S. 27 – 4; Lawrence Erlbaum Associates; Hillsdale; 1978.

S

Sauthoff, Daniel; **Wendt,** Gilmar; **Willberg,** Hans Peter: *Schriften erkennen;* Verlag Hermann Schmidt; Mainz; 1998

Sayad, Saed: *K Nearest Neighbors - Classification;* in: *An Introduction to Data Mining;* 2001 – 2017; http://www.saedsayad.com/k_nearest_neighbors.htm (Stand 5/2017)

Scangraphic: *Une nouvelle classification typographique.* In: *Communication et langages;* Nr. 88; 2. Trimester 1991; S. 32–46, Éditions Retz; Paris.

Schauer, Kurt Georg: *Fragen und Erklärungen zur Klassifikation der Schriften DIN 16518;* In: *Der Druckspiegel;* 26. Jahrgang; Nr. 1–3; Stuttgart; 1971
Die Einteilung der Druckschriften. Klassifizierung und Zuordnung der Alphabete; Heinz Moos Verlag; München; 1975

Scheele, Martin: *Ordnung und Wortschatz des Wissens. Entwurf zu einem Überblick über das menschliche Wissen auf der Grundlage der Wörter;* Verlag H. Guntrum; Schlitz; 1977

Scheidt, Michael: *Allgemeine Typografie. Eine Studie zur Entwicklung von Typographie unter besonderer Berücksichtigung des Einflusses von Desktop Publishing Systemen;* München; 1991

Shannon, Claude E; **Weaver,** Warren: *The Mathematical Theory of Communication;* University of Illinois Press; 1963

Siebert, Jürgen: *Das FontBook als iPad-App* http://www.fontblog.de/fontbook-fuer-ipad/ 2011 (Stand 4/2017)

Siebert, Jürgen; **Truong,** Mai-Linh Thi; **Spiekermann,** Erik 1998: *FontBook. Digital Typeface Compendium;* FontShop International; Berlin, 1998

Siemoneit, Manfred; **Zeitvogel,** Wolfgang: *Satzherstellung. Vom Bleisatz zum Computer Publishing;* Polygraph Verlag; Frankfurt/M.; 1979

Smith, Eliot R.; **Queller,** Sarah: *Mental Representations;* in: *Blackwell Handbook of Social Processes: Intraindividual Processes;* Blackwell; Malden, Mass; 2001

Smith, Robin: *Aristotle's Logic,* The Stanford Encyclopedia of Philosophy (Spring 2017 Edition), Edward N. Zalta (ed.); https://plato.stanford.edu/archives/spr2017/entries/aristotle-logic/ (Stand 6/2017)

Solomon, Martin: *The Art of Typography. An Introduction to Typo.icon.ography;* Watson-Guptill Publications; New York; 1986

Southward, John: *Practical printing. A Handbook of the Art of Typography;* 1882; in: **Bidwell,** John [HG]: *Nineteenth-century book arts & printing history;* Garland; New York; 1980
Practical printing. A Handbook of the Art of Typography, 6th edition; Printers' Register; London; 1911

Stevahn, Robert: *Panose on the Web. Panose: An Ideal Typeface Matching System for the Web;* http://www.w3.org/Printing/stevahn.html (Stand 2/2009)

Stiehl, Ulrich: *Wieviele Druckschriften gab es vor 40 Jahren?*; Heidelberg; 2006 Online: http://www.sanskritweb.net/fontdocs/wieviele.pdf (Stand 11/2008)

Strizver, Ilene: *Type Rules! The Designer's Guide to Professional Typography;* John Wiley & Sons; New Jersey; 2006

Stürmer, Florian: *www.typosuche.de* (Stand 11/2008)

T

Tarr, Joseph: *On the nomenclature of type designs;* in: *British Printer;* May; S. 197 – 199; Maclean-Hunter; London; 1943

De la classification des caractères d'imprimerie; in: *Typografische Monatsblätter 12;* S. 692 – 697; St. Gallen; s.l.; 1955

Taylor, Arlene: *Wynar's introduction to cataloging and classification;* Libraries Unlimited; Englewood; 2000

Thibaudeau, Francis: *La Lettre d'Imprimerie. Origine, développement, classification;* 2 Bde.; Bureau de l'édition; Paris (Bergès); 1921

Tschichold, Jan: *Eine neue Klassifizierung der Druckschriften*, 1951; in: **Tschichold,** Jan: *Schriften 1925 – 1974,* Bd. 2; S. 266ff; **Brinkmann,** Erich [HG], **Bose,** Günther [HG]; Brinkmann & Bose; Berlin; 1992

die neue typografie; Verlag des Bildungsverbandes der Deutschen Buchdrucker; Berlin; 1928

Gute Schriftformen, Lehrmittelverlag des Erziehungsdepartements; Basel; 1942a

Meisterbuch der Schrift; Otto Maier-Verlag; Ravensburg; 1952

Schriftkunde, Schreibübungen und Skizzieren für Setzer; Holbein-Verlag; Basel 1942b

Geschichte der Schrift in Bildern; Holbein-Verlag; Basel; 1941

Type Directors Club: *About Type Directors Club;* 2008, http://www.tdc.org/our-history/ (Stand 11/2017)

Type Network: *Decovar. A multistyle decorative variable font by David Berlow;* 2017, https://www.typenetwork.com/brochure/decovar-a-decorative-variable-font-by-david-berlow (Stand 11/2017)

typophile.com *Typeface Classification | Typophile;* http://www.typophile.com/node/9757, (Stand 4/2017)

U

UKOLN 01: 2. *Current use of classification schemes in existing search services;* http://www.ukoln.ac.uk/metadata/desire/classification/class_2.htm (Stand 3/2009)

Updike, D.B.: *Printing Types, Their History, Forms and Use;* Cambridge; USA; 1922

V

Verlomme, Malou: *Technological shifts in type design and production;* Master-Arbeit; Reading; 2005; http://www.typeculture.com/academic_resource/articles_essays/pdfs/tc_article_34.pdf (Stand 4/2009, offline Stand 11/2017)

Vinh, Khoi: *Dan Rhatigan on Variable Fonts and the Future of Typography;* https://www.subtraction.com/2017/06/08/dan-rhatigan-on-variable-fonts-and-the-future-of-typography/ (Stand Juli 2017)

Vox, Maximilien: *Pour une nouvelle classification des caractères;* École Estienne; Paris; 1954

W

Warde, Beatrice: *Type Faces, Old and New;* Fourth Series, Vol. XVI, Nr. 2; The Bibliographical Society; London; 1935 (Faksimile Monotype Corporation 1957)

Wehde, Susanne: *Typografische Kultur. Eine zeichentheoretische und kulturgeschichtliche Studie zur Typographie und ihrer Entwicklung;* Niemeyer; Tübingen; 2000

Wenniger, Gerd [Hg.]: *Schema;* in: *Lexikon der Psychologie;* Spektrum der Wissenschaft; http://www.spektrum.de/lexikon/psychologie/schema/13435 (Stand 6/2017)

Wikipedia, The Free Encyclopedia http://wikipedia.org, Wikimedia Foundation (http://wikimediafoundation.org)

[wiki 01] *Klasse* http://de.wikipedia.org/wiki/Klasse (Stand 11/2008)

[wiki 02] *Class* http://en.wikipedia.org/wiki/class (Stand 11/2008)

[wiki 03] *Aldus* http://en.wikipedia.org/wiki/Aldus (Stand 1/2009)

[wiki 04] *DIN16518* http://de.wikipedia.org/wiki/DIN_16518#Kritik

[wiki 05] *FURPS* http://en.wikipedia.org/wiki/FURPS (Stand 4/2017)

[wiki 07] *PANOSE* https://en.wikipedia.org/wiki/PANOSE#PANOSE_Classification_Procedures (Stand 9/2011)

[wiki 08] *Grenzkosten* https://de.wikipedia.org/wiki/Grenzkosten (Stand 7/2016)

[wiki 09] *Typographeum* https://de.wikipedia.org/wiki/Typographeum (Stand 8/2016)

[wiki 10] *Bézierkurve* https://de.wikipedia.org/wiki/Bézierkurve (Stand 4/2017)

[wiki 11] *Geschichte der Programmiersprachen* https://de.wikipedia.org/wiki/Geschichte_der_Programmiersprachen (Stand 4/2017)
[wiki 12] *Digital Revolution* https://en.wikipedia.org/wiki/Digital_Revolution (Stand 4/2017)
[wiki 13] *Assemblersprache* https://de.wikipedia.org/wiki/Assemblersprache (Stand 5/2017)
[wiki 14] *Schriftgrad: Tabelle_der_Schriftgrade* https://de.wikipedia.org/wiki/Schriftgrad#Tabelle_der_Schriftgrade (Stand 5/2017)
[wiki 15] *Nearest Neighbor Search* https://en.wikipedia.org/wiki/Nearest_neighbor_search (Stand 5/2017)
[wiki 16] *Kategorien* https://de.wikipedia.org/wiki/Kategorien (Stand 6/2017)
[wiki 17] *TNM Klassifikation* https://de.wikipedia.org/wiki/TNM-Klassifikation#C-Faktor (Stand 7/2017)
[wiki 18] *Variable Fonts* https://en.wikipedia.org/wiki/Variable_fonts (Stand 7/2017)
[wiki 19] *Perseveranzeffekt* https://de.wikipedia.org/wiki/Perseveranzeffekt (Stand 7/2017)
[wiki 20] *Bibliotheksklassifikation* https://de.wikipedia.org/wiki/Bibliotheksklassifikation (Stand 8/2017)
[wiki 21] *Moores Law. Other formulations and similar observations* https://en.wikipedia.org/wiki/Moore%27s_law#Other_formulations_and_similar_observations (Stand 8/2017)
[wiki 22] *PANOSE. Standardisiation* https://en.wikipedia.org/wiki/PANOSE#Standardizations (Stand 8/2017)
[wiki 23] *DAU* https://de.wikipedia.org/wiki/Dümmster_anzunehmender_User (Stand 2/2018)

Willberg, Hans Peter: *Wegweiser Schrift;* Hermann Schmidt Verlag; Mainz; 2001

Willberg, Klaus: *Hans Peter Willberg zum Sechzigsten;* Hermann Schmidt Verlag; Mainz; 1990

Winkler, Hartmut: *Prozessieren. Die dritte, vernachlässigte Medienfunktion. Vortrag auf der Tagung: Media Theory in North America and German-Speaking Europe 8. – 10. April 2010;* University of British Columbia; Vancouver; www.uni-paderborn.de/~winkler/proc_d.pdf (Stand 7/2017)

Wittekind, Ch.; **Meyer,** H.-J., **Bootz,** F. (HG): *UICC: TNM Klassifikation maligner Tumoren;* 6. Auflage. Springer; Berlin, Heidelberg, New York; 2002

Wittekind, Ch. (Hrsg.): *TNM: Klassifikation maligner Tumoren;* 8. Auflage; Wiley-VCH, Weinheim 2017

Wolf, Hans-Jürgen: *Geschichte der graphischen Verfahren. Ein Beitrag zur Geschichte der Technik;* Historia Verlag; Dornstadt; 1990

World Wide Web Consortium (W3C): *CSS2 Specification*, http://www.w3.org/TR/2008/REC-CSS2-20080411 (Stand 10/2008), www.w3.org, dt. Übersetzung: http://edition-w3c.de/TR/1998/REC-CSS2-19980512/kap15.html#heading-15.2.2%A0 (Stand 10/2008)

Css 2.0: 15.2.6 Fonts, http://www.w3.org/TR/CSS2/fonts.html#generic-font-families (Stand 10/2008)

CSS2.0: 15.5 Font matching algorithm, http://www.w3.org/TR/CSS2/fonts.html#algorithm (Stand 10/2008)

CSS 2.0: 15.2.2 Font family: the ‚font-family' property http://www.w3.org/TR/CSS2/fonts.html#font-family-prop (Stand 10/2008)

ALL CSS Specifications. https://www.w3.org/Style/CSS/specs.en.html (Stand 8/2017)

Cascading Style Sheets Home Page. https://www.w3.org/Style/CSS/ (Stand 8/2017)

Scalable Vector Graphics (SVG) https://www.w3.org/Graphics/SVG/ (Stand 8/2017)

ZEFA (Zentral-Fachausschuss Berufsbildung Druck und Medien): *Verordnung über die Berufsausbildung Mediengestalter für Digital- und Printmedien/Mediengestalterin für Digital- und Printmedien;* Kassel, 2002; Online: http://www.zfamedien.de/downloads/Mediengestalter_Vo_2002.pdf (Stand 11/2008)

9.8 Dank

Diese Arbeit wurde überhaupt erst dadurch ermöglicht, dass sich an der Hochschule für Bildende Künste Braunschweig Personen fanden, die eine Promotion für einen Absolventen einer Fachhochschule ermöglichen wollten. Mein Dank dafür gilt Ulrike Stoltz, Stephan Rammler und dem Promotionsausschuss der HBK, die sich trotz der damals ungeklärten Rechtslage auf ein Wagnis einließen. Ulrike Stoltz danke ich herzlich für ihren Einsatz, das Durchstehen der Mühen der Ebene, die zahllosen Gespräche und Kolloquien; ich danke den steten Mit-Denkerinnen Mariko Takagi und Dan Reynolds (die mich überrundet haben) sowie Ralf de Jong als Kenner und stetem Quell von Daten, Fama und Büchern der frühen typografischen Theoriebildung. Rolf Nohr sei gedankt für die langen Gespräche und die vielen Hinweise auf Literatur weit jenseits der Typografie. Der Fakultät Kommunikation und Umwelt der Hochschule Rhein-Waal gilt mein Dank für die Möglichkeit, die Arbeit konzentriert fertig stellen zu können, dem Zentrum für Innovation und Technik dass es ermöglicht, Teilergebnisse der Arbeit technisch evaluieren zu können. Zuerst und zuletzt danke ich meiner großen Familie und den Freunden für die endlose Geduld und das taktvolle Unterlassen interessierter Rückfragen zur falschen Zeit, genauso meiner engsten Familie für das Bewahren der Ruhe zur richtigen Zeit.

FSC
www.fsc.org
MIX
Papier | Fördert
gute Waldnutzung
FSC® C083411

Kolibri 360 GmbH
Ferdinand-Jühlke-Straße 7
99095 Erfurt, Deutschland
produktsicherheit@kolibri360.de